21世纪普通高校计算机公共课程规划教材

数据库技术与应用

潘瑞芳 贾晓雯 叶福军 俞定国 张宝军 朱永玲 编著

清华大学出版社
北京

内容简介

本书全面讲述了数据库系统的概念、关系数据库系统的相关知识、标准 SQL 语言、关系模式的规范化理论、数据库设计过程、云计算简介及编程语言 ASP.NET、JSP、VB 等相关应用案例。本书共包括两个部分，一是基础原理及应用篇，二是实验指导篇，共 10 章、10 个实验。

本书内容丰富，知识新颖，可作为非计算机专业的数据库原理及应用的教材，也可作为数据库开发及应用人员的参考书籍。

图书在版编目(CIP)数据

数据库技术与应用/潘瑞芳等编著. —北京：清华大学出版社，2012.9
(21 世纪普通高校计算机公共课程规划教材)
ISBN 978-7-302-28730-8

Ⅰ. ①数…　Ⅱ. ①潘…　Ⅲ. ①数据库系统－高等学校－教材　Ⅳ. ①TP311.13

中国版本图书馆 CIP 数据核字(2012)第 089127 号

责任编辑：高买花　薛　阳
封面设计：傅瑞学
责任校对：梁　毅
责任印制：何　芊

出版发行：清华大学出版社
　　网　　址：http://www.tup.com.cn，http://www.wqbook.com
　　地　　址：北京清华大学学研大厦 A 座　　**邮　　编**：100084
　　社 总 机：010-62770175　　**邮　　购**：010-62786544
　　投稿与读者服务：010-62776969，c-service@tup.tsinghua.edu.cn
　　质 量 反 馈：010-62772015，zhiliang@tup.tsinghua.edu.cn
　　课 件 下 载：http://www.tup.com.cn，010-62795954
印 装 者：清华大学印刷厂
经　　销：全国新华书店
开　　本：185mm×260mm　　**印　张**：21.25　　**字　　数**：529 千字
版　　次：2012 年 9 月第 1 版　　**印　　次**：2012 年 9 月第1次印刷
印　　数：1～3000
定　　价：34.50 元

产品编号：044372-01

出版说明

随着我国改革开放的进一步深化，高等教育也得到了快速发展，各地高校紧密结合地方经济建设发展需要，科学运用市场调节机制，加大了使用信息科学等现代科学技术提升、改造传统学科专业的投入力度，通过教育改革合理调整和配置了教育资源，优化了传统学科专业，积极为地方经济建设输送人才，为我国经济社会的快速、健康和可持续发展以及高等教育自身的改革发展做出了巨大贡献。但是，高等教育质量还需要进一步提高以适应经济社会发展的需要，不少高校的专业设置和结构不尽合理，教师队伍整体素质亟待提高，人才培养模式、教学内容和方法需要进一步转变，学生的实践能力和创新精神亟待加强。

教育部一直十分重视高等教育质量工作。2007 年 1 月，教育部下发了《关于实施高等学校本科教学质量与教学改革工程的意见》，计划实施“高等学校本科教学质量与教学改革工程(简称‘质量工程’)”，通过专业结构调整、课程教材建设、实践教学改革、教学团队建设等多项内容，进一步深化高等学校教学改革，提高人才培养的能力和水平，更好地满足经济社会发展对高素质人才的需要。在贯彻和落实教育部“质量工程”的过程中，各地高校发挥师资力量强、办学经验丰富、教学资源充裕等优势，对其特色专业及特色课程(群)加以规划、整理和总结，更新教学内容、改革课程体系，建设了一大批内容新、体系新、方法新、手段新的特色课程。在此基础上，经教育部相关教学指导委员会专家的指导和建议，清华大学出版社在多个领域精选各高校的特色课程，分别规划出版系列教材，以配合“质量工程”的实施，满足各高校教学质量和教学改革的需要。

本系列教材立足于计算机公共课程领域，以公共基础课为主、专业基础课为辅，横向满足高校多层次教学的需要。在规划过程中体现了如下一些基本原则和特点。

(1) 面向多层次、多学科专业，强调计算机在各专业中的应用。教材内容坚持基本理论适度，反映各层次对基本理论和原理的需求，同时加强实践和应用环节。

(2) 反映教学需要，促进教学发展。教材要适应多样化的教学需要，正确把握教学内容和课程体系的改革方向，在选择教材内容和编写体系时注意体现素质教育、创新能力与实践能力的培养，为学生知识、能力、素质协调发展创造条件。

(3) 实施精品战略，突出重点，保证质量。规划教材把重点放在公共基础课和专业基础课的教材建设上；特别注意选择并安排一部分原来基础比较好的优秀教材或讲义修订再版，逐步形成精品教材；提倡并鼓励编写体现教学质量和教学改革成果的教材。

(4) 主张一纲多本，合理配套。基础课和专业基础课教材配套，同一门课程有针对不同层次、面向不同专业的多本具有各自内容特点的教材。处理好教材统一性与多样化，基本教材与辅助教材、教学参考书，文字教材与软件教材的关系，实现教材系列资源配套。

(5) 依靠专家，择优选用。在制定教材规划时要依靠各课程专家在调查研究本课程教材建设现状的基础上提出规划选题。在落实主编人选时，要引入竞争机制，通过申报、评审确定主题。书稿完成后要认真实行审稿程序，确保出书质量。

繁荣教材出版事业，提高教材质量的关键是教师。建立一支高水平教材编写梯队才能保证教材的编写质量和建设力度，希望有志于教材建设的教师能够加入到我们的编写队伍中来。

21世纪普通高校计算机公共课程规划教材编委会

联系人：梁颖 liangying@tup.tsinghua.edu.cn

前 言

数据库技术是计算机科学技术发展最快、应用最广的一个分支，数据库技术从产生发展到至今不过短短的几十年，却已渗透到生活的各个方面，尤其是云计算的快速发展，进一步推动了数据库技术发展的前行。数据库技术已成为人们日常生活中不可缺少的一部分。

本书分为两大部分，一是基础原理及应用篇，二是实验指导篇。其中基础原理及应用篇包括1～10章，实验指导1～10，各章配有习题，各知识点在实验指导方面均有体现。

第1章主要介绍了数据库系统的基本概念及数据库新技术概述；第2章主要介绍的是关系数据库系统的相关知识；第3章介绍的是标准SQL语言及SQL Server数据库基础简介；第4章主要介绍关系数据库规范化理论；第5章主要讨论数据库设计的全过程；第6章介绍了数据库应用系统案例；第7章主要介绍了前台客户端编程语言ASP.NET为开发工具的图书管理系统案例；第8章主要介绍了前台客户端编程语言JSP为开发工具的计算机学校论坛管理系统案例；第9章主要介绍了VB为开发工具的航空公司管理信息系统案例；第10章简单介绍了云计算。实验指导篇主要按照数据库基本原理的10个知识点有针对性地加以强化实验。

本书内容丰富，知识新颖，贴合当下数据库应用主流方向。可作为非计算机专业的本、专科的数据库原理及应用的教材，也可作为数据库开发及应用人员的参考书籍。

本书由潘瑞芳、贾晓雯、叶福军、俞定国、张宝军，朱永玲编著，其中，第1～4章、第6章、第9章、第10章由潘瑞芳、朱永玲编写，第5章由叶福军编写，第7章由俞定国编写，第8章由张宝军编写，实验指导篇由贾晓雯编写。

由于时间仓促，水平有限，本书难免存在缺点和错误，敬请广大读者批评指正。

编　者

2012年6月

目 录

第1篇 基础原理及应用篇

第2篇 实验指导篇

第1篇　基础原理及应用篇

第1章 数据库系统概论

1.1 数据库技术的产生与发展

随着人类社会的不断发展和进步，人们需要处理的数据量越来越大，如何对这大量的数据进行存储、加工、传输和使用，已日益受到人们的广泛重视。数据库技术就是在这种形式下产生并发展的。

1.1.1 数据管理技术的发展

数据(data)即人们用符号对客观事物的描述。数据的种类很多，包括文字、图像、声音、图形等。

数据处理的中心问题是数据管理，所谓数据管理，是指对数据的组织、分类、加工、存储、检索和维护。随着计算机软硬件的不断发展，数据管理经历了如下几个发展阶段。

1. 人工管理阶段

在20世纪50年代左右，计算机主要用于科学计算，计算机没有完善的操作系统，没有管理数据的软件，用户以极原始的方式使用数据，数据不保存，需要时输入，用完撤走。数据面向应用，一组数据对应一个应用程序，致使程序之间存有大量的冗余数据，且易产生数据的不一致问题。

2. 文件系统阶段

大约在20世纪50年代后期到60年代中期，计算机技术有了很大的发展，有了操作系统和管理数据的文件管理系统，数据不随程序的结束而消失，而是可以长期保存到外存，所需的数据存储在多个不同的文件中，通过编写不同的应用程序来对数据进行检索、修改、插入和删除等操作。但仍然存在数据冗余和不一致，不支持对文件的并发访问及难以满足系统的安全性要求等弊端。这些弊端使得文件系统难以满足越来越高的数据处理要求。

3. 数据库系统阶段

20世纪60年代后期，由于计算机软硬件技术的飞速发展，带来了数据管理的革命，出现了数据管理的新方式——数据库系统。数据库系统主要由数据库和数据库管理系统组成，在数据库系统中，数据以数据库的方式存储，而使用数据库管理系统管理数据库的生成、修改和使用。

与前两种数据管理方式相比，数据库系统具有数据独立性强、冗余较小、共享性高以及完整性和安全性好等特点。

1.1.2 数据库技术的主要研究领域

数据库技术是使用计算机管理数据的一项新技术，从开始发展到现在，数据库技术已在各行各业得到了广泛的应用，是计算机应用的一个重要领域。

数据库是相互有关联的数据的集合。但数据库不是简单的数据归集，数据之间包含了一定的逻辑关系，数据库就是根据数据之间的联系和逻辑关系，将数据分门别类地存储，数据库中的数据应具有较小的冗余和较高的数据独立性，且可为广大用户所共享。

数据库技术主要应用在需要处理密集型数据的领域，这些领域涉及的数据量大，数据需要长时间保存，而且需要为多个应用服务，数据库技术所研究的问题就是如何科学地组织和存储这些数据以及如何高效地处理和使用这些数据。

1.2 数据库系统的基本概念

1. 数据

数据(data)指用符号记录的可区别的信息。在数据库系统中，数据实际上就是可以被计算机存储、识别的信息。

2. 数据库系统

数据库系统即 DataBase System。数据库系统(DBS)是数据库技术在计算机中的应用，是一个有机结合的人机系统，严格地讲，数据库系统是由计算机硬件系统、操作系统、数据库管理系统、数据库、应用程序、数据库管理员和用户组成。一个数据库系统不仅需要提供一个界面，使用户可以方便地建立数据库，灵活地检索和修改数据，还需提供系统软件来管理存储的数据。

数据库系统的组成如图 1-1 所示。

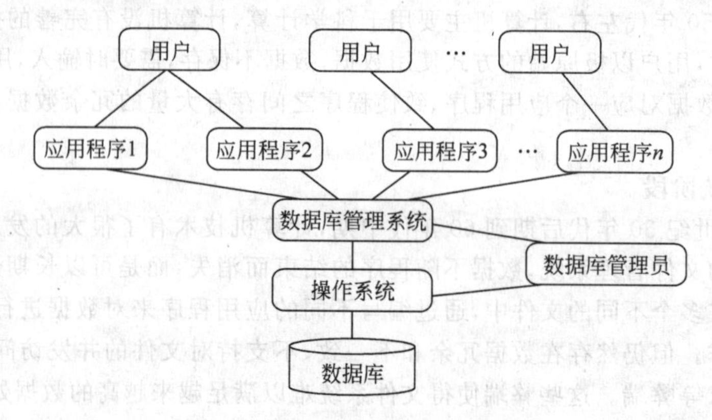

图 1-1　数据库系统组成

数据库系统必备的特性：

(1) 灵活多样的用户界面；

(2) 数据的独立性；

(3) 数据的完整性；

(4) 查询优化；

(5) 并发控制；

(6) 备份与恢复；

(7) 安全性。

3. 数据库

数据库即 DataBase。在数据库(DB)中,数据与数据的逻辑结构同时存储,各数据文件的数据项的逻辑定义都记录在“数据字典”中,通过数据库管理系统,用户可以很方便地访问数据库中的数据,数据可高度共享。

4. 数据库管理系统

数据库管理系统即 DataBase Management System。数据库管理系统(DBMS)是数据库系统的核心,在操作系统的支持下,对内负责数据库中数据的管理,对外负责数据库操作界面的提供。数据库管理系统的主要功能如下:

1) 数据定义

DBMS 提供的数据定义语言(data definition language,DDL),用于定义数据库中数据的逻辑结构。

2) 数据操纵

DBMS 提供的数据操纵语言(data manipulation language,DML),主要用于对数据库进行检索、插入、修改和删除等基本操作。一般分为两类:一类为自主型,另一类为宿主型。自主型可独立使用,不需依赖其他程序设计语言;宿主型则需嵌入到其他程序设计语言(如C语言等)中。

3) 数据库运行控制

DBMS 提供的运行控制机制包括数据完整性控制、并发性控制、安全性控制及数据备份和恢复功能。

5. 数据库管理员

数据库管理员即 DataBase Administrator。数据库管理员(DBA)不仅要熟悉数据库管理软件的使用,还应熟悉本行业的业务工作,其主要职责就是:管理用户对数据库及相关软件的正确和安全地使用,对数据库进行维护,确保数据库的正常运行。

6. 用户

用户即数据库的使用者,不同的用户(user)可通过不同的形式访问数据库,既可通过良好的用户界面访问数据库,也可使用数据库的语言直接访问,但必须是已经授权的用户,不同的用户被授予的访问权限也可能不同。

1.3 数据模型

1.3.1 现实世界的抽象过程

现实世界指的是实际存在的事物或现象。各种事物都有着自己的许多特性,在众多的事物之间,又存在着千丝万缕的联系。

现实存在的事物,如桌子、人。桌子有高有低、有方有圆、有黄有红等;人有男有女、有胖有瘦、有白有黑等,这些都是事物自身拥有的特性,这些事物用计算机是无法直接处理的,只有将这些事物的特性数据化以后,才能被计算机所接收,才能被计算机处理。但是如何将现实世界的这些事物转换成计算机所能处理的数据,也就是如何将代表这些事物的特性及事物之间的联系转换成数据,这就是要讨论的现实世界的抽象过程。

现实事物是不可能自动转换成计算机所能处理的数据的，它必须通过人的帮助才能转换，首先，应是人对现实世界的事物有了发现，这种发现通过人们的头脑反映、理解后，转换成信息，然后通过将这些在人的头脑中反映的信息转换成计算机所能处理的数据。一般来说，把现实世界实际存在的东西称为事物，每一件事物都有其基本特征，现实世界中的事物在人脑中的反映称为信息，这些信息被具体描述成一个个实体，这些实体就对应于现实世界的一件件事物，而事物的特征即被描述成实体的属性，再把信息在计算机中的物理表示称为数据，对应于实体、属性，在数据世界中称为记录、数据项。现实世界的抽象过程见图1-2。

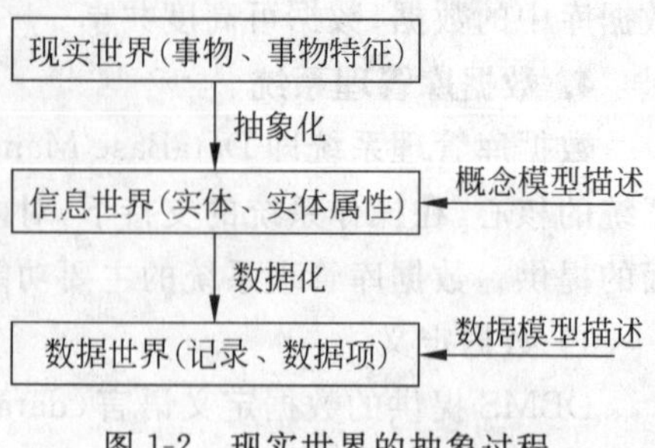

图1-2　现实世界的抽象过程

1.3.2　概念模型

信息世界是现实世界转换到数据世界(又称机器世界)的中间环节，是人们对现实世界的认识和理解，它用概念模型描述，概念模型不依赖于具体的机器世界，而是与现实世界紧密联系，要进行数据库设计，首先必须给出概念模型，概念模型能很好地体现设计人员的思想，且设计简单，易于设计人员与用户交流。

1. 基本概念

1) 实体

实体(entity)即客观存在且可区别的事物在信息世界的反映，实体既可以是实际的事物，又可以是一种概念或现象。例如，一个教师、一本书、一堂课、一个程序等都可称为实体。

2) 实体集

具有相同属性名，而属性值又有所不同的实体的集合即为实体集(entity set)。在实体集中，不能存在两个或两个以上相同的实体。如学校的全体教工、书店的全部书籍、工厂的所有设备等都构成实体集，为了区别不同的实体集，应给每个实体集取一个名字，称实体名。

3) 实体型

实体型(entity type)即为抽象的实体集的命名表示。由实体名和实体集的各属性名构成。例如，教工登记表(编号，姓名，性别，年龄，婚否，职称，部门)就是全体教工实体集的实体型。

4) 属性

即事物具有的具体特征，在实体中称为属性(attribute)，实体是由若干个属性来描述的。例如教工实体由编号、姓名、性别、年龄、婚否、职称、部门等若干属性来描述。

5) 域

某个属性的取值范围称该属性的域(domain)。例如，性别的域为“男”和“女”，姓名的域取8字节长的字符串，职称的域定义为“教授”、“副教授”、“讲师”、“助教”等。域限制属性的取值。

6) 键

在实体集中，不允许完全相同的两个实体存在，即在同一个实体集中的实体，相互间至少应有一个属性(或属性组)的值不同,也就是应有一个能唯一区分一个实体的属性或属性组存在,该属性或属性组就称为键(key),也可称为码。如教工实体中,编号就可作为键,每一个编号对应一个教工实体。

7）联系

现实世界中的事物存在着联系(relationship),这种联系反映在概念模型中,就表现为实体集本身内部的联系和实体集间外部的联系。实体集的内部联系表现在组成实体的各属性之间,如姓名与职称之间是“拥有”联系;实体集的外部联系表现为不同实体集之间,如教师实体与学生实体是“教学”联系。联系一般都有联系名。

2. 实体集间的联系

两个实体集间的联系一般分为以下三类。

1）一对一联系

假设有两个实体集 A 和 B,如果实体集 A 中的每一个实体至多与实体集 B 中的一个实体相联系,而实体集 B 中的每一个实体也至多与实体集 A 中的一个实体相联系,则称实体集 A 与实体集 B 或实体集 B 与实体集 A 是一对一的联系。一般可记为 1∶1,如图 1-3 所示。

例如,一个部门有一个主任,而一个主任也只在一个部门任职,则可认为主任与部门之间是一对一的联系。

2）一对多联系

假设有两个实体集 A 和 B,如果实体集 A 中的每一个实体都可以与实体集 B 中的多个实体相联系,而实体集 B 中的每一个实体却至多只能够与实体集 A 中的一个实体相联系,则称实体集 A 与实体集 B 是一对多的联系。可记为 1∶n,如图 1-4 所示。

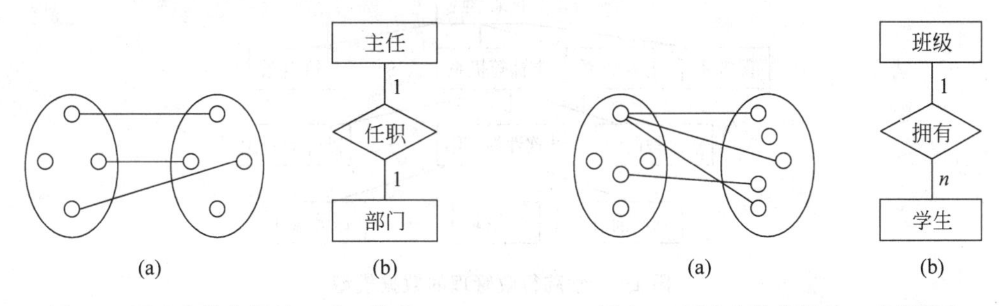

图 1-3　两个实体集间的一对一联系

图 1-4　两个实体集间的一对多联系

例如,一个班级可以有多名学生,而每个学生只能在一个班级中。班级与学生之间则可认为是一对多的联系。

3）多对多联系

假设有两个实体集 A 和 B,如果实体集 A 中的每一个实体都能够与实体集 B 中的多个实体相联系,而实体集 B 中的每一个实体也能够与实体集 A 中的多个实体相联系,则称实体集 A 与实体集 B 或实体集 B 与实体集 A 是多对多的联系。一般可记为 m∶n,如图 1-5 所示。

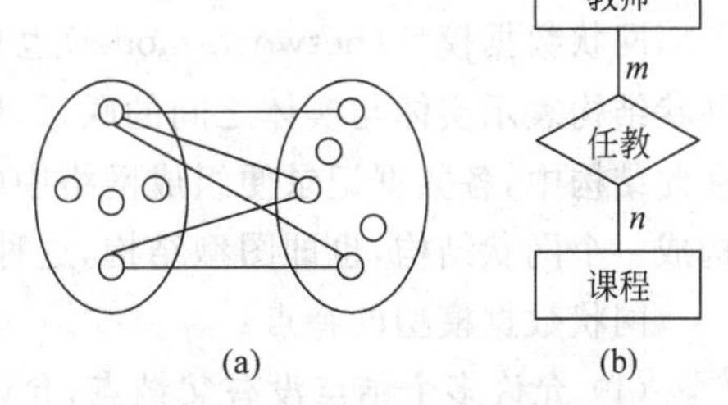

图 1-5　两个实体集间的多对多联系

例如，一个教师可以教多门课程，一门课也可由多个教师任教。教师与课程之间应是多对多的联系。

1.3.3 数据模型

数据模型指的是数据在数据库中的存储结构，任何一种数据库管理系统都支持一种数据模型。较为常见的数据模型有层次数据模型、网状数据模型、关系数据模型。近年来还出现了一种新的数据模型，这就是面向对象数据模型。

1. 层次数据模型

层次数据模型(hierarchical model)是最早使用的一种数据模型，采用层次模型的数据库通过链接方式，将相互关联的记录组织起来，形成一种层次关系，构成一种树型结构。这种树型结构，就像一棵倒挂的树，若把每一条记录看成是树上的一个结点，则最上一层的结点类似于树根，称为根结点，结构中的每一个结点都可以链接一个或多个结点，这些结点称为后继结点或子结点。与子结点相链接的上一层结点称该子结点的前驱结点或父结点。链接则表示结点之间的联系。

层次数据模型的特点：

(1) 有且仅有一个结点没有父结点(称根结点)，除根结点以外，其他结点有且只有一个父结点。

(2) 每一个结点都可有一个或多个子结点。

现实生活中有很多按层次结构组织数据的实例。例如，行政管理、目录管理、族谱等。图 1-6 即为一个学院行政管理的数据模型。

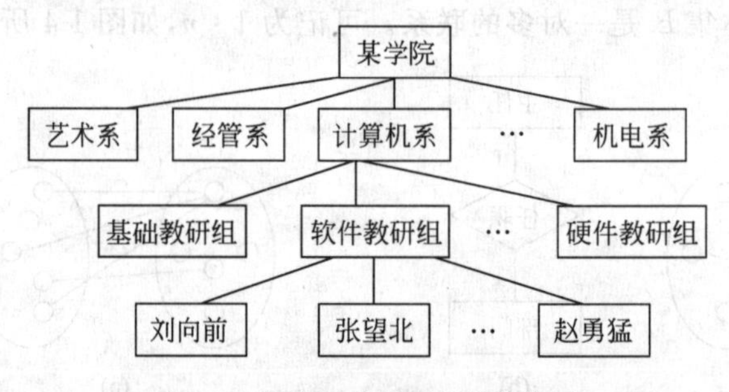

图 1-6 学院行政管理的数据模型

如图 1-6 可知，学院设有若干个系，各系设有若干个教研组，各教研组有若干名教师，形成一种层次关系，同一层次的结点称兄弟结点，没有子结点的结点称叶子结点。

2. 网状数据模型

网状数据模型(network model)也是早期经常使用的一种数据模型，网状数据模型采用网状结构表示实体与实体之间的联系，网状数据库则是使用网络模型作为自己的存储结构，在此结构中，各数据记录便组成网络中的结点，有联系的各结点通过链接方式连接在一起，构成一个网状结构，也即图型结构，这种结构的结点之间的联系较为复杂。

网状数据模型的特点：

(1) 允许多个结点没有父结点，允许结点有多个父结点。

(2) 允许两个结点之间有多种联系。

如学院教学管理中，教学部门、教师、专业、学生之间的联系就构成一个网状结构，见图1-7。

如图1-7所示，一个教学部门可以拥有教师、学生和专业；一个教师可以属于一个教学部门，可以教若干学生，可以任教某个专业；一个学生又可属于某个系，可以由某些教师教课，可以学某个专业；一个专业可以被设在某个教学部门，可以由某些教师任教，可以被某些学生选修。它们之间就构成了一个复杂的网状结构。

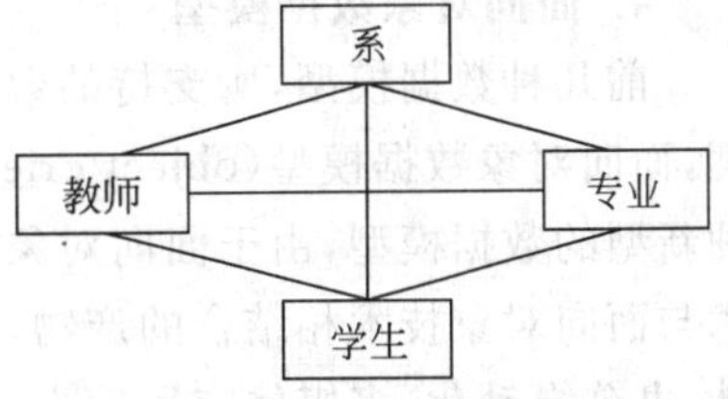

图1-7 学院教学管理的数据模型

3. 关系数据模型

关系数据模型(relational model)是目前使用最广泛的一种数据模型，关系数据模型以其概念简单清晰、操作直观方便、易学易用等优势，受到了众多用户的青睐。现在的数据库产品90%以上都是以关系模型为基础的。关系数据模型采用关系作为逻辑结构，实际上关系就是一张张二维表，一般简称表。

关系数据模型的特点：

(1) 每一张二维表都是由行和列构成，每一行称为一条记录(或一个元组)，每一列称为一个字段(一个属性)。

(2) 关系模型中，实体及实体间的联系都用关系来表示，其操作对象和操作结果都是关系。

如学院的教工管理、学生学籍管理等现在一般都采用关系数据模型，即使用表，如表1-1和表1-2所示。

表1-1 教工登记表

教师编号	姓名	性别	年龄	婚否	职称	基本工资	部门
JSJ001	江河	男	30	1	讲师	880.00	计算机系
JSJ002	张大伟	男	24	0	助教	660.00	计算机系
JGX001	王冠	男	32	1	讲师	800.00	经管系
JGX002	刘柳	女	38	1	副教授	1000.00	经管系
JCB002	张扬	女	28	0	讲师	800.00	基础部
JGX003	王芝环	女	24	0	助教	500.00	经管系
JCB001	汪洋	男	27	1	NULL	NULL	基础部

表1-2 教工工资表

工资号	姓名	基本工资	岗位补贴	奖金	扣除	实发工资
1	江河	880.00	400.00	400.00	250.00	1430.00
2	张大伟	660.00	300.00	250.00	120.00	1090.00
3	王冠	800.00	400.00	300.00	200.00	1300.00
4	刘柳	1000.00	600.00	400.00	260.00	1740.00
5	张扬	800.00	400.00	300.00	180.00	1320.00
6	王芝环	500.00	300.00	150.00	150.00	800.00
7	李力	900.00	600.00	400.00	236.00	1664.00

如上所示，关系模型数据库操作方便，便于管理，是目前使用最多的一种数据模型。

4. 面向对象数据模型

前几种数据模型，所支持的数据类型有限，不能实现对诸如声、像、画、影视等数据的处理，面向对象数据模型(object oriented model)是随着数据库技术的飞速发展应运而生的一种新型的数据模型，由于面向对象模型以对象作为基本结构，则面向对象数据库是数据库技术与面向对象技术相结合的产物，所以面向对象数据库系统能够有效地处理计算机辅助设计、办公自动化、多媒体应用等方面的数据库应用，是目前数据库技术的研究方向，不过，与关系数据库相比，面向对象数据库的技术与理论还显得不够成熟。

1.4 数据库体系结构

数据库体系结构分为三层：数据库的物理结构、数据库的逻辑结构、数据库的视图结构。数据库的物理结构是数据的物理存储方式，一般称为内模式；数据库的视图结构是用户的数据视图，最接近于用户，一般称为外模式；数据库的逻辑结构是介于物理结构和视图结构两者之间，一般称为模式。对于一个数据库系统来说，只有一个内模式，也只有一个模式，但可有多个外模式，如图 1-8 所示。

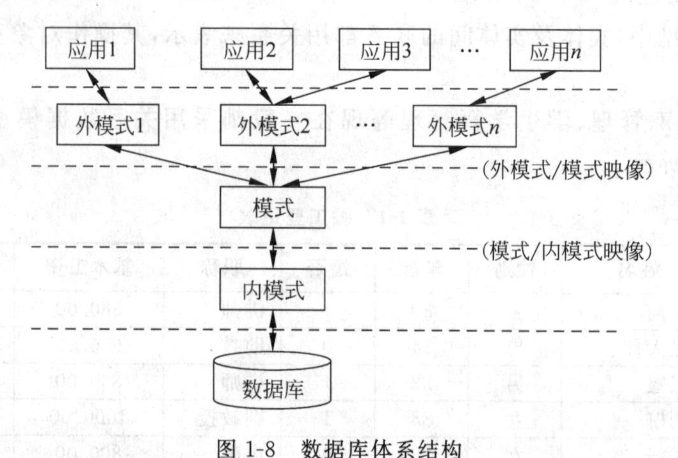

图 1-8　数据库体系结构

1.4.1　模式

模式(schema)是数据库的逻辑结构。模式又称逻辑模式(logic schema)或概念模式(conceptual schema)，表示了数据库的全部信息内容，定义了数据库的全部数据的逻辑结构，其形式比数据的物理结构抽象些，主要描述数据库中存储什么数据以及这些数据之间有何种关系。

1.4.2　外模式

外模式(external schema)是数据库的视图结构。外模式又称子模式或用户模式，是最接近用户的，是模式的子集，即是从模式中抽取的部分或全部，对应于不同的用户，用户的应用目的不同、使用权限不同，对应的外模式的定义就不同，每个用户只能使用自己权限范围内的外模式的数据，而无法涉及其他外模式的数据。

1.4.3 内模式

内模式(internal schema)是数据库的物理结构。内模式又称存储模式(storage schema)或物理模式(physical schema)，是整个数据库的最底层表示，用于定义数据的存储方式和物理结构。

1.4.4 映像

数据库体系结构中，还定义了二级映像(Mapping)——模式/内模式间的映像和外模式/模式间的映像，以保证数据库系统的数据具有较高的独立性。

数据独立性是指当修改某一层次的模式定义时，不至于影响其上一层次模式的定义的能力。数据独立性包括两个层次，一个是物理独立性，另一个是逻辑独立性。

(1) 物理独立性：指用户的应用程序与存储在数据库中的数据是相互独立的，应用程序处理的是数据的逻辑结构，至于存储文件中的数据在磁盘中如何存储，用户不必了解，当存储文件中的数据在磁盘中的存储位置发生改变时，应用程序也不必发生改变。

也就是说，应用程序不依赖于数据库中存放数据的物理结构，可以只对存储的数据做修改，而不必去改动应用程序。例如，原有数据是按一种标准顺序存储的，若要改用另一种标准存储，则对物理数据的改变并不会影响到现有的数据库的逻辑结构以及数据库的应用程序。

(2) 逻辑独立性：指用户的应用程序与数据库定义的逻辑结构是相互独立的，当数据库的逻辑结构要发生变化时，不至于影响到用户的应用程序。

也就是说，可以单独对数据库的逻辑结构进行修改，而不至于要修改使用数据库的应用程序。例如，数据库中有一张表“教师登记表”，要给表添加一个字段“职务”，则只需对表的逻辑结构进行修改即可，至于要用到这个表的应用程序都无须再做改动。

(1) 模式/内模式映像：定义了模式与内模式的对应关系，当数据库的存储结构发生改变时，只要改变相应的模式/内模式映像，就可使模式保持不变，从而使外模式也保持不变。模式/内模式映像是保持数据的物理独立性的关键。

(2) 外模式/模式映像：定义了特定的外模式与模式之间的对应关系，当模式发生改变时，只要改变相应的外模式/模式映像，可使外模式保持不变。外模式/模式映像是实现数据的逻辑独立性的关键。

1.5 数据库新技术概论

从1969年美国IBM公司开发的第一个数据库系统IMS开始，数据库技术经过了三十几年的发展，已成为一个数据模型丰富、新技术内容层出不穷、应用领域日益广泛的体系，是计算机科学技术中发展最快、应用最广泛的重要分支之一，也是计算机信息系统和计算机应用系统重要的技术基础和支柱。

20世纪80年代，数据库技术成功应用于商业领域。同时，这一时期也出现了一系列重大的社会进步和科技进步，这些都大大地刺激并影响了数据库的设计和发展。尤其是进入

20 世纪 90 年代以来，数据库的发展更加令人眼花缭乱，不断推陈出新，形成了一个庞大的数据库家族。

1990 年 2 月，美国国家科学基金会主持的数据库学术研究界和工业界联席会议对数据库技术的新发展做出了以下结论。

(1) 支持 21 世纪初工业化经济的大量先进技术都将依赖新的数据库技术，需要对这些新技术深入和持久的研究。

(2) 新一代数据库应用将与今天的事务处理数据库应用大不一样，将涉及更多的数据，需要新的能力，包括类型扩充、多媒体支持、复杂对象、规则处理和档案存储等，需要重新考虑几乎所有的 DBMS 的操作算法。

(3) 不同组织机构之间需要超大范围的、异种的、分布的数据库在通常的科学、工程和经济问题上的协同操作。

1.5.1 数据库发展的途径

数据库虽然复杂多样，但其发展大致上可以看做是因循着下面的三条途径进行的。

1. 数据库技术与应用领域的结合

凡是有数据产生的领域就可能需要数据库技术的支持，它们相结合后立刻就会出现一种新的数据库成员而壮大数据库家族，如数据仓库是信息领域近年来迅速发展起来的数据库技术，数据仓库的建立能充分利用已有的资源，把数据转换为信息，从中挖掘出知识，提炼出智慧，最终创造出效益；工程数据库系统的功能是用于存储、管理和使用面向工程设计所需要的工程数据；统计数据是来自于国民经济、军事、科学等各种应用领域的一类重要的信息资源，由于对统计数据操作的特殊要求，从而产生了统计学和数据库技术相结合的统计数据库系统等。数据库技术在特定领域的应用，为数据库技术的发展提供了源源不断的动力。

2. 数据库技术与多学科技术的有机结合

随着数据库技术应用领域的不断扩展，各种学科技术与数据库技术有机结合，从而使数据库领域中的新内容、新应用、新技术层出不穷，如数据库与分布技术的结合，产生了分布式数据库；与并行处理技术的结合，产生了并行数据库；与人工智能相结合，产生了知识数据库；与多媒体技术的结合，产生了多媒体数据库等，这都是数据库技术重要的发展方向。

3. 数据库相关技术的改进

在传统数据库技术的基础上，数据库技术出现了一些新技术、工具与机制，包括数据模型及其语言、数据库组织与物理存储管理、数据查询和用户界面等方面。如在传统数据模型的基础上提出面向对象数据模型，从而产生了面向对象数据库、对象关系数据库；在数据分析方法的基础上提出的一种新的信息处理技术——数据挖掘(data mining)；在用户界面上以图形或图像的方式形象地显示各种数据的数据可视化技术等。这些数据库技术本身的发展是数据库系统发展不可或缺的直接动力。

本章将在下面简单介绍面向对象数据库、并行数据库、分布式数据库、知识库等几种重要的新型数据库。

1.5.2 面向对象数据库系统

面向对象方法源于面向对象的程序设计语言。第一个面向对象的程序设计语言是 20

世纪 60 年代后期的 Simula。20 世纪 80 年代以来，Smalltalk 和 C++成为人们普遍接受的面向对象的程序设计语言。面向对象程序设计不仅是一种程序设计方法，还是一组用于构造高可靠性系统的软件工程工具。

面向对象方法强调以客观世界中的事物为出发点构造系统，其核心思想是尽量模拟人的思维方式，用人的思维方式来认识、理解和描述客观事物，使程序的结构和实现与其所描述的现实世界保持一致，即计算机领域的概念和对象领域概念的一致性。

1. 面向对象数据库管理系统的基本特征

面向对象数据库管理系统（object-oriented database management system，OODBMS）将数据的特性和面向对象的特性结合起来。数据的特性包括数据的完整性、安全性、持久性、事务管理、并发控制、备份、恢复、数据操作和系统调节，面向对象的特性包括继承性、封装性和多态性等。在以后的内容中将使用 OODBMS 来代表面向对象数据库管理系统。

1989 年在日本东京召开的第一届推理和面向对象数据库国际会议发表了“面向对象数据库系统宣言”，这是对 OODBMS 的第一次全面尝试。宣言提出了 OODBMS 的一些基本特性，包括系统必须支持复杂对象，能够从现有对象建立复杂对象，必须支持对象标识、类型或类、继承，对象必须是封装的，避免不成熟的绑定，具有计算完整性和可扩展性等。

2. 面向对象数据库的实现方法

目前，面向对象数据库的实现方法主要有 4 类：对象管理器、数据库系统生成器、面向对象的数据库设计语言和扩展的关系数据库系统。

1）对象管理器

这种系统通常只有一个有限的数据模型，可以把这种系统看成是对现存文件系统的扩充。对象管理器支持对象的持久存储和多用户并发控制，但不提供查询语言和程序设计语言。其优点在于不必去考虑系统的高级特性，适用于对简单对象进行管理的场合。在更多情况下，对象管理器仅被作为开发一个完整 OODBMS 的核心模块。

2）数据库系统生成器

数据库系统生成器没有自身的数据模型，数据模型由被称为 Database Implementer 的特殊用户定义，而构成 DBMS 的各模块则由生成器自动生成。这是一种非常灵活的构造 DBMS 的方法，可适应用户提出的特殊要求。

3）面向对象的数据库设计语言

这种方法是扩充现有的程序设计语言，如 C++，使之支持类的持久性、并发控制、恢复机制等数据库管理系统的能力。系统的数据库查询能力、查询语言和程序设计语言在应用程序中紧密结合，并使系统具备共同使用相同的类型系统和数据工作区的能力。这种结构的系统提供了单一的设计环境，程序中的对象和数据库中的对象被同样地处理。这种纯粹的面向对象数据库把面向对象的优势发挥得淋漓尽致，对复杂数据类型具有很强的建模能力，访问速度快。但它不支持 SQL，并且还没有标准的查询语言，所以难以达到软件系统的开放性要求。

4）对象关系数据库系统

许多数据库应用领域既需要关系型数据库的安全性、完整性、可靠性和 SQL 功能，同时也需要面向对象数据库处理复杂数据的能力。关系数据库在处理复杂数据方面存在缺陷，而纯粹的面向对象数据库在数据库管理方面仍不成熟，将传统的关系数据库加以扩展，增加面向对象的特性，把面向对象技术与关系数据库相结合，建立对象关系数据库管理系统。这种系统既支持已经被广泛使用的SQL，具有良好的通用性，又具有面向对象的特性，支持复杂对象和复杂对象的复杂行为，是对象技术和传统关系数据库技术的最佳融合，成为一种有效的解决方案。

3. 面向对象数据库的发展与应用

目前的数据库管理系统市场中，关系数据库管理系统仍然占据着统治地位。虽然OODBMS已经取得了稳固的发展，但要达到两位数的市场增长率还需要走很长的路。实际上，OODBMS现在只占有很小的市场份额。虽然看起来OODBMS的技术创新并没有使它受益，但仍然值得研究，尤其是它的面向对象特性给数据库技术带来的变化。

从市场环境来看对象关系数据库管理系统似乎会继续保持统治地位。但是在一些复杂关系和专业数据类型的大量数据领域中，OODBMS比RDBMS更加适合处理它们的复杂应用要求，这些领域包括计算机辅助设计(computer aided design，CAD)、计算机辅助制造(computer aided manufacturing，CAM)、医疗和空间图像、工程设计、模拟建模、地理信息系统等。而且随着混合媒体存储和访问的出现，RDBMS正在达到它的商业数据环境中的极限，OODBMS仍然是未来数据库发展的一个重要方向。

到目前为止，已经出现了许多面向对象数据库原型系统和商品化系统，包括Object Design公司的Object Store，Objectivity公司的Objectivity/DB，Versant公司的Versant ODBMS，ONTOS公司的ONTOS Integrator，Altair公司的O2等。使用这些产品可以开发上面所说的领域的复杂系统，同时这也给OODBMS发展的提供了一个广阔的平台。

1.5.3 并行数据库管理系统与分布式数据库管理系统

传统的数据库管理系统都是采用集中式。在这种结构的数据库管理系统中，数据都存储在独立的站点中，并且在该站点进行管理和处理事务。数据库的一个重要发展趋势就是使用并行技术以及采用分布式结构。

将并行技术和分布技术应用于数据库管理系统在提高性能方面有以下几个突出的特点。

(1) 增强可用性

当系统中某个节点的系统崩溃时，不影响系统中其他节点的正常运行，并可以继续使用崩溃节点存储于其他节点上的副本，从而保证了数据的可用行。

(2) 数据的分布访问

很多大型企业的数据可以分布于若干个不同的城市甚至不同的国家，进行数据分析和处理时有可能需要访问存储于不同地点的数据，通常可以在访问模式中得到数据存储的局部性，例如公司的总经理可以查询某个分公司的客户信息，这种局部性可以用于分布数据。

(3) 分布数据的分析

企业往往需要分析所有可能有用的数据，但随着数据量的增大，这些数据不可能集中地存储于某一个地点，往往是分散存储于不同的地点和不同的数据库系统中。这就需要支持数据的综合访问。

1. 并行数据库管理系统

并行数据库管理系统是数据库技术与并行技术相结合的结果，其目的是提供一种高性能、高可用性、高扩展性的数据库管理系统。这种数据库可以充分发挥多处理机结构的优势，将数据分布存储在多个磁盘上，并且利用多个处理机对磁盘数据进行并行处理，从而解决了磁盘I/O瓶颈问题。并行数据库管理系统的基本思想在于通过先进的并行查询技术，开发查询间并行、查询内并行以及操作内并行来提高性能和查询的效率。

实现并行数据库管理系统有共享内存、共享磁盘和无共享资源三种硬件结构，如图1-9所示。

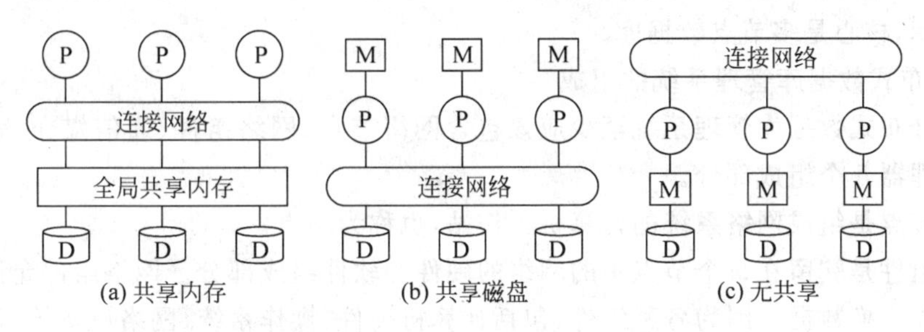

图1-9　并行数据库管理系统的三种硬件结构

1）共享内存系统

在这种结构中，数据库存储在多个磁盘上，多个CPU通过连接网络进行通信，并能够访问公共的主存。

共享内存结构和传统计算机系统很相近，许多商用数据库系统已经基本移植到共享内存系统平台。由于可以直接使用主存，所以通信的代价很低，而且操作系统还能够利用额外的CPU来均衡负载。虽然这种方法能够获得适中的并行度（可以并行利用几十个CPU），但随着CPU数目的进一步增加，内存访问冲突将会成为系统的瓶颈，因此共享内存系统中CPU的数目不能太多。而且内存出错将会影响整个系统。

2）共享磁盘系统

这种结构中的每一个CPU都拥有自己的独立内存，并能够通过连接网络直接访问所有的磁盘。

共享磁盘系统的每一个CPU拥有自己独立的内存，这就消除了内存访问的瓶颈问题。但多CPU通过网络访问共享磁盘，会造成磁盘访问瓶颈问题。

3）无共享资源系统

与以上两种结构不同，这种结构中的每个CPU都拥有自己独立的内存和磁盘，CPU之间并没有公共的区域。CPU之间的所有通信都通过连接网络来完成。

在共享内存和共享磁盘结构中，随着CPU数目的增加，内存访问冲突和网络通信带宽有限的瓶颈问题也更突出。实际上CPU的增加会使得系统的性能下降，例如具有1000个CPU的系统，其性能只相当于单个CPU系统性能的4%。在无共享资源的并行结构中，随着CPU和磁盘数目的增加，各种操作所需要的时间会减少，而且系统性能也可以保持不变。利用尽可能多的CPU并提高单个CPU系统的性能，能够构造性能强大的并行数据库。目前，无共享资源并行结构被认为是大型并行数据库系统的最佳结构。

采用并行结构的数据库管理系统的性价比比相应的大型机上的数据库管理系统要高得多。目前，并行数据库的研究主要集中在数据操作的并行化、并行查询处理和并行查询优化处理等方面。

2. 分布式数据库管理系统

分布式数据库管理系统(distributed DBMS)管理是通过网络互相连接的计算机系统上的逻辑相关数据的存储和处理。分布式数据库管理系统是由多个节点的数据库组成的,也就是说,一个单独的数据库被分成多个分片,这些分片存储于某个网络中的不同的计算机上,数据处理也分散到多个不同的网络节点上。分布式数据库系统是一种多重来源、多重位置的数据库,核心是多节点数据库。

1) 分布式数据库管理系统的组成

一个分布式数据库管理系统至少应该包含网络节点、网络组件、通信媒介、事务处理器和数据处理器5个组成部分。

网络节点是组成网络系统的计算机工作站,也称为站点。

网络组件是驻留在每个节点中的网络的硬件和软件组成部分。网络组件允许所有节点进行交互并交换数据。因为各种组件(包括计算机硬件、操作系统、网络设备等)很有可能是由不同的厂商提供的,因此必须保证分布式数据库的操作能够在多种平台上正常运行。

通信媒介负责将数据从一个节点传送到另一个节点,分布式数据库管理系统必须具有通信媒介独立性,也就是说,它必须能够支持各种不同类型的通信媒介。

事务处理器也称为应用处理器或事务管理器。事务处理器是出现在请求数据的每个节点上的一种软件组成部分,负责接收和处理远程和本地应用程序提交的数据请求。

数据处理器也称为数据管理器,是驻留在节点中的一个软件组成部分,用于存储和检索节点中的数据。

2) 分布式数据库管理系统的类型

当数据分布在各个节点上而各个节点运行相同的DBMS时,称为同构分布式数据库系统。如果不同节点上运行不同的DBMS,这些节点本质上是自治的,并能够通过网络访问其他节点的数据,称为异构分布式数据库系统,也称为多数据库。

3) 分布式数据管理系统的体系结构

分布式数据库管理系统的体系结构有三种,分别是客户/服务器系统、协同服务器和中间件。客户/服务器系统将在第6章中详细介绍,这里只简要介绍另外两种结构。

(1) 协同服务器系统

在协同服务器系统中,每个数据库服务器都能够处理本地事务,并能够协同执行涉及多个服务器的事务。当服务器收到的查询需要访问其他服务器数据时,将产生合适的子查询,提交给其他服务器,得到结果后组合产生原始查询的最终结果。

(2) 中间件系统

中间件系统允许提交涉及多个服务器的单个查询,并且数据库服务器不需要都具有多节点查询执行功能,而只需要一个服务器有处理涉及多个服务器的查询或事务能力就可以了,其余的服务器只需要处理本地的查询和事务。这个协同执行涉及多服务器的查询或事务的特殊服务器称为中间件。中间件本身并不维护数据,但能够对来自其他服务器的数据进行连接和其他关系操作。

3. 并行数据库系统和分布式数据库系统的区别

分布式数据库和并行数据库特别是无共享结构的并行数据库有很多相似点:例如都是

利用网络连接各个数据库节点，整个网络的所有节点构成逻辑上统一的整体等。但是分布式数据库和并行数据库系统有很大的不同，主要表现在以下几点。

1）应用目的不同

并行数据库系统充分发挥了并行计算机的优势，利用系统中各个节点并行地完成数据库任务，从而提高了数据库系统的整体性能。分布式数据库系统的目的在于实现节点自治和数据的全局透明共享，而不是利用网络中的节点来提高系统的处理能力。

2）网络连接实现的方法不同

并行数据库系统采用高速网络将各个节点连接起来，实现节点间数据的高速传输，传输速率可达到100Mb/s，通信代价低，通过平衡负载和并行操作提高系统性能。分布式数据库系统采用局域网或广域网连接，网络传输速率较低，通信代价较高。

3）网络中节点的地位不同

并行数据库系统中各个节点不是独立的，必须在数据处理中协同作用才能实现系统功能，因而不存在全局应用和局部应用的概念。分布式数据库系统更加强调节点的自治性，每个节点都有独立的数据库系统，既可以通过网络协同完成全局应用，也可以独立完成局部应用。

1.5.4 空间数据库

空间数据库（spatial database）是以描述空间位置和点、线、面、体特征的位置数据——空间数据，以及描述这些特征的属性数据——非空间数据为对象的数据库，其数据模型和查询语言能支持空间数据类型和空间索引，并提供空间查询和其他空间分析方法。空间数据库的目的是利用数据库技术实现空间数据的有效存储、管理和检索，为各种空间数据库用户服务。

1. 空间数据的特性

空间数据包括点、线段、矩形、多边形、域以及二维、三维甚至更高维的多面体。空间数据用于标识空间物体的位置、形状、大小和分布特征，描述所有二维、三维和多维分布的关于区域的信息。它不仅表示物体本身的空间位置和状态信息，还能表示物体的本质特征。它具有以下特性。

- 复杂性。一个空间对象可以由一个点或者几千个多边形组成，并任意分布在空间中。通常不太可能用一个关系表以定长元组存储这类对象的集合，这样空间操作（如相交、合并）就比标准的关系数据库操作复杂得多。
- 动态性。删除和插入是以更新操作交叉存储的，这就要求有一个强壮的数据结构完成对象的频繁插入、更新和删除等操作。
- 海量化。空间数据往往需要上千KB甚至上万KB的存储量，要进行高效的空间操作，二级和三级存储的集成是必不可少的。
- 算法不标准。尽管已经有很多空间数据算法，但至今没有一个标准的算法，空间算法还依赖于特定空间数据库的应用程序。
- 运算符具有不闭合性。例如，两个空间实体的相交，有可能返回一个点集、线集或面集。
- 计算代价昂贵。空间数据的计算代价通常比标准的关系运算昂贵得多。

2. 空间数据库的应用

空间数据库主要应用于环境和资源管理、土地利用、城市规划、森林保护、人口调查等领域的管理和预测。设计数据库和地理数据库是空间数据库的两种重要应用形式。

1）设计数据库

设计数据库即计算机辅助设计(CAD)数据库，是用于存储设计信息的空间数据库，这种数据库的存储对象通常是几何图形，其中有简单的二维集合对象，包括点、线、三角形、矩形和一般的多边形；复杂的二维对象可以由简单的二维对象通过并、交、差的操作得到；简单的三维对象包括球、圆柱等；复杂的三维对象则由简单的三维对象通过并、交、差的操作得到。

2）地理信息数据库

地理信息系统(geographic information system,GIS)也称为地理数据库，是用于存储地理信息的空间数据库。地理数据在本质上是空间的，可以分为以下两类。

(1) 光栅数据。这种数据由二维或更高维位图或像素组成。二维光栅图像的典型例子是云层的卫星图像，其中每个像素都存储了特定地区云层的可见度。设计数据库通常不存储光栅数据。

(2) 矢量数据。矢量由基本的几何对象构成，地理数据常以矢量形式表示。

地理信息系统有多种用途，像车辆导航系统、公共服务设施(供水系统、供电系统等)的分布网络信息，以及为生态学家和规划者提供土地的使用信息等。

1.5.5 移动数据库管理

装配无线联网设备的移动计算机能够与固定网络甚至其他移动计算机相连，用户不再需要固定地连接在某一个网络中不变，而是可以携带移动计算机自由地移动，这样的计算环境，称为移动计算(mobile computing)。

移动数据库(mobile database)是指在移动计算环境中的分布式数据库。可以从两个层面上来理解移动数据库：一个是用户在移动时可以存取后台数据库数据或其副本，另一个是用户可以带着后台数据的副本移动。

在蜂窝通信、无线局域网以及卫星数据服务等技术飞速发展的今天，人们可以随时随地访问信息的愿望成为可能，甚至可以在移动的过程中查询和更新数据，研究移动计算环境中的数据管理技术，已成为目前分布式数据库研究的一个新的方向。

1. 移动数据库的特点

与基于固定网络的传统数据库相比，移动数据库具有以下特点。

(1) 移动性。移动数据库用户的位置通常是变动的，可以在无线通信单元内或单元间自由移动，而且在移动的同时仍然可以保持通信的连接状态。

(2) 频繁断接性。移动数据库与固定网络数据库之间经常处于主动或被动的断开状态，这就要求移动数据库系统中的事务在连接断开的状态下还能继续运行，或者自动进入休眠状态。

(3) 网络条件的多样性。在移动计算空间中，不同地点的联网条件相差十分悬殊，甚至同一个地点在不同时间的联网条件也会相差很大。因此，移动数据库应该提供充分的灵活性和适应性，并且应该提供多种系统的运行方式和资源优化方式，以适应网络条件的变化。

(4) 系统规模庞大。移动计算环境下的用户规模比常规的网络环境庞大得多,普通的处理方法将使得移动数据库系统的效率非常低,因此必须采用合适的处理方法以提高效率。

(5) 系统的安全性和可靠性差。由于移动计算平台可以远程访问系统资源,从而将带来新的不安全因素。此外,移动设备也比固定设备更容易遗失甚至被窃,因此移动数据库系统应该提供比普通数据库系统更强的安全机制。

(6) 资源有限。移动主机的电源往往由电池提供,通常只能维持几个小时。通过无线连接的用户带宽也有限,大约只有以太网的十分之一,ATM 网的百分之一。此外,移动主机还在存储容量、处理能力等方面受到限制。

(7) 网络通信的非对称性。无线网络的上行链路的通信代价和下行链路差别很大,在移动数据库的实现中要充分考虑这种差异,并采用合适的方式(如数据广播)来传递数据。

2. 移动数据库系统的体系结构

移动数据库系统是传统的分布式数据库系统的扩充,典型的移动数据库系统的体系模型如图 1-10 所示。移动数据库系统基本上由三种类型的主机组成:移动主机(MH,mobile hosts)、移动支持站点(MSS,mobile support stations)和固定主机(fixed hosts)。固定主机是通常含义上的计算机,它们之间通过高速固定网络连接,可以通过设置来实行对移动设备的管理。MSS 有无线通信接口,可以和移动设备进行数据通信。MSS 和 FH 之间的通信是通过可靠的固定通信网络来完成的。一个 MSS 覆盖的地理区域被称为信元。在一个信元内的 MH 可以通过无线通信网络与覆盖这一区域的 MSS 进行通信,完成数据信息的检索。当一个 MH 从一个信元移到另一个信元时(过区切换),原 MSS 要将该移动主机 MH 的信息传到目的信元的 MSS,以保证信息检索的连续性。固定主机通过操作本地数据库系统(LDBS)为用户提供各种信息服务,这些本地数据库系统是具有局部自治能力的数据库系统,它们在逻辑上构成一个异构的多数据库系统。

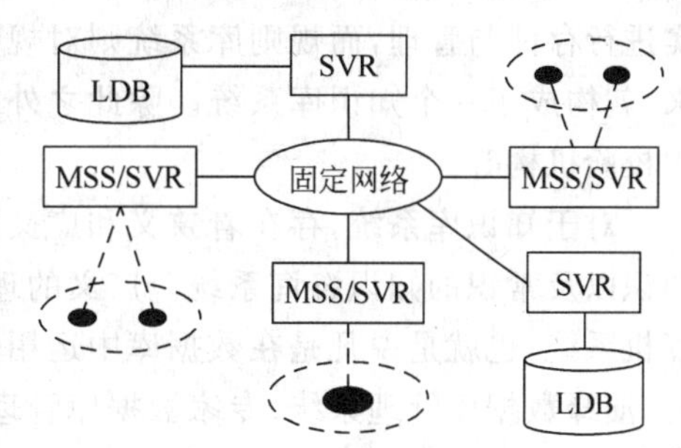

图 1-10　典型的移动数据库系统的体系

移动数据库系统要求支持移动用户在多种网络条件下都能够有效地访问所需数据,完成数据查询和事务处理。通过移动数据库的复制和缓存技术或者数据广播技术,移动用户即使在断接的情况下也可以继续访问所需的数据,从而继续自己的工作。这使得移动数据库系统具有高度的可用性。此外,移动数据库系统能够尽可能地提高无线网络中数据访问的效率和性能,它还可以充分利用无线通信网络固有的广播能力,以较低的代价支持大规模的移动用户同时对热点数据的访问,从而实现高度的可伸缩性,这也是传统的客户/服务器或分布式数据库系统难以比拟的。

3. 移动数据库的应用

目前移动数据库管理系统主要是移动对象数据库,移动对象数据库是指对移动对象(如车辆、飞机、移动用户等)及其位置进行管理的数据库。

移动对象数据库技术在许多领域展现了广阔的应用前景。在军事上,移动对象数据库可以回答常规数据库所无法回答的查询;在民用领域,利用移动对象数据库技术可以实现智能运输系统、出租车/警员自动派遣系统、智能社会保障系统以及高智能的物流配送系统。此外，移动对象数据库技术还在电子商务领域有着广泛的应用前景。

1.5.6 其他新型数据库

1. 知识数据库

知识数据库是人工智能(AI)技术与数据库技术相互渗透和融合的结果。所谓知识数据库是知识、经验、规则和事实的集合，功能是存储并管理由大量的事实、规则和概念组成的知识，向用户提供方便快速的检索和查询手段。

知识库首先是一个数据库，具有数据库的基本功能。知识库同时又是一种专门对知识进行存储和管理的数据库管理系统，其基本功能也就具有针对知识的特点：例如对知识的表示方法、对知识系统化的组织管理、知识库的操作、知识的查询与检索、知识的编辑功能及知识的获取与学习等。

知识库系统主要由两部分组成：数据库管理系统与规则库系统。数据库管理系统对事实进行存储与管理，而规则库系统则对规则进行存储与管理。将这两种系统有机地结合起来，就构成了一个知识库系统。除此之外，一个完整的知识库系统还包括知识获取机构、知识校验机构等。

对于知识库系统，存在着狭义和广义两种理解。狭义的理解仅指拥有某一领域的专门知识以及常识的知识咨询系统。广义的理解认为知识库系统可以泛指所有包含知识库的计算机系统，也就是说凡是在数据库中运用知识的系统均可称为知识库系统。按照广义的理解，演绎数据库管理系统、专家数据库管理系统、智能数据库管理系统等都属于知识库系统范畴。事实上，这些数据库正是从知识数据库发展演化而来的，演绎数据库管理系统主要是在知识库的基础上吸取了规则演绎的功能，专家数据库管理系统则在演绎数据库的基础上吸取了人工智能中多种知识表示能力及相互转换能力，智能数据库则在专家数据库的基础上进一步扩充了人工智能中的一些其他技术而构成。

2. 微小型数据库

随着移动计算时代的到来，嵌入式操作系统对微小型数据库管理系统的需求为数据库技术开辟了新的发展空间。传统的数据库系统其结构和算法都是基于磁盘的，它需要大量的 RAM 和磁盘存储空间，并且使用了缓冲及异步 I/O 技术来减少磁盘存取的开销。然而，移动设备大多只有很小的存储空间、较低的处理速度以及很低的网络带宽，因此需要对传统数据库进行裁减以适应移动设备的需求。微小型数据库管理系统(a small-footprint DBMS)是一个只需很小的内存来支持的数据库管理系统内核。针对便携式设备，微小型数据库管理系统占用的内存空间大约为 2MB，而对于掌上设备和其他手持设备，它占用的内存空间只有 50KB 左右。

移动设备的计算能力小、存储资源不多、带宽有限以及 Flash 存储上写操作速度慢等特性，影响了微小型数据库系统的设计。在设计微小型数据库系统时，应该考虑如下设计原则。

- 压缩性原则：数据结构和代码都要精简。
- RAM 原则：最小化 RAM 的使用。
- 写原则：最小化写操作以减少写代价。

- 读原则：充分利用快速读操作。
- 存取原则：利用低粒度和稳定内存的直接访问能力进行读和写。
- 安全原则：保护数据不受意外和恶意破坏，最小化算法的复杂性以避免安全漏洞。

1.6 小　结

本章主要介绍了数据库系统的基本概念，其中包括以下几点。

(1) 数据管理技术发展的三个阶段：人工管理、文件系统、数据库系统阶段。

(2) 数据库系统的组成：由计算机硬件系统、操作系统、数据库管理系统、数据库、应用程序、数据库管理员和用户组成。

现实世界的抽象过程：现实世界(事物、事物特征)→信息世界(实体、实体属性)→数据世界(记录、数据项)。

(3) 概念模型的基本概念：实体、实体集、实体型、属性、域、键、联系等。

(4) 实体间的联系类型：一对一、一对多、多对多。

(5) 常见的数据模型：层次模型、网状模型、关系模型。

(6) 数据库系统的三级模式结构及二级映像：外模式、模式、内模式及外模式/模式映像、模式/内模式映像。

(7) 数据库发展的途径，面向对象数据库系统，并行数据库管理系统与分布式数据库管理系统，空间数据库，移动数据库管理，其他新型数据库等。

1.7 习　题

一、填空题

1. 数据管理技术经历了________、________、________三个阶段。

2. DBMS指的是________，它是位于________和________之间的一层管理软件。

3. 实体间的联系一般分为三类：________、________、________。

4. 数据库具有数据结构化和最小的________及较高的________等特点。

5. 每一个关系实际上就是一张________。

二、选择题

1. 数据库管理系统可实现对数据库中的数据进行查询、插入、修改和删除，这类功能称为(　　)。

A. 数据定义功能　　B. 数据操纵功能

C. 数据控制功能　　D. 数据管理功能

2. 要保证数据库的数据独立性，需要修改的是(　　)。

A. 模式与外模式　　B. 模式与内模式

C. 三级模式间的二级映像　　D. 模式、外模式、内模式

3. 在数据库的三级模式结构中，用于描述数据库中全体数据的全局逻辑结构和特性的是(　　)。

A. 外模式　　B. 模式　　C. 内模式　　D. 视图模式

4. 数据模型是(　　)。

A. 文件的集合　　B. 数据的集合

C. 记录的集合　　D. 记录及其联系的集合

5. 现实世界中事物的特征在信息世界中称为实体的(　　)。

A. 属性　　B. 域　　C. 元组　　D. 联系

三、简答题

1. DBMS的主要功能是什么？
2. 什么是数据库？
3. 什么是数据独立性？数据独立性包括哪两个层次？
4. 什么是两个实体间的一对多的联系？试举一例。
5. 关系数据模型有什么优点？
6. 数据库发展的途径有哪些？
7. 面向对象数据库的基本特性有哪些？
8. 并行数据库管理系统与分布式数据库管理系统有哪些异同点？
9. 试列举一些数据库新技术和应用领域。

第2章 关系数据库

关系数据库系统是基于关系模型的数据库系统，采用多张二维表存储数据，是目前使用最广泛的数据库系统。目前市场上的关系数据库管理系统也很多，常见的有 SQL Server、Oracle、Sybase、Foxbase、DB2 等。

2.1 关系模型

2.1.1 基本概念

关系模型是建立在严格的数学理论基础上的，关系模型由关系数据结构、关系数据操纵和关系数据完整性三部分组成。关系数据结构指的是数据库中数据的结构，它以二维表的形式表现；关系操纵指的是对表进行操作所使用的方法，较重要且常用的方法有三个，即选择、投影和连接；关系数据完整性指的是数据库中表必须满足的某些完整性约束，常用的是实体完整性约束、参照完整性约束和用户自定义完整性约束。关系模型中的任何关系都表现为一个二维表的形式，即由行和列构成的表。如表 1-1、表 1-2、表 2-1 分别都是关系数据库中的一个关系。

表 2-1 学生干部登记表

学号	姓名	性别	年龄	班 级	任职	教师编号
J2004001	李宏伟	男	19	04 计算机 1 班	班长	JSJ001
J2003005	张华东	男	20	03 电商 1 班	班长	JSJ002
G2003102	江蔚然	女	19	03 国贸 2 班	学习委员	JGX001
G2003209	刘芳红	女	20	03 经管 1 班	副班长	JGX002

基本关系术语：

关系(relation)：一个关系即一张二维表。每个关系必须有一个关系名。

如表 2-1 就是一个关系，关系名为“学生干部登记表”。

属性(attribute)：即关系中的一列数据。每个属性必须有一个属性名。一个关系中不允许有同名属性，且属性不允许再分。

如表 2-1 中，学号、姓名、性别、年龄、班级、教师编号都是这个关系中的属性。

元组(tuple)：即关系中的一行数据。一个关系中不允许有完全相同的两个元组。

表 2-1 有 4 个元组，每个元组都依次包含了学号、姓名、性别、年龄、班级、教师编号这些属性的值，学号可以区分每一个元组。可见元组是属性的集合，关系是元组的集合。

分量(component)：一个元组在一个属性上的值称为该元组在这个属性上的分量。

域(domain)：即某个属性可以取值的范围。

表 2-1 中,"姓名"的取值范围定义为 4 个汉字长的字符串；"学号"的取值范围定义为 8 个字节长的字符串等。

键(key)：如果某关系中的一个属性或属性组能唯一地标识一个元组,且又不含多余的属性,则该属性或者属性组就称该关系的候选键,一般简称键。

表 2-1 中,"学号"能唯一地标识该关系中的一个元组,"学号"就可作为该关系的键,同样,若"姓名"没有相同值,也可作为该关系的键。

主键(primary key)：一个关系中可以有一个或多个键(候选键),但至少要有一个键,如果一个关系中有多个键的话,则选择一个作为主键,每个关系中有且只能有一个主键。

如表 2-1 中,可选"学号"作为该关系的主键。

外键(foreign key)：外键是一个或多个列的组合,它存在于两个表中,在一个表中它一般是主键(也可是 UNIQUE 约束列),该表称父表；在另一个表中它不是主键,假设称该表为子表,通过这个列或列的组合可将这两个表关联起来,那么这个列或列的组合就可称为子表相对于父表的外键。

例如,若通过"教师编号"将表 1-1 和表 2-1 关联起来,"教师编号"就是表 2-1 相对于表 1-1 的外键。

组合键(composite key)：由两个或两个以上属性组合而构成的键称组合键。

全键(all key)：指的是在一个关系中,包含所有属性的键。

主属性(prime attribute)：包含在任何一个候选键中的属性称主属性。

非主属性(non-prime attribute)：不包含在任何一个候选键中的属性称非主属性。

空值(NULL)：指未知值。表现为未曾输入。零或长度为零的字符串都不是空值。

关系模式(relation mode)：某个关系的关系名及其所有属性的集合称为该关系的关系模式。一般表示为：

关系名(属性名 1,属性名 2,…,属性名 n)

如"学生干部登记表"这个关系的关系模式可表示为：

学生干部登记表(学号,姓名,性别,年龄,班级,任职,教师编号)

关系模式描述的是一个关系的结构。

关系模型对关系有一个最基本的限制要求,即关系中的每一个分量都是不可再分割的数据项,即不允许表中有表。如表 2-2 就不符合关系模型对关系的要求,也就不能称为关系。

表 2-2 非关系表

工资号	姓名	性别	职称	工资		
				基本工资	奖金	岗位补贴
…	…	…	…	…	…	…

2.1.2 关系数据库

关系数据库是所有相关联的关系的集合,以关系数据模型作为数据结构,一个关系就是一张表,如表 1-1 教工登记表和表 1-2 教工工资表就是一个数据库中的两个关系(表)。关系数据库是现代流行的数据库系统中应用最为普遍的一种，有着严格的数学基础，是最有效的数据组织方式之一。

关系数据库的特点：

- 一张表中包含了一列或数列。
- 一张表中包含了零行或数行。
- 表中的行没有什么特殊的顺序。
- 表中的列没有什么特殊的顺序。
- 表中每一个列必须有一个列名，同一表中不能有同名列。
- 同一列的属性值全部来自同一个域。
- 表中不能有完全相同的两个行。即至少有一个列的值能区分不同的行。
- 在表中每一行、列的交界处是数据项，每一个数据项一般会有一个值，且只能有一个值。

2.2 数据完整性

数据完整性是指数据库表应满足的某些完整性约束，以保证数据库中数据的正确性和一致性，保证数据库中数据的质量。数据完整性是关系模型的一个重要组成部分。数据完整性约束一般包括以下几点。

2.2.1 实体完整性约束

实体完整性约束(entity integrity constraint)主要用于限制关系中所有的元组唯一，即表中所有的记录都可区分。一般在一个表中规定一个主键，则主键列(可以是组合列)的值必须存在、不为空值而且唯一。

例如，表 1-1 教工登记表，就可把“编号”列定义为主键，每个教工的编号必须互不相同，且不能为空值或不存在，这样就可通过“编号”列的值来唯一区别教工登记表中的每一条记录，这时当用户输入“编号”列数据时，RDBMS(关系型数据库管理系统)就会进行实体完整性检查。目前的 RDBMS 都支持实体完整性约束，但并没有强制。

2.2.2 参照完整性约束

参照完整性约束(referential integrity constraint)涉及两个或两个以上关系的数据一致性的维护。即参照完整性约束是对不同的关系之间有关联的数据的约束。一般是使用外键来实现参照完整性约束。假设有两个关系 R_1 与 R_2，属性(或属性组)A 是表 R_1 的外键，同时又是 R_2 的主键，则在 R_1 中的每个元组在 A 上的值要么等于 R_2 中某元组的主键值，要么为空值。

例如有两关系：

教工登记表(教师编号，姓名，性别，年龄，职称，部门)；

学生干部登记表(学号，姓名，性别，年龄，班级，教师编号)。

属性“教师编号”是关系“教工登记表”的主键，属性“学号”是关系“学生干部登记表”的主键，则“教师编号”是关系“学生干部登记表”的外键，在“学生干部登记表”中的“教师编号”，要么取“教工登记表”中“教师编号”的值，要么取空值，不能取其他任何值，以确保“学生干部登记表"中的"教师编号"值与"教工登记表"中的"教师编号"的值一致。

2.2.3 用户自定义完整性约束

用户自定义完整性约束是根据用户的具体需要而由用户自己定义的特殊约束,一般关系型数据库系统都提供这种完整性约束机制,以满足各种用户不同的需要。

例如,"教工登记表"中的年龄值不能大于 60,性别只能取"男"或"女"等。

实体完整性和参照完整性是关系模型必须满足的两个完整性约束条件。

SQL 的数据完整性约束可参见 3.7 节。

2.3 关系代数

关系代数(relational algebra)是一种抽象的查询语言,通过对关系的运算来表达查询,关系代数的运算可分为两类,一类是专门的关系运算:选择、投影、连接和除,另一类是传统的集合运算:并、交、差、广义笛卡儿积等。关系操作的运算对象是关系,关系操作的运算结果也是关系。

2.3.1 传统的集合运算

传统的集合运算都是二目运算,包括以下 4 种。

1. 并

设有相同结构的两个关系 R 和 S,则 R 和 S 的并(union)运算记作:

$$R \cup S = \{t \mid t \in R \lor t \in S\}$$

其中:$\cup$ 为并运算的运算符,t 为并运算的运算结果集。其结果集 t 中的元组,要么来自于关系 R,要么来自于关系 S。即 R 与 S 并运算的结果集,是由属于 R 或属于 S 的元组组成。

例 2-1 有如下两个关系 R(表 2-3)和 S(表 2-4),求关系 R 和 S 的并运算的结果。

两个关系 R 和 S 并运算的结果见表 2-5。

表 2-3 R

姓 名	性 别	职 称
王小城	男	讲师
李大为	男	副教授
张宏伟	男	讲师
江卫红	女	助教

表 2-4 S

姓 名	性 别	职 称
王小城	男	讲师
周未来	男	副教授
江卫红	女	助教
梁小依	女	副教授

表 2-5 R∪S

姓 名	性 别	职 称
王小城	男	讲师
李大为	男	副教授
张宏伟	男	讲师
江卫红	女	助教
周未来	男	副教授
梁小依	女	副教授

2. 交

设有相同结构的两个关系 R 和 S，则 R 和 S 的交(intersection)运算记作：

$$R \cap S=\{t \mid t \in R \wedge t \in S\}$$

其中：$\cap$ 为交运算的运算符，t 为交运算的运算结果集。其结果集 t 中的元组，必须同时来自于关系 R 和关系 S。即 R 与 S 交运算的结果集由既属于 R 又属于 S 的元组组成。

例 2-2 有如例 2-1 所示的两个关系 R 和 S，求关系 R 和 S 的交运算的结果。

两个关系 R 和 S 交运算的结果见表 2-6。

表 2-6 $R \cap S$

姓　名	性　别	职　称
王小城	男	讲师
江卫红	女	助教

3. 差

设有相同结构的两个关系 R 和 S，则 R 和 S 的差(difference)运算记作：

$$R-S=\{t \mid t \in R \wedge t \notin S\}$$

其中：$-$ 为差运算的运算符，t 为差运算的运算结果集。其结果集 t 中的元组，必须是来自于关系 R 而不来自于关系 S。即 R 与 S 差运算的结果集由属于 R 但不属于 S 的元组组成。

例 2-3 有如例 2-1 所示的两个关系 R 和 S，求关系 R 和 S 的差运算的结果。

两个关系 R 和 S 差运算的结果见表 2-7。

表 2-7 $R-S$

姓　名	性　别	职　称
李大为	男	副教授
张宏伟	男	讲师

4. 广义笛卡儿积

设有 n 目关系 R 和 m 目关系 S，则 R 和 S 的广义笛卡儿积(extended cartesian product)记作：

$$R \times S=\{\widehat{t_r t_s} \mid t_r \in R \wedge t_s \in S\}$$

其中：$\times$ 为广义笛卡儿积运算的运算符，$\widehat{t_r t_s}$ 表示由两个元组 t_r 和 t_s 连接而成的一个元组。其中前 n 个属性构成的元组 t_r 是 R 的元组，后 m 个属性构成的元组 t_s 是 S 的一个元组。R 和 S 的广义笛卡儿积的元组数是 R 的元组数与 S 的元组数相乘后的积。

例 2-4 有如例 2-1 所示的两个关系 R 和 S，求关系 R 和 S 的广义笛卡儿积。

两个关系 R 和 S 的广义笛卡儿积见表 2-8。

表 2-8 R×S

姓名	性别	职称	姓名	性别	职称
王小城	男	讲师	王小城	男	讲师
王小城	男	讲师	周未来	男	副教授
王小城	男	讲师	江卫红	女	助教
王小城	男	讲师	梁小依	女	副教授
李大为	男	副教授	王小城	男	讲师
李大为	男	副教授	周未来	男	副教授
李大为	男	副教授	江卫红	女	助教
李大为	男	副教授	梁小依	女	副教授
张宏伟	男	讲师	王小城	男	讲师
张宏伟	男	讲师	周未来	男	副教授
张宏伟	男	讲师	江卫红	女	助教
张宏伟	男	讲师	梁小依	女	副教授
江卫红	女	助教	王小城	男	讲师
江卫红	女	助教	周未来	男	副教授
江卫红	女	助教	江卫红	女	助教
江卫红	女	助教	梁小依	女	副教授

2.3.2 专门的关系运算

1. 选择运算

选择(select)运算即在指定的某个关系 R 中，找出满足给定条件的元组，组成新的关系的操作，是一元操作关系，一般记作：

$$\sigma_F(\boldsymbol{R})$$

其中：F 表示给定的选择条件，一般是关系表达式(运算符包括：>、<、>=、<=、=、<>)或逻辑表达式(运算符为与(∧)、或(∨)、非(¬))，其值为逻辑值“真”和“假”，R 为给定关系的关系名。

选择运算的结果关系中的所有属性都是原关系中的属性，结果关系中的所有元组都是原关系中的元组。

例 2-5 从表 1-1“教工登记表”中，选择“计算机系”的“讲师”的记录，构成一个新的关系。

$$\sigma_{部门='计算机系' \wedge 职称='讲师'}(教工登记表)$$

运算结果为(表 2-9)：

表 2-9 例 2-5 运算结果

教师编号	姓名	性别	年龄	婚否	职称	基本工资	部门
JSJ001	江河	男	30	1	讲师	880.00	计算机系

2. 投影运算

投影(Projection)运算即在指定的某个关系 R 中，找出包含指定属性的元组，组成新的关系的操作，也是一元操作关系，一般记作：

$$\prod_{<属性名表>}(R)$$

其中：R 表示给定的关系的关系名，<属性名表>包含关系 R 中的一个或多个属性，各属性间用逗号隔开。

投影运算后，一般取消了指定关系中的某些属性，而且还有可能取消指定关系中的某些元组，因为取消了某些属性后，就有可能出现某些重复的元组，这些重复的元组也要被取消。

例 2-6 在表 1-1"教工登记表"中，对"姓名"、"职称"列进行投影。

$$\prod_{姓名,职称}(教工登记表)$$

运算结果为(表 2-10)：

表 2-10 例 2-6 表

姓名	职称	姓名	职称
江河	讲师	张扬	讲师
张大伟	助教	王芝环	助教
王冠	讲师	汪洋	NULL
刘柳	副教授		

例 2-7 在表 2-3 关系 R 中，对"性别"、"职称"列进行投影。

$$\prod_{性别,职称}(R)$$

运算结果为(表 2-11)：

表 2-11 例 2-7 表

性别	职称	性别	职称
男	讲师	女	助教
男	副教授		

其中有两行"男，讲师"的记录，只取一行。

3. 连接运算

连接(Join)又称 θ 连接，即在两个关系的笛卡儿积的运算结果上，选取满足指定条件的元组构成新的关系的操作，连接运算是二元操作关系，一般记作：

$$R \underset{A\theta B}{\bowtie} S = \sigma_{A\theta B}(R \times S)$$

其中：θ 是关系运算符(>、<、>=、<=、=、<>)，A 和 B 分别是 R 和 S 上度数相等且可比的属性值。

连接中最常使用且最重要的连接当属等值连接(equivalence join)和自然连接(natural join)。

1) 等值连接

在 θ 连接中，当 θ 为"="号时，该连接称为等值连接(equivalence join)。等值连接即从两个关系(R 和 S)的笛卡儿积的运算结果中，选取 A、B 属性值相等的那些元组构成新的关系的操作。

例 2-8 对表 1-1“教工登记表”和表 1-2“教工工资表”按“姓名”相同进行等值连接。

等值连接的结果为(表 2-12)：

表 2-12 例 2-8 表

教师编号	姓名	性别	年龄	婚否	职称	基本工资	部门	工资号	姓名	基本工资	岗位补贴	奖金	扣除	实发工资
SJSJ001	江河	男	30	1	讲师	880.00	计算机系	1	江河	880.00	400.00	400.00	250.00	1430.00
JSJ002	张大伟	男	24	0	助教	660.00	计算机系	2	张大伟	660.00	300.00	250.00	120.00	1090.00
JGX001	王冠	男	32	1	讲师	800.00	经管系	3	王冠	800.00	400.00	300.00	200.00	1300.00
JGX002	刘柳	女	38	1	副教授	1000.00	经管系	4	刘柳	1000.00	600.00	400.00	260.00	1740.00
JCB002	张扬	女	28	0	讲师	800.00	基础部	5	张扬	800.00	400.00	300.00	180.00	1320.00
JGX003	王芝环	女	24	0	助教	500.00	经管系	6	王芝环	500.00	300.00	150.00	150.00	800.00

结果关系中，有“姓名”、“基本工资”两个属性重复，即在等值连接中，若连接的两个关系中，若有 n 个重复的属性，则连接结果便有 n 个冗余列，这是等值连接所欠缺的地方。为了消除这些冗余数据，一般可采用自然连接。

2）自然连接

自然连接(Natural Join)即将两个关系在等值连接的基础上，消除冗余列(重复属性)，形成新的关系的操作。

例 2-9 对表 1-1“教工登记表”和表 1-2“教工工资表”按“姓名”相同进行自然连接。

自然连接的结果为(表 2-13)：

表 2-13 例 2-9 表

教师编号	姓名	性别	年龄	婚否	职称	部门	工资号	基本工资	岗位补贴	奖金	扣除	实发工资
JSJ001	江河	男	30	1	讲师	计算机系	1	880.00	400.00	400.00	250.00	1430.00
JSJ002	张大伟	男	24	0	助教	计算机系	2	660.00	300.00	250.00	120.00	1090.00
JGX001	王冠	男	32	1	讲师	经管系	3	800.00	400.00	300.00	200.00	1300.00
JGX002	刘柳	女	38	1	副教授	经管系	4	1000.00	600.00	400.00	260.00	1740.00
JCB002	张扬	女	28	0	讲师	基础部	5	800.00	400.00	300.00	180.00	1320.00
JGX003	王芝环	女	24	0	助教	经管系	6	500.00	300.00	150.00	150.00	800.00

自然连接的结果关系中，将等值连接的两个重复属性“姓名”、“基本工资”都分别消除一个。

说明： 等值连接中，不要求相等的分量必须有相同的属性名，但自然连接要求相等的分量必须有相同的属性名。

4. 除运算

除(division)运算是同时从行和列的角度进行的运算，是一个二元操作。

给定关系 $R(X,Y)$ 和 $S(Z)$，其中 X、Y、Z 为属性集合。假设 R 中的 Y 与 S 中的 Z 有相同的属性个数，且对应的属性出自相同的域，则 R 与 S 做除运算得到一个新的关系 $P(X)$，该关系 P 是关系 R 在属性 X 上投影的一个子集，该子集和 $S(Z)$ 的笛卡儿积必须包含在 $R(X,Y)$ 中，一般记作：

$$R \div S$$

例 2-10 对下列两个关系 R 和 S 进行除运算。

进行除运算的结果如表 2-14 所示。

表 2-14 例 2-10 表

(a) R

A	B	C	D
a	b	c	d
a	b	d	e
b	d	e	f
d	e	f	g

(b) S

C	D
c	d
d	e

(c) $R \div S$

A	B
a	b

2.4 查询优化

2.4.1 查询优化的概念及策略

所谓查询是指从数据库中提取所需的数据。在实际数据库的应用操作中，使用得最频繁的操作莫过于查询，而如今数据库要处理的数据日益增多，如何提高查询效率就是一个非常重要的问题。而关系模型的一个最主要的缺点就是查询效率低。要解决关系型数据库系统查询效率低的问题，关键是要使系统能自动进行查询优化。

一个查询可以用多种不同但等效的方法来执行，查询优化就是要考虑查询数据所要用到的所有可能的执行方案，然后从中选择最有效的一种，也即选择最有效的查询策略，使得查询的过程合理、高效。实际上每个关系型数据库系统都包含一个被称为“优化器”的子组件，“优化器”可以考虑上千个执行方案，利用大量的统计信息来判断一个查询是否最优。

查询优化的准则：

(1) 尽可能早地先执行选择操作。选择操作可以过滤掉一些元组，使得中间结果明显变小，从而缩短查询时间。

(2) 在执行连接前适当对关系进行排序或索引。对要进行连接操作的两个关系按连接关键字进行排序或索引后，可大大缩短连接操作的时间。

(3) 将笛卡儿积与随后要进行的选择运算结合起来，合并为连接运算。同样关系上的连接运算要比笛卡儿积缩短许多时间。

(4) 将一连串的选择和投影操作同时进行。避免重复扫描，缩短查询时间。

(5) 公共子表达式只计算一次。公共子表达式的运算结果可以保存，需要时调入，避免重复计算，缩短查询时间。

2.4.2 关系代数的等价变换规则

查询优化的一般策略涉及关系代数，即对关系代数进行等价变换，可以对查询进行优化，提高查询效率。

两个关系表达式 E_1 和 E_2 等价，可表示为 $E_1 \equiv E_2$。常用的等价变换规则有：

1. 连接和笛卡儿积等价交换律

假设 E_1 和 E_2 是关系代数表达式，F 是连接运算的条件，则有：

$$E_1 \times E_2 \equiv E_2 \times E_1$$

$$E_1 \bowtie E_2 \equiv E_2 \bowtie E_1$$

$$E_1 \underset{F}{\bowtie} E_2 \equiv E_2 \underset{F}{\bowtie} E_1$$

2. 连接和笛卡儿积等价结合律

假设 E_1、E_2、E_3 是关系代数表达式，F 是连接运算的条件，则有：

$$(E_1 \times E_2) \times E_3 \equiv E_1 \times (E_2 \times E_3)$$

$$(E_1 \bowtie E_2) \bowtie E_3 \equiv E_1 \bowtie (E_2 \bowtie E_3)$$

$$(E_1 \underset{F}{\bowtie} E_2) \underset{F}{\bowtie} E_3 \equiv E_1 \underset{F}{\bowtie} (E_2 \underset{F}{\bowtie} E_3)$$

3. 投影的串接等价规则

设 E 是关系代数表达式，$A_1, \cdots, A_n$ 和 $B_1, \cdots, B_m$ 是属性名，且 $\{A_1, \cdots, A_n\}$ 是 $\{B_1, \cdots, B_m\}$ 的子集。则有：

$$\prod\nolimits_{A_1,\cdots,A_n}\left(\prod\nolimits_{B_1,\cdots,B_m}(E)\right) \equiv \prod\nolimits_{A_1,\cdots,A_n}(E)$$

4. 选择的串接等价规则

设 E 是关系代数表达式，F_1 和 F_2 是选择条件，则：

$$\sigma_{F_1}(\sigma_{F_2}(E)) \equiv \sigma_{F_1 \wedge F_2}(E)$$

5. 选择与投影的交换等价规则

设 E 是关系代数表达式，F 是选取条件，且只涉及 $A_1, \cdots, A_n$ 属性，则有：

$$\sigma_F\left(\prod\nolimits_{A_1,\cdots,A_n}(E)\right) \equiv \prod\nolimits_{A_1,\cdots,A_n}(\sigma_F(E))$$

若 F 中有不属于 $A_1, \cdots, A_n$ 的属性 $B_1, \cdots, B_m$，则有：

$$\prod\nolimits_{A_1,\cdots,A_n}(\sigma_F(E)) \equiv \prod\nolimits_{A_1,\cdots,A_n}\left(\sigma_F\left(\prod\nolimits_{A_1,\cdots,A_n,B_1,\cdots B_m}(E)\right)\right)$$

6. 选择与笛卡儿积的交换等价规则

假设 E_1 和 E_2 是两个关系代数表达式，若 F 涉及的都是 E_1 中的属性，则：

$$\sigma_F(E_1 \times E_2) \equiv \sigma_F(E_1) \times E_2$$

若 $F = F_1 \wedge F_2$，且 F_1 只涉及 E_1 中的属性，F_2 只涉及 E_2 中的属性，则：

$$\sigma_F(E_1 \times E_2) \equiv \sigma_{F_1}(E_1) \times \sigma_{F_2}(E_2)$$

7. 选择与并交换的等价规则

假设 E_1 和 E_2 有相同的属性，则：

$$\sigma_F(E_1 \cup E_2) \equiv \sigma_F(E_1) \cup \sigma_F(E_2)$$

8. 选择与差交换的等价规则

假设 E_1 和 E_2 有相同的属性，则：

$$\sigma_F(E_1 - E_2) \equiv \sigma_F(E_1) - \sigma_F(E_2)$$

9. 投影与笛卡儿积交换的等价规则

假设 E_1 和 E_2 是两个关系代数表达式，$A_1, \cdots, A_n$ 是 E_1 中的属性，$B_1, \cdots, B_m$ 是 E_2 中

的属性，则：

$$\prod_{A_1,\cdots,A_n,B_1,\cdots B_m}(E_1 \times E_2) \equiv \prod_{A_1,\cdots,A_n}(E_1) \times \prod_{B_1,\cdots,B_m}(E_2)$$

10. 投影与并交换的等价规则

假设 E_1 和 E_2 有相同的属性，则：

$$\prod_{A_1,\cdots,A_n}(E_1 \cup E_2) \equiv \prod_{A_1,\cdots,A_n}(E_1) \cup \prod_{A_1,\cdots,A_n}(E_2)$$

2.5 小　结

本章主要介绍关系数据库系统的有关知识，关系数据库系统是目前最广泛使用的数据库系统。本章的重要概念包括以下几点。

关系模型：由关系数据结构、关系数据操纵和关系数据完整性三部分组成。

关系数据结构：以二维表的形式表现。

关系代数：专门的(选择、投影、连接和除)、传统的集合运算(并、交、差、笛卡儿积)。

关系数据完整性：包括实体完整性、参照完整性和用户自定义完整性。

查询优化：根据关系代数等价变换规则、查询优化准则，为查询选择最有效的策略。

2.6 习　题

一、填空题

1. 传统的集合运算包括________、________、________、________。

2. 专门的关系运算包括________、________、________、________。

3. 属性的取值范围称为该属性的________。

4. 关系中的属性或属性组合，其值能够唯一地标识一个元组，该属性或属性组合可作为________。

5. 在一个关系模型中，不同关系模式之间的联系是通过________来实现的。

二、选择题

1. 一个关系中的任何属性(　　)。

A. 可以有同名　　B. 可再分

C. 不可再分　　D. 可以没有属性名

2. 一个关系中只允许有一个(　　)。

A. 主键　　B. 候选键　　C. 组合键　　D. 外键

3. 专门的关系运算包括(　　)。

A. 插入、删除、修改　　B. 选择、投影、连接

C. 排序、索引、查找　　D. 并、交、差

4. 下列不同意义的是(　　)。

A. 字段　　B. 属性　　C. 列　　D. 元组

5. 从一个数据库文件中取出满足某个条件的所有记录形成一个新的数据库文件的操作是(　　)。

A. 投影　　B. 选择　　C. 复制　　D. 连接

三、简答题

1. 关系数据完整性有哪些实现方式？
2. 等值连接与自然连接有何区别？
3. 简述关系模型的三个组成部分。
4. 查询优化的一般策略是什么？
5. 关系代数的基本运算主要有哪些？

第3章 关系数据库标准语言SQL

SQL是Structured Query Language(结构化查询语言)的缩写,SQL是关系数据库的标准语言,其功能不是仅限于查询,而是非常全面强大,易学易用,所以几乎现在市面上的所有数据库管理系统都支持SQL语言,使之成为数据库领域中的主流语言。

3.1 SQL语言概述

3.1.1 SQL语言的基本概念

1. SQL语言的产生及发展

SQL是由Boyce和Chamberlin于1974提出的,并在IBM公司研制的关系型数据库管理系统上得以实现,它功能丰富,语言简洁,易学易用,赢得了众多的用户,被许多数据库厂商所采用,以后又由各厂商进行了不断的修改、完善。1986年10月,美国国家标准局(American National Standard Institute,简称ANSI)的数据库委员会X3H2批准了SQL作为关系数据库语言的美国标准,且公布了SQL标准文本(SQL-86),1987年,国际标准化组织(International Standard Organization,简称ISO)也采纳了这个标准。此后SQL标准不断得到修改和完善,ANSI又于1989年公布了SQL-89标准,1992年公布了SQL-92标准,1999年公布了SQL-99标准。

2. SQL语言的特点

SQL之所以能成为国际化的关系数据库标准语言,源于它的易用易学和功能强大,SQL的主要特点如下所示。

1) 语言简单易学

SQL语言的语法结构中的关键字接近英语的自然语言,且只使用了几个关键字(如CREATE、DROP、ALTER、UPDATE、INSERT、DELETE、SELECT)就可实现主要功能的操作,易学、易记、易操作。

2) 一种非过程化的语言

使用SQL语言在执行数据操作时,无须了解怎么做,只需告诉系统要做什么,至于怎样完成操作,都由系统自动安排。

3) 一种面向集合的语言

SQL语言操作的对象可以是元组的集合,操作的结果也可是元组的集合。

4) 一种结构,多种使用方式

SQL语言既作为一种独立的数据库语言来使用,又可嵌入其他高级语言(宿主语言)中作为嵌入式语言来使用。

5）综合功能强

SQL 语言集数据定义、数据操纵和数据控制于一体，可以独立完成数据库的定义、查询、更新、维护、完整性控制、安全性控制等一系列操作。

3.1.2 SQL 语言的分类

SQL 语言是目前使用最广泛的数据库语言。主要用于进行数据库的查询、定义、操纵和控制，是一种功能齐全的关系数据库标准语言。

SQL 语言包括以下 4 大类。

- 数据定义语言(Date Definition Language，DDL)，用于定义、修改、删除数据库表结构、视图、索引等。
- 数据操纵语言(Date Management Language，DML)，用于对数据库中的数据进行查询和更新操作。
- 数据控制语言(Date Control Language，DCL)，用于设置数据库用户的各种操作权限。
- 事务处理语言：用于保证数据库中数据的完整性。

1. 数据定义语言

常用的 DDL 语句有：

- CREATE SCHEMA：创建模式。
- CREATE TABLE：创建基本表。
- CREATE INDEX：创建索引。
- CREATE VIEW：创建视图。
- DROP SCHEMA：删除模式。
- DROP TABLE：删除基本表。
- DROP INDEX：删除索引。
- DROP VIEW：删除视图。
- ALTER TABLE：修改表结构。

2. 数据操作语言

常用的 DML 语句有：

- INSERT：插入记录到数据库表或视图。
- DELETE：删除数据库表或视图的记录。
- UPDATE：更改数据库表或视图的数据。
- SELECT：查询数据库表或视图的数据。

3. 数据控制语言

常用的 DCL 语句有：

- GRANT：将权限或角色授予用户或其他角色。
- REVOKE：撤销用户或数据库角色权限。

4. 数据库事务处理

常用的事务处理语句有：

- BEGIN TRANSACTION：开始事务。
- COMMIT：提交事务。
- ROLLBACK：撤销事务。

其中,BEGIN TRANSACTION 用于控制事务的开始,COMMIT 用于正常提交事务。ROLLBACK 用于控制事务的非正常结束,将事务回滚。

3.1.3 SQL 支持的数据库模式

SQL 支持数据库的三级模式结构,其中,基本表与模式相对应;视图与外模式相对应;存储文件与内模式相对应,如图 3-1 所示。

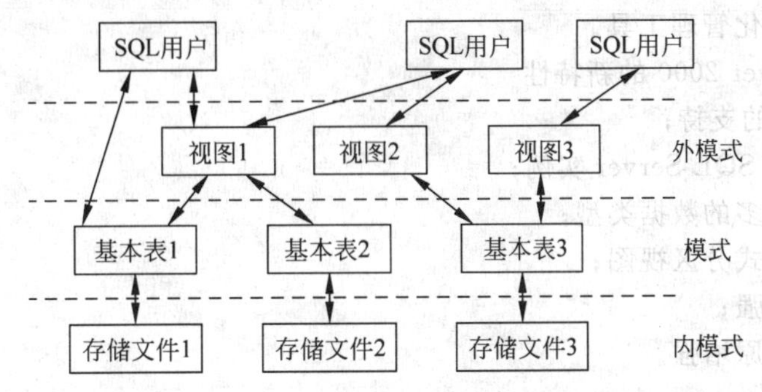

图 3-1　SQL 支持的数据库模式

如图 3-1 所示,一个存储文件对应一个基本表,一个基本表可对应多个视图,一个视图可被多个基本表导出,一个视图可被多个用户访问,一个用户也可访问多个视图,用户也可直接访问多个基本表。

3.1.4 标准 SQL 语言与数据库产品中的 SQL 语言

标准 SQL 语言与实际数据库产品中的 SQL 语言并不完全一致,即标准 SQL 语言的某些功能在实际数据库产品中有可能实现不了,而在实际数据库产品中,也可能对标准 SQL 语言的功能进行了扩充,即在标准 SQL 语言中不能实现的某些功能,在实际数据库产品中却有可能实现。应在具体使用某个数据库产品时对此问题加以关注,使用时要查看有关产品的技术资料。

3.2 SQL Server 数据库基础简介

SQL Server 是一个大型分布式客户-服务器结构的关系型数据库管理系统,目前常用版本为 SQL Server 2000 和 SQL Server 2005,为面向不同的应用还分为不同的版本,本书以 SQL Server 2000 版本为主,介绍其相应的功能。

3.2.1 SQL Server 简介

1. SQL Server 的发展

SQL Server 是一个关系数据库管理系统。SQL Server 2000 是 Microsoft 公司推出的关系数据库管理系统,是当今应用较为广泛的关系数据库产品之一。该版本继承了 SQL Server 7.0 版本的优点同时又比它增加了许多更先进的功能。SQL Server 2000 由两个部分组成:服务器组件和客户端工具。它们负责数据的存储及检索。

SQL Server 2000 的版本有企业版、标准版、个人版和开发版 4 个,根据不同版本的特点,可以有选择地安装不同的版本,这取决于用户的业务需要。

2. SQL Server 的特点

1）SQL Server 的主要功能

- 支持客户/服务器结构；
- 分布式数据库功能；
- 与 Internet 的集成；
- 具有很好的伸缩性与可用性；
- 提供图形化管理工具。

2）SQL Server 2000 的新特性

- 对 XML 的支持；
- 支持多个 SQL Server 实例；
- 提供了更多的数据类型；
- 支持分布式分区视图；
- 安全性增强；
- 备份和还原增强。

3.2.2 SQL Server 2000 的安装

1. 安装要求

在安装工具软件之前，必须配置适当的硬件与软件，才能保证它的正常安装和运行。表 3-1 和表 3-2 罗列了相关信息，仅供参考。

表 3-1 安装 SQL Server 2000 的硬件要求

计算机	Intel 或兼容机 Pentium 166MHz 或更高
内存(RAM)	企业版：至少 64MB，建议 128MB 或更多 标准版：至少 64MB 个人版：在 Windows 2000 上至少 64MB 在其他所有操作系统上至少 32MB 开发版：至少 64MB
硬盘空间	SQL Server 数据库组件，95 到 270MB，一般为 250MB Analysis Services(提供对数据仓库数据的快速分析访问)：至少 50MB，一般为 130MB English Query：至少 80MB
监视器	VGA 或更高分辨率 SQL Server 图形工具要求 800×600 像素或更高分辨率

表 3-2 SQL Server 2000 版本与操作系统

SQL Server	操作系统要求
企业版	Windows NT Server 4.0 或以上版 Windows 2000 Server 或以上版
标准版	Windows NT Server 4.0 或以上版 Windows 2000 Server 或以上版
个人版	Windows ME、Windows 98、Windows NT Workstation 4.0、Windows 2000 Professional、Windows XP、Windows NT Server 4.0 或以上版、Windows 2000 Server 或以上版
开发版	Windows NT Workstation 4.0、Windows 2000 Professional 和所有其他 Windows NT 和 Windows 2000 操作系统

2. 安装过程

详细说明见相关资料。

(1) 选择“安装 SQL Server 2000 简体中文企业版”，如图 3-2 所示。

图 3-2　SQL Server 2000 的安装界面

(2) 选择“安装 SQL Server 2000 组件”，如图 3-3 所示。

图 3-3　SQL Server 2000 企业版的初始界面

(3) 选择“安装数据库服务器”,如图 3-4 所示。

图 3-4　安装数据库服务器界面

(4) 选择“安装 SQL Server 2000 组件”。

(5) 选择“创建新的 SQL Server 实例,或安装客户端工具”,如图 3-5 所示。

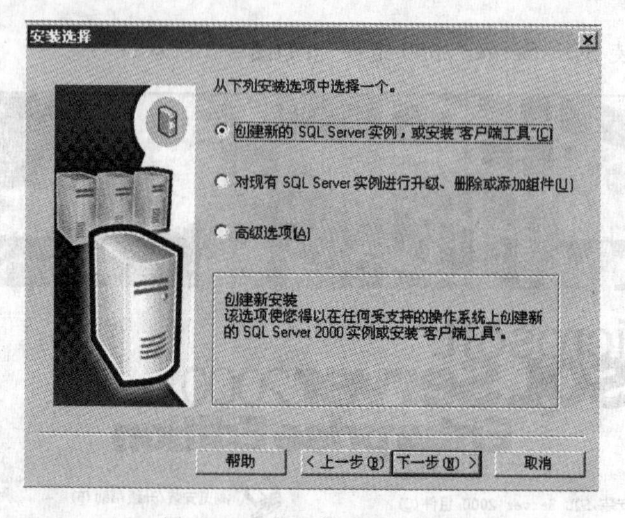

图 3-5　选择安装选项对话框

(6) 选中“服务器和客户端工具”,如图 3-6 所示。

(7) 选中“默认”复选框,如图 3-7 所示。

(8) 选择身份验证模式,如图 3-8 所示。

(9) 依据安装程序对话框中的提示输入一些信息,完成安装过程 。

安装完成后,可以启动 SQL Server 2000 的有关组件,见图 3-9。

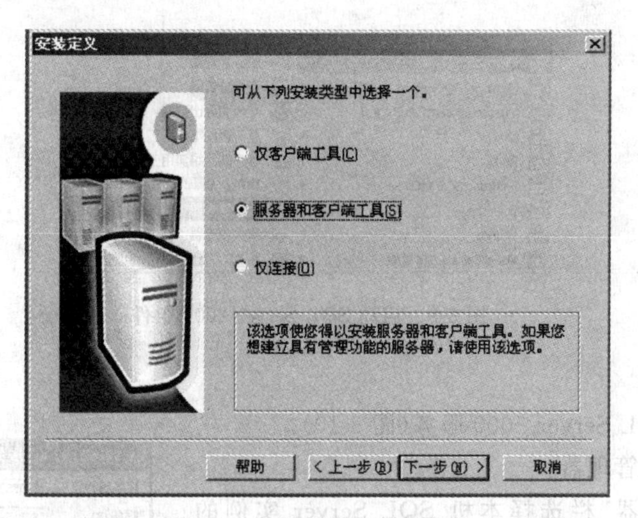

图 3-6　选择安装类型对话框

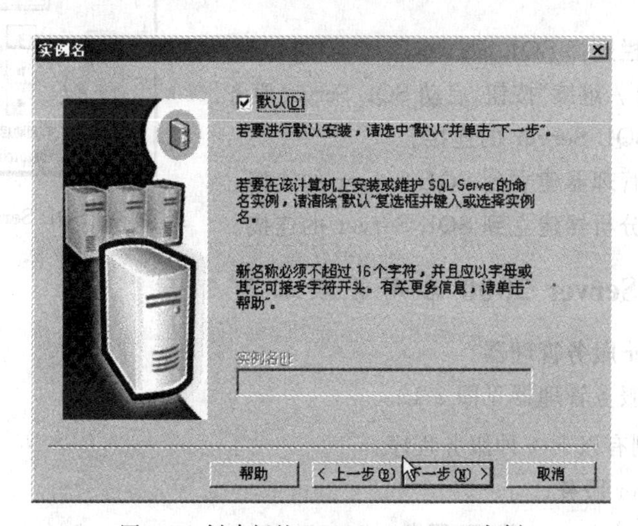

图 3-7　创建新的 SQL Server 2000 实例

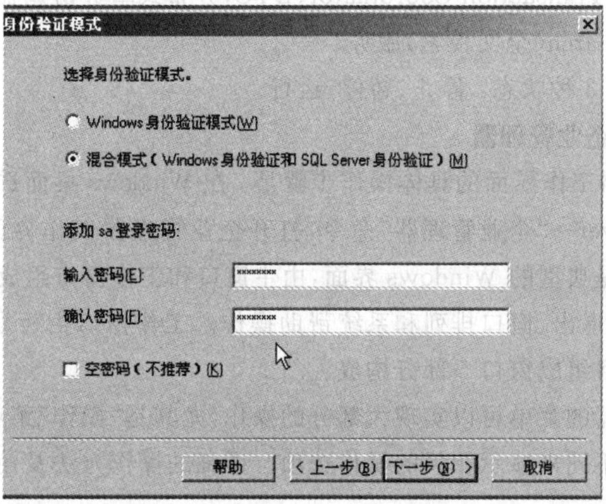

图 3-8　输入身份验证信息

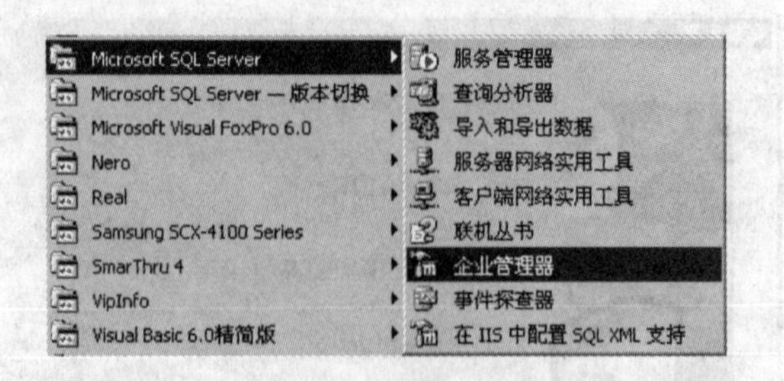

图 3-9　启动 SQL Server 2000 组件

3. 测试安装

(1) 启动 SQL Server 2000 服务(图 3-10)。

① 运行服务管理器。

② 在"服务器"栏选择本机 SQL Server 实例的名称。

③ 在"服务"栏选择 SQL Server。

④ 单击"开始/继续"按钮,启动 SQL Server 服务。

(2) 建立到 SQL Server 的连接。

① 使用企业管理器建立到 SQL Server 的连接。

② 使用查询分析器建立到 SQL Server 的连接。

图 3-10　SQL Server 2000 服务管理器

3.2.3　SQL Server 2000 常用管理工具

1. SQL Server 服务管理器

SQL Server 服务管理器见图 3-10。

(1) 每个实例有以下 4 种服务程序:

① SQL Server 服务;

② SQL Server Agent(代理)服务;

③ Distributed Transaction Coordinator(DTC,分布式事务协调器)服务;

④ Microsoft Search(全文检索)服务。

(2) 4 种服务有 3 种状态:停止、暂停、运行。

2. SQL Server 企业管理器

打开企业管理器工作界面的具体操作步骤是:在 Windows 桌面选择"开始"→"程序"→Microsoft SQL Server→"企业管理器"命令,打开企业管理器工作界面如图 3-11 所示。企业管理器工作界面是典型的 Windows 界面,由主窗口和工作窗口组成。主窗口的操作比较简单,只是提供系统退出、窗口排列和系统帮助操作。工作窗口由标题栏、菜单栏、工具栏、树型结构窗口和项目组成窗口 5 部分构成。

通过企业管理器的菜单可以实现大部分的操作,尤其是"操作"菜单项很有特点,它会根据用户选择项目的不同来显示相关的操作选项。详细的操作方法及使用功能请查阅软件的帮助功能。

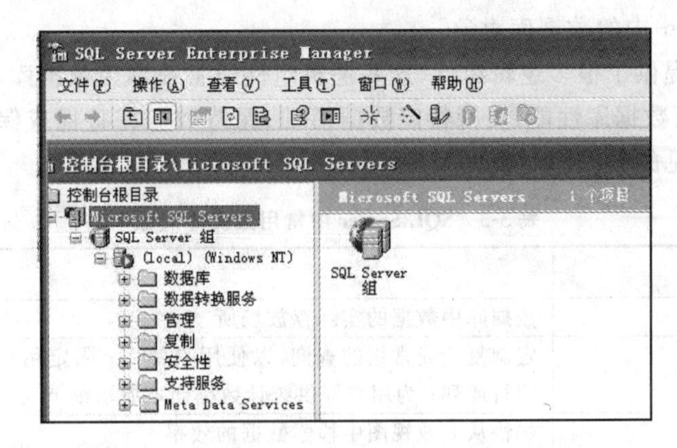

图 3-11 SQL Server 2000 企业管理器工作界面

3.2.4 SQL Server 2000 中的数据库

1. SQL Server 中的数据库

数据库通常被划分为用户视图和物理视图。用户视图是用户看到和操作的数据库，而物理视图是数据库在磁盘上的文件存储。图 3-12 描述了 SQL Server 中的用户视图和物理视图。

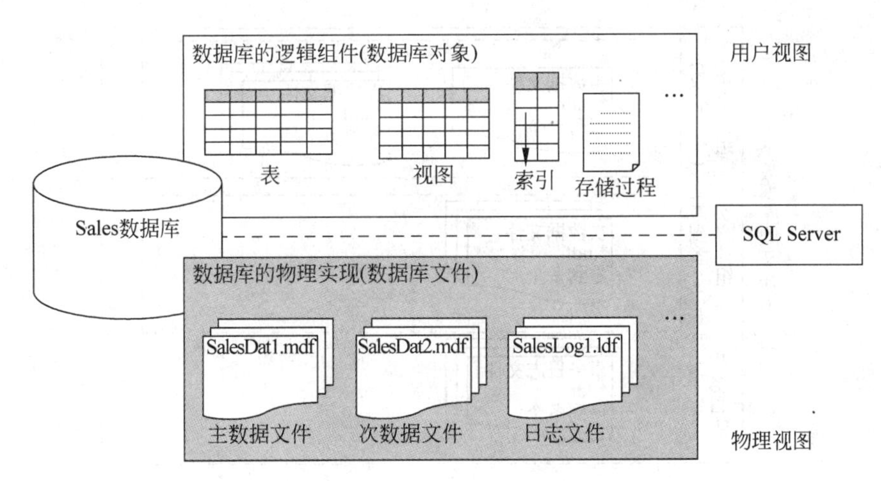

图 3-12 数据库的用户视图和物理视图

用户视图是 DBMS 对数据库中的信息封装，是 DBMS 提供给用户或数据库应用程序的统一访问接口。SQL Server 把数据及其相关信息用多个逻辑组件来表示，如表、视图、索引、存储过程等，这些逻辑组件通常被称为数据库对象。用户或数据库应用程序看到的数据库由多个数据库对象组成，用户对数据库的操作都由数据库对象来实施。

物理视图是指 DBMS 如何组织数据库在磁盘上的物理文件以及如何高效率访问存储在磁盘文件中的数据。SQL Server 使用数据文件和日志文件来实现数据库在磁盘上的结构化存储。在 SQL Server 中，数据库的物理实现对用户是透明的，即数据库是如何存储对用户来说是不可见的，也不需要关心，但了解数据库的物理实现有助于设计出高效的数据库系统。

1）SQL Server 中的数据库对象

SQL Server 提供了很多逻辑组件，这些逻辑组件通常被称为数据库对象。这些数据库对象通常用于提高数据库性能、支持特定数据活动、保持数据完整性或保障数据的安全性。SQL Server 中常见的数据库对象见表 3-3。

表 3-3　SQL Server 中常用数据库对象

对　　象	作　　用
表	数据库中数据的实际存放场所
视图	定制复杂或常用的查询，以便用户使用；限定用户只能查看表中的特定行或列；为用户提供统计数据而不展示细节
索引	加快从表或视图中检索数据的效率
存储过程	提高性能；封装数据库的部分或全部细节；帮助在不同的数据库应用程序之间实现一致的逻辑
约束、规则、默认值和触发器	确保数据库的数据完整性；强制执行业务规则
登录、用户、角色和组	保障数据安全的基础

2）SQL Server 中的数据文件

在 SQL Server 中，数据库由数据文件和事务日志文件组成。一个数据库至少包含一个数据文件和一个事务日志文件。SQL Server 中的数据文件组成见图 3-13。

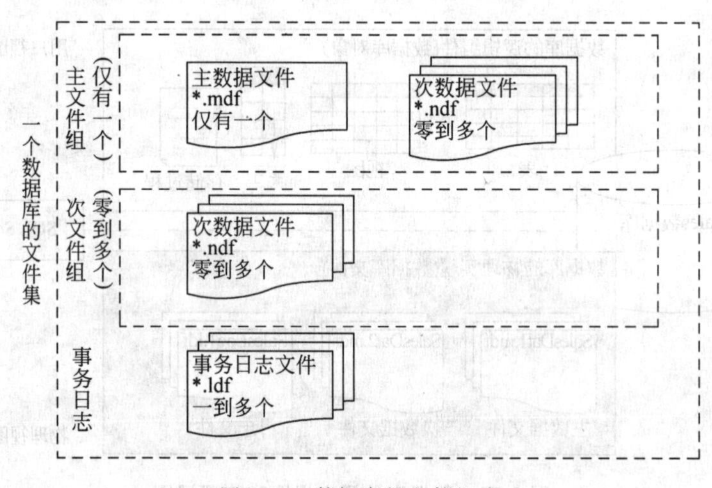

图 3-13　数据库的文件组成

（1）数据文件

数据文件是存放数据和数据库对象的文件。一个数据库可以有一个或多个数据文件，每个数据文件只属于一个数据库。当有多个数据文件时，有一个文件被定义为主数据文件(Primary Database File)，扩展名为 MDF，用来存储数据库的启动信息和部分或全部数据。其他数据文件被称为次数据文件(Secondary Database File) 扩展名为 NDF，用来存储主数据文件没存储的其他数据。

（2）事务日志

事务日志文件是用来记录数据库更新信息(例如使用 INSERT、UPDATE、DELETE 等语句对数据进行更改的操作)的文件。这些更新信息(日志)可用来恢复数据库。事务日志文件最小为 512KB,扩展名为 LDF。每个数据库可以有一个或多个事务日志文件。

(3) 文件组

SQL Server 允许对文件进行分组,以便于管理和数据的分配/放置。所有数据库都至少包含一个主文件组,所有系统表都分配在主文件组中。用户可以定义额外的文件组。数据库首次创建时,主文件组是默认文件组;可以使用 ALTER DATABASE 语句将用户定义的文件组指定为默认文件组。创建时没有指定文件组的用户对象的页将从默认文件组分配。

在使用文件组时,应当注意以下几个准则。

- 文件或文件组不能由一个以上的数据库使用。
- 文件只能是一个文件组的成员。
- 数据和事务日志信息不能属于同一文件或文件组。
- 事务日志文件不能属于任何文件组。

2. SQL Server 的系统数据库

数据库服务器上自动建立了 6 个数据库,其中有 4 个系统数据库和两个示例数据库。

(1) 系统数据库:

- master 数据库;
- tempdb 数据库;
- model 数据库;
- msdb 数据库。

(2) 示例数据库:

- northwind 数据库;
- pubs 数据库。

3. 数据库对象的标识符

例如数据库名、表名、视图名、列名等。SQL Server 标识符的命名遵循以下规则。

(1) 标识符包含的字符数必须在 1 到 128 之间。

(2) 标识符的第一个字符必须是字母、下划线(_)、at 符号(@)或者数字符号(#)。

(3) 标识符的后续字符可以为字母、数字、"@"符号、"$"符号、数字符号或下划线。

(4) 标识符不能是 Transact-SQL 的保留字,也不能包含空格。

3.3 数据定义

SQL 的数据定义包括模式定义、基本表定义、视图定义和索引定义。

3.3.1 模式的定义和删除

1. 模式定义

语法格式:CREATE SCHEMA <模式名> AUTHORIZATION <用户名>;

创建了一个模式,即创建了一个数据库,在许多的 RDBMS 中把创建模式称为创建数据库,如在 SQL Server 2000 中,就是用 CREATE DATABASE 语句代替 CREATE SCHEMA 语句。

创建模式后,可进一步创建该模式所包含的数据库对象。如基本表、视图、索引等。

例 3-1 创建一个 Teacher 模式。

```
CREATE SCHEMA Teacher AUTHORIZATION ZYL;
```

其中 Teacher 为模式名,ZYL 为用户名。若省略模式名,则模式名默认为用户名。

2. 模式删除

语法格式:DROP SCHEMA <模式名> <CASCADE|RESTRICT>;

其中,选择 CASCADE 选项,表示在删除模式的同时,将该模式中的所有数据库对象一起删除。选择 RESTRICT 选项,表示在删除模式的时候,该模式中已经包含了数据库对象(表或视图等),则拒绝执行该删除语句;该模式中未包含任何数据库对象,则允许执行该删除语句。

例 3-2 删除例 3-1 创建的 Teacher 模式。

```
DROP  SCHEMA  Teacher  CASCADE;
```

3. SQL Server 2000 创建删除数据库

例 3-3 在 SQL Server 2000 中创建数据库 Teacher。

```
CREATE DATABASE Teacher;
```

例 3-4 在 SQL Server 2000 中删除例 3-3 创建的数据库 Teacher。

```
DROP DATABASE Teacher;
```

3.3.2 创建基本表

语法格式:

```
CREATE TABLE <表名>
        (列定义[ … N],
         表级完整性约束[ … N]);
```

说明:

(1) <表名>:所要创建的基本表的名称。

(2) 列定义:<列名><数据类型>[<列级完整性约束>][…N]。

(3) <列名>:所定义的列(属性)的名称,一个表中不能有同名的列。

(4) <数据类型>:规定该列数据所属的数据类型,应视该列数据的具体内容和 SQL 提供的数据类型来定义。SQL 支持的常用数据类型如表 3-4 所示。

表 3-4 SQL 支持的常用数据类型

数据类型		说明符	解释
数值型	长整型	INT 或 INTEGER	表示整数值,一般用 4 个字节存储
	短整型	SMALLINT	表示整数值,一般用 2 个字节存储
	定点数值型	DECIMAL(*p*,[*s*])	表示定点数。*p* 指定总的数值位数,包括小数点和小数点后的位数。*s* 表示小数点后的位数
	定点数值型	NUMERIC(*p*,[*s*])	同 DECIMAL
	浮点数值型	REAL	取决于机器精度的浮点数
	浮点数值型	DOUBLE PRECISION	取决于机器精度的双精度浮点数
	浮点数值型	FLOAT	表示浮点数,一般精度至少为 *n* 位数字

续表

数据类型		说明符	解释
字符串型	定长字符串	CHAR(*n*)	按固定长度 *n* 存储字符串，若实际字符串长度小于 *n*，则后面填充空格，若实际字符串长度大于 *n*，则报错
	变长字符串	VERCHAR(*n*)	按实际字符串长度存储，若实际字符串长度小于 *n*，后面不填充空格，若实际字符串长度大于 *n*，则报错
位串型	位串	BIT(*n*)	表示长度为 *n* 的二进制位串
	变长位串	BIT VARYING(*n*)	表示长度为 *n* 的变长二进制位串
日期时间型	日期型	DATE	表示日期值年、月、日。表示形式为 YYYY-MM-DD
	时间型	TIME	表示时间值时、分、秒。格式为 HH：MM：SS

(1) 列完整性约束：定义该列上数据必须满足的条件。一般有：

NULL　　允许为空值(默认值)

NOT NULL　　不允许为空值

PRIMARY KEY　　主键约束

FOREIGN KEY　　外键约束

UNIQUE　　唯一性约束

CHECK　　检查约束

DEFAULT　　默认值

(2) ＜表完整性约束＞：定义在列或组合列上的完整性约束。

有关列级、表级完整性约束详情参见 3.7.2 节。

例 3-5　创建"教工登记表"。

```
CREATE TABLE 教工登记表
(教师编号 CHAR(6) PRIMARY KEY,              /* 定义为列级主键约束 */
  姓名 CHAR(8) NOT NULL,                   /* 姓名列不能取空值 */
  性别 CHAR(2) NOT NULL,                   /* 性别列不能取空值 */
  年龄 SMALLINT,
  婚否 BIT,
  职称 CHAR(6),
  基本工资 DECIMAL(7,2),
  部门 CHAR(10));
```

系统执行以上语句后，数据库中就建立了一个名为"教工登记表"的空表，只有表结构而无记录(元组)。系统将该表的定义及有关约束条件存放在数据字典中。

注意：

(1) 定义每列时，要用逗号隔开每列。

(2) 该例将"婚否"定义为 BIT 类型，则只能输入 1 或 0，代表 TRUE 和 FALSE。

例 3-6　创建"教工工资表"。

```
CREATE TABLE 教工工资表
(工资编号 INT PRIMARY KEY,                  /* 定义为列级主键约束 */
  姓名 CHAR(8) NOT NULL,
  基本工资 DECIMAL(7,2),
  岗位补贴 DECIMAL(7,2),
  奖金 DECIMAL(7,2),
```

```
   扣除 DECIMAL(7,2),
   实发工资 DECIMAL(7,2));
```

例 3-7 创建“学生干部登记表”。

```
CREATE TABLE 学生干部登记表
(学号 CHAR(8) PRIMARY KEY,
   姓名 CHAR(8),
   性别 CHAR(2),
   年龄 SMALLINT,
   班级 CHAR(12),
   任职 CHAR(10),
   教师编号 CHAR(6) REFERENCES 教工登记表(教师编号));   /* 定义为列级外键约束 */
```

3.3.3 修改表结构

修改表结构，指的是对已定义的表增加新的列(属性)或删除多余的列(属性)。

语法格式：

```
ALTER TABLE <表名>
[ADD <列名><数据类型>[列完整性约束]]
[DROP COLUMN <列名>]
[Alter COLUMN <列名><新的数据类型>]
[ADD CONSTRAINT <表级完整性约束>]
[DROP CONSTAINT <表级完整性约束>];
```

说明：

(1) ADD＜列名＞＜数据类型＞[列完整性约束]：为指定的表添加新的列，并可在新添加的列上增加列级完整性约束。

(2) Alter COLUMN＜列名＞＜新的数据类型＞：修改表中指定列的数据类型，当该列有约束定义时，不能修改。

(3) DROP COLUMN＜列名＞：删除表中指定的列。

(4) ADD CONSTRAINT＜表级完整性约束＞：为指定表添加表级完整性约束。

(5) DROP CONSTAINT＜表级完整性性约束＞：删除指定表中的某个指定的表级完整性约束。

例 3-8 在“教工登记表”中增加一列“政治面貌”。

```
ALTER TABLE 教工登记表
ADD 政治面貌 CHAR(10);
```

例 3-9 在“教工登记表”中修改“政治面貌”列的数据类型。

```
ALTER TABLE 教工登记表
MODIFY COLUMN 政治面貌 VARCHAR(8);
```

例 3-10 在“教工登记表”中删除“政治面貌”一列。

```
ALTER TABLE 教工登记表
DROP COLUMN 政治面貌;
```

例 3-11 在“教工登记表”中的姓名列增加一个表级唯一性约束 WYYS1。

```
ALTER TABLE 教工登记表
ADD CONSTRAINT WYYS1 UNIQUE (姓名);
```

例 3-12 在“教工登记表”中删除上例中建立的一个表级主键约束 WYYS1。

```
ALTER TABLE 教工登记表
DROP CONSTRAINT WYYS1;
```

有关表级、列级完整性将在 3.7.2 节完整性约束章节中详细讲述。

3.3.4 删除基本表

即将指定的表从数据库中删除，删除表后，所有属于表的数据、索引、视图和触发器也将被自动删除，视图的定义仍被保留在数据字典中，但已无法使用。

语法格式：

```
DROP TABLE <表名>;
```

例 3-13 删除“教工工资表”。

```
DROP TABLE 教工工资表;
```

3.3.5 创建索引

创建索引可提高查询速度，可在经常要进行检索的列上建立索引，但并非索引越多越好，因为索引自身也要占用一定的资源。索引可创建在一列或多列的组合上。

语法格式：

```
CREATE [UNIQUE][CLUSTER] INDEX <索引名> ON 表名(列名[ … N])
```

说明：

(1) UNIQUE：表示建立唯一性索引，即索引列不允许有重复值。

(2) CLUSTER：表示建立的是聚簇索引，否则建立的是非聚簇索引。聚簇索引即指索引项的顺序与表中记录的物理存放顺序一致，一个表中最多可建立一个聚簇索引，可建多个非聚簇索引。

(3) 在列名后可用 ASC 或 DESC 指定升序或降序，默认为升序(ASC)。

(4) 如在多列组合上建立索引，则各列名之间用逗号隔开。先按第一指定列排序，然后按第二，以此类推。

例 3-14 为“教工工资表”创建一个索引，按“基本工资”降序排列。

```
CREATE INDEX SY1 ON 教工工资表(基本工资 DESC);
```

例 3-15 为“教工登记表”创建一个索引，先按“职称”升序排列，然后按“基本工资”降序排列。

```
CREATE INDEX SY2 ON 教工登记表(职称,基本工资 DESC);
```

例 3-16 在“教工登记表”的“姓名”列上按升序创建一个唯一性的聚簇索引。

```
CREATE UNIQUE CLUSTED INDEX SY3 ON 教工登记表(姓名);
```

3.3.6 删除索引

不再需要索引时，应及时将其删除，可释放空间，减少维护的开销。

语法格式：

```
DROP INDEX <表名.索引名>;
```

例 3-17 将"教工工资表"中"基本工资"列上建立的索引删除。

```
DROP INDEX 教工工资表.SY1;
```

例 3-18 将"教工登记表"中"姓名"列上建立的唯一性的聚簇索引删除。

```
DROP INDEX 教工登记表.SY3;
```

索引删除后，有关索引的描述也将会从数据字典中删除。

3.4 数据更新

数据更新是指对基本表中数据进行更改，包括向基本表中插入数据、修改基本表中原有数据、删除基本表中的某些数据。

3.4.1 在表中插入数据

在已存在的表中插入数据，一般有两种方法，一种是一次插入一个元组（一条记录），另一种是一次插入多个元组（一批记录）。

1. 插入一个元组

执行一次命令只能完成一个元组的插入。

语法格式：

```
INSERT[INTO] <表名>[(<列名表>)]
VALUES(<对应的列值>);
```

说明：

(1)（＜列名表＞）：要插入值的列的列名序列，各列名之间用逗号隔开，该项为可选项，若省略该项，则表示插入数据到所有列。

(2)（＜对应的列值＞）：是要插入到表中的数据值，各数据值之间用逗号隔开，各值对应于＜列名表＞中的各列。

例 3-19 在"教工登记表"中插入一条记录。

```
INSERT INTO 教工登记表
VALUES('JSJ001','江河','男',30,1,'讲师',880,'计算机系');
```

例 3-20 在"教工登记表"中插入一条记录，该记录只包含部分数据。

```
INSERT INTO 教工登记表 (编号,姓名,性别,部门)
VALUES('JSJ002','张大伟','男','计算机系');
```

注意：

(1) 没有指定属性列时，必须为每个列赋值，顺序必须与表的各列的顺序一致。

(2) 字符串类型的值要用单引号括起来。

(3) 部分列赋值时，对于允许为空的属性列，如果没有赋予具体值，系统将自动添加NULL(空值)。

(4) 不允许为空的列必须赋值，否则出错。

以上两条命令执行后，"教工登记表"中存在两条记录如下：

教师编号	姓名	性别	年龄	婚否	职称	基本工资	部门
JSJ001	江河	男	30	1	讲师	880	计算机系
JSJ002	张大伟	男	NULL	NULL	NULL	NULL	计算机系

若要再插入下列记录：

JGX001	王冠	男	32	1	讲师	800	经管系
JGX002	刘柳	女	38	1	副教授	1000	经管系
JCB002	张扬	女	28	0	讲师	800	基础部
JGX003	王芝环	女	24	0	助教	500	经管系

则执行下列一组命令：

```
INSERT INTO 教工登记表
VALUES('JGX001','王冠','男',32,1,'讲师',800,'经管系');
INSERT INTO 教工登记表
VALUES('JGX002','刘柳','女',38,1,'副教授',1000,'经管系');
INSERT INTO 教工登记表
VALUES('JCB002','张扬','女',28,0,'讲师',800,'基础部');
INSERT INTO 教工登记表
VALUES('JGX003','王芝环','女',24,0,'助教',500,'经管系');
```

此时，教工登记表中有如下记录：

教师编号	姓名	性别	年龄	婚否	职称	基本工资	部门
JCB002	张扬	女	28	0	讲师	800	基础部
JGX001	王冠	男	32	1	讲师	800	经管系
JGX002	刘柳	女	38	1	副教授	1000	经管系
JGX003	王芝环	女	24	0	助教	500	经管系
JSJ001	江河	男	30	1	讲师	880	计算机系
JSJ002	张大伟	男	NULL	NULL	NULL	NULL	计算机系

2. 插入一组元组

可通过使用查询语句，将查询结果作为插入值，实现一组元组的插入。

语法格式：

```
INSERT[INTO] <表名>[(<列名表>)]
〈子查询〉;
```

例 3-21 建立一个“教工查询表”，在表中插入一批记录，这些记录取之于“教工登记表”。

```
CREATE TABLE 教工查询表
(编号 CHAR(6) NOT NULL,
  姓名 CHAR(8) NOT NULL,
  性别 CHAR(2) NOT NULL,
  职称 CHAR(6),
  部门 CHAR(10) );
```

建立“教工查询表”后，再执行插入命令：

```
INSERT 教工查询表
SELECT 教师编号,姓名,性别,职称,部门
FROM 教工登记表;
```

命令执行后，“教工查询表”中存在下列记录，即同时插入了 6 条记录。

编号	姓名	性别	职称	部门
JCB002	张扬	女	讲师	基础部
JGX001	王冠	男	讲师	经管系
JGX002	刘柳	女	副教授	经管系
JGX003	王芝环	女	助教	经管系
JSJ001	江河	男	讲师	计算机系
JSJ002	张大伟	男	NULL	计算机系

3.4.2 在表中修改数据

需要时，表中的数据值可进行修改。修改数据有几种方式，可按指定条件修改一个或多个元组，也可不指定条件从而对表中所有元组进行修改，还可利用子查询的结果进行修改（参见 3.4.9 节）。

1. 按指定条件修改元组

语法格式：

```
UPDATE <表名>
SET <列名 1> = <表达式 1>[,<列名 2> = <表达式 2>][, … N]
WHERE <条件>;
```

说明：

(1) 列名 1、列名 2…为要修改的列的列名，表达式 1、表达式 2…为要赋予的新值。

(2) WHERE<条件>：指定对满足条件的记录进行修改。

例 3-22 修改“教工登记表”中‘张大伟’的记录，年龄为 24，婚否为未婚，职称为助教，基本工资为 660 元。

```
UPDATE 教工登记表
SET 年龄 = 24,婚否 = 0,职称 = '助教',基本工资 = 660
WHERE 姓名 = '张大伟';
```

结果表中的记录为：

教师编号	姓名	性别	年龄	婚否	职称	基本工资	部门
JCB002	张扬	女	28	0	讲师	800	基础部
JGX001	王冠	男	32	1	讲师	800	经管系
JGX002	刘柳	女	38	1	副教授	1000	经管系
JGX003	王芝环	女	24	0	助教	500	经管系
JSJ001	江河	男	30	1	讲师	880	计算机系
JSJ002	张大伟	男	24	0	助教	660	计算机系

例 3-23 修改"教工登记表"中的基本工资值,给所有的讲师增加基本工资 100 元。

```
UPDATE 教工登记表
SET 基本工资 = 基本工资 + 100
WHERE 职称 = '讲师';
```

结果表中的记录为:

教师编号	姓名	性别	年龄	婚否	职称	基本工资	部门
JCB002	张扬	女	28	0	讲师	900	基础部
JGX001	王冠	男	32	1	讲师	900	经管系
JGX002	刘柳	女	38	1	副教授	1000	经管系
JGX003	王芝环	女	24	0	助教	500	经管系
JSJ001	江河	男	30	1	讲师	980	计算机系
JSJ002	张大伟	男	24	0	助教	660	计算机系

2. 修改表中所有元组

语法格式:

```
UPDATE <表名>
SET <列名 1> = <表达式 1>[,<列名 2> = <表达式 2>][,…N];
```

例 3-24 修改"教工登记表"中的年龄值,给所有教工的年龄值增加 1。

```
UPDATE 教工登记表
SET 年龄 = 年龄 + 1;
```

结果表中的记录为:

教师编号	姓名	性别	年龄	婚否	职称	基本工资	部门
JCB002	张扬	女	29	0	讲师	900	基础部
JGX001	王冠	男	33	1	讲师	900	经管系
JGX002	刘柳	女	39	1	副教授	1000	经管系
JGX003	王芝环	女	25	0	助教	500	经管系
JSJ001	江河	男	31	1	讲师	980	计算机系
JSJ002	张大伟	男	25	0	助教	660	计算机系

3.4.3 在表中删除数据

删除表中数据,指的是在表中删除记录,表的结构、约束、索引等并没有被删除。删除数据有几种方式,可按指定条件删除一个或多个元组,也可不指定条件从而对表中所有元组进行删除，还可利用子查询的结果进行删除(参见 3.4.9 节)。

1. 按指定条件删除一个或多个元组

语法格式：

```
DELETE FROM <表名>
WHERE <条件>;
```

例 3-25 删除“教工工资表”中“李力”的记录。

```
DELETE
FROM 教工工资表
WHERE 姓名 = '李力';
```

假设删除前“教工工资表”中有如下记录：

工资号	姓名	基本工资	岗位补贴	奖金	扣除	实发工资
1	江河	980.00	400.00	400.00	250.00	1430.00
2	张大伟	660.00	300.00	250.00	120.00	1090.00
3	王冠	900.00	400.00	300.00	200.00	1300.00
4	刘柳	1000.00	600.00	400.00	260.00	1740.00
5	张扬	900.00	400.00	300.00	180.00	1320.00
6	王芝环	500.00	300.00	150.00	150.00	800.00
7	李力	900.00	600.00	400.00	236.00	1664.00

执行删除后结果表中的记录为：

工资号	姓名	基本工资	岗位补贴	奖金	扣除	实发工资
1	江河	980.00	400.00	400.00	250.00	1430.00
2	张大伟	660.00	300.00	250.00	120.00	1090.00
3	王冠	900.00	400.00	300.00	200.00	1300.00
4	刘柳	1000.00	600.00	400.00	260.00	1740.00
5	张扬	900.00	400.00	300.00	180.00	1320.00
6	王芝环	500.00	300.00	150.00	150.00	800.00

2. 删除表中所有元组

语法格式：

```
DELETE FROM <表名>
```

例 3-26 删除“教工查询表”中的所有记录。

```
DELETE
FROM 教工查询表
```

执行删除后结果表中的记录为：

编号	姓名	性别	职称	部门

表中所有的元组被删除，但表的属性、约束、索引等仍被保留。

3.5 数据查询

查询是数据库的主要操作,SQL 提供的查询语句 SELECT,可以灵活方便地完成各种查询。

3.5.1 SELECT 语句的格式

语法格式:

```
SELECT[ALL|DISTINCT]<查询列表>
FROM <表名或视图名>
[WHERE <查询条件>]
[GROUP BY <列名表>]
[HAVING <筛选条件>]
[ORDER BY <列名[ASC | DESC] 表>];
```

说明:

(1) ALL| DISTINCT:选 DISTINCT,则每组重复元组只输出一条元组;选 ALL,则所有重复元组全部输出。默认为 ALL。

(2) FROM <表名或视图名>:指定要查询的基本表或视图,可以是多个表或视图。

(3) WHERE <查询条件>:指定查询要满足的条件。

(4) GROUP BY <列名表>:指定根据列名表进行分类汇总查询。

(5) ORDER BY <列名[ASC | DESC] 表>:指定将查询结果按<列名表>中指定的列进行升序(ASC)或降序(DESC)排列。<列名表>中可指定多个列,各列名之间用逗号隔开。先按第一指定列排序,然后按第二列,以此类推。

3.5.2 简单查询

最基本的 SELECT 语句格式为:

```
SELECT[ALL|DISTINCT]<查询列表>
FROM <表名或视图名>;
```

1. 查询表中所有的列

若查询表中所有列,可不必将所有列名列出,而用"*"替代。

例 3-27 查询"教工登记表"中的所有信息。

```
SELECT *
FROM 教工登记表;
```

则查询结果为:

教师编号	姓名	性别	年龄	婚否	职称	基本工资	部门
JCB002	张扬	女	29	0	讲师	900	基础部
JGX001	王冠	男	33	1	讲师	900	经管系
JGX002	刘柳	女	39	1	副教授	1000	经管系
JGX003	王芝环	女	25	0	助教	500	经管系
JSJ001	江河	男	31	1	讲师	980	计算机系
JSJ002	张大伟	男	25	0	助教	660	计算机系

2. 查询表中指定列

例 3-28 查询“教工登记表”中“姓名”、“年龄”、“职称”列的所有信息。

```
SELECT 姓名,年龄,职称
FROM 教工登记表;
```

则查询结果为：

姓名	年龄	职称
张扬	29	讲师
王冠	33	讲师
刘柳	39	副教授
王芝环	25	助教
江河	31	讲师
张大伟	25	助教

3. 查询列表中指定常量和计算表达式

例 3-29 查询“教工工资表”中各教工的应发工资。

```
SELECT 姓名,基本工资 + 岗位补贴 + 奖金
FROM 教工工资表;
```

则查询结果为：

姓名	
江河	1780.00
张大伟	1210.00
王冠	1600.00
刘柳	2000.00
张扬	1600.00
王芝环	950.00

4. 给查询列指定别名

语法格式：列名 AS 别名

例 3-30 查询“教工工资表”中各教工的应发工资，将计算查询出来的列用列名“应发工资”显示。

```
SELECT 姓名,基本工资 + 岗位补贴 + 奖金 AS 应发工资
FROM 教工工资表;
```

则查询结果为：

姓名	应发工资
江河	1780.00
张大伟	1210.00
王冠	1600.00
刘柳	2000.00
张扬	1600.00
王芝环	950.00

5. 消除查询结果中的重复行

在有些查询结果中，可能会包含一些重复行，使用 DISTINCT 关键字，可消除查询结果中的重复行，默认为 ALL，取所有行。

例 3-31 查询"教工登记表"中各部门名称。

若执行下列语句：

```
SELECT    部门
FROM 教工登记表;
```

则执行结果为：

```
部门
基础部
经管系
经管系
经管系
计算机系
计算机系
```

若改为执行下列语句：

```
SELECT DISTINCT 部门
FROM 教工登记表;
```

则执行结果为：

```
部门
基础部
计算机系
经管系
```

第一次执行，使用的是默认值 ALL，所以将所有结果都列出；第二次执行，使用了 DISTINCT 关键字，消除了重复行，相同的部门只取一个。

3.5.3 选择查询

即根据给定的查询条件，查询出满足条件的记录。

语法格式：

```
SELECT[ALL|DISTINCT]<查询列表>
FROM <表名或视图名>
WHERE <查询条件>;
```

根据 WHERE 子句中使用的关键字不同，可进行不同的选择查询。

1. 使用关系表达式和逻辑表达式表示查询条件

关系运算符：>(大于)、<(小于)、>=(大于等于)、<=(小于等于)、=(等于)、<>(不等于)。

逻辑运算符：AND(与)、OR(或)、NOT(非)。

例 3-32 查询"教工登记表"中职称为"讲师"的记录。

```
SELECT  *
FROM 教工登记表
WHERE 职称 = '讲师';
```

则查询结果为：

教师编号	姓名	性别	年龄	婚否	职称	基本工资	部门
JCB002	张扬	女	29	0	讲师	900.00	基础部
JGX001	王冠	男	33	1	讲师	900.00	经管系
JSJ001	江河	男	31	1	讲师	980.00	计算机系

例 3-33 查询"教工工资表"中基本工资大于 800 的记录。

```
SELECT  *
FROM 教工工资表
WHERE 基本工资> 800;
```

则查询结果为：

工资号	姓名	基本工资	岗位补贴	奖金	扣除	实发工资
1	江河	980.00	400.00	400.00	250.00	1430.00
3	王冠	900.00	400.00	300.00	200.00	1300.00
4	刘柳	1000.00	600.00	400.00	260.00	1740.00
5	张扬	900.00	400.00	300.00	180.00	1320.00

例 3-34 查询"教工登记表"中职称为"讲师"且年龄小于 30 的记录。

```
SELECT  *
FROM 教工登记表
WHERE 职称 = '讲师'  AND  年龄< 30;
```

则查询结果为：

教师编号	姓名	性别	年龄	婚否	职称	基本工资	部门
JCB002	张扬	女	29	0	讲师	900.00	基础部

2. 使用[NOT] BETWEEN 关键字表示查询条件

使用 BETWEEN 关键字指定在某个范围内查询，NOT BETWEEN 则正好相反。

例 3-35 查询"教工登记表"中基本工资在 500 至 800 之间的记录。

```
SELECT  *
FROM 教工登记表
WHERE 基本工资 BETWEEN 500 AND 800;
```

则查询结果为：

教师编号	姓名	性别	年龄	婚否	职称	基本工资	部门
JGX003	王芝环	女	25	0	助教	500.00	经管系
JSJ002	张大伟	男	25	0	助教	660.00	计算机系

例 3-36 查询“教工登记表”中基本工资不在 500 至 800 之间的记录。

```
SELECT  *
FROM 教工登记表
WHERE 基本工资 NOT BETWEEN 500 AND 800;
```

则查询结果为：

教师编号	姓名	性别	年龄	婚否	职称	基本工资	部门
JCB002	张扬	女	29	0	讲师	900.00	基础部
JGX001	王冠	男	33	1	讲师	900.00	经管系
JGX002	刘柳	女	39	1	副教授	1000.00	经管系
JSJ001	江河	男	31	1	讲师	980.00	计算机系

3. 使用 IN 关键字表示查询条件

使用 IN 关键字可以查询符合列表中任何一个值的记录。

例 3-37 查询“教工登记表”中职称是“讲师”、“副教授”、“教授”的记录。

```
SELECT *
FROM 教工登记表
WHERE 职称 IN('讲师','副教授','教授');
```

则查询结果为：

教师编号	姓名	性别	年龄	婚否	职称	基本工资	部门
JCB002	张扬	女	29	0	讲师	900.00	基础部
JGX001	王冠	男	33	1	讲师	900.00	经管系
JGX002	刘柳	女	39	1	副教授	1000.00	经管系
JSJ001	江河	男	31	1	讲师	980.00	计算机系

4. 使用 LIKE 关键字进行模糊查询

使用 LIKE 运算符可完成对字符串的模糊匹配。即查找指定的属性列值与＜匹配串＞相匹配(LIKE)或不相匹配(NOT LIKE)的元组，字符串中可使用通配符。

语法格式：

```
[NOT] LIKE '<匹配串>' [ESCAPE'<换码字符>']
```

通配符：%：表示任意多个字符。

_：表示单个任意字符。

[ESCAPE'＜换码字符＞']：指当要查询的字符串本身就含有通配符“%”或“_”时，要使用 ESCAPE'＜换码字符＞'来对通配符进行转义。

例 3-38 查询“教工登记表”中江姓教工的记录。

```
SELECT *
FROM 教工登记表
WHERE 姓名 LIKE '江%';
```

则查询结果为：

教师编号	姓名	性别	年龄	婚否	职称	基本工资	部门
JSJ001	江河	男	31	1	讲师	980.00	计算机系

例 3-39 查询“教工登记表”中年龄为三十几岁教工的记录。

```
SELECT *
FROM 教工登记表
WHERE 年龄 LIKE '3_';
```

则查询结果为：

教师编号	姓名	性别	年龄	婚否	职称	基本工资	部门
JGX001	王冠	男	33	1	讲师	900.00	经管系
JGX002	刘柳	女	39	1	副教授	1000.00	经管系
JSJ001	江河	男	31	1	讲师	980.00	计算机系

例 3-40 查询“教工登记表”中非计算机系的教工的记录。

```
SELECT *
FROM 教工登记表
WHERE 部门 NOT  LIKE '计%';
```

则查询结果为：

教师编号	姓名	性别	年龄	婚否	职称	基本工资	部门
JCB002	张扬	女	29	0	讲师	900.00	基础部
JGX001	王冠	男	33	1	讲师	900.00	经管系
JGX002	刘柳	女	39	1	副教授	1000.00	经管系
JGX003	王芝环	女	25	0	助教	500.00	经管系

5. 使用[NOT] NULL 关键字进行查询

使用 NULL 和 NOT NULL 关键字用于查询某一字段值为空或不空的记录。

例 3-41 假设在“教工登记表”中插入一条记录：

JCB001	汪洋	男	27	1	NULL	500	基础部

再查询“教工登记表”中职称列不为空的记录。

```
SELECT *
FROM 教工登记表
WHERE 职称 IS NOT NULL;
```

则查询结果为：

教师编号	姓名	性别	年龄	婚否	职称	基本工资	部门
JCB002	张扬	女	29	0	讲师	900	基础部
JGX001	王冠	男	33	1	讲师	900	经管系
JGX002	刘柳	女	39	1	副教授	1000	经管系
JGX003	王芝环	女	25	0	助教	500	经管系
JSJ001	江河	男	31	1	讲师	980	计算机系
JSJ002	张大伟	男	25	0	助教	660	计算机系

例 3-42 查询“教工登记表”中职称列为空的记录。

```
SELECT *
FROM 教工登记表
WHERE 职称 IS NULL
```

则查询结果为：

教师编号	姓名	性别	年龄	婚否	职称	基本工资	部门
JCB001	汪洋	男	27	1	NULL	500	基础部

3.5.4 分组查询

使用 GROUP BY 子句，可将查询结果按 GROUP BY 子句中的<列名表>分组，在这些列上，值相同的记录分为一组，然后分别计算库函数的值。

语法格式：

```
SELECT[ALL|DISTINCT]<查询列表>
FROM <表名或视图名>
[WHERE <查询条件>]
GROUP BY <列名表>[HAVING <筛选条件>];
```

说明：

(1) 一般当<查询列表>中有库函数时，才使用 GROUP BY 子句。

(2) 当使用了 GROUP BY 子句时，SELECT 子句的<查询列表>中就只能出现库函数和 GROUP BY 子句中<列名表>中的分组字段。

(3) 当使用 HAVING <筛选条件>子句时，将对 GROUP BY 子句分组查询的结果进行进一步的筛选。

例 3-43 分别查询“教工登记表”中各种职称的基本工资总和。

```
SELECT 职称,SUM(基本工资) AS 基本工资总和
FROM 教工登记表
WHERE 职称 IS  NOT NULL
GROUP BY 职称;
```

则查询结果为：

职称	基本工资总和
副教授	1000.00
讲师	2780.00
助教	1160.00

例 3-44 查询“教工登记表”中各种职称的总人数。

```
SELECT 职称,COUNT(职称) AS 总人数
FROM 教工登记表
WHERE 职称 IS NOT NULL
GROUP BY 职称;
```

则查询结果为：

```
职称        总人数
副教授        1
讲师          3
助教          2
```

例 3-45 查询“教工登记表”中各种职称的平均工资大于 800 的记录。

```
SELECT 职称,AVG(基本工资) AS 平均工资
FROM 教工登记表
WHERE 职称 IS  NOT NULL
GROUP BY 职称
HAVING AVG(基本工资)> 800;
```

则查询结果为：

```
职称        平均工资
副教授     1000.000 000
讲师        926.666 666
```

该查询中，由于助教的平均工资不大于 800，被 HAVING 子句筛去。

注意：WHERE 子句和 HAVING 子句都是用于筛选记录，但用法不同，WHERE 子句用于在 GROUP BY 子句使用之前筛选记录，而 HAVING 子句用于在 GROUP BY 子句使用之后筛选记录。

3.5.5 查询结果排序

使用 ORDER BY 子句，可将查询结果按指定的列进行排序。

语法格式：

```
SELECT[ALL|DISTINCT]<查询列表>
FROM <表名或视图名>
[WHERE <查询条件>]
[GROUP BY <列名表>][HAVING <筛选条件>]
ORDER BY <列名[ASC | DESC] 表>;
```

说明：

(1) 使用 ASC 关键字表示升序排序，使用 DESC 关键字表示降序排序，默认为升序排序。

(2) ORDER BY 子句后有多个列名时，各列名用逗号隔开，先依据第一个列名排序，在此列上值相同，再按第二个列名排序，以此类推。

(3) ORDER BY 子句必须是 SELECT 语句中的最后一个子句。

例 3-46 查询“教工登记表”中各记录，并将查询结果按职称排序。

```
SELECT *
FROM 教工登记表
ORDER BY 职称;
```

则查询结果为：

教工编号	姓名	性别	年龄	婚否	职称	基本工资	部门
JCB001	汪洋	男	27	1	NULL	500.00	基础部
JGX002	刘柳	女	39	1	副教授	1000.00	经管系
JGX001	王冠	男	33	1	讲师	900.00	经管系
JCB002	张扬	女	29	0	讲师	900.00	基础部
JSJ001	江河	男	31	1	讲师	980.00	计算机系
JGX003	王芝环	女	25	0	助教	500.00	经管系
JSJ002	张大伟	男	25	0	助教	660.00	计算机系

例 3-47 查询“教工登记表”中各记录,并将查询结果按职称排序,职称相同的记录按基本工资降序排序。

```
SELECT *
FROM 教工登记表
ORDER BY 职称,基本工资 DESC;
```

则查询结果为:

教工编号	姓名	性别	年龄	婚否	职称	基本工资	部门
JCB001	汪洋	男	27	1	NULL	500.00	基础部
JGX002	刘柳	女	39	1	副教授	1000.00	经管系
JSJ001	江河	男	31	1	讲师	980.00	计算机系
JGX001	王冠	男	33	1	讲师	900.00	经管系
JCB002	张扬	女	29	0	讲师	900.00	基础部
JSJ002	张大伟	男	25	0	助教	660.00	计算机系
JGX003	王芝环	女	25	0	助教	500.00	经管系

注意:ORDER BY 子句的作用只是将查询结果排序,基本表并没有按此要求排序。

3.5.6 连接查询

在数据库的实际应用中,往往需要查询许多数据,有可能这些数据出现在两个或两个以上的表中,而我们希望这些数据出现在一个结果集中,这就要用到连接查询。

连接查询包括以下几种类型。

1. 等值连接与非等值连接

这是最常用的连接查询方法。等值连接与非等值连接是通过两个表(关系)中具有共同性质的列(属性)的比较,将两个表(关系)中满足比较条件的记录组合起来作为查询结果。

语法格式:

```
SELECT <查询列表>
FROM 表 1,表 2
WHERE 表 1.列 1  <比较运算符> 表 2.列 2;
```

其中比较运算符可以是:=、>、<、>=、<=、<>等。

说明:

(1) 连接的列(属性)名可不相同,但数据类型必须兼容。

(2) 当<比较运算符>是“=”时,称等值连接,否则为非等值连接。

例 3-48 查询每个部门教工的实发工资的信息。

```
SELECT 教工登记表.姓名,部门,实发工资
FROM 教工登记表,教工工资表
WHERE 教工登记表.姓名 = 教工工资表.姓名;
```

则查询结果为:

姓名	部门	实发工资
张扬	基础部	1320.00
王冠	经管系	1300.00
刘柳	经管系	1740.00
王芝环	经管系	800.00
江河	计算机系	1430.00
张大伟	计算机系	1090.00

该例中,"姓名"列同时出现在两个表中,应具体指定选择哪个表的"姓名"列,在等值连接中,去掉目标列的重复属性,即为自然连接。

2. 自身连接

即在同一个表中进行连接。自身连接可以看做一张表的两个副本之间进行的连接。在自身连接中,必须为表指定两个别名,使之在逻辑上成为两张表。

例 3-49 在教工登记表中增加一列"负责人",按自连接查询全体教工的负责人姓名及负责人的编号信息。

```
SELECT  A.姓名, B.负责人,B.教师编号 AS 负责人编号
FROM 教工登记表 A,教工登记表 B
WHERE B.姓名 = A.负责人;
```

则查询结果为:

姓名	负责人	负责人编号
汪洋	张扬	JCB002
张扬	张扬	JCB002
王冠	刘柳	JGX002
刘柳	刘柳	JGX002
王芝环	江河	JSJ001
江河	江河	JSJ001
张大伟	江河	JSJ001

3.5.7 嵌套查询

指在一个外层查询中包含另一个内层查询,即在一个 SELECT 语句中的 WHERE 子句中,包含另一个 SELECT 语句,外层的查询称主查询,WHERE 子句中包含的 SELECT 语句被称为子查询。一般将子查询的查询结果作为主查询的查询条件。使用嵌套查询,可完成复杂的查询操作。

1. 使用 IN 关键字

语法格式: WHERE 表达式 [NOT] IN(子查询)

说明：IN 表示属于，即若表达式的值属于子查询返回的结果集中的值，则满足查询条件，NOT IN 则表示不属于。

例 3-50 查询教工登记表中实发工资大于 800 的教工的记录。

```
SELECT *
FROM 教工登记表
WHERE 姓名 IN(SELECT 姓名 FROM 教工工资表 WHERE 实发工资>800);
```

则查询结果为：

教师编号	姓名	性别	年龄	婚否	职称	基本工资	部门
JCB002	张扬	女	29	0	讲师	900.00	基础部
JGX001	王冠	男	33	1	讲师	900.00	经管系
JGX002	刘柳	女	39	1	副教授	1000.00	经管系
JSJ001	江河	男	31	1	讲师	980.00	计算机系
JSJ002	张大伟	男	25	0	助教	660.00	计算机系

例 3-51 查询教工登记表中实发工资不大于 800 的教工的记录。

```
SELECT *
FROM 教工登记表
WHERE 姓名 NOT IN(SELECT 姓名 FROM 教工工资表 WHERE 实发工资>800);
```

则查询结果为：

教师编号	姓名	性别	年龄	婚否	职称	基本工资	部门
JCB001	汪洋	男	27	1	NULL	500.00	基础部
JGX003	王芝环	女	25	0	助教	500.00	经管系

2. 使用比较运算符

语法格式：WHERE 表达式 比较运算符 [ANY|ALL](子查询)

说明：

(1) 比较运算符包括>(大于)、<(小于)、>=(大于等于)、<=(小于等于)、=(等于)、<>(不等于)。

(2) ANY 关键字表示任何一个(其中之一)，只要与子查询中一个值符相合即可；ALL 关键字表示所有(全部)，要求与子查询中的所有值相符合。

例 3-52 查询岗位补贴在 400 至 800 之间的教工的信息。

```
SELECT *
FROM 教工登记表
WHERE 姓名 = ANY(SELECT 姓名 FROM 教工工资表 WHERE 岗位补贴> = 400 AND 岗位补贴< = 800);
```

则查询结果为：

教师编号	姓名	性别	年龄	婚否	职称	基本工资	部门
JCB002	张扬	女	29	0	讲师	900.00	基础部
JGX001	王冠	男	33	1	讲师	900.00	经管系
JGX002	刘柳	女	39	1	副教授	1000.00	经管系
JSJ001	江河	男	31	1	讲师	980.00	计算机系

若上例 ANY 改为 ALL：

```
SELECT *
FROM 教工登记表
WHERE 姓名 = ALL(SELECT 姓名 FROM 教工工资表 WHERE 岗位补贴> = 400 AND 岗位补贴< = 800);
```

执行后则无查询结果显示，因为子查询结果有多个值，而外部查询中的一个姓名值不可能对应于子查询的多个姓名值，因而无查询结果。

3. 使用 BETWEEN 关键字

语法格式：

```
WHERE 表达式 1 [NOT] BETWEEN(子查询)AND 表达式 2
```

或

```
WHERE 表达式 1 [NOT] BETWEEN 表达式 2 AND(子查询)
```

说明：使用 BETWEEN 关键字，则查询条件是表达式 1 的值必须介于子查询结果值与表达式 2 值之间，而使用 NOT BETWEEN 关键字则正好相反。

例 3-53 查询年龄介于教工"汪洋"的年龄和 30 岁之间的教工的记录。

```
SELECT *
FROM 教工登记表
WHERE 年龄 BETWEEN
(SELECT 年龄 FROM 教工登记表 WHERE 姓名 = '汪洋') AND 30;
```

则查询结果为：

教师编号	姓名	性别	年龄	婚否	职称	基本工资	部门
JCB001	汪洋	男	27	1	NULL	500.00	基础部
JCB002	张扬	女	29	0	讲师	900.00	基础部

4. 使用 EXISTS 关键字

语法格式：WHERE [NOT] EXISTS(子查询)

说明：EXISTS 关键字表示存在量词，带有 EXISTS 关键字的子查询不返回任何数据，只返回逻辑真值和逻辑假值，当子查询的结果不为空集时，返回逻辑真值，否则返回逻辑假值。NOT EXISTS 则与 EXISTS 查询结果相反。

例 3-54 查询"学生干部登记表"(表 2-1)中各班主任的编号、姓名、部门信息。

```
SELECT 教师编号,姓名,部门
FROM 教工登记表 A
WHERE EXISTS(SELECT * FROM 学生干部登记表 B WHERE A.教师编号 = B.教师编号);
```

则查询结果为：

教师编号	姓名	部门
JGX001	王冠	经管系
JGX002	刘柳	经管系
JSJ001	江河	计算机系
JSJ002	张大伟	计算机系

例 3-55 查询不在“学生干部登记表”(表 2-1)中出现的教师的编号、姓名、部门信息。

```
SELECT 教师编号,姓名,部门
FROM 教工登记表 A
WHERE NOT EXISTS(SELECT * FROM 学生干部登记表 B WHERE A.教师编号 = B.教师编号);
```

则查询结果为:

教师编号	姓名	部门
JCB001	汪洋	基础部
JCB002	张扬	基础部
JGX003	王芝环	经管系

3.5.8 使用聚集函数查询

常用的聚集函数包括 SUM、AVG、MAX、MIN、COUNT 和 COUNT(*)。其作用是在查询结果集中生成汇总值。聚集函数常与 GROUP BY 子句配合使用,进行分组查询。

1. SUM 函数

用于计算一列或多列的算术表达式的和。

语法格式:

```
SUM([ALL|DISTINCT]表达式)
```

说明:使用 DISTINCT 关键字表示不计重复值。默认为 ALL,计算全部值。

例 3-56 查询所有教工的基本工资总和。

```
SELECT SUM(基本工资) 基本工资总和
FROM 教工登记表;
```

则查询结果为:

基本工资总和
5440.00

例 3-57 查询各部门教工的基本工资总和。

```
SELECT 部门,SUM(基本工资) 基本工资总和
FROM 教工登记表
GROUP BY 部门;
```

则查询结果为:

部门	基本工资总和
基础部	1400.00
计算机系	1640.00
经管系	2400.00

2. AVG 函数

用于计算一列或多列的算术表达式的平均值。

语法格式:

```
AVG([ALL|DISTINCT] 表达式)
```

例 3-58 查询所有教工的基本工资平均值。

```
SELECT AVG(基本工资) 平均工资
FROM 教工登记表;
```

则查询结果为：

```
平均工资
777.142 857
```

例 3-59 查询各部门教工的平均工资值。

```
SELECT 部门,AVG(基本工资) 平均工资
FROM 教工登记表
GROUP BY 部门;
```

则查询结果为：

部门	平均工资
基础部	700.000 000
计算机系	820.000 000
经管系	800.000 000

例 3-60 查询各种职称的教工的平均年龄。

```
SELECT 职称,AVG(年龄) 平均年龄
FROM 教工登记表
WHERE 职称 IS NOT NULL
GROUP BY 职称;
```

则查询结果为：

职称	平均年龄
副教授	39
讲师	31
助教	25

3. MAX 函数

用于计算一列或多列的表达式的最大值。

语法格式：

```
MAX(表达式)
```

例 3-61 查询全体教工中的基本工资最高值。

```
SELECT MAX(基本工资) 最高工资
FROM 教工登记表;
```

则查询结果为：

最高工资
1000.00

例 3-62 查询各部门教工的基本工资最高值。

```
SELECT 部门,MAX(基本工资) 最高工资
FROM 教工登记表
GROUP BY 部门;
```

则查询结果为：

部门	最高工资
基础部	900.00
计算机系	980.00
经管系	1000.00

4. MIN 函数

用于计算一列或多列的表达式的最小值。

语法格式：

```
MIN(表达式)
```

例 3-63 查询全体教工中的基本工资最低值。

```
SELECT MIN(基本工资) 最低工资
FROM 教工登记表;
```

则查询结果为：

最低工资
500.00

例 3-64 查询各部门教工的基本工资最低值。

```
SELECT 部门,MIN(基本工资) 最低工资
FROM 教工登记表
GROUP BY 部门;
```

则查询结果为：

部门	基本工资
基础部	500.00
计算机系	660.00
经管系	500.00

5. COUNT 和 COUNT(*)函数

用于计算查询到的结果的数目。

语法格式：

```
COUNT([ALL|DISTINCT] 表达式);
```

或

```
COUNT( * );
```

说明：COUNT(表达式)不计算空值行，COUNT(*)计算所有行(包括空值行)。

例 3-65 查询职称为"讲师"的教工的人数。

```
SELECT COUNT(职称) 讲师人数
FROM 教工登记表
WHERE 职称 = '讲师';
```

则查询结果为：

```
讲师人数
3
```

例 3-66 查询各种职称的教工的人数。

```
SELECT 职称,COUNT(职称) 人数
FROM 教工登记表
GROUP BY 职称;
```

则查询结果为：

```
职称          人数
NULL           0
副教授         1
讲师           3
助教           2
```

"教工登记表"中，职称为空的记录本有一条，但 COUNT(表达式)格式不计算空值行，所以查询结果显示职称为 NULL 的人数为 0。

若将代码改为：

```
SELECT 职称,COUNT( * ) 人数
FROM 教工登记表
GROUP BY 职称;
```

则查询结果为：

```
职称          人数
NULL           1
副教授         1
讲师           3
助教           2
```

因为 COUNT(*)格式计算所有行，包括空值行，所以查询结果显示职称为 NULL 的人数为 1。

例 3-67 查询男性教工的人数。

```
SELECT COUNT( * )  男职工人数
FROM 教工登记表
WHERE 性别 = '男';
```

则查询结果为：

```
男职工人数
4
```

3.5.9 子查询与数据更新

3.4节中介绍了数据更新的三种语句(INSERT、UPDATE、DELETE)，实际上这三种语句还能与子查询结合，实现更加灵活的数据更新操作。

1. 子查询与INSERT语句

子查询与INSERT语句相结合，可以完成一批数据的插入。

语法格式：

```
INSERT [INTO] <表名> [<列名表>]
<子查询>;
```

例3-68 先创建一个计算机系教工登记表“计算机系教工表”，然后将“教工登记表”中计算机系教工的数据插入到该表中。

创建表：

```
CREATE TABLE 计算机系教工表
(编号 CHAR(6) NOT NULL,
  姓名 CHAR(8) NOT NULL,
  性别 CHAR(2) NOT NULL,
  年龄 SMALLINT,
  婚否 BIT,
  职称 CHAR(6),
  基本工资 DECIMAL(7,2),
  部门 CHAR(10));
```

插入数据：

```
INSERT 计算机系教工表
SELECT *
FROM 教工登记表
WHERE 部门 = '计算机系';
```

此时，“计算机系教工表”中有如下记录：

教师编号	姓名	性别	年龄	婚否	职称	基本工资	部门
JSJ001	江河	男	31	1	讲师	980	计算机系
JSJ002	张大伟	男	25	0	助教	660	计算机系

例3-69 创建一个“职称查询表”，包括“姓名、性别、职称”列，然后将“教工登记表”中的数据插入到该表中。

创建表：

```
CREATE TABLE 职称查询表
(姓名 CHAR(8) NOT NULL,
  性别 CHAR(2) NOT NULL,
  职称 CHAR(6),
);
```

插入数据：

```
INSERT 职称查询表
SELECT 姓名,性别,职称
FROM 教工登记表;
```

执行后，“职称查询表”中有如下记录：

姓名	性别	职称
汪洋	男	NULL
张扬	女	讲师
王冠	男	讲师
刘柳	女	副教授
王芝环	女	助教
江河	男	讲师
张大伟	男	助教

以上两例都使用子查询，在指定的表中有选择地插入了一批记录。也可完整地插入一个表的数据。

2. 子查询与UPDATE语句

子查询与UPDATE语句结合，一般是嵌在WHERE子句中，查询结果作为修改数据的条件依据之一，可以修改一批数据。

语法格式：

```
UPDATE  <表名>
SET <列名 1> = <表达式 1>[,<列名 2> = <表达式 2>][, … N]
WHERE <含子查询的条件表达式>;
```

例 3-70 给计算机系的教工，每人增加100元奖金。

```
UPDATE 教工工资表
SET 奖金 = 奖金 + 100
WHERE 姓名 = ANY(SELECT 姓名 FROM 教工登记表 WHERE 部门 = '计算机系');
```

执行结果：在“教工工资表”中计算机系的教工“江河”和“张大伟”的奖金分别由400和250，增加到500和350。

3. 子查询与DELETE语句

子查询与DELETE语句结合，一般也是嵌在WHERE子句中，查询结果作为删除数据的条件依据之一，可以删除一批数据。

语法格式：

```
DELETE FROM <表名>
WHERE <含子查询的条件表达式>;
```

例 3-71 在“职称查询表”中，删除非计算机系教师的记录。

```
DELETE FROM 职称查询表
WHERE 姓名 = ANY(SELECT 姓名 FROM 教工登记表 WHERE 部门<>'计算机系');
```

执行后,“职称查询表”中有如下记录:

姓名	性别	职称
江河	男	讲师
张大伟	男	助教

非计算机系的 5 条记录被删除。

3.5.10 集合运算

SQL 中的集合运算实际上是对两个 SELECT 语句的查询结果进行的运算,主要包括:

- UNION:并。
- INTERSECT:交。
- EXCEPT:差。

例 3-72 在“教工登记表”中,查询职称为“讲师”及“讲师”以上,年龄小于 27 岁的教工记录的并集。

```
SELECT *
FROM 教工登记表
WHERE 职称  IN('讲师','副教授','教授')
UNION
SELECT *
FROM 教工登记表
WHERE 年龄<27;
```

则查询结果为:

教师编号	姓名	性别	年龄	婚否	职称	基本工资	部门
JCB002	张扬	女	29	0	讲师	900.00	基础部
JGX001	王冠	男	33	1	讲师	900.00	经管系
JGX002	刘柳	女	39	1	副教授	1000.00	经管系
JGX003	王芝环	女	25	0	助教	500.00	经管系
JSJ001	江河	男	31	1	讲师	980.00	计算机系
JSJ002	张大伟	男	25	0	助教	660.00	计算机系

例 3-73 在“教工登记表”中,查询职称为“讲师”以上与年龄小于 30 岁的教工记录的交集。

```
SELECT *
FROM 教工登记表
WHERE 职称  IN('讲师','副教授','教授')
INTERSECT
SELECT *
FROM 教工登记表
WHERE 年龄<30;
```

相当于:

```
SELECT *
FROM 教工登记表
```

```
WHERE 职称  IN('讲师','副教授','教授')  AND  年龄<30;
```

则查询结果为：

教师编号	姓名	性别	年龄	婚否	职称	基本工资	部门
JCB002	张扬	女	29	0	讲师	900.00	基础部

例 3-74　在“教工登记表”中，查询职称为“讲师”以上与年龄小于 30 岁的教工记录的差集。

```
SELECT *
FROM 教工登记表
WHERE 职称  IN('讲师','副教授','教授')
EXCEPT
SELECT *
FROM 教工登记表
WHERE 年龄<30;
```

相当于：

```
SELECT *
FROM 教工登记表
WHERE 职称  IN('讲师','副教授','教授')  AND  年龄>=30;
```

则查询结果为：

教师编号	姓名	性别	年龄	婚否	职称	基本工资	部门
JGX001	王冠	男	33	1	讲师	900.00	经管系
JGX002	刘柳	女	39	1	副教授	1000.00	经管系
JSJ001	江河	男	31	1	讲师	980.00	计算机系

3.6 视　图

3.6.1 视图的作用

视图实际上是从一个或多个基本表或已有视图中派生出来的虚拟表，也是一个关系，每个视图都有命名的字段和记录(列和行)。但在数据库中只存在视图的定义，并不存在实际数据，实际数据都存放在基本表中，视图是一个虚表，但可通过操作视图而达到操作基本表数据的目的，操作方法与操作基本表相类似。

视图的优点：

- 简化用户操作；
- 多角度地看待同一数据；
- 提高数据的安全性。

3.6.2 视图的定义

语法格式：

```
CREATE VIEW <视图名> [<列名表>]
AS < SELECT 语句>
[WITH CHECK OPTION];
```

说明：

(1) 选项 WITH CHECK OPTION 将在对视图进行 INSERT、UPDATE 和 DELETE 操作时，检查是否符合定义视图时 SELECT 语句中的＜条件表达式＞。

(2) SELECT 语句即前面介绍的查询语句。

例 3-75 利用"教工登记表"创建一个视图"中高级职称名册"。

```
CREATE VIEW 中高级职称名册
AS SELECT *
FROM 教工登记表
WHERE 职称 IN ('讲师','教授','副教授')
WITH CHECK OPTION;
```

以后，通过"中高级职称名册"视图只能插入职称为讲师、教授或副教授的记录，无法插入别的记录。

例 3-76 利用"教工登记表"创建一个视图"经管系教工名册"。

```
CREATE VIEW 经管系教工名册
AS SELECT *
FROM 教工登记表
WHERE 部门 = '经管系'
WITH CHECK OPTION;
```

以后，通过"经管系教工名册"视图只能插入部门为"经管系"的记录，无法插入别的记录。

3.6.3 视图的删除

删除视图指删除视图的定义，即将指定的视图从数据字典中删除。

语法格式：

```
DROP VIEW <视图名>;
```

例 3-77 删除视图"经管系教工名册"。

```
DROP VIEW 经管系教工名册;
```

删除视图后，若有从该视图中导出的其他视图，则其他视图的定义仍保留在数据字典中，但已失效。

3.6.4 使用视图操作表数据

1. 查询数据

视图也可像基本表一样通过 SELECT 查询数据，由于视图是一个虚表，其中是不存放数据的，所以查询视图的数据，实际上是查询基本表中的数据，查询时，首先从数据字典中取出指定视图的定义，然后检查数据源表是否存在，若不存在则无法执行，否则将 SELECT 语句指定的查询与视图的定义相结合，到基本表中查询数据，然后将结果显示出来。

例 3-78 检索"中高级职称名册"。

```
SELECT *
FROM 中高级职称名册;
```

则查询结果为:

教师编号	姓名	性别	年龄	婚否	职称	基本工资	部门
JCB002	张扬	女	29	0	讲师	900.00	基础部
JGX001	王冠	男	33	1	讲师	900.00	经管系
JGX002	刘柳	女	39	1	副教授	1000.00	经管系
JSJ001	江河	男	31	1	讲师	980.00	计算机系

例 3-79 检索"中高级职称名册"中,职称是"讲师",且性别为"女"的记录。

```
SELECT *
FROM 中高级职称名册
WHERE 职称 = '讲师' AND 性别 = '女';
```

则查询结果为:

教师编号	姓名	性别	年龄	婚否	职称	基本工资	部门
JCB002	张扬	女	29	0	讲师	900.00	基础部

2. 插入数据

可使用 INSERT 语句向视图中添加数据,由于视图是一个虚表,不存放数据,所以对视图插入数据,实际上是对基本表插入数据。

例 3-80 向"中高级职称名册"插入一条数据为:编号(JGX01)、姓名(姜环红)、性别(女)、年龄(23)、婚否(0)、职称(助教)、部门(经管系)的记录。

```
INSERT 中高级职称名册
VALUES ('JGX01','姜环红','女',23,0,'助教',400,'经管系');
```

执行后发现无法插入,因为该记录职称为"助教",不满足定义该视图时指定的条件,而定义视图时指定了"WITH CHECK OPTION"选项。

若执行下列操作:

```
INSERT 中高级职称名册
VALUES ('JGX02','王杨','女',35,0,'副教授',900,'经管系');
```

则插入成功,可通过打开视图或查询视图看到此记录。此时打开基本表"教工登记表"或对此表进行查询,也可发现该记录出现在表中,可见,对视图的插入操作即对基本表的插入操作。

3. 修改数据

可使用 UPDATE 语句通过视图对基本表的数据进行修改。同样修改后的数据如果不满足定义该视图时指定的条件,而定义视图时又指定了"WITH CHECK OPTION"选项,则系统也会拒绝执行。

例 3-81 将上例中插入在“中高级职称名册”中的一条记录的职称改为“高工”。

```
UPDATE 中高级职称名册
SET 职称 = '高工'
WHERE 姓名 = '王杨';
```

运行时数据并没有得到修改，原因是，在定义视图“中高级职称名册”时，“高工”并不在职称列表之中，系统拒绝执行修改。

若执行下列操作，将职称改为“教授”。

```
UPDATE 中高级职称名册
SET 职称 = '教授'
WHERE 姓名 = '王杨';
```

则修改成功。实际上是基本表中的数据得到了修改。

4. 删除数据

使用 DELETE 语句删除视图中的数据，也就是删除基本表中的数据。

例 3-82 将“中高级职称名册”中“王杨”的记录删除。

```
DELETE 中高级职称名册
WHERE 姓名 = '王杨';
```

运行后查询“中高级职称名册”和“教工登记表”，该记录已不存在。

3.7 SQL 的数据完整性约束

数据完整性约束指的是保证数据库中的数据始终是正确的、一致的。在 SQL 中，提供了许多保障数据正确、完整的机制，如事务处理可以保证数据库中的数据的一致性；主键(primary key)约束、唯一性(unique)约束可实现实体完整性约束，外键(foreign key)约束可实现参照完整性约束，检查(check)约束可实现用户自定义完整性约束。

3.7.1 事务

事务(transaction)是 RDBMS 提供的一种特殊手段，事务可确保数据能够正确地被修改，避免因某些原因造成数据只修改一部分而致使数据不一致的现象。

1. 基本概念

所谓事务，实际上就是对于一个不可分割的操作序列，控制它要么全部执行，要么都不执行。

例如：某人去银行转账，准备将 10 000 元人民币从活期存折转入定期存折，10 000 元人民币从活期存折提取之后，在将 10 000 元人民币存入定期存折时发生了故障，后面的业务没有完成，这时，从活期存折提款的业务也应取消，否则用户的活期账户钱少了，定期账户钱并没有增加，用户肯定不答应。转账中提取和存入是一个连续的操作序列，必须保证该操作序列完成之后，数据库中的数据是一致的。

2. 事务的特性

事务具有如下特性。

• 原子性(Atomicity)

即要求事务中的所有操作都作为数据库中的一个基本的工作单元,这个工作单元中的所有操作,要么全部被执行,要么一个都不执行,即只要其中有一个语句操作失败,则这个工作单元的所有语句将全部拒绝执行。回到这个工作单元执行前的状态。

• 一致性(Consistency)

即要求无论事务完成或失败,都应保持数据库中的数据的一致性,当事务执行结果从一种状态变为另一种状态时,在状态的始终,数据库中的数据必须保持一致。事务的原子性是事务一致性的重要保证。

• 独立性(Isolation)

即要求多个事务并发(同时)执行时,事务之间彼此不会发生干扰,一个事务所做的操作是独立于其他事务的。事务的独立性由并发控制来保证。

• 持久性(Durability)

即要求一个事务一旦成功执行,则它对数据库中数据的修改就应永久地在系统中保存下来,即使系统出现故障也不至于对它产生影响。

事务的4个特性一般统称为ACID特性,即取每个特性的英文的第一个字母表示。

3. 事务控制语句

SQL语言对事务的控制是通过几个事务控制语句来实现的。主要有以下三种控制语句。

1) BEGIN TRANSACTION

用于标识一个用户定义的事务的开始。

2) COMMIT

用于提交一个用户定义的事务。保证本次事务对数据的修改已经成功地写入数据库中,并被永久地保存下来。在COMMIT语句执行之前,事务对数据的修改都是暂时的。

3) ROLLBACK

在事务执行的过程中,若发生故障,无法将事务顺利完成,则使用该语句回滚事务,即将事务的执行撤销,回到事务的开始处。

例 3-83 给教工“刘柳”增加工资100元。

```
BEGIN TRANSACTION
UPDATE 教工登记表
SET 基本工资 = 基本工资 + 100
WHERE 姓名 = '刘柳'
UPDATE 教工工资表
SET 基本工资 = 基本工资 + 100
WHERE 姓名 = '刘柳'
COMMIT;
```

因为教工的“基本工资”同时出现在“教工登记表”和“教工工资表”中,所以“刘柳”的工资必须在两个表中同时修改,以确保数据的一致性。把这两个修改操作放在一个事务中,即可使得两个表要么都修改成功,要么一个都不修改。

例 3-84 在“中高级职称名册”中修改一条记录，并插入一条记录。

```
BEGIN TRANSACTION
UPDATE 中高级职称名册
SET 职称 = '副教授'
WHERE 姓名 = '王冠'
INSERT 中高级职称名册
VALUES('SYS010','高山','男',40,1,'教授','计算机系')
SELECT *
FROM 中高级职称名册
COMMIT;
```

运行后发现，插入操作不成功，原因是插入的记录少了一项“基本工资”值；修改操作也不成功，“王冠”那条记录也没得到修改。修改代码为如下：

```
BEGIN TRANSACTION
UPDATE 中高级职称名册
SET 职称 = '副教授'
WHERE 姓名 = '王冠'
INSERT 中高级职称名册
VALUES('SYS010','高山','男',40,1,'教授',1200,'计算机系')
SELECT *
FROM 中高级职称名册
COMMIT
```

运行结果为：

教师编号	姓名	性别	年龄	婚否	职称	基本工资	部门
JCB002	张扬	女	29	0	讲师	900.00	基础部
JGX001	王冠	男	33	1	副教授	900.00	经管系
JGX002	刘柳	女	39	1	副教授	1100.00	经管系
JSJ001	江河	男	31	1	讲师	980.00	计算机系
SYS010	高山	男	40	1	教授	1200.00	计算机系

插入和修改操作同时成功完成。

3.7.2 完整性约束

完整性约束主要包括实体完整性约束、参照完整性约束和用户自定义完整性约束。约束用来强制实现数据库中数据的完整性、正确性。

在 SQL 中，一般用以下形式来完成完整性约束。

- 主键完整性约束(PRIMARY KEY)；
- 外键完整性约束(FOREIGN KEY)；
- 键值唯一完整性约束(UNIQUE)；
- 检查完整性约束(CHECK)；
- 非空值完整性约束(NOT NULL)。

1. 主键完整性约束

主键是一个表中能够唯一标识每一行的列或列的组合，SQL 中是使用主键来实现表的实体完整性。

主键约束的特征：

- 主键列不允许输入重复值，若主键列由多个列组合而成，则某一列上的数据可以重复，但列的组合值不能重复。
- 一个表中只能有一个主键约束，主键约束列不允许取空值(NULL)。
- 主键约束可在创建表时定义，也可在已有表中添加。

定义主键的子句格式：

```
[CONSTRAINT 约束名]
PRIMARY KEY [(<主键列名表>)]
```

说明：

[CONSTRAINT 约束名]：指定建立的主键约束的约束名，可选，若不选该项，则由系统自动取一个默认约束名。

例 3-85 创建"学生干部登记表"，并将"学号"列设置为主键列。

```
CREATE TABLE 学生干部登记表
(学号 CHAR(8) PRIMARY KEY,                    /*列级主键约束*/
  姓名 CHAR(8),
  性别 CHAR(2),
  年龄 SMALLINT,
  班级 CHAR(12),
  任职 CHAR(10),
  教师编号 CHAR(6));
```

也可这样定义：

```
CREATE TABLE 学生干部登记表
(学号 CHAR(8),
  姓名 CHAR(8),
  性别 CHAR(2),
  年龄 SMALLINT,
  班级 CHAR(12),
  任职 CHAR(10),
  教师编号 CHAR(6),
PRIMARY KEY(学号));                           /*表级主键约束*/
```

"学生干部登记表"建立后，在学号列上就不能有重复值和空值。

2. 外键完整性约束

外键完整性约束，是用于限制两个表之间数据的完整性，在 SQL 中是使用外键来体现表的参照完整性。

定义外键的子句格式：

```
[CONSTRAINT 约束名]
[FOREIGN KEY(列名)]
REFERENCES <父表名>(父表的列名)
[ON DELETE {CASCADE|NO ACTION}]
[ON UPDATE {CASCADE|NO ACTION}]
```

说明：

(1) CONSTRAINT 约束名：指定建立的外键约束的约束名，可选，若不选该项，则由系统自动取一个默认约束名。

(2) FOREIGN KEY (列名)：此项可选，若不选该项，则需直接在要建立外键的列名后跟“REFERENCES ＜父表名＞(父表的列名)”项。

(3) 父表名：即建立外键要参照的表的表名。

(4) 父表的列名：即建立外键要引用的父表中的列的列名。

(5) ON DELETE {CASCADE|NO ACTION}：如果指定 CASEDE，则在从父表中删除被引用的记录时，也将从引用表(子表)中删除引用记录；如果指定 NO ACTION，则在删除父表中被引用的记录时，将返回一个错误消息并拒绝删除操作。默认值为 NO ACTION。

(6) ON UPDATE {CASCADE|NO ACTION}：如果指定 CASEDE，则在父表中更新被引用的记录时，也将在引用表(子表)中更新引用记录；如果指定 NO ACTION，则在更新父表中被引用的记录时，将返回一个错误消息并拒绝更新操作。默认值为 NO ACTION。

例 3-86 将上例中的“学生干部登记表”中的“教师编号”列设置为相对于“教师登记表”的外键。

```
CREATE TABLE 学生干部登记表
(学号 CHAR(8) PRIMARY KEY,
  姓名 CHAR(8),
  性别 CHAR(2),
  年龄 SMALLINT,
  班级 CHAR(12),
  任职 CHAR(10),
教师编号 CHAR(6) REFERENCES 教工登记表(教师编号));              /*定义列级外键约束*/
```

也可这样定义：

```
CREATE TABLE 学生干部登记表
(学号 CHAR(8) PRIMARY KEY,
  姓名 CHAR(8),
  性别 CHAR(2),
  年龄 SMALLINT,
  班级 CHAR(12),
  任职 CHAR(10),
  教师编号 CHAR(6),
FOREIGN KEY(教师编号)
  REFERENCES 教工登记表(教师编号));                            /*定义表级外键约束*/
```

向“学生干部登记表”中插入如下记录：

学号	姓名	性别	年龄	班级	任职	教师编号
J2004001	李宏伟	男	19	04 计算机 1 班	班长	JSJ001
J2003005	张华东	男	20	03 电商 1 班	班长	JSJ002
G2003102	江蔚然	女	19	03 国贸 2 班	学习委员	JGX001
G2003209	刘芳红	女	20	03 经管 1 班	副班长	JGX005

执行后发现最后一条记录无法插入，因为教师编号“JGX005”在父表(被引用的表，这里

是"教工登记表")中不存在,违反参照完整性约束,更新操作被拒绝。将该记录的"教师编号"改为"JGX003",则插入成功。

SQL 中提供了以下三种方法来保证参照完整性的实施。

1) 限制方法

限制方法(restrict),即任何违反参照完整性的更新都将被拒绝。如上例中在子表中插入记录时,父表中"教师编号"列中无"JGX002"值,所以无法插入。若在子表中修改"教师编号"的值,而修改后的值非空且在父表中不存在,也将无法更改。如将上例中子表中的"教师编号"值"JSJ001"更改为"JSJ007",系统将拒绝修改。若在上例中删除父表中的一条记录,而该记录的"教师编号"值仍出现在子表的"教师编号"列中,此记录也无法删除。如在"教工登记表"中删除"教师编号"值为"JSJ001"的记录,系统将拒绝删除,除非先将子表"学生干部登记表"中"教师编号"值为"JSJ001"的记录先删除,才能将父表中相对应的记录删除。

2) 级联方法

限制方法对于经常要对父表的主键值进行删除、更改操作不大方便,即当对父表的主键值进行删除或更改操作时,都必须先将子表中的相应记录先删除,不能使得子表的数据随父表的数据而改变。

级联方法(cascade)就是指当对父表的主键值进行删除和修改时,子表中的相应的外键值也将随之删除或修改,以便保证参照完整性。

例 3-87 同上例,只是在创建外键约束时增加选项"ON DELETE CASCADE"和"ON UPDATE CASCADE"。

```
CREATE TABLE 学生干部登记表
(学号 CHAR(8) PRIMARY KEY,
  姓名 CHAR(8),
  性别 CHAR(2),
  年龄 SMALLINT,
  班级 CHAR(12),
  任职 CHAR(10),
教师编号 CHAR(6)REFERENCES 教工登记表(教师编号)
ON DELETE CASCADE
ON UPDATE CASCADE);
```

执行后,子表中输入如下记录:

J2004001	李宏伟	男	19	04 计算机 1 班	班长	JSJ001
J2003005	张华东	男	20	03 电商 1 班	班长	JSJ002
G2003102	江蔚然	女	19	03 国贸 2 班	学习委员	JGX001
G2003209	刘芳红	女	20	03 经管 1 班	副班长	JGX003

然后将父表中"教师编号"值 "JSJ001"修改为"JSJ007",修改成功,查看子表,子表中对应的外键值也修改为"JSJ007"。再将父表中"教师编号"值为"JGX003"的记录删除,查看子表,子表中外键"教师编号"值为"JGX003"的记录也随之被删除。

3) 置空方法

置空方法(set null)也是针对父表的删除或修改操作的,当删除或修改父表中的某一主键值时，与其对应的子表中的外键值置空。

3. 键值唯一完整性约束

键值唯一完整性约束(unique)是用于限制非主键的其他指定列上的数据的唯一性。

定义唯一性约束的子句格式：

```
[CONSTRAINT 约束名]
UNIQUE [(字段名表)]
```

键值唯一性约束与主键约束的异同点如下。

相同点：

- 列值不能重复，都能保证表中记录的唯一性。
- 都可以被外键约束所引用。

不同点：

- 一个表中只能定义一个主键约束，但可以定义多个唯一性约束。
- 定义了主键约束的列上不能取空值，定义了唯一性约束的列上可以取空值。

例 3-88 在“学生干部登记表”的“姓名”列上建立一个唯一性约束。

```
CREATE TABLE 学生干部登记表
(学号 CHAR(8) PRIMARY KEY,
  姓名 CHAR(8) UNIQUE,                    /* 列级唯一性约束 */
  性别 CHAR(2),
  年龄 SMALLINT,
  班级 CHAR(12),
  任职 CHAR(10),
教师编号 CHAR(6));
```

也可这样定义：

```
CREATE TABLE 学生干部登记表
(学号 CHAR(8) PRIMARY KEY,
  姓名 CHAR(8),
  性别 CHAR(2),
  年龄 SMALLINT,
  班级 CHAR(12),
  任职 CHAR(10),
教师编号 CHAR(6),
UNIQUE(姓名));                            /* 表级唯一性约束 */
```

执行后，若在姓名列输入了重复的数据，则系统拒绝接收，可在姓名列输入一个空值NULL(即任何值都不输入)，但超过一个空值，则认为是重复数据，系统仍然拒绝接收。

4. 检查完整性约束

检查完整性约束(check)可以实现用户自定义完整性约束。检查约束主要用于限制列上可以接收的数据值。一个列上可以使用多个检查约束。

定义检查约束的子句格式：

```
[CONSTRAINT 约束名]
  CHECK(逻辑表达式)
```

说明：这里“逻辑表达式”指的是用于约束列值的逻辑表达式。

例 3-89　在“教工工资表”的“基本工资”列上建立一个检查约束，限制基本工资值在500～1200。

```
CREATE TABLE 教工工资表
(工资编号 INT IDENTITY,
  姓名 CHAR(8) NOT NULL,
  性别 CHAR(2) ,
  职称 CHAR(6),
  基本工资 DECIMAL(7,2)
CHECK(基本工资>=500 AND 基本工资<=1200),          /*列级检查约束*/
  岗位补贴 DECIMAL(7,2),
  奖金 DECIMAL(7,2),
  扣除 DECIMAL(7,2),
  实发工资 AS 基本工资+岗位补贴+奖金-扣除);
```

也可这样定义：

```
CREATE TABLE 教工工资表
(工资编号 INT IDENTITY,
  姓名 CHAR(8) NOT NULL,
  性别 CHAR(2) ,
  职称 CHAR(6),
  基本工资 DECIMAL(7,2),
  岗位补贴 DECIMAL(7,2),
  奖金 DECIMAL(7,2),
  扣除 DECIMAL(7,2),
  实发工资 AS 基本工资+岗位补贴+奖金-扣除,
CHECK(基本工资>=500 AND 基本工资<=1200));          /*表级检查约束*/
```

之后，若在该表的“基本工资”列输入的值大于1200或小于500，则系统报错，拒绝输入。

5. 非空值完整性约束

非空值(not null)完整性约束，即用于限制指定表的某个指定列的值不能为空值(NULL，即未曾输入值，输入值后删除不是NULL)。

定义非空值约束的子句格式：

```
NOT NULL
```

例 3-90　在“学生干部登记表”的“任职”列上建立一个非空值约束。

```
CREATE TABLE 学生干部登记表
(学号 CHAR(8)PRIMARY KEY,
  姓名 CHAR(8) UNIQUE,
  性别 CHAR(2),
  年龄 SMALLINT,
  班级 CHAR(12),
  任职 CHAR(10) NOT NULL,          /*列级非空值约束*/
教师编号 CHAR(6));
```

执行后，在该表的“任职”一列上便不允许有空值出现。

以上完整性约束可以分为列级约束和表级约束，列级约束是对表中的列定义的约束(见以上各例中的第一种形式),只适用于该列;表级约束与列的定义无关(见以上各例的第二种形式),可以适用于一个或一个以上的列,若一个约束必须包含一个以上的列时,必须使用表级约束。

6. 完整性约束的修改

可对已有的表增加或删除完整性约束。但要修改约束条件,只能先将原有约束删除,然后再按新的约束条件增加约束。

例 3-91 在"教工登记表"的"年龄"列上增加一个检查约束,将年龄控制在 20～55 岁。

```
ALTER TABLE 教工登记表
ADD CONSTRAINT JC1
CHECK(年龄>= 20 AND 年龄<= 55);
```

例 3-92 修改上例中的约束条件,将年龄控制在 20～60 岁之间。

```
ALTER TABLE 教工登记表
DROP CONSTRAINT JC1;                    /* 删除约束 */
ALTER TABLE 教工登记表
ADD CONSTRAINT JC1
CHECK(年龄>= 20 AND 年龄<= 60);
```

3.8 触 发 器

触发器(trigger)是一种可以实现程序式完整性约束的机制,可以用来对表实施复杂的完整性约束,当对触发器所保护的数据进行增、删、改操作时,系统会自动激发触发操作,以防止对数据进行不正确的修改,从而实现数据的完整性约束。触发器基于一个表创建,但可针对多个表进行操作。

3.8.1 触发器的作用

触发器一般有以下几种用途。

- 对数据库中相关的表进行级联修改。
- 撤销或回滚违反引用完整性的操作,防止非法修改数据。
- 完成比检查约束更为复杂的约束操作。
- 比较表修改前后数据之间的差别,并根据这些差别来进行相应的操作。
- 对一个表上的不同操作(INSERT、UPDATE 或者 DELETE)可采取不同的触发器,对一个表上的相同操作也可调用不同的触发器进行不同的操作。

3.8.2 触发器的组成

1. 触发器的组成

每一个触发器一般都包括以下三个组成部分。

- 触发器名。
- 触发器的触发事件。
- 触发器执行的操作。

触发器名即所创建的触发器的命名，触发器的触发事件是指对表进行的插入(INSERT)、修改(UPDATE)、删除(DELETE)操作；触发器执行的操作是一个存储过程或一个批处理，也即一个 SQL 的语句序列。

2. 触发器动作时间

由 BEFORE 和 AFTER 关键字定义，使用 BEFORE 则表示触发动作在触发事件之前出现，使用 AFTER 则表示触发动作在触发事件之后。

3.8.3 触发器的操作

1. 创建触发器

语法格式：

```
CREATE TRIGGER <触发器名> NO <表名>
{BEFORE|AFTER}
<触发事件>
<触发动作>
```

其中：<触发事件>指 INSERT、UPDATE、DELETE 操作；<触发动作>指具体要执行的触发操作，由一组 SQL 语句构成。

例 3-93 在"教工登记表"上创建一个触发器。

```
CREATE TRIGGER CFQ1 ON 教工登记表
AFTER INSERT
AS
SELECT '请核对修改后的记录:'
SELECT * FROM 教工登记表;
```

2. 触发触发器

即针对触发器，执行相应的触发事件(INSERT、UPDATE、DELETE)。

例 3-94 在"教工登记表"上插入一条记录，触发触发器 CFQ1。

```
INSERT 教工登记表
VALUES('JSJ006','李立','男',30,1,'讲师',700,'计算机系','江河');
```

执行结果：

请核对修改后的记录：

教师编号	姓名	性别	年龄	婚否	职称	基本工资	部门	负责人
JCB001	汪洋	男	27	1	NULL	500.00	基础部	张扬
JCB002	张扬	女	29	0	讲师	900.00	基础部	张扬
JGX001	王冠	男	33	1	副教授	900.00	经管系	刘柳
JGX002	刘柳	女	39	1	副教授	1100.00	经管系	刘柳
JGX003	王芝环	女	25	0	助教	500.00	经管系	江河
JSJ001	江河	男	31	1	讲师	980.00	计算机系	江河
JSJ002	张大伟	男	25	0	助教	660.00	计算机系	江河
JSJ006	李立	男	30	1	讲师	700.00	计算机系	江河

3. 删除触发器

触发器不再需要时可将其删除。

语法格式：

```
DROP TRIGGER <触发器名>;
```

例 3-95 删除触发器 CFQ1。

```
DROP TRIGGER CFQ1;
```

早在标准 SQL 之前，许多 RDBMS 就已经支持触发器，因此它们的定义与标准 SQL 有着不同，且相互之间也有着不同，应注意区别。

3.9 存储过程

3.9.1 存储过程的基本概念

存储过程是 RDBMS 中的由一组 SQL 语句组成的程序，存储过程被编译好后保存在数据库中，可以被反复调用，运行效率高。目前大部分的 RDBMS 都提供了存储过程。以下以 T-SQL 存储过程为例。

3.9.2 存储过程的定义

语法格式：

```
CREATE PROCEDURE  <存储过程名>
[<参数表列>]
AS
< SQL 语句组>;
```

其中：<参数表列>用于指定默认参数、输入参数或输出参数。

例 3-96 创建一个存储过程，使职工可通过输入姓名查询本人的工资情况。

```
CREATE PROCEDURE 查询工资
@NAME VARCHAR(8) = NULL
AS
IF @NAME IS NULL
SELECT '请输入姓名后再查询!'
ELSE
SELECT 姓名,基本工资
FROM 教工登记表
WHERE 姓名 = @NAME;
```

3.9.3 存储过程的执行

存储过程一经建立就可反复调用执行。

例 3-97 执行上例中创建的存储过程“查询工资”。

不带参调用：

输入：

```
查询工资
```

则输出：

```
请输入姓名后再查询!
```

带参调用：

输入：

```
查询工资 '刘柳'
```

则输出：

```
姓名    基本工资
刘柳    1100.00
```

如果在定义时，输入参数给定了默认值(上例中的@NAME VARCHAR(8)＝NULL)，则在调用时可不给出确定的参数值，否则一定要给出确定值。

3.9.4 存储过程的删除

不再需要的存储过程可将其删除。

语法格式：

```
DROP PROCEDURE <存储过程名>;
```

例 3-98 删除上例中创建的存储过程“查询工资”。

```
DROP PROCEDURE 查询工资;
```

3.10 嵌入式 SQL 语言

3.10.1 嵌入式 SQL 语言的基本概念

SQL 语言有两种形式，一种是自主式 SQL，即 SQL 作为独立的数据语言，以交互方式使用；另一种是嵌入式 SQL(embedded SQL)，即 SQL 嵌入到其他高级语言中，在其他高级语言中使用。被嵌入的高级语言(如 C/C++、BASIC、Java 等)称为宿主语言(或主语言)。

3.10.2 嵌入式 SQL 语言需解决的问题

将 SQL 嵌入到高级语言中使用，一方面可以使 SQL 借助高级语言来实现本身难以实现的复杂操作问题(如递归)，另一方面也可使高级语言克服对数据库操作的不足，获得更强的数据库的操作能力。但是如果要使 SQL 语言在高级语言中得到正确无误的运用，必须首先要考虑解决以下几个问题。

(1) 应考虑在宿主语言中如何区分 SQL 语句和高级语言的语句，宿主语言的预编译器无法识别和接收 SQL 语句，必须要有能区分宿主语言语句和 SQL 语句的标识。

(2) 数据库的工作单元与宿主语言程序工作单元如何进行信息传递。

(3) 一般一个SQL语句一次能完成对一批记录的处理,而宿主语言一次只能对一个记录进行处理,这两种处理方式不同,如何协调。

3.10.3 嵌入式SQL语言的语法格式

嵌入式SQL的语法结构与交互式SQL的语法结构基本保持相同,一般只是在嵌入式SQL中加入一些前缀和结束标志。对于不同的宿主语言,嵌入SQL时,格式上可能略有不同。

以下都以C语言为例,说明嵌入式SQL的一般使用方法。

在C语言中嵌入的SQL语句以EXEC SQL开始,以分号";"结束:

```
EXEC SQL <SQL语句>;
```

说明:

(1) EXEC SQL大小写都可。

(2) EXEC SQL与分号之间只能是SQL语句,不能包含任何宿主语言的语句。

(3) 当嵌入式SQL语句中包含的字符串在一行写不下时,可用反斜杠(\)作为续行标志,将一个字符串分多行写。

(4) 嵌入式SQL语句按照功能的不同,可分为可执行语句和说明语句。而可执行语句又可分为数据定义语句、数据操纵语句和数据控制语句。

3.10.4 嵌入式SQL语言与宿主语言之间的信息传递

嵌入式SQL与宿主语言之间的信息传递,即SQL与高级语言之间的数据交流,包括SQL向宿主语言传递SQL语句的执行信息,以及宿主语言向SQL提供参数。前者主要通过SQL通信区来实现,后者主要通过宿主语言的主变量来实现。

1. 主变量

主变量(host variable)即宿主变量,是在宿主语言中定义的变量,而在嵌入式SQL语言中可以引用的变量,主要用于嵌入式SQL与宿主语言之间的数据交流。

主变量在使用前一般应预先加以定义,定义格式:

```
EXEC SQL BEGIN DECLARE SECTION;
…                                        /*主变量的定义语句*/
EXEC SQL END DECLARE SECTION;
```

例3-99 定义若干主变量。

```
EXEC SQL BEGIN DECLARE SECTION;
    int num;
    char name[8];
    char sex;
    int age;
EXEC SQL END DECLARE SECTION;
```

说明：

(1) 主变量的定义格式符合宿主语言的格式要求，且变量所取的数据类型应是宿主语言和SQL都能处理的数据类型，如整型、字符型等。

(2) 在嵌入式SQL语句中引用主变量时，变量前应加上冒号":"，以示对数据库对象名(如表名，列名等)的区别。而在宿主语言中引用主变量时，不必加冒号。

主变量不能直接接收空值(NULL)，但主变量可附带一个指示变量(indicator variable)用于描述它所指的主变量是否为NULL。指示变量一般为短整型，若指示变量的值为0，则表示主变量的值不为NULL，若指示变量的值为-1，则表示主变量的值为NULL。指示变量一般跟在主变量之后，用冒号隔开。

例3-100 指示变量的使用。

```
EXEC SQL SELECT TDepartment INTO: Dept: dp
 FROM TEACHER
WHERE TName = : name: na;
```

其中，dp和na分别是主变量Dept和name的指示变量。该例是从TEACHER表中根据给定的教师姓名(name)，查询该教师所在部门(tdepartment)，如果na的值为0，而dp的值不为0，则说明指定的教师部门为NULL；如果na的值不为0，则说明查询姓名为NULL的教师所在的部门，一般这种查询没有意义；如果na和dp的值都为0，则说明查询到了指定姓名的教师所在的部门。

负责对SQL操作输入参数值的主变量为输入主变量，负责接收SQL操作的返回值的主变量为输出主变量，如果返回值为NULL，将不置入主变量，因为宿主语言一般不能处理空值。

2. SQL通信区

SQL通信区(SQL communication area)简称SQLCA，是宿主语言中的一个全局变量，用于应用程序与数据库间的通信，主要是实时反映SQL语句的执行状态信息，如数据库连接、执行结果、错误信息等。

SQLCA已经由系统说明，无须再由用户说明，只需在嵌入的可执行SQL语句前加INCLUDE语句就能使用。

语法格式：EXEC SQL INCLUDE SQLCA；

SQLCA有一个成员是SQLCODE，取整型值，用于SQL向应用程序报告SQL语句的执行情况。每执行一条SQL语句，都有一个SQLCODE代码值与其对应，应用程序根据测得的SQLCODE代码值，来判定SQL语句的执行情况，然后决定执行相应的操作。

一般约定：

SQLCODE=0，表示语句执行无异常情况，执行成功。

SQLCODE=1，表示SQL语句已经执行，但执行的过程中发生了异常情况。

SQLCODE<0，表示SQL语句执行失败，具体的负值表示错误的类别。如出错的原因可能是系统、应用程序或是其他情况。

SQLCODE=100，表示语句已经执行，但无记录可取。

不同的应用程序，SQLCODE的代码值可能会略有不同。

3.10.5 游标

前面提到一个 SQL 语句一次能完成对一批记录的处理，而宿主语言一次只能对一个记录进行处理，这两种处理方式不同，如何协调是一个问题。实际上，SQL 语言与宿主语言的不同数据处理方式可以通过游标(cursor)来协调。

游标是系统为用户在内存中开辟的一个数据缓冲区，用于存放 SQL 语句的查询结果，每个游标都有一个名字，通过宿主语言的循环使 SQL 逐一从游标中读取记录，赋给主变量，然后由宿主语言做进一步的处理。

游标的操作一般分为如下几个步骤。

(1) 定义游标(DECLARE CURSOR)

游标必须先定义。

语法格式：EXEC SQL DECLARE <游标名> CURSOR FOR <SELECT 语句>；

游标定义后，并不马上执行定义中的 SELECT 语句，需在打开后才执行。

(2) 打开游标(OPEN CURSOR)

游标定义后，在使用之前一定要先打开。

语法格式：EXEC SQL OPEN<游标名>；

游标打开后，将执行游标定义中的 SELECT 语句，将执行结果存入游标缓冲区，游标指针指向第一条记录。

(3) 推进游标(FETCH CURSOR)

要对游标缓冲区的记录逐一进行处理，需移动游标指针，依次取出缓冲区中的记录。

语法格式：EXEC SQL FETCH<游标名>INTO <主变量名表>；

主变量名表中的主变量要与 SELECT 语句查询结果中的每一个属性相对应，多个主变量间用逗号分隔，主变量必须加冒号以示区别。

FETCH 语句每执行一次，只能取得一个元组，要想得到多个元组，必须在宿主程序中使用循环。

(4) 关闭游标(CLOSE CURSOR)

游标使用完后，应关闭游标。

语法格式：EXEC SQL CLOSE<游标名>；

关闭游标后，若还要使用，仍可用 OPEN 语句打开。

例 3-101 查询各种职称的教师的名单。

```
EXEC SQL BEGIN DECLARE SECTION;
char xm[8];
char zc[6];
EXEC SQL END DECLARE SECTION;
printf("Enter 职称: ");
scanf(" % s",zc);
EXEC SQL DECLARE zc_cur CURSOR FOR
SELECT Tname,Ttitle
FROM TEACHER
WHERE Ttitle = : zc;
```

```
EXEC SQL OPEN zc_cur
while(1)
{
EXEC SQL FETCH zc_cur INTO: xm,: zc;
if(sqlca.sqlcode<>0)
break;
…
}
EXEC SQL CLOSE zc_cur;
…
```

3.11 小　　结

本章介绍的是标准 SQL 语言，SQL 语言是关系数据库的标准语言，功能全面强大，同时简单介绍了 SQL Server 数据库的安装及使用。

SQL 标准文本：SQL-86、SQL-89、SQL-92、SQL-99

SQL 语言特点：简单易学、非过程化、面向集合、多种使用、综合功能。

SQL 语言分类：数据定义语言、数据操纵语言、数据控制语言、事务处理语言。

数据定义：模式定义、基本表定义、视图定义、索引定义。

数据操纵：数据更新、数据查询。

数据更新：插入、修改、删除基本表数据。

数据查询：SELECT 语句可灵活方便地完成各种简单或复杂的查询。

视图：一个或多个表中导出的虚表，简化操作，提高安全性。

SQL 的数据完整性约束：主键约束、外键约束、键值唯一性约束、检查完整性约束、非空值完整性约束、事务等。

3.12 习　　题

一、填空题

1. SQL 的中文全称是________。

2. SQL 语言的数据定义功能包括________、________、________。

3. 视图是一个________表，它是从________导出来的表。

4. 宿主语言向 SQL 语言提供参数是通过________，在 SQL 语句中应用时，必须在宿主变量前加________。

5. 某个表不再用时可将其删除，此时表中的________、________和________自动删除。

二、选择题

1. SQL 是一种(　　)语言。

A. 层次数据库　　　　B. 网状数据库

C. 关系数据库　　　　D. 面向对象数据库

2. SQL 语言中，删除基本表 R 使用的命令是(　　)。

A. DROP TABLE R　　　　B. DELETE TABLE R

C. DROP R　　　　D. DELETE R

3. 在视图上不能完成的操作是(　　)。

A. 插入数据　　　　B. 修改数据

C. 定义新的视图　　　　D. 定义新的表

4. 在 SQL 语句中，检索数据使用的语句是(　　)。

A. INDEX　　　　B. SELECT

C. DELETE　　　　D. INSERT

5. SQL 语言中的视图，对应于关系数据库中的(　　)。

A. 模式　　　　B. 内模式

C. 外模式　　　　D. 以上都不是

三、应用题

假设有下列表：学生(学号，姓名，性别，年龄，系别)、成绩(学号，课程名，成绩)，用 SQL 语言表示下列操作。

(1) 在学生表中插入数据(('1001','王小春','男',18,'计算机系')、('1002','江海','男',17,'经管系')、('1003','万云','女',19,'经管系')、('1004','李微','女',18,'经管系'))。

(2) 查询学生表中的所有记录。

(3) 查询学生表中姓名为“万云”的记录。

(4) 修改姓名为“李微”的记录，将系别改为“计算机系”。

(5) 查询“计算机”系学生的姓名、年龄。

(6) 查询“李微”的各门课成绩。

(7) 查询“经管系”学生的“数学”成绩。

(8) 查询成绩不及格的学生的姓名、系别和不及格课程的成绩。

(9) 查询成绩在 80 分及 80 分以上的学生姓名、系别及课程名和成绩。

(10) 创建一个视图包含学号、姓名、性别、系别、课程名、成绩。

第4章　关系数据库规范化理论

为了通过关系数据库管理系统实现管理，该数据模型需要向关系模型转换，设计出相应的关系数据库模式，这就是关系数据库逻辑设计问题。在这个过程中，有一个基本的问题需要解决，由于得到的关系模式有可能存在诸多异常，如插入异常、删除异常、冗余及更新异常，需要利用关系数据库规范化理论进行规范化，以逐步消除其存在的异常，从而得到一定规范程度的关系模式，这就是本章所要讲述的内容。

本章将以实际关系模式为例，介绍关系模式规范化的必要性、关系数据库规范化理论的基本概念和方法。

4.1　问题的提出

现实系统中数据间的语义，需要通过完整性来维护，例如，每个学生都应该是唯一区分的实体，这可通过实体完整性来保证。数据间的语义还会对关系模式的设计产生影响。因此，数据的语义不仅可从完整性方面体现出来，还可在关系模式的设计方面体现出来，表现为在关系模式中的属性间存在一定的依赖关系，即数据依赖(data dependency)。关系模式应当刻画这些完整性约束条件，于是一个关系模式应当是一个5元组：

$$\boldsymbol{R}<U,D,\mathrm{dom},F>$$

其中，$\boldsymbol{R}$为关系名，U为一组属性，D为属性组中属性所来自的域，dom为属性到域的映射，F为属性组上的在一组数据依赖。

本章中把关系模式看做是一个三元组：

$$\boldsymbol{R}<U,F>$$

当且仅当U上的一个关系r满足F时，r称为关系模式$\boldsymbol{R}<U,F>$的一个关系。

在关系数据库规范化理论中，数据依赖是一个非常重要的概念，下面先简单介绍一下数据依赖的概念，在4.2节中将会给出严格定义。

数据依赖是一个关系内部属性之间的相互依存或相互决定的一种约束关系，是数据之间的内在性质和语义的体现。数据依赖是否存在，应由现实系统中实体属性间相互联系的语义来决定，而不是凭空臆造。数据依赖有多种类型，其中最重要的是函数依赖(Functional Dependency,FD)、多值依赖(Multivalued Dependency,MVD)和连接依赖(Join Dependency,JD)。

函数依赖是现实生活中很普遍的一种依赖关系。例如，描述一个学生的关系，有学号、姓名、所在系等属性，由于一个学号对应一个学生，一个学生只在一个系，因而，当“学号”值确定下来后，学生的姓名和所在系就被唯一地确定了。属性间的这种依赖关系类似于数学

中的函数 $y=f(x)$，当自变量 x 确定之后，相应的函数值 y 就唯一确定了，相应的有姓名＝f(学号)，所在系＝f(学号)，称学号决定姓名、所在系，或者说姓名、所在系函数依赖于学号，记为学号→姓名、学号→所在系。

在设计关系模式时，有一些必须遵循的规则，以保证所设计的关系模式是一个"好"的关系模式，否则可能设计出有"问题"的关系模式。

4.1.1 存在异常的关系模式

例 4-1 要建立数据库描述学生、其所在系及其选课信息，设计如下关系模式。

学生信息(学号，姓名，所在系，系主任，课程号，课程名，成绩)

其中，"学生信息"为关系模式名，学号、姓名、所在系、系主任、课程号、课程名、成绩分别表示学号、姓名、所在系名、系主任、课程号、课程名、学生所选课程的成绩。

假定，该关系模式包含如下数据语义：

(1) 学号与学生之间是 1∶1 的联系，即一个学生只有一个学号，一个学号只对应一个学生。

(2) 系与学生之间是 1∶n 的联系，即一个系有若干学生，一个学生只属于一个系。

(3) 系与系主任之间是 1∶1 的联系，即一个系只有一名系主任，一名系主任只在一个系里任职。

(4) 课程号与课程名之间是 1∶1 的联系，即一门课程只有一个课程编号。

(5) 学生与课程之间是 m∶n 的联系，即一名学生可以选修多门课程，一门课程可以由多名学生选修，且每个学生学习每门课程只有一个成绩。

由上述语义，可以确定{学号，课程号}是该关系模式的唯一候选码，因此是主码。

表 4-1 关系学生信息实例

学号	姓名	所在系	系主任	课程号	课程名	成绩
040101	李勇	信息系	张敏	C01	电路分析	86
040101	李勇	信息系	张敏	C02	电工电子	90
040102	刘晨华	信息系	张敏	C01	电路分析	65
040201	蒋丽丽	计算机系	李芬	C09	数据结构	85
040201	蒋丽丽	计算机系	李芬	C08	操作系统	68
040202	向宇	计算机系	李芬	C08	操作系统	89
040302	钱小强	外语系	王大力	C10	口语	83
040302	钱小强	外语系	王大力	C12	听力	88

表 4-1 是该关系模式的一个示例，从表中可以发现如下异常问题。

1. 插入异常

如果学生没有选课，课程号为空，则根据关系数据模式实体完整性要求，主码值不能为空，该学生的信息就不能插入数据库；如果一个系刚成立，尚无学生，即学号为空，就无法将这个系及其系主任的信息存入数据库；如果开设了一名新课，尚无学生选修，则无法将该课程的信息插入数据库。

2. 删除异常

删除学生信息，将删除该学生的整条记录，会将系及系主任等信息一起删除，若某个系的学生全部毕业了，系及其系主任的信息就会丢失。

3. 数据冗余过多

学生的姓名、所在系名、系主任、课程名重复出现，例如系主任重复出现次数与该系所有学生的所有课程成绩出现次数相同，这将浪费大量的存储空间。

4. 更新异常

由于数据冗余，当更新数据库中的数据时，系统要付出很大的代价来维护数据库的完整性，否则会面临数据不一致的危险。例如，当某个学生转系时，则要修改该学生的所有记录信息；当某系更换系主任时，必须修改该系学生的每个记录，若发生遗漏，就会造成数据的不一致。

鉴于上述存在的种种问题，可以发现“学生信息”关系模式不是一个“好”的模式，一个“好”的关系模式应当不会发生插入异常、删除异常和更新异常，数据冗余应尽可能少。

4.1.2 异常原因分析

例 4-1 中的关系模式，根据其语义，有如下函数依赖关系：

1. 学号→姓名

说明：每个学生只有一个学号，而不同学生的姓名有可能相同，故学号决定姓名。

2. 学号→所在系

说明：系与学生之间是 1∶n 的联系。

3. 所在系→系主任

说明：每个系只有一个系主任，而系主任的姓名有可能相同，故系决定系主任。

4. 课程号→课程名

说明：每门课只有一个课程号，故课程号决定课程名。

5. (学号,课程号)→成绩

说明：每个学生的每一门课有一个成绩，故由所参与实体的键共同决定。

从上述事实，可以得到关系模式“学生信息”的属性集 U 上的一组函数依赖：

F={学号→姓名，学号→所在系，学号→系主任，所在系→系主任，课程号→课程名，(学号,课程号)→成绩}

这组函数依赖关系如图 4-1 所示。

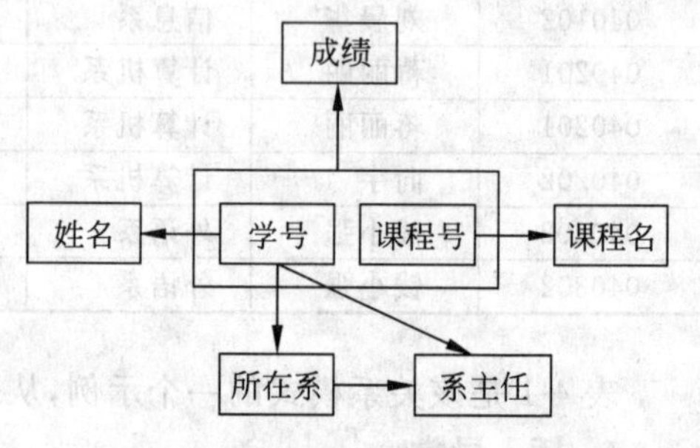

图 4-1 学生信息关系的函数依赖

上述异常现象产生的根源，是由于关系模式中属性间存在复杂的依赖关系。在关系模式中，各个属性一般来说是有关联的，但是有着不同的表现形式，其中有两种形式，一部分属性的取值决定所有其他属性的取值，即部分属性构成的子集合与关系的整个属性集合的关联；一部分属性的取值决定其他部分属性的取值，即部分属性构成的子集合与另一些部分属性组成的子集合的关联。在设计关系模式时，如果将各种有关联的实体数据集中于一个关系模式中，不仅造成关系模式结果冗余、包含的语义过多，也使得其中的函数依赖变得错综复杂，不可避免地产生异常。

4.1.3 异常问题的解决

解决异常的方法，是利用关系数据库规范化理论，对关系模式进行相应的分解，消除其中不合适的数据依赖，使得每一个关系模式表达的概念单一，属性间的数据依赖关系单纯化，从而消除异常。

将例 4-1 中的关系模式分解为以下 4 个关系模式。

1. 学生(学号,姓名,所在系)

其函数依赖为学号→姓名，学号→所在系。

2. 系(所在系,系主任)

其函数依赖为所在系→系主任。

3. 课程(课程号,课程名)

其函数依赖为课程号→课程名。

4. 选课(学号,课程号,成绩)

其函数依赖为(学号,课程号)→成绩。

分解后的关系模式实例如表 4-2～表 4-5 所示。

表 4-2　关系"学生"

学　　号	姓名	所在系
040101	李勇	信息系
040102	刘晨华	信息系
040201	蒋丽丽	计算机系
040202	向宇	计算机系
040302	钱小强	外语系

表 4-3　关系"系"

所　在　系	系　主　任
信息系	张敏
计算机系	李芬
外语系	王大力

表 4-4　关系"课程"

课　程　号	课　程　名
C01	电路分析
C02	电工电子
C09	数据结构
C08	操作系统
C10	口语
C12	听力

表 4-5　关系"选课"

学　　号	课　程　号	成　　绩
040101	C01	86
040101	C02	90
040102	C01	65
040201	C09	85
040201	C08	68
040202	C08	89
040302	C10	83
040302	C12	88

分解后的每个关系模式，其属性间的函数依赖大大减少，插入异常、删除异常、更新问题都得到了解决，数据冗余问题也大大降低了。

由于在数据库管理中，数据的异常操作一直是影响系统性能的重大问题，所有规范化理论是关系数据库设计中的重要部分，下面各节将分别讨论函数依赖、关系模式的规范化及关系模式的分解规则。

4.2　函数依赖

在数据依赖现象的讨论中，函数依赖是最为常见和最为基本的情形。本节将较为详细地讨论函数依赖及其相关问题。

4.2.1 函数依赖的基本概念

定义 4.1 设 $R(U)$是属性集 U 上的关系模式，X 和 Y 是 U 的子集。若对于 $R(U)$中的任意一个关系 r 和 r 中的任意两个元组 t_1、t_2，如果 $t_1[X]=t_2[X]$，有 $t_1[Y]=t_2[Y]$，则称 X 函数决定 Y，或者称 Y 函数依赖于 X，记为 $X\rightarrow Y$，X 称为决定因素(determinant)，Y 称为依赖因素(Dependent)。

对于函数依赖，需要说明以下几点：

(1) 函数依赖不是指关系模式 R 的某个或某些关系实例满足的约束条件，而是指 R 的所有关系实例均要满足的约束条件。

(2) 函数依赖是一个语义范畴的概念，需要根据属性的语义和规定来确定函数依赖。例如，"姓名"→"年龄"这个函数依赖只有在没有人同名的条件下成立，如果有相同名字的人，"年龄"就不再函数依赖于"姓名"了。

(3) 若 Y 函数不依赖于 X，则记为 $X\nrightarrow Y$。

(4) 若 $X\rightarrow Y$，$Y\rightarrow X$，则记为 $X\leftrightarrow Y$。

(5) 若 $X\rightarrow Y$，但 $Y\nsubseteq X$，则称 $X\rightarrow Y$ 是非平凡的函数依赖。若不特别声明，所讨论的总是非平凡的函数依赖。

(6) 若 $X\rightarrow Y$，但 $Y\subseteq X$，则称 $X\rightarrow Y$ 是平凡的函数依赖。

事实上，对于关系模式 $R(U)$，U 为其属性集合，X 和 Y 为其属性子集，根据函数依赖定义和实体间联系的定义，可以得到如下变换方法：

(1) 如果 X 和 Y 之间是 $1:1$ 的联系，则存在函数依赖 $X\rightarrow Y$ 和 $Y\rightarrow X$。

(2) 如果 X 和 Y 之间是 $1:n$ 的联系，则存在函数依赖 $Y\rightarrow X$。

(3) 如果 X 和 Y 之间是 $m:n$ 的联系，则 X 和 Y 之间不存在函数依赖关系。

定义 4.2 在 $R(U)$中，如果 $X\rightarrow Y$，并且对于任何一个真子集 X'，都有 $X'\nrightarrow Y$，则称 Y 完全函数依赖于 X，记作 $X\xrightarrow{F}Y$。若 $X\rightarrow Y$，但 Y 不完全函数依赖于 X，则称 Y 部分函数依赖于 X，记作 $X\xrightarrow{P}Y$。

例 4-1 中，有(学号，课程号)$\xrightarrow{P}$姓名和学号$\xrightarrow{F}$姓名。

定义 4.3 在关系 R 中，X、Y、Z 是 R 的三个不同的属性或属性组，如果 $X\rightarrow Y$，$Y\rightarrow Z$，但 $Y\nrightarrow X$，且 Y 不是 X 的子集，则称 Z 传递依赖于 X。

在传递依赖的定义中加上 $Y\nrightarrow X$ 是必要的，因为如果 $Y\rightarrow X$，则 $X\leftrightarrow Y$，实际上 Z 直接函数依赖于 X，而不是传递依赖于 X。

例 4-1 中，由学号→所在系和所在系→系主任，可得系主任传递依赖于学号。

4.2.2 键的函数依赖表述

在前面 2.1 节中，已经给出了候选键、主键和外键的若干非形式化定义，这里使用函数依赖的概念来更严格地定义关系模式的候选键、主键和外键。

定义 4.4 设 K 为 $R<U,F>$中的属性或属性组合，若 $K\xrightarrow{F}U$，则 K 为 R 的候选键(Candidate Key)，简称键，又称为候选码或码。若候选键多于一个，则选定其中的一个为主键(Primary Key),又称为主码。

候选键是能够唯一确定关系中任何一个元组的最少属性集合,主键是候选键中任意选定的一个。在最简单情况下,单个属性是候选键。在最极端的情况下,关系模式的整个属性集全体是候选键,此时称为全键(All-Key),又称为全码。

包含在任何一个候选键中的属性,称为主属性(Primary Attribute)。主属性的取值不能为空值。不包含在任何键中的属性,称为非主属性(Nonprimary Attribute)或非码属性(Non-key Attribute)。

例如,在关系模式学生信息(学号,姓名,所在系,系主任,课程号,课程名,成绩)中,{学号,课程号}是唯一候选码,因而是主键。学号和课程号都是主属性,姓名、所在系、系主任、课程名、成绩都是非主属性。

关系模式 SPD(供应商编号,部门编号,零件编号)表示各供应商供给各部门的零件信息。该关系模式的主键是{供应商编号,部门编号,零件编号},而且是全键。

定义 4.5 关系模式 $R(U,F)$中属性或属性组 X 并非 R 的键,但 X 是另一个关系模式 S 的键(或者是 UNIQUE 约束属性),则称 X 是 R 的外部码(Foreign Key),也称为外码或外键。

上例中,关系模式选课(学号,课程号,成绩)中,{学号,课程号}是键,其中学号又是关系模式学生(学号,姓名,所在系)的键,则关系模式选课中的学号是选课的外键。

在关系模式中,主键起着数据导航的作用,而主键和外键的结合表示两个关系中元组间的联系。

4.3 关系模式的规范化

由于关系模式可能存在种种“异常”情况,为解决和规范关系模式的“异常”,规范化理论得以提出并被研究。早在 1971 年,关系模式的创始人 E. F. Codd 系统提出了 1NF、2NF、3NF 的概念。1974 年又与 Boyce 合作提出了 BCNF。随后几年,规范化理论进一步发展,又相继提出了 4NF、5NF 的概念(图 4-2)。

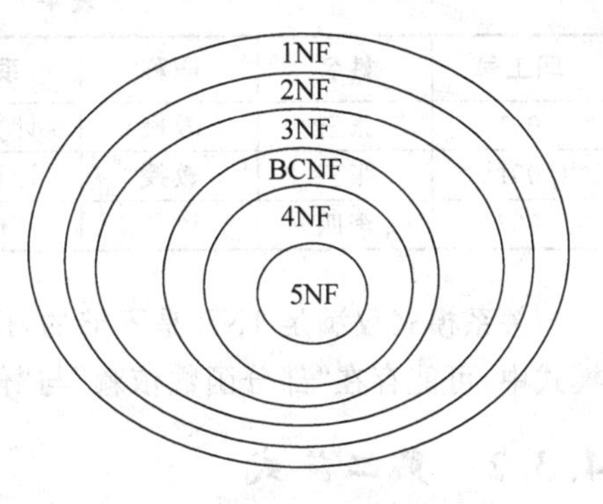

图 4-2 各种范式之间的关系

满足最低要求的叫第一范式,简称 1NF。在第一范式的基础上进一步满足一些要求的为第二范式,简称 2NF,其余以此类推。各种范式之间存在所定义范围的包含关系,即满足 2NF 的必定满足 1NF,满足 BCNF 的必定满足 3NF、2NF、1NF,这种关系概括为:

$$5NF \subset 4NF \subset BCNF \subset 3NF \subset 2NF \subset 1NF$$

通常把某一关系模式 R 为第几范式简记为 $R \in n$NF。范式级别与异常问题之间的关系是,级别越低,出现异常的程度越高。将一个给定的关系模式转化为某种范式的过程,称为关系模式的规范化过程。规范化一般采用分解的方法,将低级别范式向高级别范式转化,使关系的语义单纯化。

4.3.1 第一范式

定义 4.6 如果关系模式 R 中不包含多值属性，则 R 满足第一范式，记为 $R \in 1NF$ (Normalization Formula)。1NF 是对关系的最低要求，不满足 1NF 的关系是非规范化关系，不能称为关系数据库。如表 4-6 和表 4-7 所示的关系不满足 1NF。

表 4-6 具有组合数据项的非规范化的表

职工号	姓名	工资		
		基本工资	职务工资	工龄工资
20010201	李香	800	450	200

表 4-7 具有多值数据项非规范化表

职工号	姓名	职称	系名	系办公地址	学历	毕业年份
001	张三	教授	计算机	1-305	大学 研究生	1963 1982
002	李四	讲师	信电	2-204	大学	1989

要将非第一范式的关系转换为 1NF 关系，只需将复合属性变为简单属性即可，如表 4-8 和表 4-9 所示。

表 4-8 消除组合数据项后的表

职工号	姓名	基本工资	职务工资	工龄工资
20010201	李香	800	450	200

表 4-9 消除多值数据项后的表

职工号	姓名	职称	系名	系办公地址	学历	毕业年份
001	张三	教授	计算机	1-305	大学	1963
001	张三	教授	计算机	1-305	研究生	1982
002	李四	讲师	信电	2-204	大学	1989

关系模式仅满足 1NF 是不够的，仍可能出现插入、删除、冗余和更新异常。因为在关系模式中，可能存在"部分函数依赖"与"传递函数依赖"。

4.3.2 第二范式

定义 4.7 如果一个关系 $R \in 1NF$，且它的所有非主属性都完全函数依赖于 R 的任一候选码，则 R 属于第二范式，记为 $R \in 2NF$。

由定义知道，第二范式的实质是要从第一范式中消除非主属性对码的部分函数依赖。

非 2NF 关系或 1NF 向 2NF 转换的方法是：消除其中的部分函数依赖，一般是将一个关系模式分解成多个 2NF 的关系模式，即将部分函数依赖于键的非主键及其决定属性移出，另成一个关系，使其满足 2NF。

例 4-2 例 4-1 中的关系模式"学生信息"出现上述问题的原因是姓名、所在系、系主任、课程名对码{学号,课程号}的部分函数依赖。为了消除这些部分函数依赖,采用投影分解法,将关系模式分解为以下 3 个 2NF 的关系模式。

学生(学号,姓名,所在系,系主任);

课程(课程号,课程名);

选课(学号,课程号,成绩)。

这三个关系模式的函数依赖如图 4-3 所示。

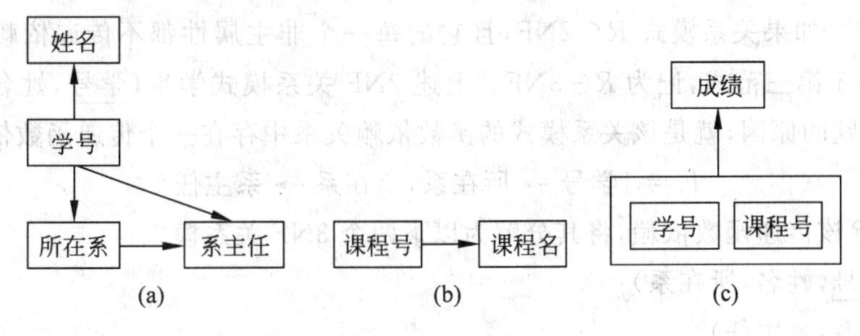

图 4-3　函数依赖

显然,在分解后的关系模式中,非主属性都完全函数依赖于码,不存在非主属性部分函数依赖于码的情况,解除了以下的一部分异常。

1. 解决插入异常

在关系学生中可以插入没有选课的学生;如果开设了一门新课,尚无学生选修,可以将该课程的信息插入数据库。

2. 解决删除异常

删除学生信息,不会将课程信息等信息一起删除。

3. 解决数据冗余过多

学生的基本情况和课程的基本情况只存储一次,降低了冗余。

4. 解决更新异常

当某个学生转系时,只需修改一次该学生的系名和该系的系主任。

显然,采用投影分解方法将一个 1NF 的关系分解为多个 2NF 的关系模式,可以在一定程度上减轻原 1NF 关系中存在的插入异常、删除异常、数据冗余和更新异常等问题。但是,属于 2NF 的关系模式仍然可能存在插入异常、删除异常、数据冗余和更新异常等问题。

例如,2NF 关系模式学生(学号,姓名,所在系,系主任)中存在函数依赖:

$$F=\{学号\rightarrow 姓名,学号\rightarrow 所在系,学号\rightarrow 系主任,所在系\rightarrow 系主任\}$$

该关系模式存在以下异常。

1. 插入异常

如果一个系刚成立,尚无学生,即学号为空,就无法将这个系及其系主任的信息存入数据库。

2. 删除异常

若某个系的学生全部毕业了,在删除该系学生信息的同时,把系及其系主任的信息丢失。

3. 数据冗余过多

如系主任重复出现次数与该系学生人数相同。

4. 更新异常

当某系更换系主任时，必须修改该系学生的每个记录，若发生遗漏，就会造成数据的不一致。

推论 4.1 如果关系模式 $R \in 1NF$，且它的每一个候选码都是单码，则 $R \in 2NF$。

4.3.3 第三范式

定义 4.8 如果关系模式 $R \in 2NF$，且它的每一个非主属性都不传递依赖于任何候选码，则称 R 属于第三范式，记为 $R \in 3NF$。上述 2NF 关系模式学生(学号，姓名，所在系，系主任)出现问题的原因，就是该关系模式的函数依赖关系中存在一个传递函数依赖：

$$F = \{学号 \rightarrow 所在系，所在系 \rightarrow 系主任\}$$

通过消除该传递函数依赖，将其分解为以下两个 3NF 关系模式：

学生(学号，姓名，所在系)；

系(所在系，系主任)。

分解后的关系模式中，既没有非主属性对键的部分函数依赖，也没有非主属性对键的传递函数依赖，进一步解决了以下一些问题。

1. 消除插入异常

可以插入无在校学生的系的信息。

2. 消除删除异常

若某个系的学生全部毕业了，在删除该系学生信息的同时，保留系及其系主任的信息。

3. 消除数据冗余

例如系的系主任信息只存储一次。

4. 消除更新异常

当某系更换系主任时，只需修改一次。

推论 4.2 如果关系模式 $R \in 1NF$，且它的每一个非主属性既不部分依赖，也不传递依赖于任何候选码，则 $R \in 3NF$。

推论 4.3 不存在非主属性的关系模式一定为 3NF。

采用投影分解法将一个 2NF 的关系模式分解为多个 3NF 的关系，可以在一定程度上解决 2NF 关系中存在的插入异常、删除异常、冗余和更新异常等问题，但是，3NF 的关系模式并不能完全消除关系模式中的各种异常情况和数据冗余，因为还可能存在"主属性"部分函数依赖或传递函数依赖于键的情况。

例 4-3 在关系模式 STJ(学生，教师，课程)中，假定每一位教师只教一门课，但每门课可由若干教师讲授。某一学生选定某门课，就确定一个固定的教师。由语义可得如下函数依赖：

$F=\{$(学生，课程)→教师，(学生，教师)→课程，教师→课程$\}$，如图 4-4 所示。

其中，(学生，课程)，(学生，教师)都是候选码，学生、课程、教师都是主属性，因此不存在任何非主属性对码的部分函数依赖或传递函数依赖，故 $STJ \in 3NF$。

该关系模式存在以下一些异常。

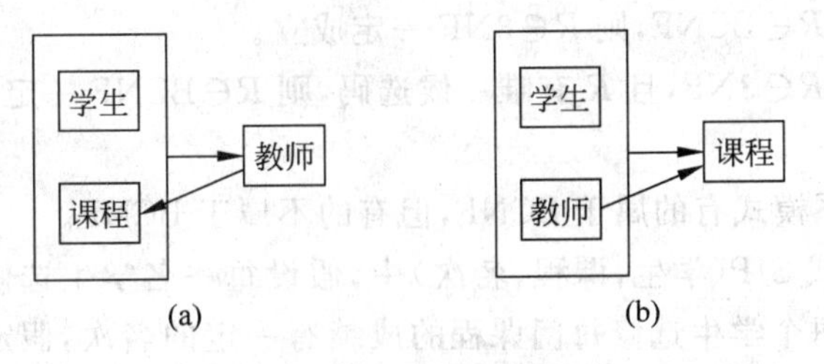

图 4-4　STJ 的函数依赖

1. 插入异常

受主属性不能为空的限制，插入尚未选课的学生，或插入没有学生选课的课程，都不能插入。

2. 删除异常

如果选修某门课程的学生全部毕业了，在删除这些学生元组的同时，则会删除相应教师开设该门课程的信息。

3. 数据冗余过多

每个选修某课程的学生均带有教师的信息。

4. 更新异常

某教师开设的课程改名后，所有选修了该教师的该门课程的学生信息都要进行相应修改。

4.3.4　BCNF 范式

BCNF 是由 Boyce 和 Codd 提出的，故称 BCNF，BCN 被认为是增强的第三范式，有时也归入第三范式。

定义 4.9　设关系模式 $R<U,F>\in 1NF$，若 F 的任一函数依赖 $X\rightarrow Y(Y\not\subset X)$，$X$ 必为候选码，则称 $R\in$ BCNF。

每个 BCNF 范式具有以下 3 个性质：

(1) 所有非主属性都完全函数依赖于每个候选键。

(2) 所有主属性都完全函数依赖于每一个不包含它的候选键。

(3) 没有任何属性完全函数依赖于非键的任何一组属性。

上述关系模式 STJ(学生，教师，课程)出现异常的原因在于主属性课程函数依赖于教师，即主属性课程部分函数依赖于码(学生，教师)，故不满足 BCNF。

3NF 范式向 BCNF 转换的方法是：消除主属性对码的部分函数依赖和传递函数依赖，通过投影分解，将 3NF 关系模式分解成多个 BCNF 关系模式。

将 STJ 关系分解为以下两个关系模式。

ST(<u>学生</u>，教师)；

TJ(<u>教师</u>，课程)。

分解后的关系模式，不存在任何属性对候选码的部分函数依赖和传递函数依赖，解决了上述的异常问题。

定理 4.1 如果 $R\in$ BCNF，则 $R\in$ 3NF 一定成立。

定理 4.2 如果 $R\in$ 3NF，且 R 有唯一候选码，则 $R\in$ BCNF 一定成立。

证明从略。

属于 3NF 的关系模式有的属于 BCNF，但有的不属于 BCNF。

例 4-4 关系模式 SJP(学生，课程，名次)中，假设每一名学生选修多门课程，每门课程可被多个学生选修，每个学生选修每门课程的成绩有一定的名次，假定名次没有并列，则每门课程中每一名次只有一位学生。有语义可得以下的函数依赖。

$F=\{$(学生，课程)$\rightarrow$名次，(课程，名次)$\rightarrow$学生$\}$， 如图 4-5 所示。

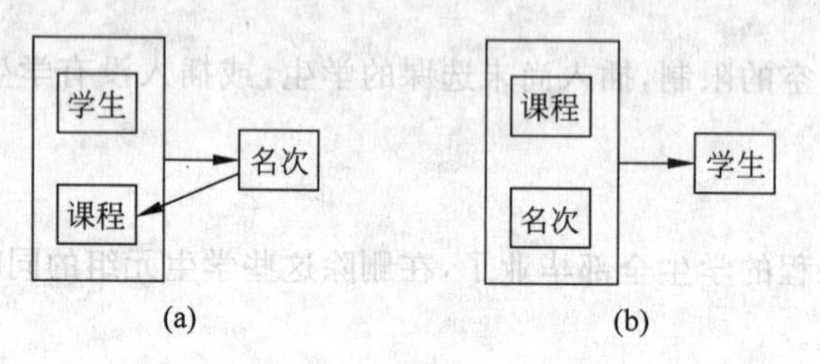

图 4-5 SJP 的函数依赖

其中，(学生，课程)和(课程，名次)都是候选码，学生、课程、名次都是主属性，但不存在任何属性对候选码的部分函数依赖和传递函数依赖，故 SJP $\in$ 3NF，同时 SJP $\in$ BCNF。

BCNF 是在函数依赖的条件下对模式分解所能达到的最高分离程度。如果一个关系数据库中的所有关系模式都属于 BCNF，那么，在函数依赖范畴内，它已经实现了模式的彻底分解，达到了最高的规范化程度，消除了插入异常、删除异常。

4.3.5 多值依赖与第四范式

从数据库设计的角度看，函数依赖是最普通和最重要的一种约束。通过对数据函数依赖的讨论和分解，可以有效地消除模式中的冗余问题。函数依赖实质上反映的是“多对一”的联系，但现实中还会有“一对多”的联系，体现为多值依赖。一个关系模式，即使在函数依赖范畴内已经属于 BCNF，但若存在多值依赖，仍然会出现数据冗余过多、插入异常和删除异常等问题。以下先看一个实例。

例 4-5 关系模式 CTB(课程名，教师，参考书)用来存放课程、教师及参考书信息。一名教师可讲授多门课程，一门课程可由多名教师讲授，有多本参考书，一本参考书可用于多门课程。

表 4-10 用非规范化的方式描述了这个关系。

表 4-10 非规范化关系 CTB

课程名	教师	参考书
数据结构	张三 李四	C 语言 汇编语言
数据库原理	李四 王五	VB 程序设计
C 语言	郑六	PASSCAL 语言程序设计 计算机导论

把这张表变成一张规范化的二维表，如表 4-11 所示。

表 4-11　规范化关系 CTB

课　程　名	教　　师	参　考　书
数据结构	张三	C 语言
数据结构	张三	汇编语言
数据结构	李四	C 语言
数据结构	李四	汇编语言
数据库原理	李四	VB 程序设计
数据库原理	王五	VB 程序设计
C 语言	郑六	PASSCAL 语言程序设计
C 语言	郑六	计算机导论

由语义可得，该关系模式没有函数依赖，具有唯一的候选码（课程名，教师，参考书），即全码，因而 CTB∈BCNF。但仍然存在以下问题。

1. 插入异常

当某一门课程增加一名授课教师后，因该课程有多本参考书，故必须插入多个元组。这是插入异常的表现之二。

2. 删除异常

当某门课程去掉一本参考书后，因该课程授课教师有多名，故必须删除多个元组。这是删除异常的表现之二。

3. 数据冗余过多

每门课程的参考书，由于有多名授课教师，故必须存储多次，这就造成了大量的数据冗余。

4. 更新异常

修改一名课程的参考书，因该课程涉及多名教师，故必须修改多个元组。

由此可见，该关系虽然已是 BCNF，但其数据的增、删、改很不方便，数据的冗余也十分明显。该关系模式产生问题的根源是，参考书独立于教师，它们都取决于课程名。该约束不能用函数依赖来表示，其具有一种称为多值依赖的数据依赖。

1. 多值依赖

定义 4.10　设 $R(U)$是属性集 U 上的一个关系模式，X、Y、Z 是 U 的子集，且 $Z=U-X-Y$。如果对 $R(U)$的任一关系 r，r 在(X,Z)上的每一个值对应一组 Y 值，这组 Y 值仅仅决定于 X 值而与 Z 值无关，则称 Y 多值依赖于 X，或 X 多值决定 Y，记为 $X \rightarrow\rightarrow Y$。

多值依赖具有以下性质。

(1) 对称性。若 $X \rightarrow\rightarrow Y$，则 $X \rightarrow\rightarrow Z$，其中 $Z=U-X-Y$。

多值依赖的对称性可以用图直观地表示出来。

我们用图 4-6 来表示关系模式 CTB 中的多值对应关系。C 的某一个值 C_i 对应的全部 T 值记作 $\{T\}c_j$（表示教此课程的全体教师），全部 B 值记作 $\{B\}c_j$（表示此课程使用的所有参考书），则$\{T\}c_j$ 中的每一个 T 值和$\{B\}c_j$ 中的每一个 B 值对应，于是

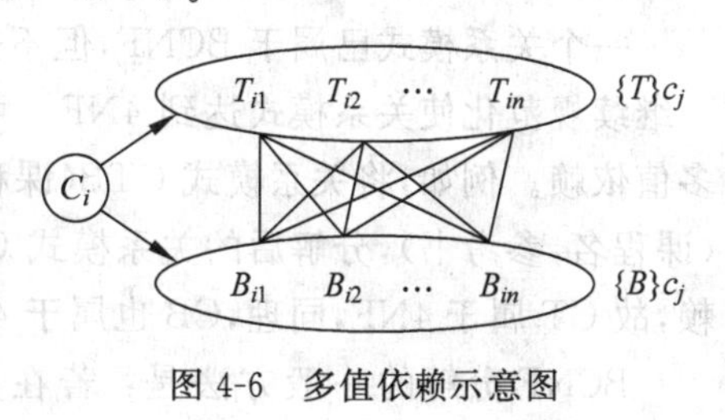

图 4-6　多值依赖示意图

$\{T\}c_j$ 与 $\{B\}c_j$ 之间正好形成一个完全二分图。$C\to\to T$，而 B 与 T 是完全对称的，必然有 $C\to\to B$。

(2) 传递性。若 $X\to\to Y$，$Y\to\to Z$，则 $X\to\to Z-Y$。

(3) 合并律。若 $X\to\to Y$，$X\to\to Z$，则 $X\to\to YZ$，$X\to\to Y\cap Z$。

(4) 增广律。若 $X\to\to Y$，且($V\subseteq W$)，则 $WX\to\to VY$。

(5) 分解律。若 $X\to\to Y$，$X\to\to Z$，则 $X\to\to Y-Z$，$X\to\to Z-Y$。

函数依赖可以看做是多值依赖的特殊情况。即若 $X\to Y$，则 $X\to\to Y$。因为当 $X\to Y$ 时，对 X 的每一个值 x，Y 有一个确定的值 y 与之对应，有 $X\to\to Y$。

多值依赖与函数依赖相比，具有下面两个基本区别。

(1) 多值依赖的有效性与属性集的范围有关。

若 $X\to\to Y$ 在 U 上成立，则在 $W(XY\subseteq W\subseteq U)$ 上一定成立；反之则不然，即 $X\to\to Y$ 在 $W(W\subset U)$ 上成立，在 U 上并不一定成立。这是因为多值依赖的定义中不仅涉及属性组 X 和 Y，而且涉及 U 中其余属性 Z。

一般地，在 $R(U)$ 上若有 $X\to\to Y$ 在 $W(W\subset U)$ 上成立，则称 $X\to\to Y$ 为 $R(U)$ 的嵌入型多值依赖。

但是在关系模式 $R(U)$ 中函数依赖 $X\to Y$ 的有效性仅决定于 X、Y 这两个属性集的值。只要在 $R(U)$ 的任何一个关系 r 中，元组在 X 和 Y 上的值满足定义 4.1，则函数依赖 $X\to Y$ 在任何属性集 $W(XY\subseteq W\subseteq U)$ 上成立。

(2) 若函数依赖 $X\to Y$ 在 $R(U)$ 上成立，则对于任何 $Y'\subset Y$ 均有 $X\to Y'$ 成立。而多值依赖 $X\to\to Y$ 若在 $R(U)$ 上成立，则不能断言对于任何 $Y'\subset Y$，均有 $X\to\to Y'$ 成立。

2. 第四范式

定义 4.11 关系模式 $R\in$ 1NF，如果对于 R 的每个非平凡的多值依赖 $X\to\to Y(Y\not\subseteq X)$，$X$ 都含有候选码，则称 R 属于第四范式，即 $R\in$ 4NF。

4NF 就是限制关系模式的属性之间不允许有非平凡且非函数依赖的多值依赖。因为，根据定义，对于每一个非平凡的多值依赖 $X\to\to Y$，X 都含有码，于是就有 $X\to Y$，所以 4NF 所允许的非平凡的多种依赖实际上是函数依赖。

定理 4.3 若 $R(U)\in$ 4NF，则 $R(U)\in$ BCNF。

因此，$R(U)$ 满足第四范式必满足 BCNF 范式，但满足 BCNF 范式不一定就是第四范式。

在例 4-5 中，关系模式 CTB(课程名，教师，参考书)唯一的候选键是{课程名，教师，参考书}，并且没有非主属性，当然就没有非主属性对候选码的部分函数依赖和传递函数依赖，所以关系 CTB 满足 BCNF 范式。但在多值依赖课程名→→教师和课程名→→参考书中的“课程名”不是码，所以关系 CTB 不属于 4NF。

一个关系模式已属于 BCNF，但不是 4NF，这样的关系模式仍然可能存在各种异常，需要继续规范化使关系模式达到 4NF。可以用投影分解的方法消除非平凡且非函数依赖的多值依赖。例如，将关系模式 CTB(课程名，教师，参考书)分解为：CT(课程名，教师)和 CB(课程名，参考书)，分解后的关系模式 CT 中虽然存在课程名→→教师，但这是平凡多值依赖，故 CT 属于 4NF，同理，CB 也属于 4NF。

BCNF 分解的一般方法是：若在关系模式 $R(XYZ)$ 中，$X\to\to Y|Z$，则 R 可分解为

$R_1(XY)$和$R_2(XZ)$两个4NF关系模式。

函数依赖和多值依赖是两种最重要的数据依赖。如果只考虑函数依赖，则属于BCNF的关系模式规范化程度已经是最高的。如果只考虑多值依赖，则属于4NF的关系模式规范化程度是最高的。而实际上，数据依赖除了函数依赖和多值依赖之外，还有其他数据依赖，如连接依赖。函数依赖是多值依赖的一种特殊情况，多值依赖又是连接依赖的一种特殊情况。如果消除了属于4NF的关系模式中存在的连接依赖，则可以进一步达到5NF的关系模式，这将在4.3.6节讨论。

4.3.6 连接依赖与第五范式

1. 连接依赖

定义4.12 关系模式$R(U)$，$\{U_1,U_2,\cdots,U_n\}$是属性集合U的一个分割，而$\{R_1,R_2,\cdots,R_n\}$是R的一个模式分解，其中R_i是对应于U_i的关系模式($i=1,2,\cdots,n$)。如果对于R的每一个关系r，都有下式成立：

$$r=\pi_{R_1}(r)\bowtie\pi_{R_2}(r)\bowtie\cdots\bowtie\pi_{R_n}(r)$$

则称R满足连接依赖(Join Dependence)，记作$\bowtie(R_1,R_2,\cdots,R_n)$

如果连接依赖中每一个$R_i(i=1,2,\cdots,n)$都不等于R，则称此时的连接依赖是非平凡的连接依赖，否则称为平凡的连接依赖。

例4-6 设有供应关系SPJ(供应商编号，零件编号，工程编号)。令SP=(供应商编号，零件编号)、PJ=(零件编号，工程编号)和JS=(工程编号，供应商编号)，则有连接依赖$\bowtie$(SP，PJ，JS)在SPJ上成立。

2. 第五范式

定义4.13 如果关系模式$R(U)$上任意一个非平凡的连接依赖$\bowtie(R_1,R_2,\cdots,R_n)$都被$R$的某个候选码所蕴涵，则称关系模式$R(U)$属于第五范式，记为$R(U)\in$5NF。

这里所说的由R的某个候选码所蕴涵，是指$\bowtie(R_1,R_2,\cdots,R_n)$可以由候选码推出。

在例4-6中，$\bowtie$(SP，PJ，JS)中的SP、PJ和JS都不等于SPJ，是非平凡的连接依赖，但$\bowtie$(SP，PJ，JS)并不被SPJ的唯一候选码{供应商编号，零件编号，工程编号}蕴涵，因此不是5NF。将SPJ分解成SP、PJ和JS三个模式，此时分解是无损分解，并且每一个模式都是5NF，可以消除冗余及其操作异常现象。

4.3.7 关系模式的规范化步骤

在关系数据库中，一个关系模式只要其分量都是不可再分的数据项，即满足第一范式，这是关系模式的最基本要求。但是，规范化程度低的关系模式可能存在插入异常、删除异常、修改异常和数据冗余等问题，需要通过关系模式的规范化来解决，这就是规范化的目的。

规范化的基本思想是从关系模式中各个属性之间的依赖关系(函数依赖、多值依赖和连接依赖)出发，逐步消除数据依赖中不合适的部分，通过模式分解，使模式中的各个关系模式达到某种程度的“分离”，实现“一事一地”的模式设计原则。分解的目标是让一个关系描述一个概念、一个实体或实体间的一种联系。若多于一个概念就把它“分离”出去。因此，所谓规范化实质上是概念的单一化。

人们认识这个原则是经历了一个过程的。从认识非主属性的部分函数依赖的危害开始,2NF、3NF、BCNF、4NF、5NF 的提出是这个认识过程逐步深化的标志。图 4-7 概括了这个过程。从本质上来说,规范化的过程就是一个不断消除属性依赖关系中某些弊病的过程,实际上,就是从第一范式到第五范式的逐步递进的过程。

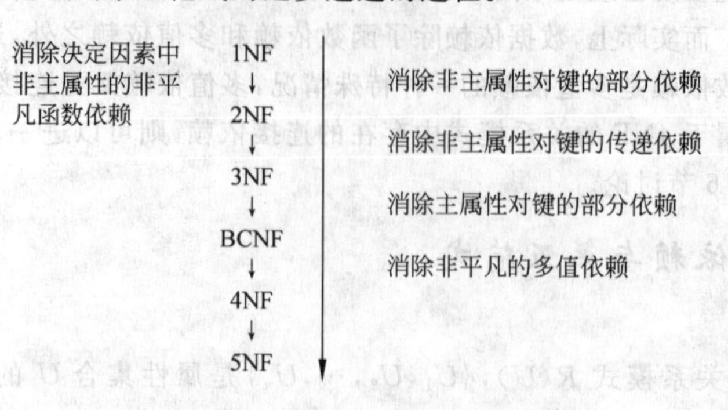

图 4-7　各种范式及规范化过程

一般地说,规范化程度过低的关系可能会存在插入异常、删除异常、修改异常和数据冗余等问题,需要对其进行规范化,转换为较高级别的范式。但这并不意味着规范化程度越高的关系模式就越好。如果模式分解过多,就会在数据查询过程中用到较多的连接运算,而这必然影响到查询速度,增加运算代价。所以在设计数据库模式结构时,必须对现实世界的实际情况和用户应用需求做进一步分析,统一权衡利弊,确定一个合适的、能够反映现实世界的模式,而不能把规范化的规则绝对化。

例 4-7　关系模式 Client(客户编号,姓名,所在街道,城市,邮编)。其有函数依赖:

F={客户编号→姓名,客户编号→所在街道,客户编号→姓名,客户编号→邮编,城市→邮编}

该关系模式存在传递函数依赖:客户编号→城市与城市→邮编,故不满足第三范式。按规范化理论,可将其分解为两个 BCNF 范式:Client(客户编号,姓名,所在街道,城市)和 post(城市,邮编)。但实际上这个分解一般没有必要。因为城市的邮编一般很少发生变化,城市与邮编一般作为一个整体考虑,该异常问题不会给这个模式带来严重影响,相反,分解后进行连接的代价要大得多。所以,该关系模式保持 2NF 是合适的。

关系模式的规范化过程是通过对关系模式的分解来实现的。把低一级的关系模式分解为若干个高一级的关系模式,这种分解不是唯一的。本章 4.4 节和 4.5 节将进一步讨论分解后的关系模式与原关系模式"等价"的问题以及分解的算法。

4.4　数据依赖的公理系统

数据依赖的公理系统是模式分解算法的理论基础,下面首先讨论函数依赖的一个有效而完备的公理系统——Armstrong 公理系统。

定义 4.14　对于满足一组函数依赖 F 的关系模式 $R<U,F>$,其任何一个关系 r,若函数依赖 $X \rightarrow Y$ 都成立(即 r 中任意两元组 t,s,若 $t[X]=s[X]$,则 $t[Y]=s[Y]$)则称 F 逻辑蕴涵 $X \rightarrow Y$。

为了求得给定关系模式的码,为了从一组函数依赖求得蕴涵的函数依赖,例如已知函数

依赖集 F，要问 $X \to Y$ 是否为 F 所蕴涵，就需要一套推理规则，这组推理规则是 1974 年首先由 Armstrong 提出来的。

Armstrong 公理系统　设 U 为属性集总体，F 是 U 上的一组函数依赖，于是有关系模式 $R<U,F>$。对 $R<U,F>$ 来说有以下的推理规则。

- A1 自反律(Reflexivity)：若 $Y \subseteq X \subseteq U$，则 $X \to Y$ 为 F 所蕴涵。
- A2 增广律(Augmentation)：若 $X \to Y$ 为 F 所蕴涵，且 $Z \subseteq U$，则 $XZ \to YZ$ 为 F 所蕴涵。其中 XZ 代表 $X \cup Z$。
- A3 传递律(Transitivity)：若 $X \to Y$ 及 $Y \to Z$ 为 F 所蕴涵，则 $X \to Z$ 为 F 所蕴涵。

注意：由自反律所得到的函数依赖均是平凡的函数依赖，自反律的使用并不依赖于 F。

定理 4.4　Armstrong 推理规则是正确的。

下面从定义出发证明推理规则的正确性。

证：

(1) 设 $Y \subseteq X \subseteq U$。

对 $R<U,F>$ 的任一关系 r 中的任意两个元组 t,s：

若 $t[X]=s[X]$，由于 $Y \subseteq X$，有 $t[Y]=s[Y]$，

所以 $X \to Y$ 成立，自反律得证。

(2) 设 $X \to Y$ 为 F 所蕴涵，且 $Z \subseteq U$。

设 $R<U,F>$ 的任一关系 r 中任意的两个元组 t,s：

若 $t[XZ]=s[XZ]$，则有 $t[X]=s[X]$ 和 $t[Z]=s[Z]$；

由 $X \to Y$，于是有 $t[Y]=s[Y]$，所以 $t[YZ]=s[YZ]$，所以 $XZ \to YZ$ 为 F 所蕴涵，增广律得证。

(3) 设 $X \to Y$ 及 $Y \to Z$ 为 F 所蕴涵。

对 $R<U,F>$ 的任一关系 r 中的任意两个元组 t,s：

若 $t[X]=s[X]$，由于 $X \to Y$，有 $t[Y]=s[Y]$；

再由 $Y \to Z$，有 $t[Z]=s[Z]$，所以 $X \to Z$ 为 F 所蕴涵，传递律得证。

根据 A1，A2，A3 这 3 条推理规则可以得到下面 3 条很有用的推理规则。

- 合并规则：由 $X \to Y$，$X \to Z$，有 $X \to YZ$。
- 伪传递规则：由 $X \to Y$，$WY \to Z$，有 $XW \to Z$。
- 分解规则：由 $X \to Y$ 及 $Z \subseteq Y$，有 $X \to Z$。

根据合并规则和分解规则，很容易得到以下这样一个重要事实。

引理 4.1　$X \to A_1 A_2 \cdots A_k$ 成立的充分必要条件是 $X \to A_i$ 成立($i=1,2,\cdots,k$)。

定义 4.15　在关系模式 $R<U,F>$ 中为 F 所逻辑蕴涵的函数依赖的全体叫做 F 的闭包，记为 F^+。

人们把自反律、传递律和增广律称为 Armstrng 公理系统。Armstrong 公理系统是有效的、完备的。Armstrong 公理的有效性指的是：由 F 出发根据 Armstrong 公理推导出来的每一个函数依赖一定在 F^+ 中；完备性指的是 F^+ 中的每一个函数依赖，必定可以由 F 出发根据 Armstrong 公理推导出来。

要证明完备性，首先要解决如何判定一个函数依赖是否属于由 F 根据 Armstrong 公理推导出来的函数依赖的集合。当然，如果能求出这个集合，问题就解决了。但不幸的是，这

是一个 NP 完全问题。如从 $F=\{X\rightarrow A_1,\cdots,X\rightarrow A_n\}$ 出发,至少可以推导出 2^n 个不同的函数依赖。为此引入下面的概念。

定义 4.16 设 F 为属性集 U 上的一组函数依赖,$X\subseteq U$,$X_F^+=\{A|X\rightarrow A$ 能由 F 根据 Armstrong 公理导出$\}$,X_F^+ 称为属性集 X 关于函数依赖集 F 的闭包。

由引理 4.1 容易得出:

引理 4.2 设 F 为属性集 U 上的一组函数依赖,$X,Y\subseteq U$,$X\rightarrow Y$ 能由 F 根据 Armstrong 公理导出的充分必要条件是 $Y\subseteq X_F^+$。

于是,判定 $X\rightarrow Y$ 是否能由 F 根据 Armstrong 公理导出的问题,就转换为求出 X_F^+,判定 Y 是否为 X_F^+ 的子集的问题。这个问题由算法 4.1 解决了。

算法 4.1 求属性集 $X(X\subseteq U)$关于 U 上的函数依赖集 F 的闭包 X_F^+。

输入:A,F。

输出:X_F^+。

步骤:

(1) 令 $X^{(0)}=X,i=0$。

(2) 求 B,这里 $B=\{A|(\exists V)(\exists W)(V\rightarrow W\in F\wedge V\subseteq X^{(i)}\wedge A\in W)\}$。

(3) $X^{(i+l)}=B\cup X^{(i)}$。

(4) 判断 $X^{(i+l)}$是否等于 $X^{(i)}$。

(5) 若相等或 $X^{(i+l)}=U$,则 $X^{(i+l)}$就是 X_F^+,算法终止。

(6) 若不等,则 $i=i+l$,返回第(2)步。

例 4-8 已知关系模式 $R<U,F>$,其中 $U=\{A,B,C,D,E\}$; $F=\{AB\rightarrow C,B\rightarrow D,C\rightarrow E,EC\rightarrow B,AC\rightarrow B\}$,求$(AB)_F^+$。

解 由算法 4.1,设 $X^{(0)}=AB$;

计算 $X^{(1)}$:逐一扫描 F 集合中各个函数依赖,找左部为 A,B 或 AB 的函数依赖,得到两个:$AB\rightarrow C,B\rightarrow D$,于是 $X^{(1)}=AB\cup CD=ABCD$。

因为 $X^{(0)}\neq X^{(1)}$,所以再找出左部为 $ABCD$ 子集的那些函数依赖,又得到 $C\rightarrow E,AC\rightarrow B$,于是 $X^{(2)}=X^{(1)}\cup BE=ABCDE$。

因为 $X^{(2)}$已等于全部属性集合,所以$(AB)_F^+=ABCDE$。

对于算法 4.1,令 $a_i=|X^{(i)}|$,$\{a_i\}$形成一个步长大于 1 的严格递增的序列,序列的上界是$|U|$,因此该算法最多$|U|-|X|$次循环就会终止。

定理 4.5 Armstrong 公理系统是有效的、完备的。

Armstrong 公理系统的有效性可由定理 4.4 得到证明。完备性的证明从略。

Armstrong 公理的完备性及有效性说明了“导出”与“蕴涵”是两个完全等价的概念。于是 F^+ 也可以说成是由 F 出发借助 Armstrong 公理导出的函数依赖的集合。

从蕴涵(或导出)的概念出发,又引出了两个函数依赖集等价和最小依赖集的概念。

定义 4.17 如果 $G^+=F^+$,就说函数依赖集 F 覆盖 G(F 是 G 的覆盖,或 G 是 F 的覆盖),或 F 与 G 等价。

引理 4.3 $F^+=G^+$ 的充分必要条件是 $F\subseteq G^+$,和 $G\subseteq F^+$。

证:必要性显然,下面只证充分性。

(1) 若 $F\subseteq G^+$,则 $X_F^+\subseteq X_{G^+}{}^+$。

(2) 任取 $X \to Y \in F^+$，则有 $Y \subseteq X_F^+ \subseteq X_{G+}{}^+$。

所以 $X \to Y \in (G^+)^+ = G^+$。即 $F^+ \subseteq G^+$。

(3) 同理可证 $G^+ \subseteq F^+$，所以 $F^+ = G^+$。

而要判定 $F \subseteq G^+$，只需逐一对 F 中的函数依赖 $X \to Y$，考查 Y 是否属于 X_{G+}^+ 就行了。因此引理 4.3 给出了判断两个函数依赖集等价的可行算法。

定义 4.18 如果函数依赖集 F 满足下列条件，则称 F 为一个极小函数依赖集。亦称为最小依赖集或最小覆盖。

(1) F 中任一函数依赖的右部仅含有一个属性。

(2) F 中不存在这样的函数依赖 $X \to A$，使得 F 与 $F - \{X \to A\}$ 等价。

(3) F 中不存在这样的函数依赖 $X \to A$，X 有真子集 Z 使得 $F - \{X \to A\} \cup \{Z \to A\}$ 与 F 等价。

例 4-9 考查关系模式 $S<U,F>$，其中：

U＝{学号，所在系，系主任，课程名，成绩}；

F＝{学号→所在系，所在系→系主任，(学号，课程名)→成绩}。

设 F'＝{学号→所在系，学号→系主任，所在系→系主任，(学号，课程名)→成绩，(学号，课程名)→所在系}。

根据定义 4.18 可以验证 F 是最小覆盖，而 F' 不是。因为 F'－{学号→系主任}与 F' 等价，F'－{(学号，所在系)→所在系}与 F' 等价。

定理 4.6 每一个函数依赖集 F 均等价于一个极小函数依赖集 F_m，此 F_m 称为 F 的最小依赖集。

证：这是一个构造性的证明，下面将分 3 步对 F 进行“极小化处理”，找出 F 的一个最小依赖集来。

(1) 逐一检查 F 中各函数依赖 FD_i：$X \to Y$，若 $Y = A_1 A_2 \cdots A_k$，$k > 2$，则用 $\{X \to A_j \mid j = 1, 2, \cdots, k\}$ 来取代 $X \to Y$。

(2) 逐一检查 F 中各函数依赖 FD_i：$X \to A$，令 $G = F - \{X \to A\}$，若 $A \in X_G^+$，则从 F 中去掉此函数依赖(因为 F 与 G 等价的充要条件是 $A \in X_G^+$)。

(3) 逐一取出 F 中各函数依赖 FD_i：$X \to A$，设 $X = B_1 B_2 \cdots B_m$，逐一考查 B_i ($i = 1, 2, \cdots, m$)，若 $A \in (X - B_i)_F^+$，则以 $X - B_i$ 取代 X(因为 F 与 $F - \{X \to A\} \cup \{Z \to A\}$ 等价的充要条件是 $A \in Z_F^+$，其中 $Z = (X - B_i)$)。

最后剩下的 F 就一定是极小依赖集，并且与原来的 F 等价。因为对 F 的每一次“改造”都保证了改造前后的两个函数依赖集等价。这些证明很显然，请读者自行补上。

应当指出，F 的最小依赖集 F_m 不一定是唯一的，它与对各函数依赖 FD_i 及 $X \to A$ 中 X 各属性的处置顺序有关。

例 4-10 $F = \{A \to B, B \to A, B \to C, A \to C, C \to A\}$；

$F_{m_1} = \{A \to B, B \to C, C \to A\}$；

$F_{m_2} = \{A \to B, B \to A, A \to C, C \to A\}$。

这里给出了 F 的两个最小依赖集 F_{m_1}，F_{m_2}。

若改造后的 F 与原来的 F 相同，说明 F 本身就是一个最小依赖集，因此定理 4.6 的证明给出的极小化过程也可以看成是检验 F 是否为极小依赖集的一个算法。

两个关系模式 R_1<U,F>，R_2<U,G>，如果 F 与 G 等价，那么 R_1 的关系一定是 R_2 的关系。反过来，R_2 的关系也一定是 R_1 的关系。所以在 R<U,F>中用与 F 等价的依赖集 G 来取代 F 是允许的。

4.5 关系模式的分解

在解决关系模式异常问题的时候，通常是将一个关系模式分解为若干个关系模式。然而，在关系模式分解处理中会涉及一些新问题，例如，对一个给定的关系模式，可能存在多种分解方法，虽然分解后的模式都是某个级别的范式，但哪种分解结果更好？哪种分解结果真正表达了原来关系模式所表达的信息呢？这就是本节将要研究的内容。

4.5.1 模式分解中存在的问题

设有关系模式 $R(U)$，取定 U 的一个子集$\{U_1 \cup U_2 \cup \cdots \cup U_k\}$，使得 $U=\{U_1 \cup U_2 \cup \cdots \cup U_k\}$，如果用一个关系模式的集合 $\rho=\{R_1(U_1),R_2(U_2),\cdots,R_k(U_k)\}$代替 $R(U)$，就称 ρ 为 $R(U)$的一个分解，也称数据库模式。用 ρ 代替 $R(U)$的过程称为关系模式的分解。

在 $R(U)$分解为 ρ 的过程中，需要考虑以下两个问题：

- 分解前的模式 R 和分解后的 ρ 是否表示同样的数据？即 R 和 ρ 是否等价？由此引入无损分解的概念。
- 分解前的模式 R 和分解后的 ρ 是否保持相同的函数依赖，即在模式 R 上有函数依赖集体 F，在其上的每一个模式 R_i 上有一个函数依赖集 F_i，则$\{F_1,F_2,\cdots,F_n\}$是否与 F 等价？由此引入保持函数依赖的概念。

如果上述两个问题不解决，分解前后的模式不一致，就会失去模式分解的意义。

以下是一个模式分解的实例。

例 4-11 设关系模式 S-D-L(学号，所在系，宿舍楼号)，F=\{学号→所在系，学号→宿舍楼号，所在系→宿舍楼号\}，假设系名可以决定宿舍楼号。

由于在 R 中存在传递函数依赖，不属于第三范式，会发生异常，需要进行模式分解。下面，我们将做出几个不同的分解，看看会出现什么样的问题。

(1) 将 S-D-L 分解为 ρ_1=\{S(学号)，D(所在系)，L(宿舍楼号)\}，虽然从范式的角度看关系 S，D，L 都是 4NF，但这样的分解显然是不可取的。因为它不仅不能保持 F，即从分解后的 ρ_1 无法得出学号→所在系或所在系→宿舍楼号这种函数依赖，也不能使 r 得到“恢复”，这里所说的“不可恢复”是指无法通过对关系 r_1、r_2、r_3 的连接运算操作得到与 r 一致的元组，甚至无法回答最简单的查询要求如某学生属于哪个系。

(2) 将 S-D-L 分解成 ρ_2=\{S-L(学号，宿舍楼号)，D-L(所在系，宿舍楼号)\}后，可以证明，这样的分解是“不可恢复”的。

(3) 将 S-D-L 分解为 ρ_3=\{S-D(学号，所在系)，S-L(学号，宿舍楼号)\}。可以证明，这样的分解是“可恢复的”，但由于不保持所在系→宿舍楼号，仍然存在插入和删除异常等问题。如果分解后的模式是“可恢复的”，则这样的分解称为具有“无损连接性”的特性。如果分解后的模式仍然保持函数依赖，则这样的分解称为具有“保持函数依赖”的特性。

(4) 将 S-D-L 分解为 ρ_4=\{S-D(学号，所在系)，D-L(所在系，宿舍楼号)\}，可以证明这个分解既具有无损连接性，又保持了函数依赖，它解决了更新异常，又没有丢失原数据库的信息，是所希望的分解。

从上述实例分析中可以看到，一个关系模式的分解可以有以下几种不同的评判标准。

(1) 分解具有无损连接性，这种分解仍然存在插入和删除异常等问题。

(2) 分解保持函数依赖，这种分解有时也存在插入和删除异常等问题。

(3) 分解既保持函数依赖，又具有无损连接性，这种分解是最好的分解。

4.5.2 无损连接

1. 无损连接概念

先定义一个记号：设 $\rho=\{R_1(U_1),R_2(U_2),\cdots,R_k(U_k)\}$ 是 $R(U)$ 的一个分解，r 是 $R(U)$ 的一个关系。定义 $m_\rho(r)=\pi_{R_1}(r)\bowtie\pi_{R_2}(r)\bowtie\cdots\bowtie\pi_{R_k}(r)$，即 $m_\rho(r)$ 是 r 在 ρ 中各关系上投影的连接。

定义 4.19 $\rho=\{R_1(U_1),R_2(U_2),\cdots R_k(U_k)\}$ 是 $R(U)$ 的一个分解，若对 $R(U)$ 的任何一个关系 r 均有 $r=m_\rho(r)$ 成立，则称分解 ρ 具有无损连接性，简称 ρ 为无损分解(Lossingless Decomposition)，否则就称为有损分解(Lossy Decomposition)。

例 4-12 如例 4-11 中的关系模式 S-D-L(学号，所在系，宿舍楼号)的一个关系为 r，如表 4-12 所示，将 S-D-L 分解成两个模式 S-L(学号，宿舍楼号)和 D-L(所在系，宿舍楼号)后，关系 r 相应分解为关系 r_1 和 r_2，它们由 r 在相应的模式属性上投影得到。

现在利用 r_1 和 r_2 的自然连接运算 $m_\rho(r)$，其结果如表 4-13 所示，与表 4-12 中关系 r 比较，可以发现 $r\subseteq m_\rho(r)$，所以 S-D-L(学号，所在系，宿舍楼号)分解成 S-L(学号，宿舍楼号)和 D-L(所在系，宿舍楼号)不具有无损连接性。

表 4-12 关系 r 及其投影

(a) 关系 r

学号	所在系	宿舍楼号
S01	D_1	L_1
S02	D_1	L_1
S03	D_3	L_3
S04	D_4	L_1

(b) r_1

学号	宿舍楼号
S01	L_1
S02	L_1
S03	L_3
S04	L_1

(c) r_2

所在系	宿舍楼号
D_1	L_1
D_3	L_3
D_4	L_1

表 4-13 关系 r_1 和 r_2 自然连接

学　号	所　在　系	宿 舍 楼 号
S01	D_1	L_1
S01	D_4	L_1
S02	D_1	L_1
S02	D_4	L_1
S03	D_3	L_3
S04	D_1	L_1
S04	D_4	L_1

2. 无损连接测试算法

如果一个关系模式的分解不是无损连接分解，那么分解后的关系通过自然连接运算无法恢复到分解前的关系。如何保证关系模式的分解具有无损连接性呢？这就要求在对模式进行分解时必须利用该模式属性之间函数依赖的性质，并通过适当的方法判别其分解是否为无损连接分解，以保证最终分解的无损连接性。为达到目的，人们提出一种"追踪"过程。

算法 4.2 无损连接的测试。

输入：关系模式 $R(U)$，其中 $U=\{A_1,A_2,\cdots,A_n\}$，$R(U)$上成立的函数依赖集 F 和 $R(U)$的一个分解 $\rho=\{R_1(U_1),R_2(U_2),\cdots,R_K(U_k)\}$，其中 $U=U_1\cup U_2\cup\cdots\cup U_k$。

输出：ρ 相对于 F 具有或不具有无损连接性的判断。

计算方法和步骤：

(1) 构造一张 k 行 n 列的表格，每列对应一个属性 $A_j(j=1,2,\cdots,n)$，每行对应一个模式 $R_i(U_i)$的属性集合$(i=1,2,\cdots,k)$。如果 A_j 在 U_j 中，那么在表格的第 i 行第 j 列处填上符号 a_j，否则填上符号 b_{ij}。

(2) 反复检查 F 的每一个函数依赖，并修改表格中的元素，直到表格不能修改为止。其方法如下。

取 F 中的函数依赖 $X\rightarrow Y$，如果表格中有两行在 X 分量上相等，在 Y 分量上不相等，那么修改 Y 分量上的值，使这两行在 Y 分量上也相等，具体修改分以下两种情况。

- 如果 Y 的分量中有一个是 a_j，那么另一个也修改成 a_j。
- 如果 Y 的分量中没有 a_j，那么用下标 i 较小的那个 b_{ij} 替换另一个符号。

(3) 若修改结束后的表格中有一行是全 a，即 $a_1,a_2,\cdots,a_n$，那么 ρ 相对于 F 是无损连接分解，否则，ρ 相对于 F 不是无损连接分解。

例 4-13 设关系模式 $R\langle U,F\rangle$，其中，$U=\{A,B,C,D,E\}$，$F=\{A\rightarrow C,B\rightarrow C,C\rightarrow D,\{D,E\}\rightarrow C,\{C,E\}\rightarrow A\}$。$R\langle U,F\rangle$的一个模式分解为：

$$\rho=\{R_1(A,D),R_2(A,B),R_3(B,E),R_4(C,D,E),R_5(A,E)\}$$

下面使用"追踪"法判断 ρ 是否为无损连接分解。

(1) 构造初始表，如表 4-14 所示。

表 4-14 初始表

	A	B	C	D	E
{A,D}	a_1	b_{12}	b_{13}	a_4	b_{15}
{A,B}	a_1	a_2	b_{23}	b_{24}	b_{25}
{B,E}	b_{31}	a_2	b_{33}	b_{34}	a_5
{C,D,E}	b_{41}	b_{42}	a_3	a_4	a_5
{A,E}	a_1	b_{52}	b_{53}	b_{54}	a_5

(2) 反复检查 F 中的函数依赖，修改表格元素。

① 根据 $A\rightarrow C$，对表 4-14 进行处理，由于第 1、第 2、第 5 行在分量(列)上的值为 a_1（相等），在 C 分量(列)上的值不相等，所以将属性 C 列的第 1、第 2、第 5 行上 b_{13}、b_{23}、b_{53} 改为同一个符号 b_{13}，结果如表 4-15 所示。

表 4-15　第 1 次修改结果

	A	B	C	D	E
$\{A,D\}$	a_1	b_{12}	b_{13}	a_4	b_{15}
$\{A,B\}$	a_1	a_2	b_{13}	b_{24}	b_{25}
$\{B,E\}$	b_{31}	a_2	b_{33}	b_{34}	a_5
$\{C,D,E\}$	b_{41}	b_{42}	a_3	a_4	a_5
$\{A,E\}$	a_1	b_{52}	b_{13}	b_{54}	a_5

② 根据 $B \to C$，考查表 4-15，由于第 2、第 3 行在 B 列上相等，在 C 列上不相等，所以将属性 C 列的第 2、第 3 行 b_{13}、b_{33} 改为同一个符号 b_{13}，结果如表 4-16 所示。

表 4-16　第 2 次修改结果

	A	B	C	D	E
$\{A,D\}$	a_1	b_{12}	b_{13}	a_4	b_{15}
$\{A,B\}$	a_1	a_2	b_{13}	b_{24}	b_{25}
$\{B,E\}$	b_{31}	a_2	b_{13}	b_{34}	a_5
$\{C,D,E\}$	b_{41}	b_{42}	a_3	a_4	a_5
$\{A,E\}$	a_1	b_{52}	b_{13}	b_{54}	a_5

③ 根据 $C \to D$，如表 4-16 所示，由于第 1、第 2、第 3、第 5 行在 C 列上的值为 b_{13}（相等），在 D 列上的值不相等，根据算法修改原则，将 D 列的第 1、第 2、第 3、第 5 行上的 a_4、b_{24}、b_{34}、b_{54} 均改成 a_4，如表 4-17 所示。

表 4-17　第 3 次修改结果

	A	B	C	D	E
$\{A,D\}$	a_1	b_{12}	b_{13}	a_4	b_{15}
$\{A,B\}$	a_1	a_2	b_{13}	a_4	b_{25}
$\{B,E\}$	b_{31}	a_2	b_{13}	a_4	a_5
$\{C,D,E\}$	b_{41}	b_{42}	a_3	a_4	a_5
$\{A,E\}$	a_1	b_{52}	b_{13}	a_4	a_5

④ 根据 $\{D,E\} \to C$，考查表 4-17，由于第 3、第 4、第 5 行在 D、E 列上的值为（a_4、a_5），即相等，而在 C 列上不相等，根据算法修改原则将 C 所在列的第 3、第 4、第 5 行上的元素改为 a_3，如表 4-18 所示。

表 4-18　第 4 次修改结果

	A	B	C	D	E
$\{A,D\}$	a_1	b_{12}	b_{13}	a_4	b_{15}
$\{A,B\}$	a_1	a_2	b_{13}	a_4	b_{25}
$\{B,E\}$	b_{31}	a_2	a_3	a_4	a_5
$\{C,D,E\}$	b_{41}	b_{42}	a_3	a_4	a_5
$\{A,E\}$	a_1	b_{52}	a_3	a_4	a_5

⑤ 根据$\{C,E\}\to A$,考查表 4-18,根据算法修改原则将 A 列的第 3、第 4、第 5 行的元素都改成 a_1,如表 4-19 所示。

表 4-19　第 5 次修改结果

	A	B	C	D	E
$\{A,D\}$	a_1	b_{12}	b_{13}	a_4	b_{15}
$\{A,B\}$	a_1	a_2	b_{13}	a_4	b_{25}
$\{B,E\}$	a_1	a_2	a_3	a_4	a_5
$\{C,D,E\}$	a_1	b_{42}	a_3	a_4	a_5
$\{A,E\}$	a_1	b_{52}	a_3	a_4	a_5

由于 F 中的所有函数依赖已经检查完毕,所以表 4-19 为最后的结果表。因为第 3 行已全是 a,因此关系模式 $R(U)$的分解 ρ 是无损连接分解。

当关系模式 R 分解为两个关系模式 R_1,R_2 时有下面的判定准则。

定理 4.7　$R<U,F>$的一个分解 $\rho=\{R_1(U_1),R_2(U_2)\}$具有无损连接性的充分必要条件是:$(U_1\cap U_2)\to(U_1-U_2)\in F^+$或$(U_1\cap U_2)\to(U_2-U_1)\in F^+$。

定理的证明留给读者完成。

4.5.3　保持函数依赖

1. 保持函数依赖的概念

设 F 是属性集 U 上的函数依赖集,Z 是 U 上的一个子集,F 在 Z 上的一个投影用 $\pi_z(F)$表示,定义为 $\pi_z(F)=\{X\to Y\mid(X\to Y)\in F^+$,并且 $XY\subseteq Z\}$。

定义 4.20　设有关系模式 $R(U)$的一个分解 $\rho=\{R_1(U_1),R_2(U_2),\cdots,R_k(U_k)\}$,$F$ 是 $R(U)$上的函数依赖集,如果 $F^+=\bigcup_{i=1}^{n}\Pi_{U_i}(F)^+$,则称分解保持函数依赖集 F,简称 ρ 保持函数依赖。

保持函依赖的分解实质是保持关系模式分解前后的函数依赖集不变,应使函数依赖集 F 被所有的 $\Pi_{U_i}(F)$所蕴涵,这就是保持函数依赖问题。

例 4-14　如例 4-11 中的关系模式 S-D-L(学号,所在系,宿舍楼号),$F=\{$学号→所在系,学号→宿舍楼号,所在系→宿舍楼号$\}$,将 S-D-L 分解成 $\rho=\{$S-D(学号,所在系),S-L(学号,宿舍楼号)$\}$,不难证明分解 ρ 是无损连接分解,但是关系 S-D 的函数依赖学号→所在系和关系 S-L 的函数依赖学号→宿舍楼号得不到关系 S-D-L 上成立的函数依赖所在系→宿舍楼号,因此,分解 ρ 不能保持函数依赖 F,导致会发生插入异常、删除异常、更新异常和数据冗余。

2. 函数依赖测试算法

由以上定义可知,检验一个分解是否保持函数依赖,即检验函数依赖集 G 是否覆盖函数依赖集 F,也就是检验对于任意一个函数依赖 $X\to Y\in F^+$是否可由 G 根据 Armstrong 公理导出,即是否有 $Y\subseteq X_G^+$。

由以上分析可得检验一个分解是否保持函数依赖的算法。

算法 4.3 函数依赖测试。

输入：关系模式 $R(U)$，其中 $U=\{A_1,A_2,\cdots,A_n\}$，$R(U)$ 上成立的函数依赖集 F 和 $R(U)$ 的一个分解 $\rho=\{R_1(U_1),R_2(U_2),\cdots,R_K(U_k)\}$，其中 $U=U_1\cup U_2\cup\cdots\cup U_k$。

输出：ρ 是否保持函数依赖的判断结果。

算法步骤：

(1) 令 $G=\bigcup_{i=1}^{n}\Pi_{U_i}(F)$，$F=F-G$，Result=True。

(2) 对于 F 中的第一个函数依赖 $X\rightarrow Y$，计算 X_G^+，并令 $F=F-\{X\rightarrow Y\}$。

(3) 若 $Y\not\subset X_G^+$，则令 Result=False，转(4)。若 $F\neq\Phi$，转(2)，否则，转(4)。

(4) 若 Result=True，则 ρ 保持函数依赖 F，否则 ρ 不保持函数依赖 F。

例 4-15 设有关系模式 $R(A,B,C,D)$，$F=\{A\rightarrow B,B\rightarrow C,C\rightarrow D,D\rightarrow A\}$，模式 R 的一个分解：$\rho=\{R_1(A,B),R_2(B,C),R_3(C,D)\}$，判断 ρ 是否保持 F。

解 由函数依赖集 F 和分解 ρ 可知：

$F_1=\pi_{\{A,B\}}(F)=\{A\rightarrow B,B\rightarrow A\}$；

$F_2=\pi_{\{B,C\}}(F)=\{B\rightarrow C,C\rightarrow B\}$；

$F_3=\pi_{\{C,D\}}(F)=\{C\rightarrow D,D\rightarrow C\}$。

根据算法：

(1) $G=\{A\rightarrow B,B\rightarrow A,B\rightarrow C,C\rightarrow B,C\rightarrow D,D\rightarrow C\}$，$F=F-G=\{D\rightarrow A\}$，Result=True。

(2) 对于函数依赖 $D\rightarrow A$，即令 $X=\{D\}$，$Y=\{A\}$，有 $X\rightarrow Y$，$F=F-\{X\rightarrow Y\}=F-\{D\rightarrow A\}=\Phi$。

可计算得 $X_G^+=\{A,B,C,D\}$；

(3) 因为 $Y=\{A\}\subseteq X_G^+=\{A,B,C,D\}$，转(4)。

(4) 由于 Result=Ture，所以关系模式 R 的分解 ρ 保持函数依赖 F。

关于关系模式的分解有以下重要事实。

(1) 若要求分解保持函数依赖，那么模式分解总可以达到 3NF，但不一定能达到 BCNF。

(2) 若要求分解既保持函数依赖，又具有无损连接性，可以达到 3NF，但不一定能达到 BCNF。

(3) 若要求分解具有无损连接性，那一定可以达到 4NF。

4.6 小 结

本章主要讨论关系模式的设计问题。不合理的关系模式可能造成插入异常、删除异常、更新异常和数据冗余等问题，本章围绕如何消除这些异常，介绍关系模式的规范化理论。主要掌握以下几个概念：

- 函数依赖。

- 键、主键、外键、主属性、非主属性。
- 第一范式(1NF)：属性不可再分。
- 第二范式(2NF)：消除非主属性对键的部分依赖。
- 第三范式(3NF)：消除非主属性对键的传递依赖。
- BCNF 范式：消除主属性对键的部分依赖。
- 多值依赖与第四范式(4NF)：消除非平凡的多值依赖。
- 连接依赖与第五范式(5NF)。
- 无损连接。
- 保持函数依赖。

关系模式的规范化过程就是模式分解的过程，从低级别范式的模式分解为多个高级别范式的模式，分解过程中应该遵循无损连接性和保持函数依赖两个原则。需要注意的是，多值依赖是广义的函数依赖，连接依赖又是广义的多值依赖。函数依赖和多值依赖都是基于语义，而连接依赖的本质特性只能在运算过程中显示。对于函数依赖，考虑 1NF、2NF、3NF 和 BCNF；对于多值依赖，考虑 4NF；对于连接依赖，考虑 5NF。

4.7 习　　题

1. 给出下列术语的定义：

函数依赖、部分函数依赖、完全函数依赖、传递依赖、候选码、主码、外码、全码(All-key)、1NF、2NF、3NF、BCNF、多值依赖、4NF、连接依赖、5NF、无损连接、保持函数依赖。

2. 设关系模式 R(学号，课程号，成绩，教师姓名，教师地址)。规定：每个学生每学一门课只有一个成绩，每门课只有一个教师任教；每个教师只有一个地址且没有同姓名的教师。

(1) 试写出关系模式 R 的函数依赖集和候选码。

(2) 试将 R 分解成 2NF 的模式集，并说明理由。

(3) 试将 R 分解成 3NF 的模式集，并说明理由。

3. 指出下列关系模式是第几范式，说明理由。

(1) $R(X,Y,Z), F=\{XY \to Z\}$。

(2) $R(X,Y,Z), F=\{X \to Z, XZ \to Y\}$。

(3) $R(X,Y,Z), F=\{X \to Z, Y \to X, X \to YZ\}$。

(4) $R(X,Y,Z), F=\{X \to Y, X \to Z\}$。

(5) $R(X,Y,Z), F=\{XY \to Z\}$。

(6) $R(W,X,Y,Z), F=\{X \to Y, WX \to Y\}$。

4. 试由 Armstrong 公理系统推导出下面 3 条推理规则。

(1) 合并规则：若 $X \to Z, X \to Y$，则有 $X \to YZ$。

(2) 伪传递规则：由 $X \to Y, WY \to Z$，有 $XW \to Z$。

(3) 分解规则：$X \to Y, Z \subseteq Y$，有 $X \to Z$。

5. 试分析下列分解是否具有无损连接和保持函数依赖的特点。

(1) 设 $R(A,B,C)$，$F_1=\{A \to B\}$在 R 上成立，$\rho_1=\{R_1(A,B),R_2(A,C)\}$。

(2) 设 $R(A,B,C)$，$F_2=\{A \to C, B \to C\}$在 R 上成立，$\rho_2=\{R_1(A,B),R_2(A,C)\}$。

(3) 设 $R(A,B,C)$，$F_3=\{A \to B\}$在 R 上成立，$\rho_3=\{R_1(A,B),R_2(B,C)\}$。

(4) 设 $R(A,B,C)$，$F_4=\{A \to B, B \to C\}$在 R 上成立，$\rho_4=\{R_1(A,B),R_2(B,C)\}$。

第5章 数据库设计与管理

数据库是将数据按一定的数据模型建立起来，实现某种功能的有组织、可共享的数据集合。现代信息系统，不论是大是小，是简单还是复杂，都采用数据库技术来保证数据的完整性、一致性和共享性。一个信息系统的各个部分能否紧密地结合在一起以及如何结合，关键在于数据库。所以，只有对数据库进行合理的设计和管理，才能保证它所支持的信息系统的高效性。一个信息系统的成功或失败，在很大程度上取决于该系统数据库的设计与管理。

数据库设计与管理是数据库应用系统开发与建设的核心问题，是数据库在应用领域的主要研究课题。数据库的设计与管理是现代信息系统实现过程中的基础和主题。本章将全面介绍数据库设计的步骤和方法。

5.1 数据库设计概述

在数据库领域内，通常把使用数据库的各类信息系统都称为数据库应用系统，如管理信息系统(Management Information System，MIS)、办公自动化系统(Office Automation System，OAS)、决策支持系统(Decision Support System，DSS)、电子商务系统等。

广义地讲，数据库设计是数据库及其应用系统的设计，即设计整个的数据库应用系统。狭义地讲，数据库设计是设计数据库的各级模式并建立数据库。

一般来说，数据库设计是指对于一个给定的应用环境，构造最优的数据库模式，建立数据库及其应用系统，使之能够有效地存储数据，满足用户的应用需求，包括信息管理要求和数据操作要求。信息管理要求是指在数据库中应该存储和管理哪些数据对象。数据操作要求是指对数据对象需要进行哪些操作，如查询、增加、删除、修改和统计等操作。

数据库设计是一项应用课题，数据库设计的质量将极大地影响应用系统的功能和性能。数据库设计的目标是为用户和各种应用系统提供一个信息基础设施和高效的运行环境，包括提高数据库的存取效率、数据库存储空间的利用率，以及数据库系统运行管理的效率。

本节将对数据库设计的一般方法和步骤做一个介绍。

5.1.1 数据库设计方法

要使数据库设计更合理，就需要有效的指导原则，这种原则就称为数据库设计方法学。

早期数据库设计主要是运用单步逻辑设计，采用手工与经验相结合的方法。设计者根据各类用户的信息要求、处理要求以及数据量，结合机构限制与 DBMS 的特点，经过分析、选择、综合与抽象之后建立抽象的数据模型，并用数据描述语言(DDL)写出模式。设计时往往将逻辑结构、物理结构、存储参数、存取性能一起考虑。设计的质量往往与设计人员的知识、经验与技巧有直接关系。

十几年来，人们经过不断的努力和探索，提出了各种数据库设计方法。这些方法结合了软件工程的思想和方法，从而形成了各种设计准则和规程，都属于规范设计方法，其中较有影响的有新奥尔良(New Orleans)设计方法、基于E-R模型的设计方法、基于3NF(第三范式)的数据库设计方法和面向对象(Object Definition Language，ODL)的设计方法等。

New Orleans(新奥尔良方法)是比较常用的一种方法。该方法将数据库设计分为4个阶段，即需求分析阶段、概念结构设计阶段、逻辑结构设计阶段和物理结构设计阶段，如图5-1所示。

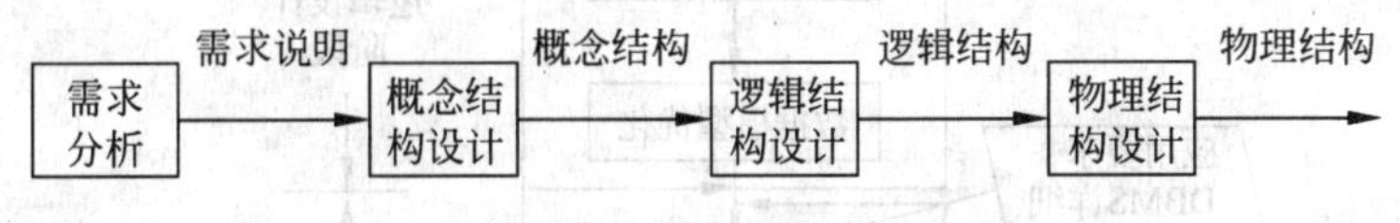

图5-1 新奥尔良方法的数据库设计步骤

S. B. Yao等人在后来又将数据库设计分为5个阶段。I. R. Palmer等主张将数据库设计当成一步接一步的过程，并采用一些辅助手段实现每一个过程。

基于3NF(第三范式)的数据库设计方法是由S. Atre提出的结构化设计方法。在这种方法中用基本关系模式来表达企业模型，从而可以在企业模式设计阶段利用关系数据库设计理论作指南。设计过程包括设计企业模式、设计数据库的逻辑模式、设计数据库的物理模式、对物理模式进行评价4个阶段。

基于E-R模型的方法主要用于逻辑设计，用E-R模型来设计数据库的概念模型。它在逻辑设计过程中，先用E-R图定义一个称为组织模式的信息结构模型，这个组织模式是现实世界的"纯粹"反映，独立于任何一种数据模型或DBMS。然后再将组织模式转换为各种不同的数据库管理系统所支持的模型。E-R方法简单易用，又克服了单步逻辑设计方法的一些缺点。因此它也是比较流行的方法之一。但由于它主要用于逻辑设计，所以E-R方法往往成为其他设计方法的一种工具。

ODL方法是面向对象的数据库设计方法，该方法用面向对象的概念和术语来说明数据库结构。ODL可以描述面向对象数据库结构设计，可以直接转换为面向对象的数据库。

规范设计方法从本质上来看仍然是手工设计，其基本思想是过程迭代和逐步求精。

计算机辅助数据库设计是数据库设计趋向自动化的一个重要步骤，数据库工作者一直在研究和开发数据库设计工具。经过多年的努力，数据库工具已经实用化和产品化。例如Oracle公司和Sybase公司推出的Design 2000和PowerDesigner设计工具软件，可以自动地或辅助设计人员完成数据库设计过程中的很多任务，从而减轻了设计人员的工作强度。全自动设计方法尚在研究中。

5.1.2 数据库设计的一般步骤

数据库应用系统从开始规划、设计、实现、维护到最后被新的系统取代而停止使用的整个过程，称为数据库系统的生命周期，其可分为两个阶段：一是数据库的分析和设计阶段；二是数据库的实现和运行阶段。按照规范化设计的方法，考虑数据库及其应用系统开发的全过程，将数据库设计分为6个阶段：需求分析、概念结构设计、逻辑结构设计、物理结构设计、数据库实施、数据库运行和维护,如图 5-2 所示,前 4 项属于第一阶段,后两项属于第二阶段。

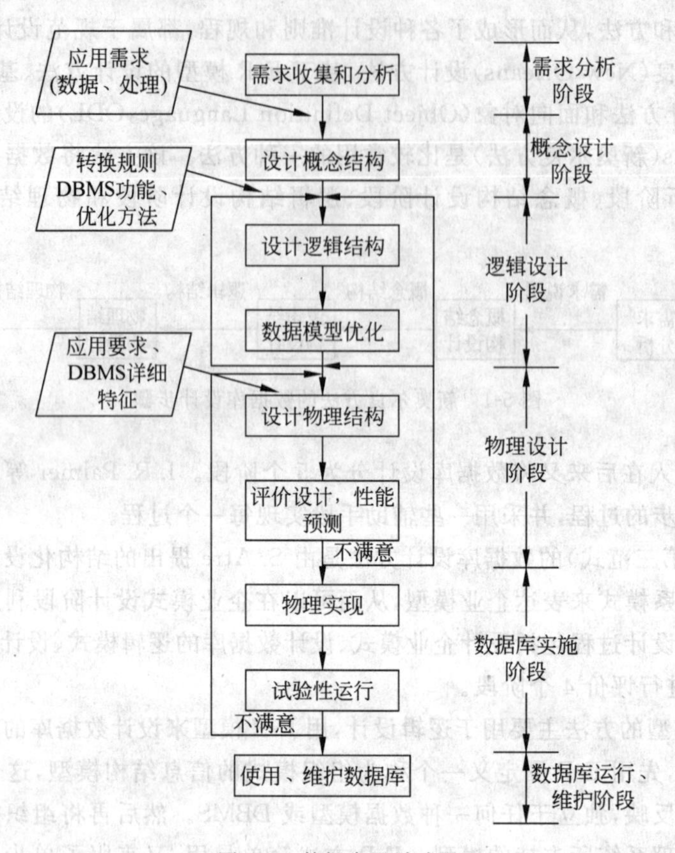

图 5-2　数据库设计步骤

在数据库设计过程中,需求分析和概念设计可以独立于任何数据库管理系统进行。逻辑设计和物理设计则与具体的数据库管理系统密切相关。

1. 需求分析设计阶段

认真细致地了解用户对数据的加工要求,确定系统的功能与边界。本阶段的最终结果是提供一个可作为设计基础的系统规格说明书。

2. 概念设计阶段

概念结构设计是整个数据库设计的关键,它通过对用户需求进行综合、归纳、抽象,形成一个独立于具体 DBMS 的概念模型。

3. 逻辑设计阶段

该阶段在概念结构设计的基础之上,按照一定的规则,将概念模型转换为某个 DBMS 所支持的数据模型,并对其进行优化。

4. 物理设计阶段

数据库物理设计是为逻辑数据模型选取一个最适合应用环境的物理结构(包括存储结构和存取方法)。对不同的 DBMS 产品,一般存储结构与存取方法会有一定差别,提供设计人员使用的设计变量与参数也不尽相同,所以该阶段没有一个通用的设计方法。

5. 数据库实施阶段

在数据库实施阶段，设计人员运用具体的DBMS所提供的数据语言及其宿主语言，根据逻辑设计和物理设计的结果建立数据库，编制与调试应用程序，组织数据入库，并进行试运行。

6. 数据库运行和维护阶段

数据库应用系统经过试运行后即可投入正式运行。在数据库系统运行过程中必须对数据库运行情况进行监控、收集、登记，不断地对其进行评价、调整与修改。

设计一个完善的数据库应用系统不可能是一蹴而就的，它往往是上述6个阶段的不断反复的过程。

下面按照上述的6个阶段分别进行讨论。

5.2 需求分析

需求分析简单地说就是要充分地收集和了解用户的要求，即了解用户需要数据库做些什么，实现什么功能。需求分析是进行数据库设计的第一步，也是最重要、最困难的一步，是数据库后续阶段设计的基础和首要条件。如果第一步做不好，将直接影响到以后的数据库设计以及数据库的稳定性、可靠性和可扩展性。

需求分析阶段的主要任务是通过详细调查现实世界中要处理的对象（组织、部门、企业等），在充分了解现行系统（手工系统或计算机系统）的工作概况、确定新系统的功能的过程中，收集支持系统目标的基础数据及处理方法。需求分析是在用户调查的基础上，通过分析，逐步明确用户对系统的需求，包括数据需求以及与这些数据有关的业务处理需求。

调查的重点是“数据”和“处理”，通过调查、收集与分析，从用户处得到对数据库的信息要求、处理要求以及安全性与完整性要求。

在需求分析中，可以采用自顶向下、逐步分解的分析方法。

进行需求分析首先是通过调查确定用户的实际需求，与用户达成共识，然后分析与表达这些需求。需求分析大体可分为以下几步。

1. 系统调查

系统调查是需求分析的基础，目的是为了调查现行系统的业务情况、信息流程、经营方式、处理要求以及组织机构等，为当前系统建立模型。调查内容可以包括以下几个方面。

(1) 组织机构情况。了解该组织的机构组成和职能，如由哪些部门组成，各部门的规模、职责、现状、地理分布、存在问题、是否适合计算机管理等，绘制出组织结构图。

(2) 各部门的业务活动状况。这是调查的重点，需要搞清楚各部门输入和处理的数据、加工处理数据的方法、对数据的格式要求等。在调查过程中应该尽量收集各种原始数据资料，如单据、报表、文档等。

(3) 了解外部要求。如响应时间要求，数据完全性、完整性要求等。

(4) 确定新系统的边界。对前面调查的结果进行初步分析，确定哪些功能由计算机完成或将来准备让计算机来完成，哪些活动由人工完成。由计算机完成的功能就是新系统应该实现的功能。

(5) 了解今后可能会出现的新要求。在设计数据库时，尽可能地留出接口，从而更好地满足今后用户提出的新要求。

在调查中，可以根据不同的问题和条件，使用不同的调查方法。常用的调查方法有跟班工作、开调查会、请专人介绍、询问、设计调查表请用户填写及查阅记录等。做需求调查时，往往需要同时采用上述多种方法。但无论使用何种调查方法，都必须有用户的积极参与和配合。

2. 分析整理

对调查阶段所收集到的原始资料，还必须进行深入细致的综合、分析和整理，形成需求分析说明书，为下一阶段的工作打下基础。分析工作的目的是通过系统业务流程图和层次数据流图，将系统模型化。分析整理的主要工作有以下一些。

(1) 业务流程分析。业务流程能够反映各业务部门的信息联系、输入/输出和中间信息的关系、各处理环节之间的操作顺序。描述管理业务流程的图表一般有管理业务流程图和表格分配图两种方法。

(2) 绘制数据流图，编制数据字典。业务流程图反映数据流的能力不强，因此还需要同时绘制数据流图。数据流图描述了数据的处理和流向，但数据与信息的细节无法描述，需要补充说明。这些补充信息构成了系统的数据字典。数据流图与数据字典将在第 6 章详细讨论。

(3) 处理要求分析。根据用户的处理要求以及计算机系统实现的可能性，确定系统应由计算机处理的范围、内容和方式，并进一步确定事务处理的范围和内容。调查中可以用功能层次图来描述从系统目标到各项功能的层次关系，为以后的应用程序设计打下基础。

(4) 其他各种限制和要求分析。如响应时间、吞吐量、安全性、完整性、成本和经济效益、地理分布、与其他系统的兼容性或系统发展与向上的兼容性等。

3. 用户复查

当对用户需求进行分析与表达后，必须提交给用户进行检查，看是否能满足用户的需求，是否能得到用户的认可。如果用户不满意，则需要对用户的需求进行再次的分析，直至得到用户的认可。

4. 编写需求分析说明书

在调查与分析的基础上，依据一定的规范要求编写数据需求分析说明书是需求分析阶段所做工作的总结。编写需求分析说明书需要依据一定的规范，其中不仅有国家标准与部委标准，一些大型软件企业也有自己的标准。但不论何种标准，需求分析说明书大致包括以下内容。

- 需求调查原始资料；
- 数据边界、环境及数据内部关系；
- 数据数量分析；
- 数据流图；
- 数据字典；
- 数据性能分析。

根据不同的规范与标准，需求分析说明书在细节上可以有所不同，但总体上不外乎上述几点，其中数据流图和数据字典是最重要的两个部分。

5.3 概念结构设计

将需求分析阶段所得到的用户需求抽象为信息结构就是概念结构设计。它是整个数据库设计的关键一步。

概念模型是现实世界到信息世界的第一层抽象,必须能真实、充分地反映现实世界,具有易于理解、易于更改等特点,并能独立于具体的数据模型。E-R 图是概念模型设计的有力工具,本节将以 E-R 图来描述概念结构设计方法。

5.3.1 概念设计概述

E-R 模型设计问题实质上是找出系统中实体型、属性以及实体集之间相互联系的问题,根据实际情况的不同,一般有以下 4 种方法。

1) 自顶向下

首先定义全局概念结构的框架,然后逐步求精进行细化,如图 5-3 所示。

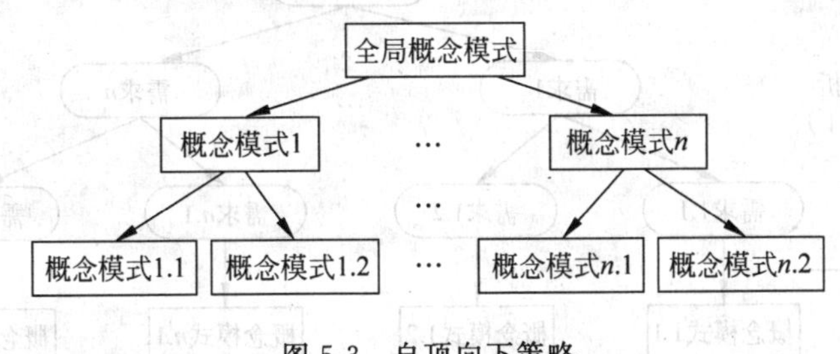

图 5-3　自顶向下策略

2) 自底向上

首先定义局部应用的概念结构,然后将它们集成起来,最后得到全局概念结构,如图 5-4 所示。

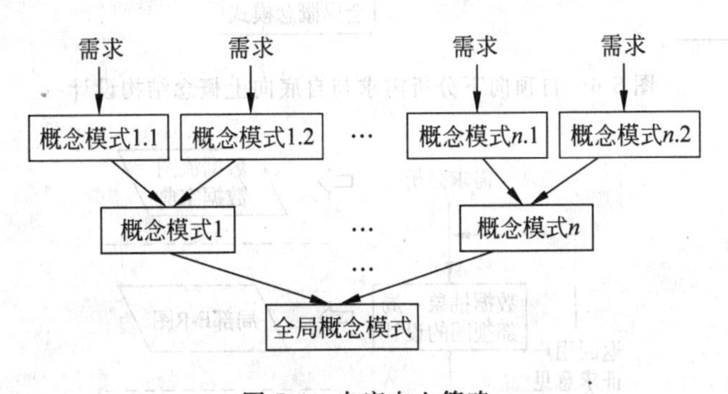

图 5-4　自底向上策略

3) 逐步扩张

首先定义最重要的核心概念结构,然后向外扩充,以滚雪球的方式逐步生成其他概念结构,直至总体概念结构,如图 5-5 所示。

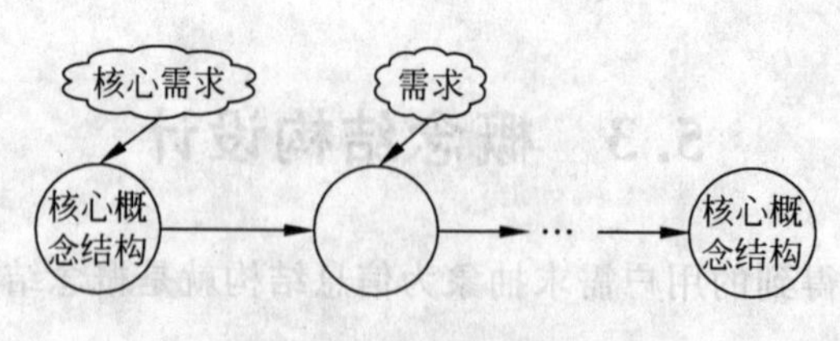

图 5-5　逐步扩张策略

4）混合策略

即将自顶向下和自底向上相结合，用自顶向下策略设计一个全局概念结构的框架，以它为骨架集成自底向上策略中设计的各局部概念结构。

其中用得较多的是混合策略。即自顶向下地进行需求分析，然后再自底向上地设计概念结构，如图 5-6 所示。自底向上的设计概念结构通常分为两步：第一步是抽象数据并设计局部视图，第二步是集成局部视图，然后得到全局的概念结构，如图 5-7 所示。一般地，还需对全局 E-R 模式进行优化。

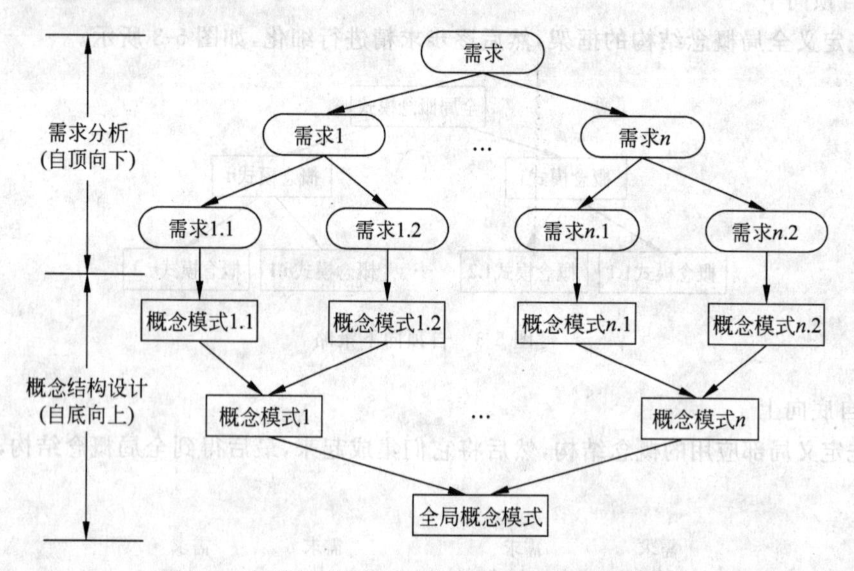

图 5-6　自顶向下分析需求与自底向上概念结构设计

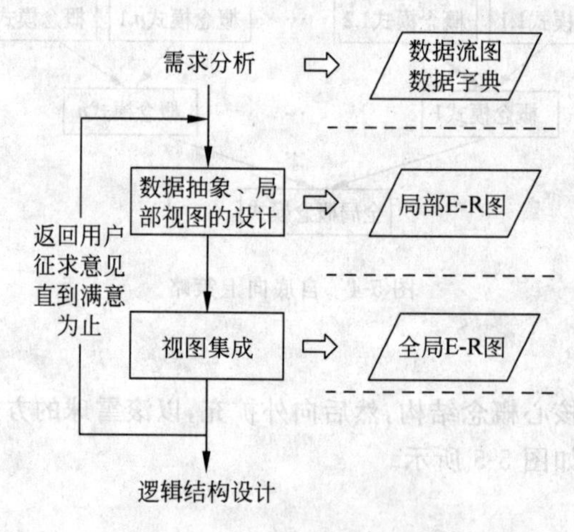

图 5-7　概念结构设计步骤

5.3.2 局部概念模型设计

1. 选择局部应用

根据某个系统的具体情况，在多层的数据流图中选择一个适当层次的数据流图，作为设计分 E-R 图的出发点。让这组图的每一部分对应一个局部应用。

2. 逐一设计分 E-R 图

选择好局部应用后，就要对每个局部应用逐一设计分 E-R 图。

在前面选好的某一层次的数据流图中，每个局部应用都对应了一组数据流图，局部应用涉及的数据都已经收集在数据字典中。现在需要将这些数据从数据字典中抽取出来，参照数据流图，标定局部应用中的实体、实体的属性，标识实体的码，确定实体之间的联系及其类型。

常用的抽象方法有如下三种。

1）分类

分类(Classification)定义某一类概念作为现实世界中一组对象的类型。这些对象具有某些共同的特性和行为。它抽象了对象值和型之间的"is member of"的语义。在 E-R 图中，实体集就是这种抽象。例如，在学校环境中，如图 5-8 所示，张梅是学生中的一员(is member of 学生)，具有学生共同的特性和行为：在某个班学习某种专业，选修某些课程。

分类方法适合找出系统所有的实体型。

2）聚集

聚集(Aggregation)定义某一类型的组成成分。它抽象了对象内部类型和成分之间"is part of"的语义。在 E-R 图中，若干属性的聚集组成了实体，就是这种抽象。如学生实体，有学号、姓名、年龄、专业、班级等属性，这些属性就组成了学生这个对象的内部特征，如图 5-9 所示。

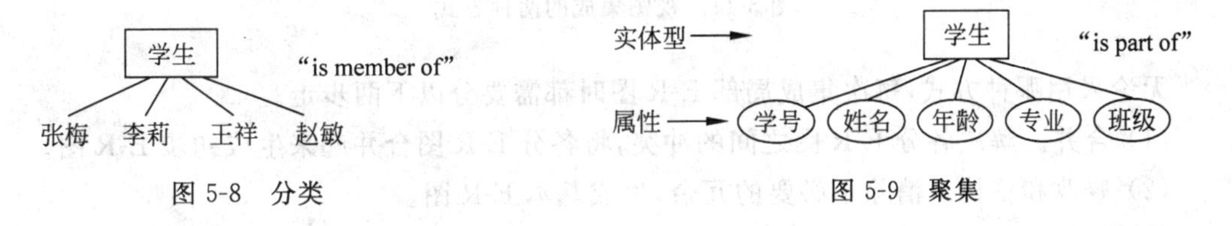

图 5-8 分类　　　　图 5-9 聚集

3）概括

概括(Generalization)定义类型之间的一种子集联系。它抽象了类型之间的"is subset of"的语义。例如，教师是一个实体型，助教、讲师、副教授、教授也是实体型，同时是教师的子集，把教师称为超类(Superclass)，助教、讲师、副教授、教授称为子类(Subclass)。在 E-R 图中，用双竖边的矩形框表示子类，用直线加小圆圈表示超类-子类的联系，如图 5-10 所示。

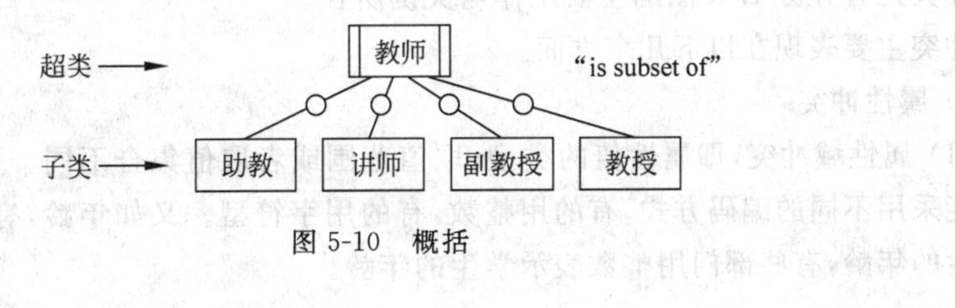

图 5-10 概括

概括有一个重要的性质：继承性。子类继承超类上定义的所有属性。这样，助教、讲师、副教授、教授继承了教师类型的属性，同时子类还可有自己特殊的属性。

在上述的抽象过程中，要注意实体与属性的区分。实体与属性是 E-R 模式设计的基本单位，但它们之间并没有严格的区分标准。一般而言，可遵循以下 3 个原则。

- 原子性原则：实体需要进一步描述，而属性则不需要描述性质。属性必须是不可分解的数据项。
- 依赖性原则：属性仅单向依赖于某个实体，并且此种是包含性依赖，不能与其他实体具有联系。
- 一致性原则：一个实体由若干个属性组成，这些属性之间有着内在的关联性与一致性。

5.3.3 全局概念模型设计

当局部视图设计好以后，则可以将它们综合成一个全局的 E-R 图，可以采用两种方式：一是将所有的局部 E-R 图一次集成全局 E-R 图，如图 5-11(a)所示；二是首先逐步集成，然后用累加的方式一次集成两个分 E-R 图，如图 5-11(b)所示，可以降低复杂度。

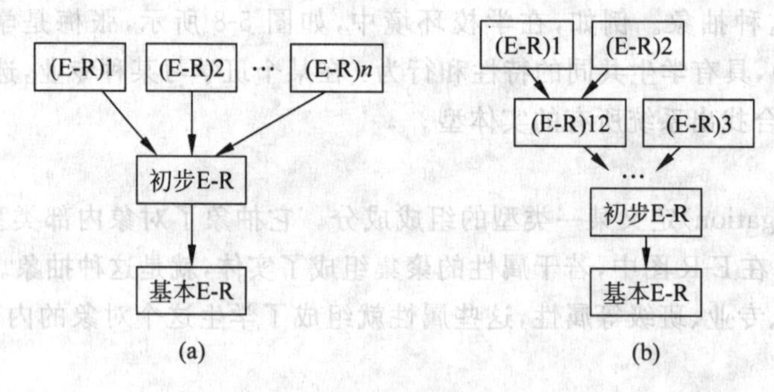

图 5-11　视图集成的两种方式

无论采用哪种方式，每次集成局部 E-R 图时都需要分以下两步走。

(1) 合并。解决各分 E-R 图之间的冲突，将各分 E-R 图合并起来生成初步 E-R 图。

(2) 修改和重构。消除不必要的冗余，生成基本 E-R 图。

1. 合并分 E-R 图，生成初步 E-R 图

因为各个局部应用所面临的问题不同，而且通常是由不同的设计人员进行局部设计，所以各个分 E-R 图中必然会存在许多不一致的地方，我们将这种情况称为冲突。在合并的过程中，不能将各个分 E-R 图作一个简单的累加，而是应该消除各个分 E-R 图中的不一致，最终得出一个为全系统用户所理解和接受的一个统一的概念模型。合理地消除各个分 E-R 图的冲突是合并分 E-R 图的主要工作与关键所在。

冲突主要表现在以下几个方面。

1) 属性冲突

(1) 属性域冲突，即属性值的类型、取值范围或者取值集合不同。如课程号，不同的部门可能采用不同的编码方式，有的用整数，有的用字符型。又如年龄，有的采用出生日期表示学生的年龄，有些部门用整数表示学生的年龄。

(2) 属性取值单位冲突。对于计量单位,如学生的体重,有的可能用公斤为单位,有的用市斤为单位。

2) 命名冲突

(1) 异名同义,即同一实体或属性在不同的局部 E-R 图中名字不同。

(2) 同名异义,即名字相同的实体或属性在不同的局部视图中所指对象不同。

命名冲突可能发生在实体、联系一级上,也可能发生在属性一级上,其中属性的命名冲突更为常见。处理命名冲突与属性冲突可以通过讨论、协商等行政手段加以解决。

3) 结构冲突

(1) 同一对象在不同的局部 E-R 图中分别被作为实体和属性。例如,所在系在某一局部应用中被当作实体,而在另一局部应用中则被当作属性。

解决方法通常是把属性变换为实体或把实体变换为属性,使同一对象具有相同的抽象。

(2) 同一实体在不同局部 E-R 图中所包含的属性个数和属性排列次序不同。这是由于不同的局部应用关心的是该实体的不同侧面。

解决方法是使该实体的属性取各分 E-R 图中属性的并集,再适当调整属性的次序。

(3) 实体集之间的联系在不同局部中为不同的类型,如实体 E_1 与 E_2 在一个分 E-R 图中是多对多联系,在另一个分 E-R 图中是一对多联系;又如在一个分 E-R 图中 E_1 与 E_2 发生联系,而在另一个分 E-R 图中 E_1、E_2、E_3 三者之间有联系。

解决方法是根据应用的语义对实体联系的类型进行综合或调整。

例如,图 5-12 中零件与产品之间存在多对多的“构成”联系,产品、零件与供应商三者之间还存在多对多的“供应”联系,这两个联系不能相互包含,在合并两个分 E-R 图时应将其综合起来。

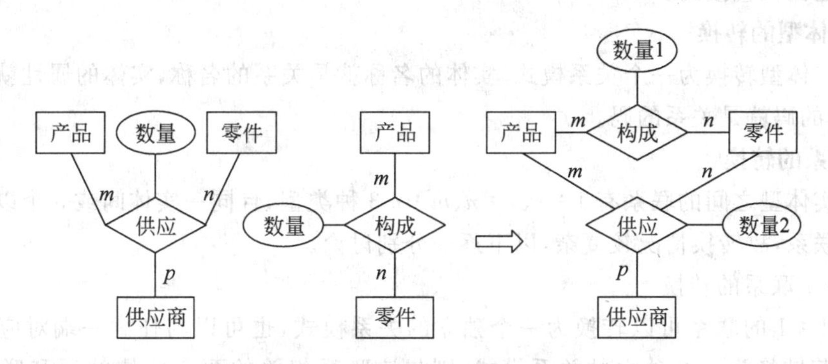

图 5-12　合并两个分 E-R 图

2. 消除不必要的冗余,设计基本 E-R 图

将局部 E-R 图合并为全局 E-R 图后,还可能存在冗余的数据和冗余的联系。冗余的数据是指可由基本数据导出的数据。冗余的联系是指可由其他联系导出的联系。冗余数据和冗余联系容易破坏数据库的完整性,给数据库的维护增加困难,应当予以消除。

消除冗余主要采用分析的方法,即根据数据流图和数据字典中数据项之间的逻辑关系来消除冗余。

在优化过程中,不是所有的冗余数据与冗余联系都必须消除,有时为了提高系统效率,不得不以冗余数据或冗余联系作为代价。因此在设计数据概念结构时,设计者应根据用户需求在存储空间、访问效率和维护代价之间进行权衡，确定哪些冗余信息必须消除，哪些冗余信息允许存在。若保留了一些冗余数据，则应该把数据字典中数据关联的说明作为完整性约束条件详细地描述出来。

5.4 逻辑结构设计

概念模型是独立于任何 DBMS 数据模型的信息结构。逻辑结构设计的任务就是将概念设计阶段完成的全局 E-R 模型转换为与选用的 DBMS 所支持的数据模型相符合的逻辑结构。

设计逻辑结构时一般要分以下三步。

(1) 将概念结构转换为一般的关系、网状、层次模型。

(2) 将转换来的关系、网状、层次模型向特定 DBMS 支持下的数据模型转换。

(3) 对数据模型进行优化。

由于目前流行的商品化 DBMS 产品都是关系型数据库管理系统 RDBMS，所以在这里只介绍 E-R 图向关系数据模型的转换原则与方法。

5.4.1 E-R 模式到关系模式的转换

E-R 模型由实体型、实体的属性与实体间的联系构成，而关系模型是一组关系模式的集合，所以将 E-R 模型转换为关系模型实际上就是要将实体型、实体的属性和实体间的联系转换成相应的关系模式。由于 E-R 图的表达方式与关系模型较接近，故 E-R 模型向关系模型的转换是比较直接的。

1. 实体型的转换

一个实体型转换为一个关系模式，实体的名称就是关系的名称，实体的属性就是关系的属性，实体的码就是关系的码。

2. 联系的转换

由于实体型之间的联系有 1∶1、1∶*n*、*m*∶*n* 3 种类型，且同一实体间或 3 个以上的实体之间也有联系，故转换情况较复杂，以下逐一分别讨论。

1) 1∶1 联系的转换

一个 1∶1 的联系可以转换为一个独立的关系模式，也可以与任意一端对应的关系模式合并。若转换为一个独立的关系模式，则与该联系相关的两个实体的码和联系本身的属性均转换为关系的属性。每个实体的码均是该关系的候选码。若与某一端实体对应的关系模式合并，则需要在该关系模式的属性中加入另一端关系模式的码和联系本身的属性。

如图 5-13 所示，某大学管理中的实体“学院”与“院长”之间的联系。

方案一：

学院(<u>学院名</u>，*院长名*，地址，电话，任职年月)；

院长(<u>院长名</u>，年龄，性别，职称)。

说明：本小节中所给出的关系模式中，带下划线的属性为主键，用斜体字书写的属性为外键。

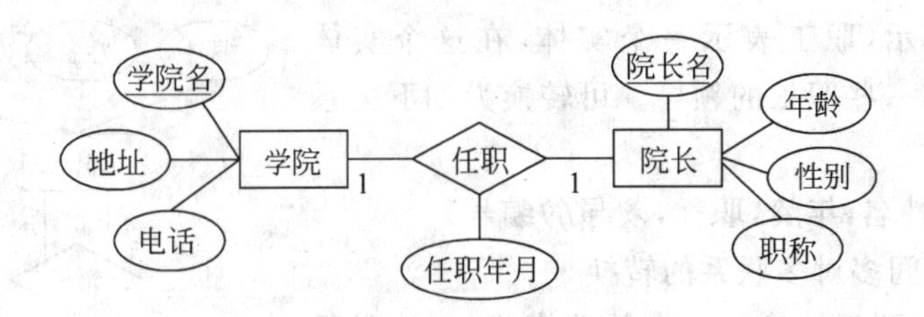

图 5-13　1：1 的联系的局部 E-R 图

方案二：

学院(学院名,地址,电话)；

院长(院长名,*学院名*,年龄,性别,职称,任职年月)。

方案三：

学院(学院名,地址,电话)；

院长(院长名,年龄,性别,职称)；

任职(*学院名*,*院长名*,任职年月)。

方案三将联系单独转换为一个关系,当查询学院、院长两个实体相关的详细数据时,需作三元连接,而用前两种关系模式只需作二元连接,因此应尽可能选择前两种方案。

2) 不同实体间 1：n 联系的转换

一个 1：n 的联系可以转换为一个单独的关系模式,也可以与多端对应的关系模式合并。如果转换为独立关系模式,则与该联系相连的各实体的码以及联系本身的属性均转换为关系的属性；如果采用与多端关系模式合并的方法,将 1 端的关键字与联系本身的属性放入多端。

如图 5-14 所示,系与教师是一对多的关系。

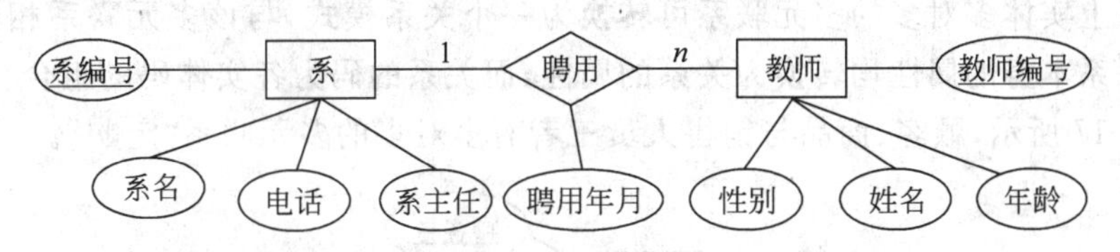

图 5-14　1：n 的联系的局部 E-R 图

方案一：

系(系编号,系名,电话,系主任)；

教师(教师编号,姓名,年龄,性别,*系编号*,聘用年月)。

方案二：

系(系编号,系名,电话,系主任)；

教师(教师编号,姓名,年龄,性别)；

聘用(*系编号*,*教师编号*,聘用年月)。

方案二在查询有关两个实体的数据时,需作三元连接。

3) 同一实体内的 1：n 联系的转换

同一实体内的一对多联系,可在这个实体所对应的关系中多设置一个属性,用来表示与该个体相联系的上级个体的关键字。

如图 5-15 所示,职工表示一个实体,在这个实体中,有的职工是另一些职工的领导。可转换为如下关系模式。

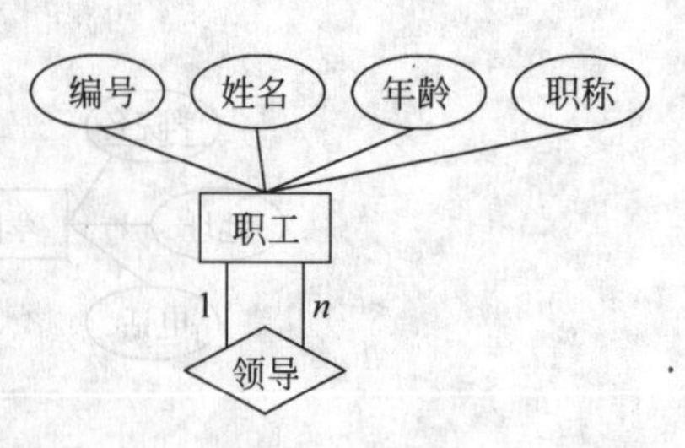

图 5-15 同一实体内的 1 : n 联系的局部 E-R 图

职工(<u>编号</u>,姓名,年龄,职称,*领导的编号*)

4) 两个实体间多对多联系的转换

一个 m : n 的联系转换为一个关系模式,与该联系相连的各实体的码以及联系本身的属性均转换为关系的属性,而关系的码是各实体的码的组合。

如图 5-16 所示,产品与零件是多对多的联系。

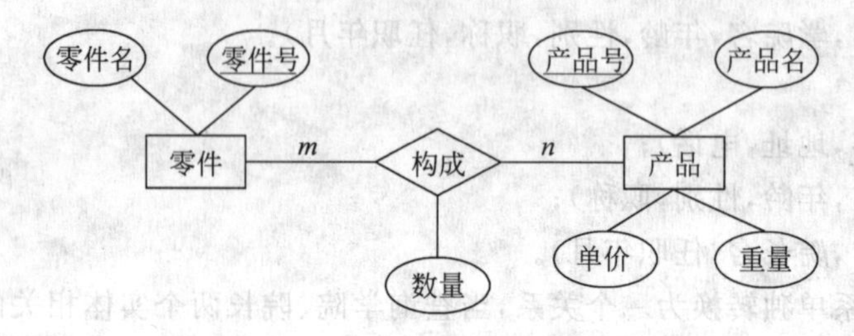

图 5-16 m : n 的联系的局部 E-R 图

根据上面的转换原则,可得到如下 3 个关系模式。

产品(<u>产品号</u>,产品名,单价,重量);

零件(<u>零件号</u>,零件名);

构成(*<u>产品号</u>*,*<u>零件号</u>*,数量)。

5) 两个以上实体多对多联系的转换

两个以上实体多对多的多元联系可转换为一个关系模式,与该多元联系相连的各实体的码以及联系本身的属性均转换为关系的属性,而关系的码为各实体码的组合。

如图 5-17 所示,顾客、商品与销售人员三者有多对多的多元联系"定购"。

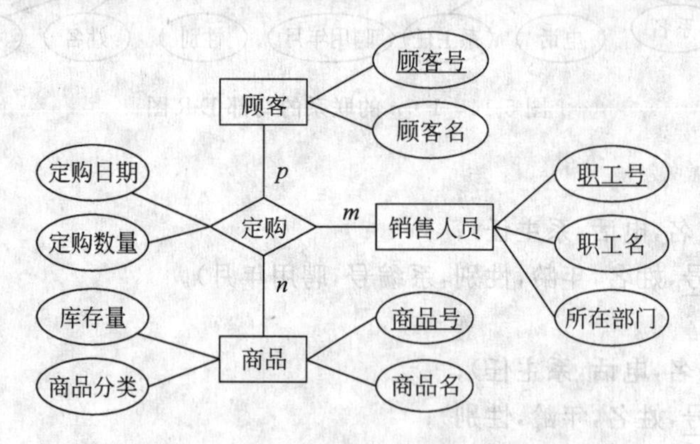

图 5-17 三者多对多联系的局部 E-R 图

可转换为如下关系模式。

顾客(<u>顾客号</u>,顾客名);

商品(<u>商品号</u>,商品名,库存量,商品分类);

销售人员(<u>职工号</u>,职工名,所在部门);

定购(*<u>顾客号</u>*,*<u>商品号</u>*,*<u>职工号</u>*,定购日期,定购数量)。

5.4.2 关系模式的优化

由 E-R 图向逻辑模型的转换规则可以看出,数据库逻辑设计的结果不是唯一的,为了完善逻辑设计的结果,使数据库应用系统的性能尽可能得到提高,还应根据实际需求对数据模型进行适当的修改和调整,即关系模式的优化。关系数据模型的优化通常以规范化理论为指导,步骤如下。

(1) 确定数据依赖。按需求分析阶段所得到的语义,对每个关系模式,分析并写出关系内各属性之间的数据依赖以及不同关系模式属性之间的数据依赖。

(2) 对于各个关系模式之间的数据依赖进行极小化处理,消除冗余的联系。

(3) 按照数据依赖的理论对关系模式逐一进行分析,考查是否存在部分函数依赖、传递函数依赖、多值依赖等,确定各关系模式分别属于第几范式。

(4) 实施规范化分解。确定了关系模式需要规范的级别后,利用第 4 章介绍的规范化方法,将关系模式分解为相应级别的范式,注意保持函数依赖和无损连接性。

(5) 为提高系统运行效率和节约存储空间,可遵循如下原则。

① 尽量减少连接运算。在数据库的各种运算中,连接运算的代价是最高的。参与连接运算的关系越多,开销越大,系统效率越低。在可能的情况下,应尽量减少连接操作,但规范化程度会降低,以数据冗余的代价换取了效率。常用的方法有增加冗余属性、增加派生属性和重建关系等。

② 对关系进行垂直或水平分解。这种分解与规范化分解不同,它不依据函数依赖,而依据系统的时空效率,以减少参加运算的关系大小和数据量为目的。

垂直分解是把关系模式属性按使用的频度,分解为若干个子集合,从而形成若干个子关系模式。

水平分解是将关系实例的元组分为若干子集合,定义每个子集为一个子关系。

5.4.3 设计用户子模式

将概念模型转换为全局逻辑模型后,还应该根据局部应用需求,结合具体 DBMS 的特点,设计用户的外模式。

目前关系数据库管理系统一般都提供了视图(view)概念,可以利用这一功能设计更符合局部用户需要的用户外模式。

5.5 物理结构设计

数据库的物理设计就是为数据库文件选取一个合适的存储结构与存取方法,为一个给定的逻辑模型选取一个最适合应用要求的物理结构的过程。需注意的是,关系数据库管理系统提供了较高的数据物理独立性,每个 RDBMS 软件都提供了多种存储结构和存取方法,数据库设计人员的任务主要不是"设计"而是选择物理结构。

通常关系数据库物理设计的内容包括:

(1) 为关系模式选择存取方法。

(2) 设计关系、索引等数据库文件的物理存储结构。

(3) 评价物理结构。

5.5.1 选择存取方法

数据库系统是多用户共享的系统,对同一个关系要建立多条存取路径才能满足多用户的多种应用要求。物理设计的任务之一就是要确定选择哪些存取方法。

存取方法是快速存取数据库中数据的技术。数据库管理系统一般都提供多种存取方法。常用的存取方法有3类。第一类是索引方法,目前主要是B+树索引方法,第二类是聚簇方法;第三类是Hash方法。其中B+树索引方法是数据库中经典的存取方法,使用最普遍。

1. 索引存取方法

索引存取方法实际上就是根据应用要求确定对关系的哪些属性列建立索引、哪些属性列建立组合索引、哪些索引要设计为唯一索引等。索引方法有很多,常用的有B+树索引、基于函数的索引、反向索引和位映射等。索引分为3种,分别是主索引、候选索引和普通索引。

索引方法可以提高查询速度,但也会降低数据的更新速度,所以,不能随意地建立索引,需要权衡建立索引后对系统造成的影响是否在可以承受的范围内。一般来说:

(1) 如果一个(或一组)属性经常在查询条件中出现,则考虑在这个(或这组)属性上建立索引(或组合索引)。

(2) 如果一个属性经常作为最大值和最小值等聚集函数的参数,则考虑在这个属性上建立索引。

(3) 如果一个(或一组)属性经常需要作为连接条件在连接操作中出现,则可考虑在这个(或这组)属性上建立索引。例如在关系模式中的码上建立主索引或候选索引。

2. 聚簇存取方法

为了提高某个属性(或属性组)的查询速度,把这个或这些属性(称为聚簇码)上具有相同值的元组集中存放在连续的物理块上,这种方法称为聚簇。

聚簇方法可以大大提高按聚簇码进行查询的效率。例如,要查询信息系的所有学生名单,设信息系有500名学生。在极端情况下,这500名学生元组在500个不同的物理块上。尽管对学生关系已按所在系建立索引,由索引很快找到了信息系学生的元组标识,避免了全表扫描,然而再由元组标识去访问数据块时就要存取500个物理块,执行500次I/O操作。如果将同一系的学生元组集中存放,则500名学生元组集中存放在几十个连续的物理块上,从而显著减少了访问磁盘的次数。

聚簇方法不仅适用于单个关系,也适用于经常进行连接操作的多个关系。即把多个连接关系的元组按连接属性值聚集存放,聚簇中的连接属性称为聚簇码。这相当于把多个关系按"预连接"的形式存放,从而大大提高了连接操作的效率。

一个数据库可以建立多个聚簇,一个关系只能加入一个聚簇。

虽然聚簇提高了查询的效率,但维护聚簇的开销是相当大的。对于已有关系建立聚簇,将导致关系中元组移动其物理存储位置,并使此关系上原有的索引无效,必须重建。当一个元组的聚簇码值改变时，该元组的存储位置也要做相应移动，聚簇码值要相对稳定，以减少修改聚簇码值所引起的维护开销。因此，只有在以下特定的情形下才考虑建立聚簇。

(1) 对经常在一起进行连接操作的关系可以建立聚簇。

(2) 若一个关系在某些属性列上的值的重复率很高，则可在这些属性列上建立聚簇。

(3) 如果一个关系的一组属性经常出现在相等比较条件中，则该单个关系可建立聚簇。

当对一个关系的某些属性列的访问或连接是主要的应用，而对其他属性列的访问是次要时，可以考虑在主要访问的属性列上建立聚簇。尤其当SQL语句中包含与聚簇码有关的ORDER BY、GROUP BY、UNIQUE和DISTINCT等子句或短语时，使用聚簇特别有利，可以省去对结果的排序操作。

3. Hash存取方法

Hash方法是用Hash函数存储和存取关系记录的方法。具体地讲是，指定某个关系上的一个(组)属性A作为Hash码，对该Hash码定义一个函数(称为Hash函数)，记录的存储地址由Hash(a)来决定，a是该记录在属性A上的值。

有些DBMS提供了Hash存取方法。如果一个关系的属性主要出现在等值连接条件中或相等比较的选择条件中，而且满足下列两个条件之一，则可选择Hash方法。

(1) 如果一个关系的大小可以预知，而且不变。

(2) 如果关系的大小动态改变，而且数据库管理系统提供动态Hash存取方法。

5.5.2 确定存储结构

确定数据库物理结构主要是指确定数据的存放位置和存储结构，包括确定关系、索引、聚簇、日志、备份等的存储安排和存储结构，确定系统配置等。

确定数据的存放位置和存储结构要综合考虑存取时间、存储空间利用率和维护代价三方面的因素。这三个方面常常相互矛盾，因此在实际应用中，需要进行全方位的权衡，选择一个折中的方案。

1. 确定数据的存放位置和存储结构

在确定数据的存放位置和存储结构时，应遵循下面的一些原则。

(1) 减少访问磁盘的冲突，提高I/O设备的并行性。将事务访问的数据分布在不同的磁盘组上，则I/O可并发执行，从而提高数据库的访问速度，同时避免产生由于多个事务访问同一磁盘时经常出现的冲突而引起系统等待等问题。

(2) 将那些访问频率过高的数据分散存放于各个磁盘上以均衡I/O的负担，并均衡各个盘组的负担。

(3) 可以将一些特定的，而且是经常要使用的系统数据存放到某个固定的盘组，以保证对其快速准确的访问。比如说，数据字典和数据目录等，由于对它们的访问频率很高，对它们的访问速度直接影响到整个系统的效率，所以将它们存放到某一固定的盘组上。

为了提高系统性能，应该根据实际应用情况将数据库中数据的易变部分和稳定部分、常存取部分和存取频率较低部分分开存放。比如说，关系和该关系的索引可以放在不同的磁盘上，在查询时，由于两个磁盘的并行操作，提高了物理I/O读写的效率；日志文件与数据库的备份文件由于只在故障恢复时才使用，而且数据量大，可以存放在磁带上；将日志文件与数据库对象(表、索引)放在不同的磁盘上以改进系统的性能。

2. 确定系统配置

DBMS产品一般都提供了一些系统配置变量、存储分配参数，供设计人员和DBA对数据库进行物理优化，但在进行物理设计时，需要重新对这些变量赋值，以改善系统的性能。

系统配置变量很多，例如，同时使用数据库的用户数，同时打开的数据库对象数、内存分配参数、缓冲区分配参数(使用的缓冲区长度、个数)、存储分配参数、物理块的大小、物理块装填因子、时间片大小、数据库的大小、锁的数目等。这些参数值影响存取时间和存储空间的分配，在物理设计时就要根据应用环境确定这些参数，以使系统性能最佳。

5.5.3 物理结构设计的评价

数据库的物理设计过程中需要对时间效率、空间效率、维护代价和各种用户要求进行权衡，设计出多个方案，数据库设计人员必须对这些方案进行详细的分析、评价，然后从中选择出一个较优的方案作为数据库的物理结构。如果用户对该物理结构不满意，则需要修改设计。评价物理结构设计完全依赖于所选用的DBMS。

5.6 数据库的管理

完成了数据库的结构设计之后，就进入了数据库的实施阶段和运行与维护阶段，称为数据库的管理。

数据库管理一般包含以下一些工作。

- 数据库的建立；
- 数据库的调试；
- 数据库的重组；
- 数据库的安全性控制与完整性控制；
- 数据库的故障恢复；
- 数据库的监控；
- 数据库的重组与重构。

5.6.1 数据库的实施

数据库的实施就是根据前面逻辑设计与物理设计的结果，利用DBMS工具和直接利用SQL命令在计算机上建立实际的数据库结构，整理并装载数据，进行调试与试运行。

1. 数据库的建立

数据库的建立的一般分为以下两步。

1) 数据模式的建立

数据库设计人员利用DBMS提供的数据定义语言(DDL)，定义数据库名、表及相应属性，定义主键、索引、集簇、完整性约束、用户访问权限，申请空间资源，定义分区，定义视图。

2) 数据的加载

一般来说数据库的数据量都很大，且来源各异，常出现数据重复、数据组织方式、格式和结构与新设计的数据库系统有相当大的差距，因此数据组织、转换和入库工作相当费时费力。为了保证装入数据库的数据都是正确无误的，必须在输入前进行数据的检验工作。同时在数据的装入过程中,使用不同的检验方法来对数据进行检验,确认正确后方可入库。数据的输入应分批、分期进行,先输入小批量数据供调试使用,待调试合格后,再输入大批量的数据。

2. 应用程序的编写与调试

数据库应用程序的设计应和数据库设计同步进行。数据库应用程序设计实质上是应用软件的设计,可使用软件工程的方法进行,包括系统设计、编码、调试等工作。软件的功能应能全面满足用户的信息处理需求。在调试应用程序时,由于数据库入库工作尚未完成,可先使用模拟数据。

3. 数据库的试运行

当应用程序调试完成,部分数据入库后,就可以进入数据库的试运行阶段。其主要任务是:

1）功能测试

实际运行应用程序,逐一执行对数据库的各种操作,测试应用程序功能是否满足用户需求。如果不满足,对应用程序部分则要修改、调整,直到达到设计要求为止。

2）性能测试

测试系统的性能指标,分析其是否符合设计目标。在对数据库进行物理设计时已初步确定了系统的物理参数值,但一般情况下,其与实际系统运行总有一定的差距,因此在试运行阶段需实际测量和评价系统性能指标。如果测试的结果与设计目标不符,则要返回物理设计阶段,重新调整物理结构,修改系统参数,有时甚至要返回到逻辑设计阶段,修改逻辑结构。

需要注意的是,在试运行阶段应首先调试和运行 DBMS 的恢复功能,做好数据库的转储和恢复工作。一旦故障发生,能使数据库尽快恢复,尽量减少对数据库的破坏。

5.6.2 数据库的运行和维护

数据库试运行合格后,数据库开发工作就基本完成,即可进入正式运行阶段。但是,由于应用环境在不断变化,数据库运行过程物理存储也会不断变化,对数据库设计进行评价、调整、修改等维护工作是一个长期而细致的任务。

在数据库运行阶段,对数据库经常性的维护工作是由 DBA 完成的,主要包括以下几个方面。

1. 数据库的数据转储和故障恢复

数据库的转储和恢复是系统正式运行后最重要的维护工作之一。DBA 应针对不同的应用要求制订严格详细的数据转储计划,定期对数据库和日志文件进行备份,以保证在突发情况下能及时进行对数据库的恢复工作,尽可能减少对数据库的破坏。

2. 数据库安全性与完整性控制

数据库的安全性与完整性控制也是数据库运行时期的重要工作。根据用户的实际需要授予不同的操作权限,根据应用环境的改变修改数据对象的安全级别,经常修改口令或保密手段,采取有效措施防止病毒入侵,出现病毒后及时查杀以及建立数据管理和使用的规章制度等,这些都是 DBA 维护数据库安全的工作内容,以保证数据不受非法盗用与破坏。

同样,数据库的完整性约束条件也会变化,需要 DBA 不断修正,以满足用户要求。

3. 数据库监控

对数据库性能进行监控、分析与改进是DBA的重要职责。

在数据库的运行过程中,数据库可能会发生错误、故障或产生数据库死锁及对数据库的误操作等问题,DBA可以利用系统性能监控、分析工具,得到系统运行过程中一系列性能参数的值,为数据库的改进、重组、重构等提供重要的一手资料。

4. 数据库的重组与重构

数据库在运行一段时间后,由于不断地对数据进行修改、删除、插入等操作,会使数据库的物理存储情况变坏,例如有些记录之间出现空间残片,插入记录不一定按逻辑相连而用指针链接,从而使I/O占有时间增加,致使数据库的存取效率降低,系统的性能逐步下降,这时DBA需要对数据库进行存储空间重新整理,这种工作叫做数据库重组。DBMS一般都提供数据重组的应用程序。在重组过程中,通过按原设计要求重新安排存储位置、回收垃圾、减少指针链等,提高数据库的存取效率和存储空间的利用率,提高系统性能。

数据库的重组,改变的是数据库的物理存储结构,而不是逻辑结构和数据库的数据内容。

随着系统的运行,数据库应用环境会发生变化,用户的管理需求或处理上有了变化,这就要求改变数据库的逻辑结构,这种工作叫做数据库重构。例如,在表中增加或删除某些数据项,改变数据项的类型,增加或删除某个表,改变数据库的容量,增加或删除某些索引等。

数据库的重构可能涉及数据内容、逻辑结构与物理结构的改变,因此,可能出现许多问题,一般应由DBA、数据库设计人员及最终用户共同参与,并做好数据库的备份工作。

5.7 小　结

本章主要讨论数据库设计的全过程,包括需求分析、概念结构设计、逻辑结构设计、物理结构设计、数据库的实施、数据库的使用与维护6个阶段。

需求分析是数据库设计过程中的第一步,也是最基本、最困难的一步。采取详细的需求调查,编制组织机构图、业务流程图、数据流图、数据字典等方法来描述和分析用户需求。

概念结构设计是数据库设计的关键技术,是在用户需求描述与分析基础上对现实世界的抽象和模拟。目前,应用最广泛的概念结构设计的方法是E-R模型。概念结构设计的基本步骤是先设计出局部概念模型,再将它们整合为全局概念模型,最后将全局概念模型提交评审和进行优化。

逻辑结构设计是在概念结构设计的基础上,将概念模式转换为与所选用的、具体的DBMS支持的数据模型相符合的逻辑结构,其中包括数据库模式和外模式,最后对数据模型进行优化。

物理结构设计是从逻辑结构设计出发,设计一个可实现的、有效的物理数据库结构。常用存取方法有索引方法、聚簇方法、Hash方法。其中B+树索引方法是数据库中经典的存取方法。

数据库的实施过程,包括数据载入、应用程序调试、数据库试运行等几个步骤,该阶段的主要目标是实现对系统功能和性能的全面测试。数据库运行与维护阶段的主要工作有数据库安全性与完整性控制、数据库的转储与恢复、数据库性能监控分析与改进、数据库的重组与重构等。

5.8 习 题

1. 数据库设计分为哪几个设计阶段?

2. 数据字典的内容和作用是什么?

3. 简述概念结构的设计步骤。

4. 简述E-R模式合并过程中冲突的种类与消除方法。

5. 什么是数据库的逻辑结构设计?试叙述其设计步骤。

6. 简述E-R图转换为关系模型的规则。

7. 什么是视图集成?视图集成的方法是什么?

8. 简述数据库物理设计的内容和步骤。

9. 什么是数据库的重组?为什么要进行数据库的重组?

10. 图书馆借阅管理有如下需求,请设计该数据库的E-R模型和关系模型。

(1) 各种书均由书号唯一标识,希望能查询书库中现有书籍的种类、数量、存放位置。

(2) 能查询书籍的借还情况信息,包括借书人单位、电话、姓名、借书证号、借书日期、还书日期。规定每人最多能借10本书,借书证号是读者的唯一标识。

(3) 通过查询出版社名称、电话、邮编、通信地址等信息能向出版社订购有关书籍。假设一个出版社可出版多种图书,同一书名的书仅由一个出版社出版,出版社名称具有唯一性。

第6章 高校教务信息管理系统案例

前面章节主要介绍了数据库系统的有关理论和方法，开发应用系统是多方面知识和技能的综合运用，本章将以一个高校教务信息管理系统的设计过程，来说明数据库系统设计的有关理论与实际开发过程的对应关系，使读者更深入地理解理论如何指导实践，从而提高灵活、综合运用知识的系统开发能力。

本章偏重于数据库应用系统的设计，也涉及用 VB 开发工具开发应用程序的设计。对此，希望读者预先学习 VB 和软件工程方面的相关知识。

6.1 系统总体需求简介

高校教务信息管理，在不同的高校有其自身的特殊性，业务关系复杂程度各有不同。本章的主要目的是为了说明应用系统开发过程。由于篇幅有限，将对实际的教学管理系统进行简化，如教师综合业绩的考评和考核、学生综合能力的评价等都没有考虑。

6.1.1 用户总体业务结构

高校教务信息管理业务包括制订教学计划、学生的学籍及成绩管理、学生选课管理、执行教学调度安排 4 个主要部分。各业务包括的主要内容如下：

(1) 制订教学计划包括由教务部门完成学生指导性教学计划、培养方案的制定、开设课程的注册以及调整。

(2) 学生的学籍及成绩管理包括各院系的教学秘书完成学生学籍注册、毕业、学籍异动处理，各授课教师完成所讲授课程成绩的录入，然后由教学秘书进行学生成绩的审核。

(3) 学生选课管理包括学生根据开设课程和培养计划选择本学期所要修的课程，教学秘书对学生所选课程确认处理。

(4) 执行教学调度安排包括教学秘书根据本学期所开课程、教师上课情况以及学生选课情况完成排课、调课、考试安排、教室管理。

6.1.2 总体安全要求

系统安全的主要目标是保护系统资源免受毁坏、替换、盗窃和丢失，其中系统资源包括设备、存储介质、软件、数据等。具体来说，系统安全应达到以下安全要求。

1. 保密性

机密或敏感数据在存储、处理、传输过程中要保密，并确保用户在授权后才能访问。

2. 完整性

保证系统中的信息处于一种完整和未受损害的状态，防止因非授权访问、部件故障或其他错误而引起的信息篡改、破坏或丢失。学校的教学管理系统的信息，对不同的用户应有不同的访问权限，如每个学生只能选修培养计划中的课程，学生只能查询自己的成绩，成绩只能由讲授该门课程的老师录入，经教务人员核实后则不能修改。

3. 可靠性

保障系统在复杂的网络环境下提供持续、可靠的服务。

6.2 系统总体设计

系统总体设计的主要任务，是从用户的总体需求出发，以现有技术条件为基础，以用户可能接受的投资为基本前提，对系统的整体框架作较为宏观的描述。其主要内容包括系统的硬件平台、网络通信设备、网络拓扑结构、软件开发平台以及数据库系统的设计等。应用系统的构建是一个较为复杂的系统工程，是计算机知识的综合运用。这里主要介绍系统的数据库设计，也选择介绍应用系统的主模块和用户登录模块。相关内容请参考有关资料。

6.2.1 系统设计考虑的主要内容

数据库应用系统设计，需要考虑的主要内容包括用户数量和处理的信息量的多少，它决定系统采用的结构、数据库管理系统和数据库服务器的选择；用户在地理上的分布，决定网络的拓扑结构以及通信设备的选择；安全性方面的要求，决定采取哪些安全措施以及应用软件和数据库表的结构；与现有系统的兼容性、原有系统使用的开发工具和数据库管理系统，将影响到新系统采用的开发工具和数据库系统的选择。

6.2.2 系统的体系结构

现有管理信息系统采用的体系结构，可以分为两种：C/S(Client/Server)和 B/S(Browser/Server)。

基于 C/S 二层结构的数据库应用中，应用系统分成客户端和服务器两部分，因此称为二层结构。其工作过程为：客户端的机器执行应用程序，连接到后台的数据库服务器中，向服务器请求存取数据信息，而数据访问和事务处理由服务端完成。

这种方案实现了功能的分布，即将部分要处理的任务交给了客户端，而数据集中在服务器端。这样可以保证数据的相对安全，并可以保证数据的同步。但是，因为企业的应用逻辑都编写在客户端的应用程序中，将造成客户端非常臃肿，且当应用系统需求改变时，所有在客户端的应用程序都必须改变，使维护成本太高；另一方面，应用程序向处理服务器请求数据，并传到客户端进行处理，这需要占用大量的网络通信带宽，这样将加重网络通信负荷。

为了解决 C/S 结构的缺陷，基于 B/S 的多层数据库系统结构应运而生，它是基于 Internet/Intranet 的体系结构模型，由客户端、Web 服务器、应用服务器和数据库服务器组成。由客户端通过浏览器向 Web 服务器发出请求；涉及业务逻辑时，则由 Web 服务器送至应用服务器，再由应用服务器向数据库服务器发出数据访问请求，接收到数据库服务器的应答后，返回给 Web 服务器；由 Web 服务器以页面形式回送客户端。这样，客户端不直接和数据库服务器发生关系，保证了数据的安全性。

6.2.3 系统软件开发平台

1. 数据库管理系统的选择

Microsoft SQL Server 2000 数据库是目前用户使用得比较多的数据库管理系统产品。因此，选择 SQL Server 2000 作为高校教务信息管理系统的 RDBMS。

2. 开发工具的选择

Visual Basic 是 Windows 环境下面向对象的可视化程序设计语言。它既可以用来开发 Windows 下的各种应用软件，也可以用来开发多媒体应用程序。Visual Basic 具有开发 COM 业务组件的功能。

Visual Basic 可以访问多种 DBMS 的数据库，如 Paradox、dBase、Access 等，访问远程数据库服务器上的数据库，如 MS SQL Server、Oracle、Sybase、Informix 等，或者任何经过 ODBC 可以访问的 RDBMS 中的数据库。

Visual Basic 和数据库连接的方式有多种多样，既可以通过 ODBC 应用程序编程接口(API)来开发数据库应用程序，也可以通过数据库存取对象(Data Access Object，ADO)、远程数据库对象(Remote Data Object，RDO)以及 OLE DB 和 ADO(ActiveX Data Object)来开发数据库应用程序。采用 Visual Basic 开发的数据库应用程序的体系如图 6-1 所示。

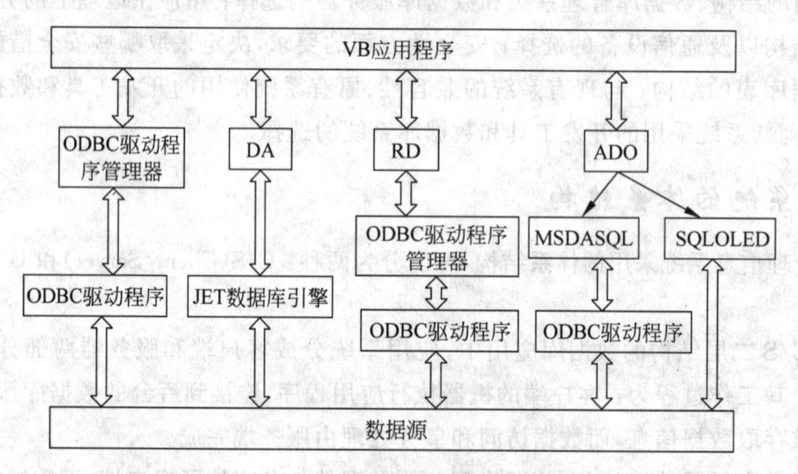

图 6-1 VB 数据库应用程序的体系结构

6.2.4 系统的总体功能模块

在设计数据库应用程序之前，必须对系统的功能有个清楚的了解，对程序的各功能模块给出合理的划分。划分的主要依据是用户的总体需求和所完成的业务功能。

这里的功能划分，是一个比较初步的划分。随着详细需求调查的进行，功能模块的划分也将随用户需求的进一步明确而进行合理的调整。根据各业务子系统所包括的业务内容，还可以将各子系统继续划分为更小的功能模块。划分的准则要遵循模块内的高内聚性和模块间的低耦合性。

根据前面介绍的高校教务信息管理业务的 4 个主要部分，可以将系统应用程序划分为对应的 4 个主要子系统模块，如图 6-2 所示。

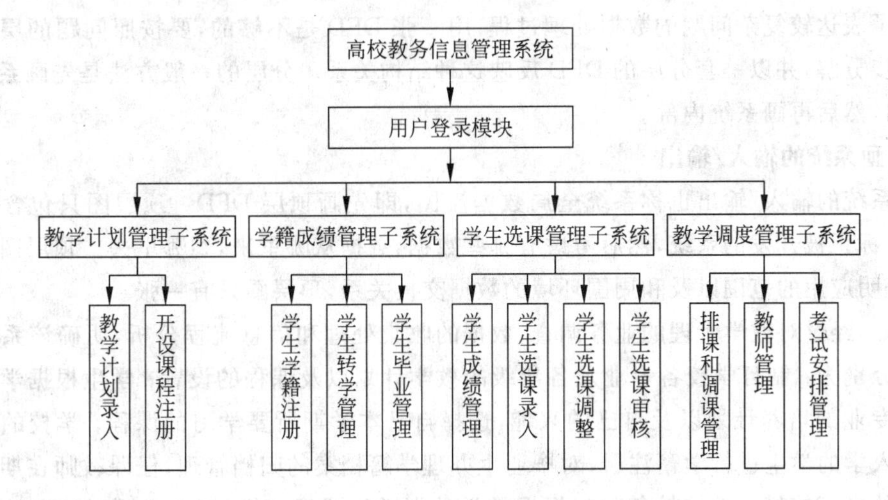

图 6-2　高校教务信息管理系统功能模块结构图

6.3　系统需求分析

第 5 章中已提到数据流图(Data Flow Diagram，DFD)和数据字典(Data Dictionary，DD)是描述用户需求的重要工具。数据流图描述了数据的来源和去向，以及所经过的处理；而数据字典是对数据流图中的数据流、数据存储和处理的进一步描述。不同的应用环境，对数据描述的细致程度也有所不同，要根据实际情况而定。下面将用这两种工具来描述用户需求，以说明它们在实际中的应用方法。

6.3.1　数据流图

数据流图(DFD)是结构化分析方法的工具之一，也是常用的对用户需求进行分析的工具。它描述了数据的处理过程，以图形化的方式刻画了数据流从输入到输出的变换过程。由于它只反映系统必须完成的逻辑功能，所以它是一种功能模型。对于一个具体应用来说，可以自上而下、逐层地画出 DFD，在 DFD 中可包括外部项、数据流、处理(加工)和数据存储。

外部项是指人或事物的集合，如学生、教师等，用方框加边表示。外部项也常被称为数据的源点或终点。

数据流用箭头表示，箭头表示数据的流动方向，从源流向目标。源和目标可以是外部项、加工和数据存储。

处理加工用矩形框表示，是对数据内容或数据结构的处理。数据可以来自外部项，也可以来自数据存储，处理结果可以传到外部项，也可以传到另一数据存储中。对处理加工可以编号。

数据存储用缺口矩形框表示，用来表示数据暂时或永久保存的地方。数据存储也可以编号。

为了表达较复杂问题的数据处理过程，用一张 DFD 是不够的，要按照问题的层次结构进行逐步分解，并以一套分层的 DFD 反映这种结构关系。分层的一般方法是先画系统的输入/输出，然后再画系统内部。

1. 画系统的输入/输出

画系统的输入/输出也称系统全局数据流图，即先画顶层 DFD。顶层图只包含一个加工，用于标识被开发的系统，然后考虑有哪些数据，数据从哪里来，到哪里去。顶层图的作用在于，表明应用的范围以及和周围环境的数据交换关系，顶层图只有一张。

例如，经过对教学管理的业务调查、数据的收集处理和信息流程分析，明确该系统的主要功能分别为：制订学校各专业及各年级的教学计划以及课程的设置；学生根据学校对自己所学专业的培养计划以及自己的兴趣，选择自己本学期所要学习的课程；学校的教务部门对新入学的学生进行学籍注册，对毕业生办理学籍档案的归档管理，任课教师在期末时登记学生的考试成绩；学校教务部门根据教学计划进行课程安排、期末考试时间和地点的安排等。归纳起来教学信息管理系统按功能可分成制订教学计划信息、学生学籍及成绩管理、选课信息管理、教学调度信息管理 4 个部分，这 4 个子系统通过相关的数据存储联系起来，如图 6-3 所示为教学信息管理系统的顶层数据流图。

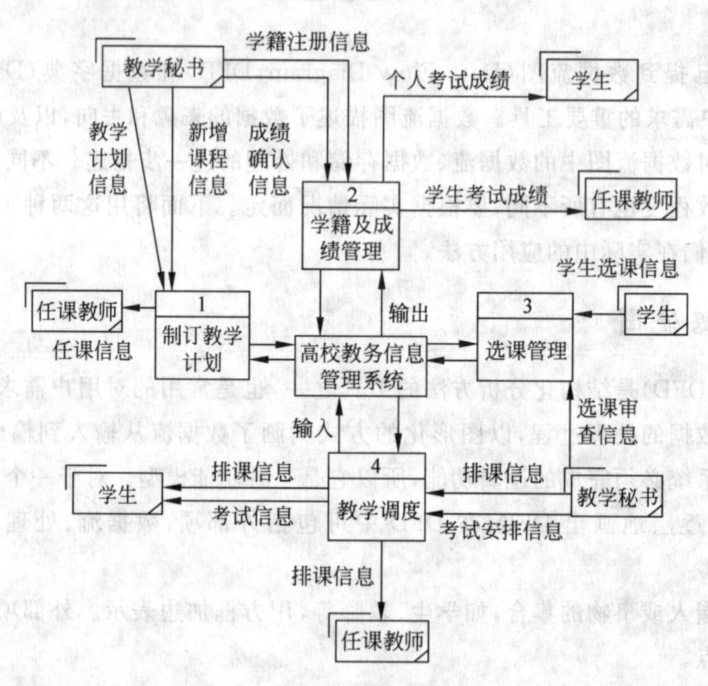

图 6-3　教务信息系统数据流图

说明：图中的外部项“学生”、“任课教师”、“教学秘书”出现了多次。有时候为了增加 DFD 的清晰性，防止数据流的箭头线过长或指向过于密集，在一张图上可以重复画同名的外部项，此时在方框的右下角加斜线表示它们是同一个对象。基于同样的理由，有时数据存储也需重复标识。

2. 画系统内部

画系统内部也称局部数据流，即画下层的DFD。一般将层号从0开始编号，采取自顶向下、由外向内的原则。

画0(顶)层DFD时，一般根据当前系统的工作分组情况，按系统应有的外部功能，将顶层流图的系统分解为若干子系统，决定每个子系统间的数据接口和活动关系。

画更下层的DFD时，则分解上层图中的加工。一般沿着输入流的方向，凡数据流的组成或值发生变化的地方则设置一个加工，这样一直进行到输出数据流(也可以从输出流到输入流方向画)。如果加工的内部还有数据流，则对此加工在下层图中继续分解，直到每个加工足够简单，不能再分解为止。

在把一张DFD中的加工分解成另一张DFD时，上层图称为父图，下层图称为子图。子图应编号，子图上的所有加工也应编号。子图的编号就是父图中相应加工的编号，子图中加工的编号由子图号、小数点及局部号组成。

例如，在教学信息管理系统0层DFD中，"制订教学计划"这个加工的编号为1，则在分解这个加工形成的DFD时，编号就为1，其中的每个加工编号为1.X，如图6-4所示。

下面只对制订教学计划、学籍及成绩管理和选课等处理过程做进一步细化。

制订教学计划处理过程主要分为4个子处理过程：教学秘书根据已有的课程信息，增补新开设的课程信息，修改已调整的课程信息，查看本学期的教学计划，制订新学期的教学计划。任课老师可以查询自己主讲课程的教学计划。其处理过程如图6-4所示。

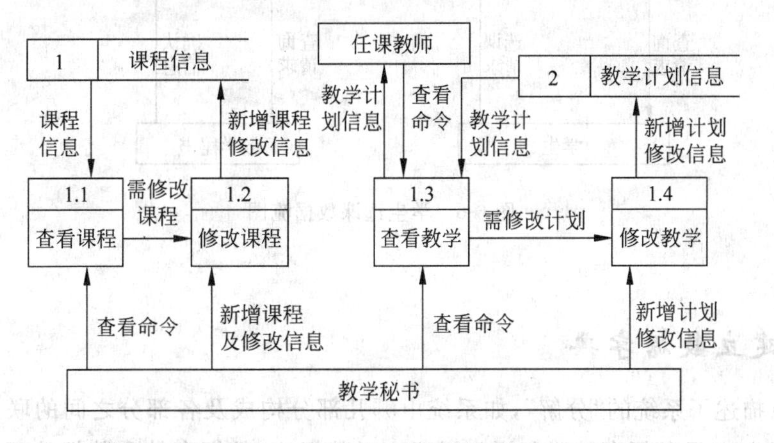

图6-4 制订教学计划数据流图

学籍及成绩管理相对比较复杂，教学秘书需要完成新学生的学籍注册、毕业生的学籍和成绩归档管理，任课教师录入学生的期末考试成绩后，教学秘书确认的成绩不允许修改，其处理过程如图6-5所示。

选课处理中，学生根据学校对本专业制订的教学计划，录入本学期所选课程，教学秘书对学生所选课程进行审核，经审核的选课则为本学期学生选课。其处理如图6-6所示。

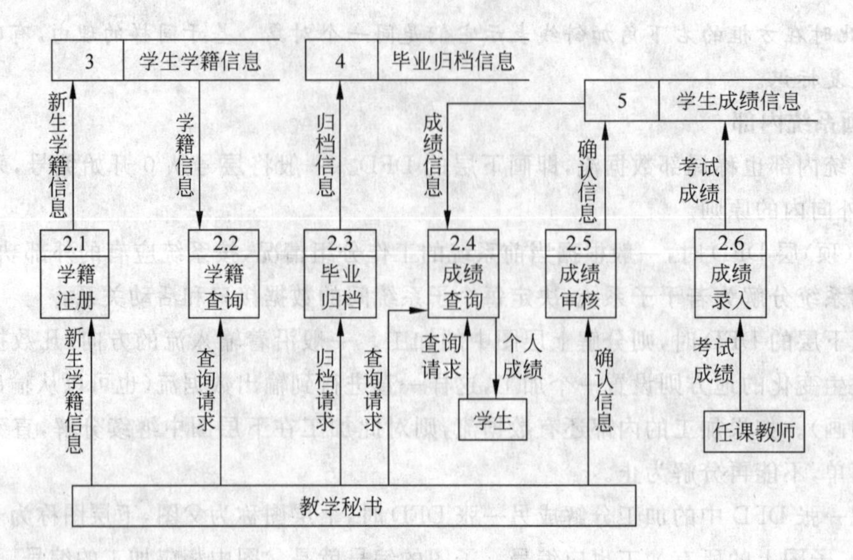

图 6-5 学籍和成绩管理数据流图

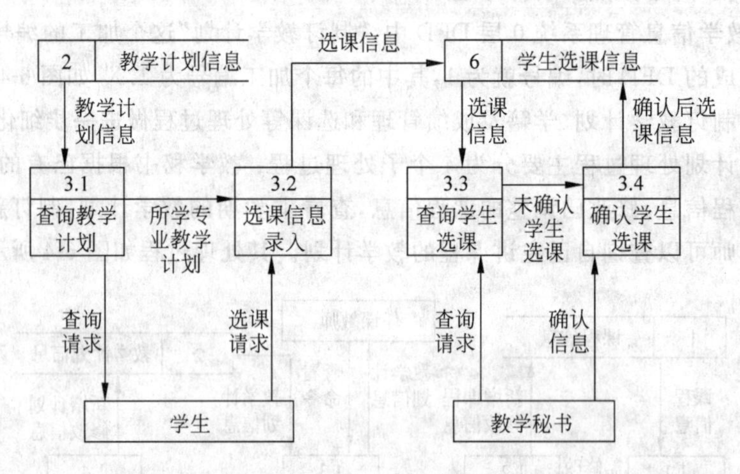

图 6-6 学生选课数据流图

6.3.2 建立数据字典

DFD 只描述了系统的“分解”,如系统由哪几部分构成及各部分之间的联系,并没有对各个数据流、加工及数据存储进行详细说明。对数据流、数据存储和数据处理的描述,需要用数据字典(DD)。

数据字典可用来定义 DFD 中的各个成分的具体含义。它以一种准确的、无歧义性的说明方式,为系统的分析、设计及维护提供了有关元素的、一致的定义和描述。它和 DFD 共同构成了系统的逻辑模型,是“需求说明书”的主要组成部分。

从软件工程的角度讲,在用户需求分析阶段建立的 DD 内容极其丰富。数据库应用设计只是侧重在数据方面,要产生数据的完全定义,可以利用 DBMS 中的 DD 工具(可参考

Oracle Case)。如果想手工建立DD,必须明确DD的内容和格式,这部分的内容可参阅相关的“软件工程”书籍。

下面给出教学管理系统的部分数据字典。

数据流名:(学生)查询请求;

来　源:需要选课的学生;

流　向:加工3.1;

组　成:学生专业+班级;

说　明:应注意与教学秘书的查询请求相区别。

数据流名:教学计划信息;

来　源:文件2中的教学计划信息;

流　向:加工3.1;

组　成:学生专业+班级+课程名称+开课时间+任课教师。

加工处理:查询教学计划;

编　号:3.1;

输　入:(学生)选课请求+教学计划信息;

输　出:(该学生)所学专业的教学计划;

加工逻辑:满足查询请求条件。

数据文件:教学计划信息;

文件组成:学生专业+年级+课程名称+开课时间+任课教师;

组　织:按专业和年级降序排列。

加工处理:选课信息录入;

编　号:3.2;

输　入:(学生)选课请求+所学专业教学计划;

输　出:选课信息;

加工逻辑:根据所学专业的教学计划选择课程。

数据流名:选课信息;

来　源:加工3.2;

流　向:学生选课信息存储文件;

组　成:学号+课程名称+选课时间+修课班号。

数据文件:学生选课信息;

文件组成:学号+选课时间+{课程名称+修课班号};

组　织:按学号升序排列。

数据项：学号；

数据类型：字符型；

数据长度：8位；

数据构成：入学年号＋顺序号。

6.4 系统概念模型描述

目前，在概念设计阶段，实体联系模型是广泛使用的设计工具。

6.4.1 构成系统的实体型

要抽象系统的E-R模型描述，重要的一步是从数据流图和数据字典中提取出系统的所有实体型及其属性。

由前面的教学管理系统的数据流图和数据字典，可以抽取出系统的6个主要实体，包括学生、课程、教师、专业、班级和教室。

学生实体型属性有学号、姓名、出生日期、籍贯、性别、家庭住址。

课程实体型属性有课程编号、课程名称、讲授课时、课程学分。

教师实体型属性有教师编号、教师姓名、专业、职称、出生日期、家庭住址。

专业实体型属性有专业编号、专业名称、专业性质、专业简称、可授学位。

班级实体型属性有班级编号、班级名称、班级简称。

教室实体型属性有教室编号、最大容量、教室类型（是否为多媒体教室）。

6.4.2 系统局部E-R图

从数据流图和数据字典，分析得出实体型及其属性后，可进一步分析各实体型之间的联系。

学生实体型与课程实体型存在选课的联系，一个学生可以选修多门课程，每门课程可以被多个学生选修，所以它们之间存在多对多联系（$m:n$），如图6-7(a)所示。

教师实体型与课程实体型存在讲授的联系，一个教师可以讲授多门课程，每门课程可以由多个教师讲授，所以它们之间存在多对多联系（$m:n$），如图6-7(b)所示。

学生实体型与专业实体型存在学习的联系，一个学生原则上可学习一个专业，每个专业有多个学生学习，所以专业实体型和学生实体型存在一对多联系（$1:n$），如图6-7(c)所示。

班级实体型与专业实体型存在属于的联系，一个班级只可能属于一个专业，每个专业包含多个班级，所以专业实体型和班级实体型存在一对多联系（$1:n$），如图6-7(d)所示。

学生实体型与班级实体型存在属于的联系，一个学生只属于一个班级，每个班级有多个学生，所以班级实体型和学生实体型存在一对多联系（$1:n$），如图6-7(e)所示。

某个教室在某个时段分配给某个教师讲授某一门课或考试用，在特定的时段为$1:1$联系，但对于整个学期来讲是多对多联系（$m:n$），采用聚集来描述教室与任课教师和课程的讲授联系型的关系，如图6-7(f)所示。

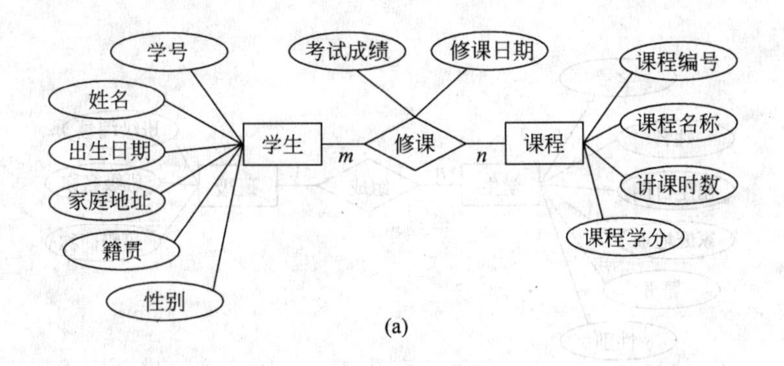

(a)

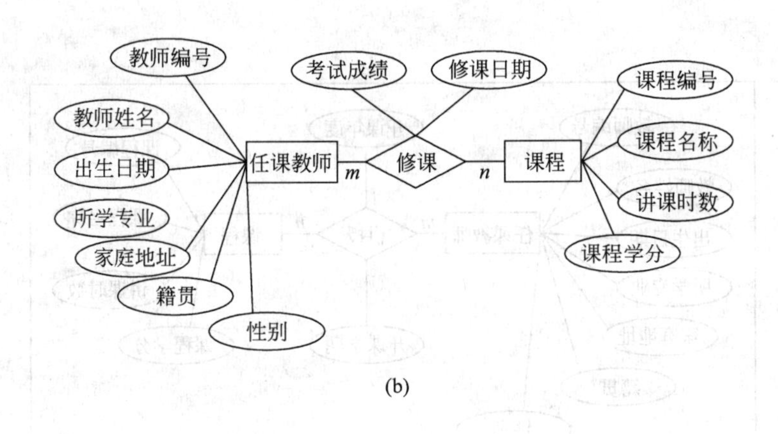

(b)

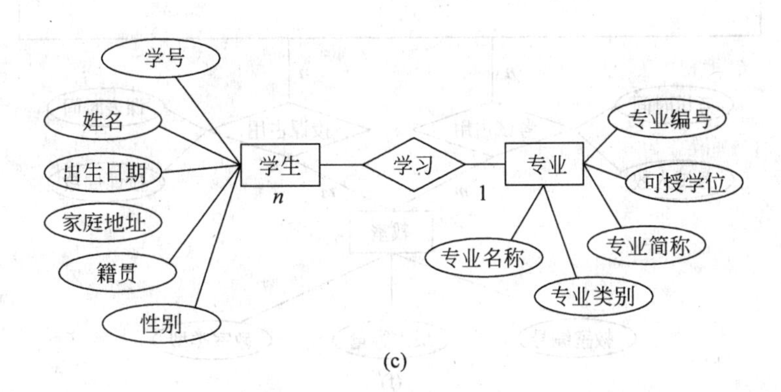

(c)

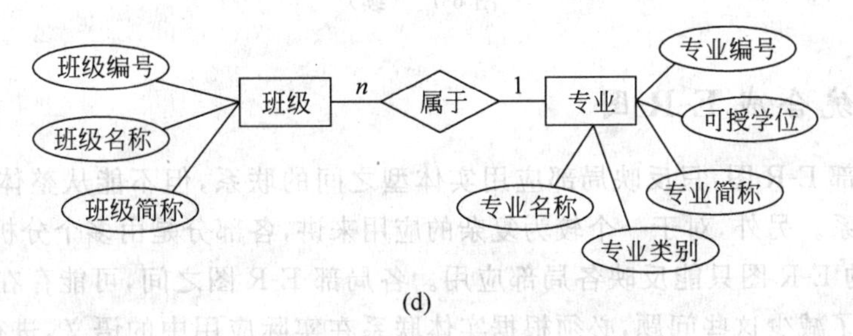

(d)

图 6-7　系统局部图

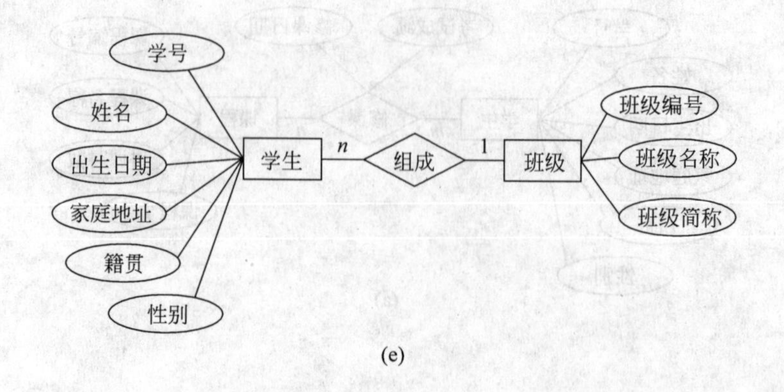

(e)

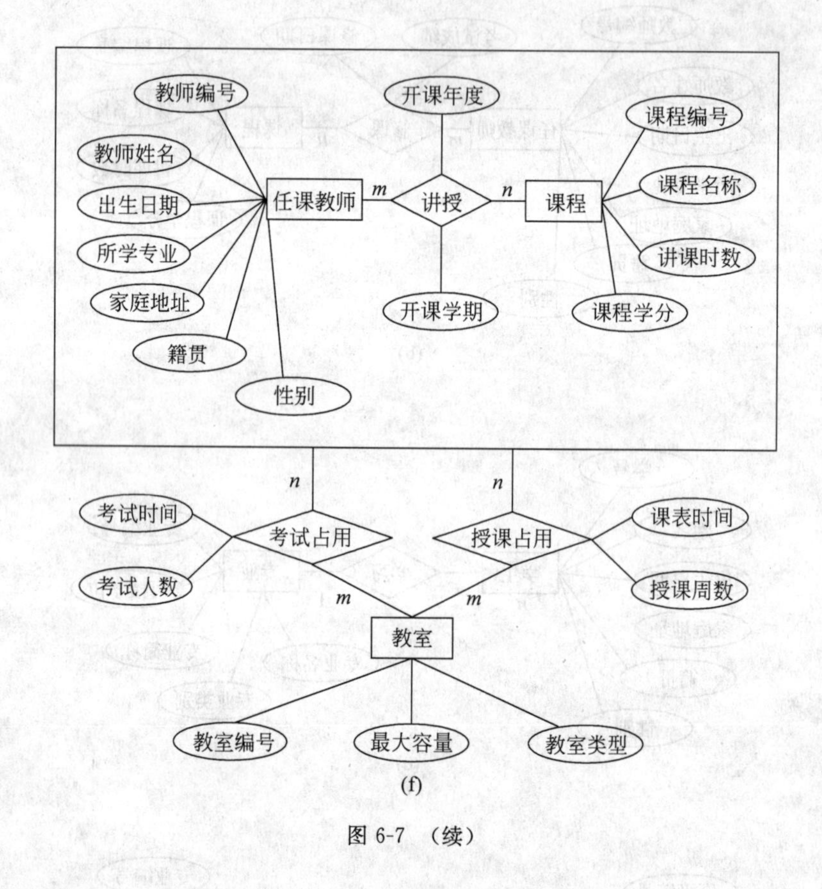

(f)

图 6-7 (续)

6.4.3 系统合成 E-R 图

系统的局部 E-R 图,只反映局部应用实体型之间的联系,但不能从整体上反映实体型之间的相互关系。另外,对于一个较为复杂的应用来讲,各部分是由多个分析人员分工合作完成的,画出的 E-R 图只能反映各局部应用。各局部 E-R 图之间,可能存在一些冲突和重复的部分。为了减少这些问题,必须根据实体联系在实际应用中的语义,进行综合、调整和优化,得到系统的合成优化 E-R 图,如图 6-8 所示。

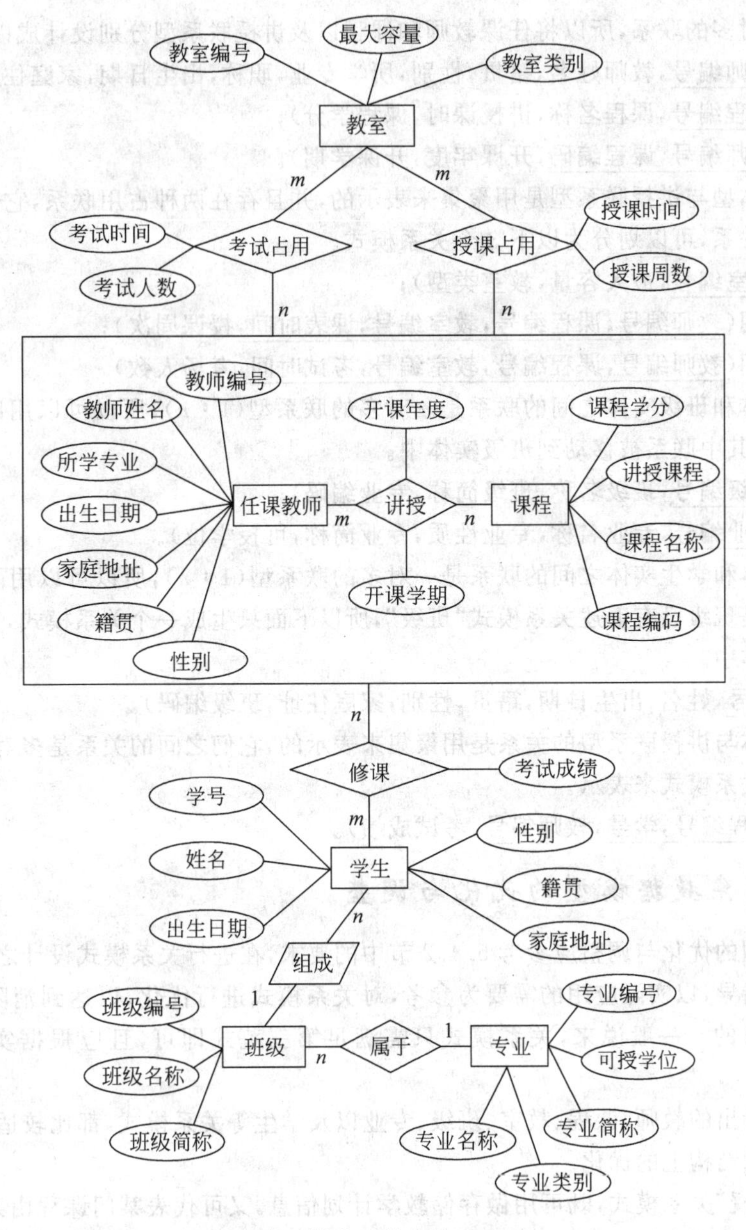

图 6-8 优化后的全局 E-R 图

6.5 系统的逻辑设计

逻辑设计阶段的主要任务，是把 E-R 图转化为所选用 DBMS 产品支持的数据模型。由于该系统采用 SQL Server 关系型数据库系统，因此，应将概念设计的 E-R 模型转化为关系数据模型。

6.5.1 转化为关系数据模型

首先，从任课教师实体和课程实体以及它们之间的联系来考虑。任课教师与课程之间的关系是多对多的联系,所以将任课教师和课程以及讲授联系型分别设计成以下关系模式。

教师(教师编号,教师姓名,籍贯,性别,所学专业,职称,出生日期,家庭住址);

课程(课程编号,课程名称,讲授课时,课程学分);

讲授(教师编号,课程编码,开课年度,开课学期)。

教室实体型与讲授联系型是用聚集来表示的,并且存在两种占用联系,它们之间的关系是多对多的关系,可以划分为以下3个关系模式。

教室(教室编号,最大容量,教室类型);

授课占用(教师编号,课程编号,教室编号,课表时间,授课周次);

考试占用(教师编号,课程编号,教室编号,考试时间,考场人数)。

专业实体和班级实体之间的联系是一对多的联系型(1∶n),所以可以用以下两个关系模式来表示,其中联系被移动到班级实体中。

班级(班级编号,班级名称,班级简称,专业编码);

专业(专业编号,专业名称,专业性质,专业简称,可授学位)。

班级实体和学生实体之间的联系是一对多的联系型(1∶n),所以可以用两个关系模式来表示。但是班级已有上述关系模式"班级",所以下面只生成一个关系模式,其中联系被移动到学生实体中。

学生(学号,姓名,出生日期,籍贯,性别,家庭住址,班级编码)。

学生实体与讲授联系型的关系是用聚集来表示的,它们之间的关系是多对多的关系,可以使用以下关系模式来表示。

修课(课程编号,学号,教师编号,考试成绩)。

6.5.2 关系数据模型的优化与调整

关系模型的优化与调整应参考5.4.2节中的要求,在进行关系模式设计之后,需要以规范化理论为指导,以实际应用的需要为参考,对关系模式进行优化,以达到消除异常和提高系统效率的目的。一般说来,关系模式只需满足第三范式即可,且应根据实际情况进行调整。

前面设计出的教师、课程、教室、班级、专业以及学生等关系模式,都比较适合实际使用,一般不需要做结构上的优化。

对于"讲授"关系模式,既可用做存储教学计划信息,又可代表某门课程由某个老师在某年的某学期主讲。当然,同一门课可能在同一学期由多个教师主讲,教师编号和课程编号对于用户不直观,使用教师姓名和课程名称比较直观,要得到教师姓名和课程名称就必须分别和"教师"以及"课程"关系模式进行连接,因而有时间上的开销。另外,要反映"授课和教学计划"的特征,可将关系模式的名字改为"授课-计划",因此,关系模式改为"授课-计划(教师编号,课程编号,教师姓名,课程名称,开课年度,开课学期)"。

按照上面的方法,可将"授课占用"、"考试占用"两个关系模式分别改为"授课安排(教师编号,课程编号,教室编号,课表时间,教师姓名,课程名称,授课周数)"、"考试安排(教师编号,课程编号,教室编号,考试时间,教师姓名,课程名称,考场人数)"。

对于"修课"关系模式,由于教学秘书要审核学生选课和考试成绩,因此需增加审核信息属性。因此,"修课"关系模式调整为"修课(学号,课程编号,教师编号,学生姓名,教师姓名,课程名称,选课审核人,考试成绩,成绩审核人)”。

为了增加系统的安全性,需要对教师和学生分别检查密码,因此需要在“教师”和“学生”关系模式中增加相应的属性。即“教师(教师编号,教师姓名,籍贯,性别,所学专业,职称,出生日期,家庭住址,登录密码,登录IP,最后登录时间)”、“学生(学号,姓名,出生日期,籍贯,性别,家庭住址,班级编号,登录密码,登录IP,最后登录时间)”。

6.5.3 数据库表的结构

得出数据表的各个关系模式后,需要根据需求分析阶段数据字典的数据项描述,给出各数据表的结构。考虑到系统的兼容性以及编写程序的方便性,可将关系模式的属性对应为表字段的英文名。同时,考虑到数据依赖关系和数据完整性,需要指出表的主码和外码,以及字段的值域约束和数据类型。不同的数据类型,对系统的效率有较大的影响,例如,对于SQL Server 2000中的char和varchar,相同的数据,char比varchar需更多的磁盘空间,并可能需要更多的I/O和其他处理操作。

系统各表的结构,如表6-1至表6-11所示。

表6-1　数据信息表

数据表名	对应的关系模式名	说　明
TeachInfor	教师	教师信息表
SpeInfor	专业	专业信息表
ClassInfor	班级	班级信息表
StudentInfor	学生	学生信息表
CourseInfor	课程	课程基本信息表
ClassRoom	教室	教室基本信息表
SchemeInfor	授课-计划	授课计划信息表
CoursePlan	授课安排	授课安排信息表
ExamPlan	开始安排	考试安排信息表
StudCourse	修课	学生修课信息

表6-2　教师信息表(TeachInfor)

列　名	数据类型	字段值约束	说　明
Tid	varchar(8)	Not null	教师编号(主码)
Tname	varchar(10)	Not null	教师姓名
Tplace	varchar(12)		籍贯
Tsex	varchar(2)	(男或女)	性别
Tsxzy	varchar(16)	Not null	所学专业
Tzc	varchar(16)	Not null	职称
Tcsrq	Datetime		出生日期
Tjtdc	varchar(30)		家庭住址
Logincode	varchar(10)		登录密码
LoginIP	varchar(15)		登录IP
Lastlogin	Datetime		最后登录时间

表 6-3 班级信息表(ClassInfor)

列名	数据类型	字段值约束	说明
Clid	varchar(8)	Not null	班级编号(主码)
Clname	varchar(20)	Not null	班级名称
Cljc	varchar(10)		班级简称
Spid	varchar(8)	SpeInfor. Spid	专业编号(外码)

表 6-4 专业信息表(SpeInfor)

列名	数据类型	字段值约束	说明
Spid	varchar(8)	Not null	专业编号(主码)
Spname	varchar(30)	Not null	专业名称
Spzyxz	varchar(20)		专业性质
Spzyjc	varchar(10)		专业简称
Spksxw	varchar(10)		可授学位

表 6-5 学生信息表(StudentInfor)

列名	数据类型	字段值约束	说明
Sid	varchar(8)	Not null	学号(主码)
Sname	varchar(10)	Not null	姓名
Splace	varchar(10)		籍贯
Ssex	varchar(2)		性别
Scsrq	Datetime		出生日期
Sjtzc	varchar(20)		家庭住址
Clid	varchar(8)	classinfor. CLID	班级编号(外码)
Logincode	varchar(10)		登录密码
LoginIP	varchar(15)		登录 IP
Lastlogin	Datetime		最后登录时间

表 6-6 课程基本信息表(CourseInfor)

列名	数据类型	字段值约束	说明
Cid	varcher(8)	Not null	课程编码(主码)
Cname	varchar(20)	Not null	课程名称
Period	varchar(4)		讲授学时
Credit	numeric(4,1)		课程学分

表 6-7 教室基本信息表(ClassRoom)

列名	数据类型	字段值约束	说明
Rid	varchar(8)	Not null	教室编号(主码)
Rcapacity	numeric(4)		最大容量
Rtype	varchar(10)		教室类型

表 6-8　授课计划信息表(SchemeInfor)

列　　名	数据类型	字段值约束	说　　明
Tid	varchar(8)	TeachInfor. Tid	教师编号
Cid	varchar(8)	CourseInfor. Cid	课程编号
Tname	varchar(10)		教师姓名
Cname	varchar(20)		课程名称*
Kyear	varchar(4)		开课年度
Kterm	varchar(4)		开课学期*

表 6-9　授课安排信息表(CourseInfor)

列　　名	数据类型	字段值约束	说　　明
Tid	varchar(8)	TeachInfor. Tid	教师编号(外码)
Cid	varchar(8)	CourseInfor. Cid	课程编号(外码)*
Rid	varchar(8)	ClassRoom. Rid	教室编号(外码)
Ktabletime	Datetime		课表时间
Tnme	varchar(10)		教师姓名
Cname	varchar(20)		课程名称
Sweek	numeric(2)		授课周次

表 6-10　考试安排信息表(ExamPlan)

列　　名	数据类型	字段值约束	说　　明
Tid	varchar(8)	TeachInfor. Tid	教师编号(外码)
Cid	varchar(8)	CourseInfor. Cid	课程编号(外码)
Rid	varchar(8)	ClassRoom. Rid	教室编号(外码)
Examtime	datetime		*考试时间*
Tname	varchar(8)		教师姓名
Cname	varchar(20)		课程名称
Examrs	numeric(2)	1≤&&≤50	考场人数

表 6-11　学生修课信息表(StudCourse)

列　　名	数据类型	字段值约束	说　　明
Sid	varchar(8)	StudentInfor. Sid	学号(外码)
Tid	varchar(8)	TeachInfor. Tid	教师编号
Cid	varchar(8)	CourseInfor. Cid	课程编码
Sname	varcher(10)		学生姓名
Tname	varcher(10)		教师姓名
Cname	varcher(20)		课程名称
Caudit	varchar(8)		选课审核人*
Exagrade	numeric(4,1)		考试成绩*
Gradeaudit	varchar(8)		成绩审核人

6.6 数据库的物理设计

数据库物理设计的任务，是将逻辑设计映射到存储介质上，利用可用的硬件和软件功能尽可能快地对数据进行物理访问和维护。物理设计主要考虑的内容包括：使用哪种类型的磁盘硬件，例如，RAID(磁盘冗余阵列)设备；如何将数据放置在磁盘上；在访问数据时，使用哪种索引设计可提高查询性能；如何适当设置数据库的所有配置参数，以使数据库高效地运行。

6.6.1 存储介质类型的选择

RAID是由多个磁盘驱动器组成的磁盘系统，可为系统提供更高的性能、可靠性、存储容量和更低的成本。从0到5级，容错阵列共分为6个RAID等级，每个等级使用不同的算法实现容错。SQL Server 2000一般使用RAID等级0、1和5。

RAID 0等级，是使用数据分割技术实现的磁盘文件系统，它将所有硬盘构成一个磁盘阵列，可以同时对多个硬盘进行读写。RAID 0通过在多个磁盘内的并行操作，提高读写性能。例如，一个由两个硬盘组成的RAID 0磁盘阵列，把数据的第一和第二位写入第一个硬盘，第三和第四位写入第二个硬盘，这样可以提高数据读写速度。但是不具备备份及容错能力，其价格便宜，硬盘使用效率最佳，但是可靠度是最差的。

RAID 1等级，使用称为镜像集的磁盘文件系统，因而也称该等级为磁盘镜像。磁盘镜像提供了选定磁盘冗余的、完全一样的副本。所有写入主磁盘的数据，均写入镜像磁盘。RAID 1提供容错能力，且一般可提高读取性能，但可能会降低系统写数据的性能。

RAID 5等级，也称为带奇偶的数据分割技术，是在设计中最常用的策略。该等级在阵列内的磁盘中，将数据分割成大块，并在所有磁盘中写入奇偶信息，数据冗余由这些奇偶信息提供。数据和奇偶信息排列在磁盘阵列上，以使二者始终在不同的磁盘上。带奇偶的数据分割技术比磁盘镜像(RAID 1)提供更好的性能。

为了提高系统的安全性，防止系统因介质的损坏而导致数据丢失的危险，基于Windows 2000 RAID-5卷实现RAID 5级磁盘阵列。带奇偶的磁盘数据分割技术将奇偶信息添加到每个磁盘分区上。这样，可提供与磁盘镜像相当的容错保护，而存放冗余数据所需的空间要少得多。当带奇偶的磁盘块或RAID-5卷的某个成员发生严重故障时，可以根据其余成员，重新生成这个集成员的数据。创建RAID-5卷，至少需要3个物理硬盘。因此，在该系统可以使用4个物理磁盘，为后面将介绍的创建多个数据库文件提供支持。

6.6.2 定义数据库

SQL Server 2000数据库文件分为3种类型：主数据文件、次数据文件和日志文件。主数据文件是数据库的起点，指向数据库中文件的其他部分；每个数据库都有一个主数据文件，其文件扩展名为.mdf。

次数据文件包含除主数据文件外的所有数据文件；有些数据库可能没有次数据文件，而有些数据库则有多个次数据文件。次数据文件的扩展名是.ndf。这些次数据文件，含有不能放到主数据文件中的所有数据。如果主数据文件可以包含数据库中的所有数据，那么数据库就不需要次数据文件。有些数据库可能足够大，故需要多个次数据文件，将数据扩展到多个磁盘。

日志文件包含恢复数据库所需的所有日志信息，每个数据库必须至少有一个日志文件，但可以不止一个，日志文件的扩展名为.ldf。

本系统将数据文件分成以下几个文件：一个主数据文件，存放在 C:\student\data\studentdatl.mdf 下；两个次数据文件，分别存放在 D:\student\data\studentdat2.ndf 和 E:\student\data\studentdat3.ndf 下；日志文件存放在 F:\student\data\studentlog.ldf 下。

这样，系统对 4 个磁盘进行并行访问，提高了系统对磁盘数据的读写效率。其创建数据库的语句如下。

```
CREATE DATABASE studentDb
ON
PRIMARY (NAME 'studentfilel',
        FILENAME = 'C:\student\data\studentdatl.mdf ',
        SIZE = 100MB,
        MAXSIZE = 200,
        FILEGROWTH = 20) ,
(NAME = 'studentfile2',
FILENAME = 'D:\student\data\studentdat2.ndf ',
SIZE = 100MB,
MAXSIZE = 200,
FILEGROWTH = 20) ,
(NAME = 'studentfile3',
FILENAME = 'E:\student\data\studentdat3.ndf ',
SIZE = 100MB
MAXSIZE = 200,
FILEGROWTH = 20)
LOG ON
(NAME 'studentlog',
FILENAME = ' F:\studen\data\studentlog.ldf ',
SIZE = 100MB,
MAXSIZE = 200,
FILEGROWTH = 20)
```

6.6.3 创建表

使用 SQL Server 2000 的数据定义语句，在数据库 studentDb 中定义数据库表，其语句如下。

```
CREATE TABLE TeachInfor                         /*教师信息表*/
(Tid    varchar(8)    Not null,                 /*教师编码*/
Tname    varchar(10)    Not null,               /*教师姓名*/
Tplace    varchar(12),                          /*籍贯*/
Tsex     varchar(2),                            /*性别*/
Tsxzy     varchar(16)    Not null ,             /*所学专业*/
Tzc      varchar(16)    Notnull,                /*职称*/
Tcsrq   Datetime,                               /*出生日期*/
```

```
Tjtdc   varchar(30),                /*家庭住址*/
Logincode   varchar(10),            /*登录密码*/
LoginIP   varchar(15),              /*登录 IP*/
Lastlogin   Datetlme,               /*最后登录时间*/
PRIMARY KEY(Tid)
)

CREATE  TABLE  SpeInfor             /*专业信息表*/
(Spid   varchar(8)  Not null,       /*专业编号*/
Spname   varchar(30)  Not null,     /*专业名称*/
Spzyxz   varchar(20),               /*专业性质*/
Spzyjc   varchar(10),               /*专业简称*/
Spksxw   varchar(10),               /*可授学位*/
PRIMARY KEY(Spid)
)
CREATE TABLE  ClassInfor            /*班级信息表*/
(Clid  varchar(8)  Not null,        /*班级编号*/
Clname  varchar(20) Not null,       /*班级名称*/
Cljc  varchar(10),                  /*班级简称*/
Spid  varchar(8),                   /*专业编号*/
Constraint Clidkey  PRIMARY KEY(Clid) ,
Constraint  Spidfkey  FOREIGN KEY(Spid)  references SpeInfor(spid)
)

CREATE  TABLE  StudentInfor         /*学生信息表*/
(Sid   varchar(8)  Not null,        /*学号*/
Sname  varchar(10)  Not null,       /*姓名*/
Splace  varchar(10),                /*籍贯*/
Ssex  varchar(2),                   /*性别*/
Scsrq  Datetime,                    /*出生日期*/
Sjtzc  varchar(20),                 /*家庭住址*/
Clid   varchar(8),                  /*班级编号*/
Logincode   varchar(10),            /*登录密码*/
LoginlP   varchar(15),              /*登录 IP*/
Lastlogin  Datetime,                /*最后登录时间*/
Constraint  sidkey  PRIMARY KEY(Sid),
Constraint clidkey FOREIGN KEY(Clid) REFERENCES  ClassInfor(Clid),
Constraint   SSexChk   Check(Ssex = '男' or Sex = '女')
)

CREATE TABLE CourseInfor            /*课程基本信息表*/
(Cid   varcher(8)  Not null,        /*课程编码*/
Cname  varchar(20) Not null,        /*课程名称*/
Period  varchar(4) ,                /*讲授学时*/
Credit  numeric(4,1),               /*课程学分*/
Constraint cidkey PRIMARY KEY(Cid)
)
```

```
CREATE TABLE  ClassRoom                        /*教室基本信息表*/
(Rid      varchar(8) Not null,                 /*教室编码*/
Rcapacity  numeric(4),                         /*最大容量*/
Rtype    varchar(10),                          /*教室类型*/
contraint  Ridkey    PRIMARY KFY(Rid)
)

CREATE TABLE  SchemeInfor                      /*授课计划信息表*/
(Tid   varchar(8),                             /*教师编号*/
Cid  varchar(8),                               /*课程编号*/
Tname    varchar(10),                          /*教师姓名*/
Cname    varchar(20),                          /*课程名称*/
Kyear  varchar(4),                             /*开课年度*/
Kterm  varchar(4),                             /*开课学期*/
constraint  Tidfkey FOREIGN KEY(Tid)  REFERENCES TeachInfor(Tid),
constraint  Cidfkey FOREIGN KEY(Cid)  REFERENCES CourseInfor(Cid)
)

CREATE TABLE  CoursePlan                       /*授课安排信息表*/
(Tid     varchar(8),                           /*教师编号*/
Cid    varchar(8),                             /*课程编号*/
Rid    varchar(8),                             /*教室编号*/
Ktabletime  datetime,                          /*课表时间*/
Tnme    varchar(10),                           /*教师姓名*/
Cname   varchar(20),                           /*课程名称*/
Sweek     numeric(2),                          /*授课周次*/
Constraint  Tidfkey  FOREIGN KEY(Tid)  REFERENCES TeachInfor(Tid),
Constraint Cidfkey FOREIGN KEY(Cid)  REFERENCES CourseInfor(Cid),
Constraint  Ridfkey FOREIGN KEY(Rid)  REFERENCES ClassRoom(Rid)
)

CREATE TABLE ExamPlan                          /*考试安排信息表/
(Tid     varchar(8),                           /*教师编号*/
Cid  varchar(8),                               /*课程编号*/
Rid  varchar(8),                               /*教室编号*/
Examtime  datetime,                            /*考试时间*/
Tname  varchar(8),                             /*教师姓名*/
Cname  varchar(20),                            /*课程名称*/
Examrs    numeric(2),                          /*考场人数*/
Constraint  Tidfkey  FOREIGN KEY(Tid)  REFERENCES TeachInfor(Tid),
Constraint Cidfkey FOREIGN KEY(Cid)  REFERENCES CourseInfor(Cid),
Constraint Ridfkey FOREIGN KEY(Rid)  REFERENCES ClasseRoom(Rid),
Constraint  ExamrsCHK Check(Examrs>=1 and Examrs<=50)
)

CREATE TABI  StudCourse                        /*学生修课信息表*/
(Sid varchar(8),                               /*学号*/
Tid  varchar(8),                               /*教师编号*/
Cid  varchar(8),                               /*课程编码*/
Sname  varchar(10),                            /*学生姓名*/
Tname  varchar(10),                            /*教师姓名*/
```

```
Cname  varchar(20),                    /*课程名称*/
Caudit varchar(8),                     /*选课审核人*/
Examgrade    numeric(4,1) ,            /*考试成绩*/
Gradeaudit   varchar(8),               /*成绩审核人*/
Constraint  Sidfkey FOREIGN  KEY(Sid) REFERENCES StudentInfor(Sid),
Constraint Tidfkey FOREIGN KEY(Tid)  REFERENCES TeachInfor(Tid),
Constraint  Cidfkey FOREIGN KEY(Cid)  REFERENCES CourseInfor(Cid),
Constraint  GradeCHK  Check(examGrade >= 0 and examGrade <= 100)
)
```

6.7 高校教务信息管理系统主窗体的创建

上面的 SQL 语句在 SQL Server 2000 的查询分析器中执行，将自动产生需要的所有表格。有关数据库结构的所有后台工作已经完成，现在将通过高校教务信息管理系统中各个功能模块的实现，讲解如何使用 Visual Basic 来编写数据库系统的客户端程序。

6.7.1 创建工程项目

启动 Visual Basic 后，单击 File|New Project 菜单，在工程模板中选择 Standard EXE，Visual Basic 将自动产生一个 Form 窗体，属性都是默认设置。这里删除这个窗体，单击 File|Save Project 菜单，将这个工程项目命名为 MIS_teach。

6.7.2 创建高校教务信息管理系统的主窗体

这个项目使用多文档界面，单击工具栏中的 ADD MDI Form 按钮，产生一个窗体。在这个窗体上添加所需的控件，窗体和控件的属性设置见表 6-12，创建好的窗体如图 6-9 所示。

表 6-12 主窗体及其控件属性设置

控　件	属　性		属性取值
frmMain(Form)	Name		FrmMain
	Caption		高校教务信息管理系统
	StartUpPositon		CenterScreen
	WindowState		Maximized
SbStatusBar (StatusBar) (ms windows common contral)	Name		SbStatusBar
	Panels(1)	Style	SbrText
	Panels(2)	Style	SbrDate
	Panels(3)	Style	SbrTime

在主窗体中加入状态栏控件（加入状态栏控件方法是：选择“工程”下拉菜单的“部件”中的 ms windows common contral 6.0 选项即可），可以实时反映系统中的各个状态的变化。状态栏控件需要在通常的属性窗口中设置一般属性，还需要在其特有的弹出式菜单中进行设置。选中状态栏控件，右击鼠标，选中 Property 菜单，然后设置属性。面板 1 用来显示各种文本信息，面板 2 用来显示当前日期，面板 3 用来显示当前时间。

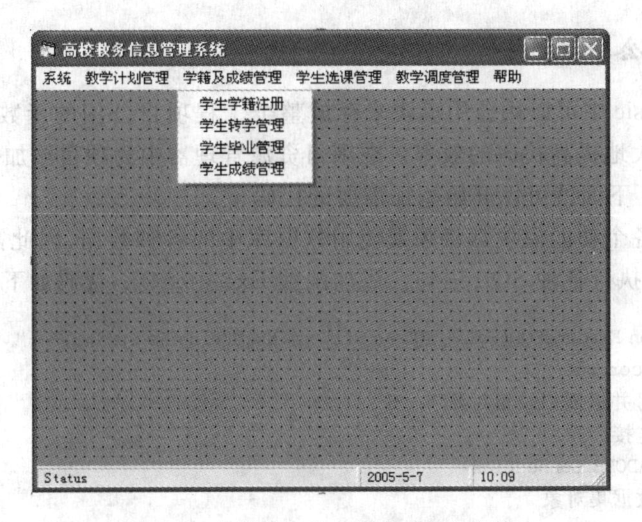

图 6-9 高校教务信息管理系统主窗体

6.7.3 创建主窗体的菜单

在如图 6-9 所示的主窗体中，右击鼠标，选择弹出式菜单中的 Menu Editor，创建如图 6-10 所示的菜单结构。

系统
……添加用户
……修改密码
……退出系统
教学计划管理
……教学计划录入
…… 开设课程注册
……教学计划查询
学籍及成绩管理
……学生学籍注册
……学生转学管理
……学生毕业管理
……学生成绩管理
学生选课管理
…… 学生选课录入
…… 学生选课调整
…… 学生选课审核
教学调度管理
……排课和调课管理
……教师管理
……考试安排管理
帮助
……使用说明
……其他

图 6-10 主窗体中的菜单结构

6.7.4 创建公用模块

在 Visual Basic 中可以用公用模块来存放整个工程项目公用的函数、过程和全局变量等。这样可以极大地提高代码的效率。在项目资源管理器中为项目添加一个 Module,保存为 Module1. bas。下面就可以开始添加需要的代码了。

由于系统中各个功能模块都将频繁使用数据库中的各种数据,因此需要一个公共的数据操作函数,用于执行各种 SQL 语句。添加函数 ExecuteSQL,代码如下。

```
Public Function ExecuteSQL(ByVal SQL As String, MsgString As String) _
   As ADODB.Recordset
'执行 SQL 语句,并返回记录集对象
   '声明一个连接
   Dim cnn As ADODB.Connection
   '声明一个数据集对象
   Dim rst As ADODB.Recordset
   Dim sTokens() As String
'异常处理
   On Error GoTo ExecuteSQL_Error
'用 Split 函数产生一个包含各个子串的数组
   sTokens = Split(SQL)
   '创建一个连接
   Set cnn = New ADODB.Connection
'打开连接
   cnn.Open ConnectString
   If InStr("INSERT,DELETE,UPDATE", _
      UCase$(sTokens(0))) Then
      '执行查询语句
      cnn.Execute SQL
      MsgString = sTokens(0) & _
         " query successful"
   Else
      Set rst = New ADODB.Recordset
      rst.Open Trim$(SQL), cnn, adOpenKeyset, adLockOptimistic
      rst.MoveLast
      get RecordCount
'返回记录集对象
      Set ExecuteSQL = rst
      MsgString = "查询到" & rst.RecordCount & " 条记录 "
   End If
ExecuteSQL_Exit:
   Set rst = Nothing
   Set cnn = Nothing
   Exit Function
ExecuteSQL_Error:
   MsgString = "查询错误: " & Err.Description
   Resume ExecuteSQL_Exit
End Function
```

ExecuteSQL 函数有两个参数: SQL 和 MsgString。其中 SQL 用来存放需要执行的

SQL 语句,MsgString 用来返回执行的提示信息。函数执行时,首先判断 SQL 语句中包含的内容:当执行查询操作时,ExecuteSQL 函数将返回一个与函数同名的记录集对象(Recordset),所有满足条件的记录包含在对象中;当执行如删除、更新、添加等操作时,不返回记录集对象。

在 ExecuteSQL 函数中使用了 ConnectString 函数,这个函数用来连接数据库,代码如下。

```
Public Function ConnectString()  As String
'返回一个数据库连接
   ConnectString = "FileDSN = ticket.dsn;UID = sa;PWD = "
End Function
```

这两个函数在示例中频繁使用,因为它们对任何数据库连接都是有效的。

在录入有关信息时,需要回车来进入下一个文本框,这样对软件使用者非常方便。在所有的功能模块都需要这个函数,所以将它放在公用模块中,代码如下:

```
Public Sub EnterToTab(Keyasc As Integer)
    '判断是否为 Enter 键
    If Keyasc =  13 Then
        '转换成 Tab 键
        SendKeys "{TAB}"
    End If
End Sub
```

Keyasc 用来保存当前按键,SendKeys 函数用来指定按键。一旦按下 Enter 键,将返回 Tab 键,下一个控件自动获得输入焦点。

由于在后面的程序中,需要频繁检查各种文本框是否为空,在这里定义了 testtxt 函数,代码如下。

```
Public Function Testtxt(txt As String) As Boolean
    If Trim(txt) = "" Then
        Testtxt = False
    Else
        Testtxt = True
    End If
End Function
```

如果文本为空,函数将返回 true,否则将返回 false。

由于高校教务信息管理系统启动后,需要对用户进行判断。如果登录者是授权用户,将进入系统,否则将停止程序执行。这个判断需要在系统运行的最初进行,因此将代码加到公共模块中,代码如下。

```
Public fMainForm  As  frmMain
Public UserName  As  String                    /*定义全局变量 UserName */

Sub Main()
Dim fLogin As New frmLogin
'显示登录窗体
```

```
fLogin.Show vbModal
'判断是否为授权用户
    If Not fLogin.OK Then
        'Login Failed so exit app
        End
    End If
    Unload fLogin

'判断是否进入系统
   Set fMainForm = New frmMain
   fMainForm.Show
End Sub
```

过程 Main 将在系统启动是首先执行，保证对用户的管理。

6.8 系统用户管理模块的创建

用户管理模块主要实现用户登录、添加用户和修改用户密码。

系统启动后，将首先出现如图 6-11 所示的用户登录窗体，用户首先输入用户名，然后输入密码。如果用户连续 3 次密码输入不正确，程序将退出。这里主要介绍登录窗体的创建。

用户登录窗体中放置了两个文本框(TextBox)，用来输入用户名和用户密码；两个按钮(CommandButton)用来确定或取消登录；4 个标签(Label)用来标识窗体的信息。这些控件的属性设置见表 6-13。

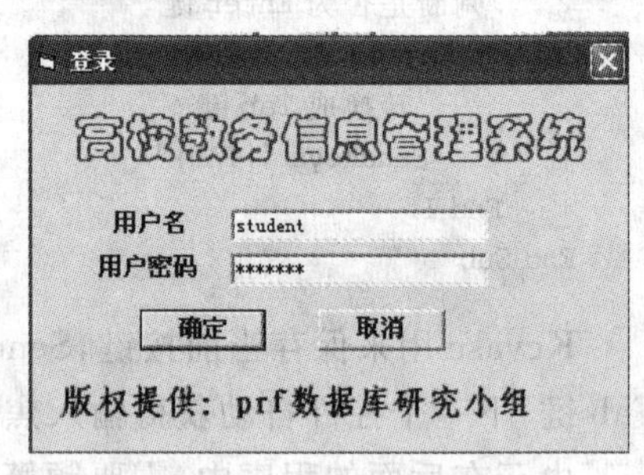

图 6-11 用户登录窗体

表 6-13 登录窗体中各个控件的属性设置

控　件	属　性	属性取值
FrmLogin(Form)	Name	FrmLogin
	Caption	登录
	StartUpPosition	CenterScreen
	WindowState	Nomal
txtUserName	Name	txtUserName
txtPassword	Name	txtPassword
	PasswordChar	*
cmdOK	Name	cmdOK
	Caption	确定
camCancel	Name	camCancel
	Caption	取消
Label1	Caption	高校教务信息管理系统
Label2	Caption	用户名
Label3	Caption	用户密码
Label4	Caption	版权提供：prf 数据库开发小组

文本框 txtPassword 的 PasswordChar 属性是用指定字符来掩盖用户输入的密码。为窗体定义了全局变量 OK,用来判断登录是否成功；定义 miCount 来记录输入密码的次数，并且在载入窗体时初始化两个全局变量,代码如下。

```
'强制变量申明
Option Explicit
Private Declare Function GetUserName Lib "advapi32.dll" Alias "GetUserNameA" (ByVal lpbuffer
As String, nSize As Long) As Long
Public OK As Boolean
'记载确定次数
Dim miCount As Integer

Private Sub Form_Load()
  OK = False
  miCount = 0
End Sub
```

Option Explicit 是用来规定所有变量使用前必须定义。这样可以避免由于输入错误而产生新的变量。

用户输入完用户名和用户密码,单击 cmdOK 按钮后,系统将对用户输入信息进行判断。当用户单击该按钮,将触发按钮 cmdOK 的 Click 事件,代码如下。

```
Private Sub cmdOK_Click()
'定义变量,用来存放 SQL 语句
    Dim txtSQL As String
'定义变量,用来存放记录集对象
    Dim mrc As ADODB.Recordset
'定义变量,用来存放返回信息
    Dim MsgText As String
    'ToDo: create test for correct password
    'check for correct password
    UserName = ""
'判断输入用户名是否为空
    If Trim(txtUserName.Text = "") Then
      MsgBox "没有这个用户,请重新输入用户名!",vbOKOnly + vbExclamation, "警告"
        txtUserName.SetFocus
    Else
'查询指定用户名记录
        txtSQL = "select * from user_Info where user_ID = '" _
&txtUserName.Text & "'"
'执行查询记录
        Set mrc = ExecuteSQL(txtSQL, MsgText)
        If mrc.EOF = True Then
            MsgBox "没有这个用户,请重新输入用户名!", vbOKOnly + vbExclamation, "警告"
            txtUserName.SetFocus
        Else
'判断输入密码是否正确
            If Trim(mrc.Fields(1)) = Trim(txtPassword.Text) Then
                OK = True
                mrc.Close
```

```
                Me.Hide
                UserName = Trim(txtUserName.Text)
            Else
                MsgBox "输入密码不正确,请重新输入!", vbOKOnly + vbExclamation, "警告"
                txtPassword.SetFocus
                txtPassword.Text = ""
            End If
        End If
    End If
'记载输入密码的次数
    miCount = miCount + 1
    If miCount = 3 Then
        Me.Hide
    End If
    Exit Sub
End Sub
```

用户如果没有输入用户名和用户密码,将出现消息框给予提示。如果输入的用户名在用户表格中找不到,将提示重新输入用户名,文本框 txtUserName 将重新获得输入焦点。如果用户输入密码不正确,文本框 txtPassword 将重新获得焦点。用户登录成功,全局变量 OK 将被赋值 True; 若连续三次输入密码均不正确,全局变量 OK 将被赋值为 False。公用模块中的 Main 过程将根据 OK 的值决定是退出系统,还是进入系统。如果用户取消登录,单击“取消”按钮,将触发按钮的 Click 事件,代码如下。

```
Private Sub cmdCancel_Click()
    OK = False
    Me.Hide
End Sub
```

Me 是 Visual Basic 中一个常用的对象,用来指代当前本身。

由于篇幅的限制,其他模块功能的实现在此省略,教师可以给学生安排实践任务,组织学生实现其他模块的功能。

6.9 小 结

本章以一个简化后的高校教务信息管理系统为例,说明数据库应用系统的开发过程,并给出系统主窗体的创建过程及代码和系统登录模块的设计过程。

6.10 习 题

试简述开发高校教务信息管理系统的过程。

第7章 图书管理系统案例

本章参考《ASP.NET开发典型模块大全》一书中的图书管理系统模块，以ASP.NET+SQL Server 2005开发的简单图书管理系统为例，分析数据库应用系统的设计开发过程，力求使读者对数据库应用系统的开发过程有一个整体的了解。

7.1 ASP.NET介绍

7.1.1 ASP.NET概述

ASP.NET是建立在微软新一代.NET平台框架上，利用公共语言运行库(common language runtime，CLR)在服务器端为用户建立企业级Web应用的一种新型的功能强大的编程框架。经过多年的改进和优化，ASP.NET现已逐渐成为一种成熟、稳定的Web编程框架。

ASP.NET利用.NET框架的强大、安全和高效等平台特性。即时编译、本地优化、缓存服务、零安装配置、基于运行时代码受管与验证的安全机制等特性都为ASP.NET带来了卓越的性能。同时，ASP.NET对XML、SOAP、WSDL等Internet标准的强健支持，为其在异构网络里提供了强大的扩展性。

ASP.NET主要包括Web表单和Web服务两种编程模式。Web表单编程可以为用户建立功能强大、外观丰富的Web页面；Web服务编程通过对HTTP、XML、SOAP和WSDL等Intcrnct标准的支持提供网络环境下获取远程服务、连接远程设备、交互远程应用的编程界面。

7.1.2 ADO.NET概述

ADO.NET是.NET框架的内置数据库访问技术，它可以方便开发人员从格式各异的数据源中快速访问数据。ADO.NET对象模型主要由DataSet对象和负责建立联机和数据操作的数据操作组件(managed providers)组成，其中数据操作组件充当DataSet对象与数据源之间的桥梁，负责将数据源中的数据取出后填入DataSet对象中，以及将DataSet对象中的数据更新回数据源，如图7-1所示。

1. ADO.NET的数据操作组件

ADO.NET的数据操作组件包括Connection对象、Command对象、DataAdapter对象和DataReader对象。

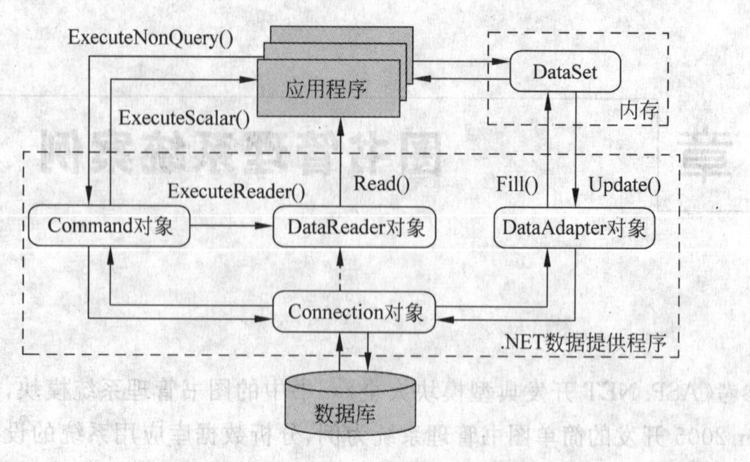

图 7-1 ADO. NET 对象模型

1) Connection 对象

Connection 对象主要用于开启应用程序和数据库之间的连接，若没有开启连接，将无法从数据库中获取数据。Connection 对象在 ADO. NET 的最底层，可以自己创建这个对象，也可以由其他对象自动创建。

2) Command 对象

Command 对象主要用于对数据库发出一些指令，例如查询、新增、修改、删除数据等。Command 对象架构在 Connection 对象之上，也就是说 Command 对象是通过 Connection 对象开启的数据库连接来对数据库下达指令的。

3) DataAdapter 对象

DataAdapter 对象是 DataSet 对象与数据源之间传输数据的桥梁，它通过 Command 对象下达指令，并将从数据源中查询取得的数据填入 DataSet 对象中，或将 DataSet 对象中的数据更新回数据源。

4) DataReader 对象

当只需顺序地读取数据而无须进行其他操作时，可以使用 DataReader 对象。DataReader 对象只是顺序地从数据源中读取数据，不进行其他操作。

2. DataSet 对象

DataSet 对象是 ADO. NET 的中心概念。可以把 DataSet 对象想象成内存中的数据库，它可以把从数据库中查询取到的数据保留起来，甚至可以将整个数据库显示出来。DataSet 的能力不只是可以储存多个数据表，还可以记录数据表间的关联。正是由于 DataSet 的存在，才使得程序员在编程时可以屏蔽数据库之间的差异，从而获得一致的编程模型。

7.1.3 使用 ADO. NET 进行数据库应用开发

使用 ADO. NET 进行数据库应用编程主要有两种方式，一种是通过 DataSet 对象和 DataAdapter 对象访问和操作数据，另一种是通过 DataReader 对象读取数据。

1. 使用 DataSet 和 DataAdapter 对象

DataSet 是不依赖于数据库的独立数据集合。所谓独立，就是即使断开数据库连接，或者关闭数据库，DataSet 依然是可用的。有了 DataSet 对象，ADO. NET 访问数据库的步骤就相应地变成了以下几步：通过 Connection 对象创建一个数据库连接；使用 Command 或 DataAdapter 对象请求一个记录集合，再把记录集合暂存到 DataSet 中(可以重复此步，DataSet 可以容纳多个记录集合)；关闭数据库连接，在 DataSet 上进行所需要的数据操作。

2. 使用 DataReader 对象

DataReader 对象只能实现对数据的读取，不能执行其他操作。从数据库查询出来的数据形成一个只读只进的数据流，存储在客户端的网络缓冲区内。DataReader 对象的 read 方法可以前进到下一条记录。在默认情况下，每执行一次 read 方法只会在内存中存储一条记录，系统的开销非常少。创建 DataReader 之前，必须先创建 Command 对象，然后调用该对象的 ExecuteReader 方法来构造 DataReader 对象，而不是直接使用构造函数。

7.2 图书管理系统分析与设计

7.2.1 需求分析

通过对图书馆业务的调研可知，图书馆工作主要由图书信息管理、读者信息管理、借书和还书、查询服务等组成。

(1) 图书信息管理：对馆内所有图书资料进行统一分类编号，并记录图书的主要信息；对新进的图书进行登记，对遗失的图书进行注销。

(2) 读者信息管理：对读者进行统一分类编号，并记录读者的主要信息；当读者信息发生变化时，及时修改或删除相应的读者信息。

(3) 借书服务：对未借出的图书资料按类上架，供读者查阅；当读者提出借书请求时，先核对读者信息，检查是否有超期借阅等违约情况和可借图书的类别及数量；借阅图书时，管理员核对读者和图书信息，并登记图书借阅信息(如读者编号、图书编号、借书时间、经办人等)。

(4) 还书服务：读者提出还书请求时，管理员先核对图书资料无误后方可办理还书手续；还书时，登记还书信息，并收回图书；将收回的图书按类上架，供读者查看和借阅。

(5) 查询服务：查询服务分两类：面向读者的查询服务和面向管理员的查询服务。面向读者的查询服务主要有查阅馆内图书资料及可借阅信息、查询本人当前借阅情况；面向管理员的查询服务主要有查阅馆内图书资料信息、读者信息及指定读者的借阅情况等。

7.2.2 系统数据流图

经过详细的需求调研，搞清了图书管理的业务流程。在此基础上，构造出图书管理系统的逻辑模型，并通过数据流图来表示。图书管理系统的数据流程图如图 7-2 所示。

7.2.3 系统功能结构设计

图书管理系统的主要功能包括系统管理、图书管理、读者管理、借还书和查询 5 大模块，系统功能结构如图 7-3 所示，系统运行的流程如图 7-4 所示。

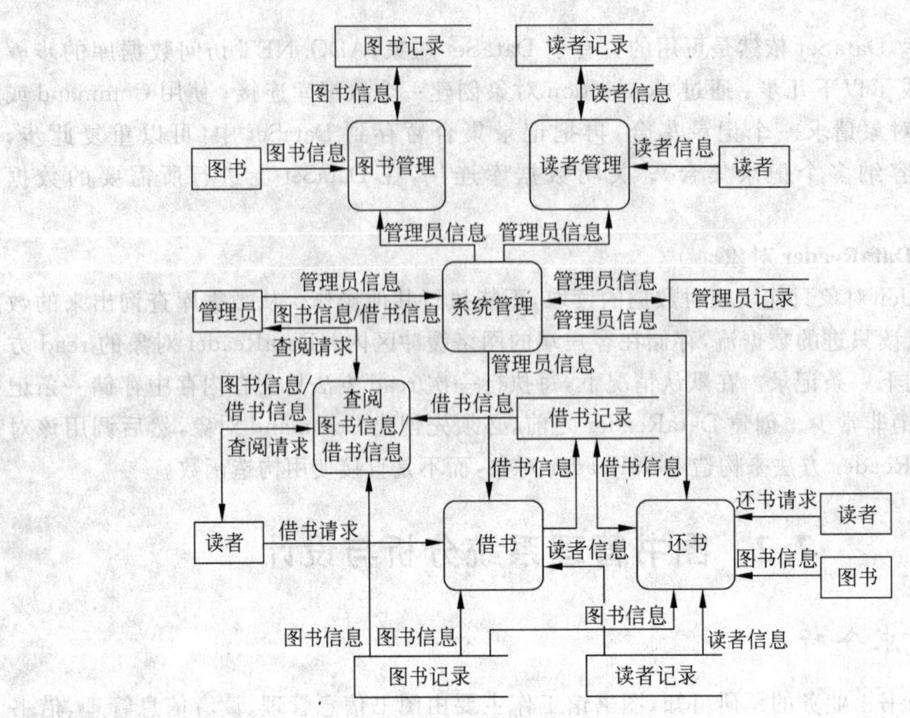

图 7-2　数据流程图

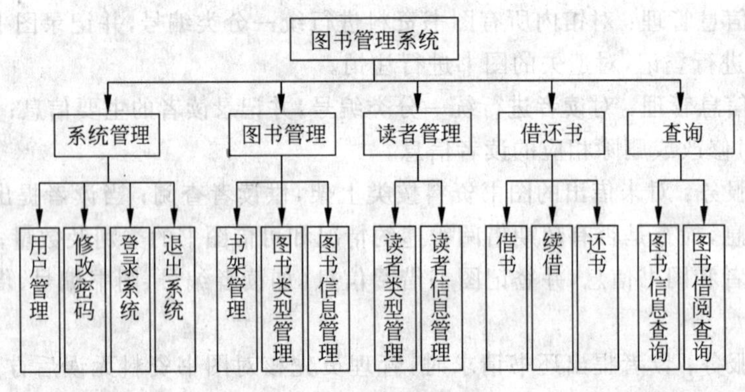

图 7-3　系统功能结构

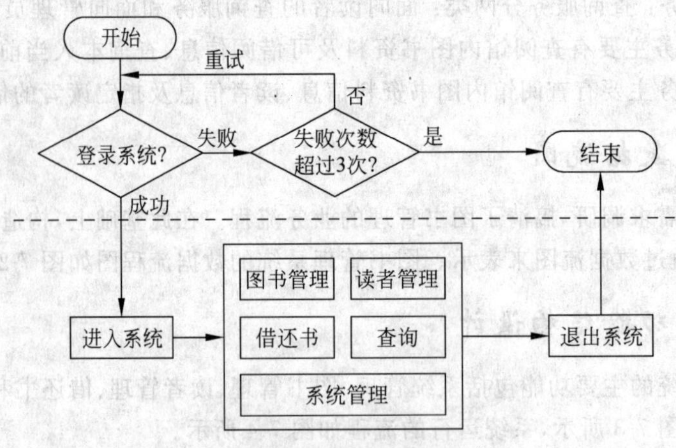

图 7-4　系统运行流程图

7.2.4 数据库设计

1. 数据库的概念模型

根据系统的需求分析和数据流程图,可以建立图书管理系统数据库的概念模型。图 7-5 为用 E-R 图表示的图书管理系统数据库的概念模型。

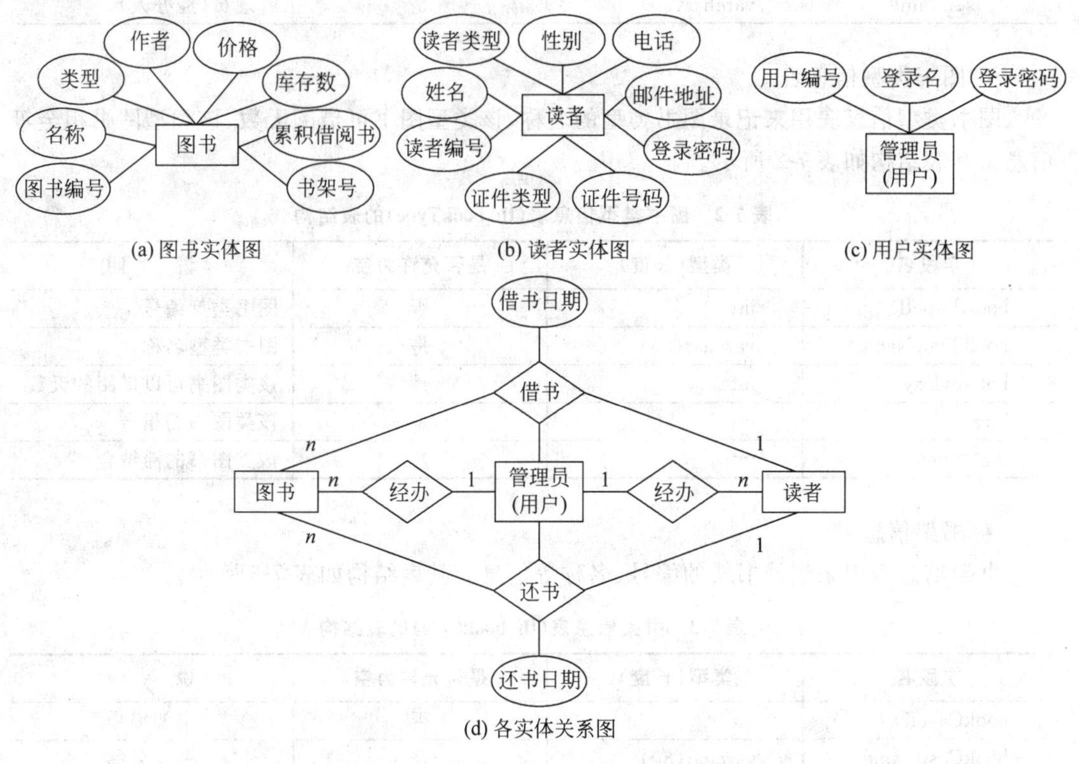

图 7-5 图书管理系统数据库的 E-R 图

2. 数据库结构设计

图书管理系统的数据库管理平台采用 SQL Server 2005,在 SQL Server 2005 数据库中创建一个名为 db_tsgl 的数据库,在该数据库中设计相应的数据库表。下面详细介绍主要表的结构及用途。

• 图书信息表

图书信息表用来记录图书的条形码、书名、作者、出版社和价格等信息。其表结构如表 7-1 所示。

表 7-1 图书信息表(tb_bookInfo)的表结构

字段名	类型(长度)	是否允许为空	说 明
bookBarCode	varchar(100)	否	图书条形码(图书编号)
bookName	varchar(100)	是	图书名称
bookTypeID	int	是	图书类型编号
bookCaseID	int	是	货架编号
author	varchar(80)	是	作者

续表

字段名	类型(长度)	是否允许为空	说　明
price	money	是	价格
stock	int	是	库存数
borrowSum	int	是	累计借阅数
userName	varchar(50)	是	管理员(经办人)

- 图书类型信息表

图书类型信息表用来记录图书类型的名称、该类型图书可借阅天数、该类型图书租金等信息。其表结构如表 7-2 所示。

表 7-2　图书类型信息表(tb_bookType)的表结构

字段名	类型(长度)	是否允许为空	说　明
bookTypeID	int	否	图书类型编号
bookTypeName	varchar(50)	是	图书类型名称
borrowDay	int	是	该类图书可以借阅的天数
hire	int	是	该类图书的租金
lagMoney	int	是	该类图书的滞纳金

- 书架信息表

书架信息表用来记录书架的编号、名称等信息。其表结构如表 7-3 所示。

表 7-3　书架信息表(tb_bookCase)的表结构

字段名	类型(长度)	是否允许为空	说　明
bookCaseID	int	否	书架编号
bookCaseName	varchar(80)	是	书架名称

- 管理员(用户)信息表

管理员(用户)信息表用来记录管理员(用户)的登录名称和密码等信息。其表结构如表 7-4 所示。

表 7-4　管理员(用户)信息表(tb_user)的表结构

字段名	类型(长度)	是否允许为空	说　明
userID	int	否	用户编号
userName	varchar(50)	是	用户名称
userPwd	varchar(50)	是	登录密码
isSuper	bit	是	是否为超级管理员

- 读者信息表

读者信息表用来记录读者的编号、名称、读者登录密码等信息。其表结构如表 7-5 所示。

表 7-5 读者信息表(tb_readerInfo)的表结构

字段名	类型(长度)	是否允许为空	说　明
readerBarCode	varchar(50)	否	读者条形码(编号)
readerPwd	varchar(50)	是	读者登录密码
readerName	varchar(50)	是	读者姓名
sex	char(10)	是	读者性别
readerTypeID	int	是	读者类型编号
certificateType	varchar(50)	是	证书类型
certificateID	varchar(50)	是	证书编号
tel	varchar(50)	是	联系电话
email	varchar(50)	是	电子邮件
money	money	是	读者拥有余额
remark	varchar(500)	是	备注
userName	varchar(50)	是	管理员(经办人)

- 读者类型信息表

读者类型信息表用来记录读者类型名称、该类型读者可借阅图书的数量等信息。其表结构如表 7-6 所示。

表 7-6 读者类型信息表(tb_readerType)的表结构

字段名	类型(长度)	是否允许为空	说　明
readerTypeID	int	否	读者类型编号
readerTypeName	varchar(50)	是	读者类型名称
num	int	是	该类读者可以借阅的图书数量

- 图书借阅信息表

图书借阅信息表用来记录图书的借阅和归还信息,包括图书条形码、读者编号、借阅时间、归还时间等信息。其表结构如表 7-7 所示。

表 7-7 图书借阅信息表(tb_bookBorrow)的表结构

字段名	类型(长度)	是否允许为空	说　明
ID	int	否	自动编号
bookBarCode	varchar(50)	否	图书条形码
readerBarCode	varchar(50)	否	读者编号
borrowTime	datetime	否	借书时间
borrowOperator	varchar(50)	是	借书管理员(经办人)
returnTime	datetime	是	应还书时间

3. 视图设计

- view_bookInfo 视图

视图 view_bookInfo 用来显示图书的详细信息,包括图书类型名称、书架名称等信息。该视图是图书信息表(tb_bookInfo)、图书类型信息表(tb_bookType)和书架信息表(tb_bookCase)3 张表通过连接获得的。创建该视图的主要代码如下。

```
CREATE VIEW view_bookInfo  AS
SELECT  a.bookBarCode, a.bookName, a.bookTypeID, a.bookCaseID, a.author, a.price, a.stock,
a.borrowSum, b.bookTypeName, b.borrowDay, b.hire, b.lagMoney, c.bookCaseName
FROM     tb_bookInfo AS a INNER JOIN
         tb_bookType AS b ON a.bookTypeID = b.bookTypeID INNER JOIN
         tb_bookcase AS c ON a.bookCaseID = c.bookCaseID
```

- view_bookBorrow 视图

视图 view_bookBorrow 用来显示图书借阅的详细记录，包括图书条形码、图书名称、读者编号、读者名称、借阅时间、应归还时间等信息。该视图是图书信息表(tb_bookInfo)、读者信息表(tb_readerInfo)和图书借阅信息表(tb_bookBorrow)3 张表通过连接获得的。创建该视图的主要代码如下：

```
CREATE VIEW view_bookBorrow  AS
SELECT     a.ID, a.bookBarCode, b.bookName, a.readerBarCode, c.readerName, a.borrowTime, a.
returnTime, a. borrowOperator
FROM       tb_bookBorrow AS a INNER JOIN
           tb_bookInfo  AS b ON a.bookBarCode = b.bookBarCode INNER JOIN
           tb_readerInfo AS c ON a.readerBarCode = c.readerBarCode
```

7.3 图书管理系统的开发与实现

图书管理系统采用 Visual Studio. NET 2005 开发平台开发，下面具体介绍系统主要功能模块的开发和实现技术。

7.3.1 公共类设计

设计公共类，可以增加系统的模块性，提高开发效率，以及方便日后的系统维护。在图书管理系统中，设计了一个公共类 dataOperate，用于实现对数据库的操作。类的主要方法函数如下。

1. 创建数据库连接

createCon 方法用来创建数据库连接。该方法将返回创建成功的数据库连接。其实现代码如下。

```
public static SqlConnection createCon( )
    {
        SqlConnection con = new SqlConnection("server = 192.168.1.1;database = db_tsgl;uid =
        sa;pwd = 123456;");
        return con;
    }
```

2. 通用数据更新、插入、删除操作

execSQL 方法用于实现对数据库的更新、插入和删除操作。该方法以一个字符串变量为输入参数，表示执行的 SQL 语句。方法执行成功返回 True，否则返回 False。其实现代码如下。

```
public static bool execSQL(string sql)
    {
        SqlConnection con = createCon();                //创建数据库连接
        con.Open();                                     //打开数据库连接
        SqlCommand com = new SqlCommand(sql, con);      //创建 SQLCommand 对象
        try
        {
            com.ExecuteNonQuery();                      //执行 SQL 语句
        }
        catch (Exception e)
        {
            return false;                               //出错,返回布尔值 False
        }
        finally
        {
            con.Close();                                //关闭数据库连接
        }
        return true;                                    //执行成功,返回布尔值 True
    }
```

3. 查询数据并返回 DataSet 对象

getDataSet 方法用于实现数据查询,并将查询结果以 DataSet 对象形式返回。该方法以一个字符串变量为输入参数,表示执行的 SQL 语句。方法执行结果将返回存放查询结果的 DataSet 对象。其实现代码如下。

```
public static DataSet getDataset(string sql)
  {
      SqlConnection con = createCon();                      //创建数据库连接
      con.Open();                                           //打开数据库连接
      DataSet ds = new DataSet();                           //创建 DataSet 对象
      SqlDataAdapter sda = new SqlDataAdapter(sql, con);    //创建 DataAdapter 对象
      sda.Fill(ds);                                         //填充 DataSet 数据集
      con.Close();                                          //关闭数据库连接
      return ds;                                            //返回 DataSet 对象
  }
```

4. 查询数据并返回 SqlDataReader 对象

getRow 方法用于实现数据查询,并将查询结果以 SqlDataReader 对象形式返回。该方法以一个字符串变量为输入参数,表示执行的 SQL 语句。方法执行结果将返回存放查询结果的 SqlDataReader 对象。其实现代码如下。

```
public static SqlDataReader getRow(string sql)
  {
      SqlConnection con = createCon();                //创建数据库连接
      con.Open();                                     //打开数据库连接
      SqlCommand com = new SqlCommand(sql, con);      //创建 SqlCommand 对象
      return com.ExecuteReader();           //返回执行 ExecuteReader 方法返回的 DataReader 对象
  }
```

5. 判断指定数据是否存在

seleSQL 方法用于判断指定数据是否存在。该方法以一个字符串变量作为输入参数，表示执行的 SQL 语句。方法执行结果将返回一个整数值，若值大于等于 1，表示数据存在，否则数据不存在。其实现代码如下。

```
public static int seleSQL(string sql)
{
    SqlConnection con = createCon();                    //创建数据库连接
    con.Open();                                         //打开数据库连接
    SqlCommand com = new SqlCommand(sql, con);          //创建 SqlCommand 对象
    try
    {
        return Convert.ToInt32(com.ExecuteScalar());    //返回执行 ExecuteScalar 方法返回的值
    }
    catch (Exception e)
    {
        return 0;                                       //返回 0
    }
    finally
    {
        con.Close();                                    //关闭数据库连接
    }
}
```

6. 事务处理

事务处理 execTransaction 方法，将需要进行事务处理的几个 SQL 语句执行事务处理。该方法以一个字符串数组变量作为输入参数，表示执行的几条 SQL 语句。方法执行成功将返回 True，否则返回 False。其实现代码如下。

```
public static bool execTransaction (string[] sql)
{
    SqlConnection con = createCon();                    //创建数据库连接
    SqlTransaction sTransaction = null;                 //创建 SqlTransaction 对象
    try
    {
        con.Open();                                     //打开数据库连接
        SqlCommand com = con.CreateCommand();           //创建 SqlCommand 对象
        sTransaction = con.BeginTransaction();          //设置开始事务
        com.Transaction = sTransaction;                 //设置需要执行事务
        foreach (string sqlT in sql)
        {
            com.CommandText = sqlT;                     //设置 SQL 语句
            if (com.ExecuteNonQuery() <= 0)             //判断是否执行成功
            {
                sTransaction.Rollback();                //设置事务回滚
                return false;                           //返回布尔值 False
            }
        }
        sTransaction.Commit();                          //提交事务
```

```
            return true;                                    //返回布尔值 True
        }
        catch (Exception ex)
        {
            sTransaction.Rollback();                        //设置事务回滚
            return false;                                   //返回布尔值 False
        }
        finally
        {
            con.Close();                                    //关闭数据库连接
        }
}
```

7.3.2 系统登录模块实现

系统登录页面如图 7-6 所示。根据用户类型,验证用户名和密码是否正确,若不正确则提示登录失败,退出系统；若正确将根据用户类型导航到相应页面。页面“确定”按钮的事件代码如下。

```
protected void btnOK_Click(object sender, EventArgs e)
  {
      string userName = txtName.Text;                          //用户名
      string pwd = txtPwd.Text;                                //密码
      Session["entryType"] = rdiListType.SelectedValue; //记录登录用户的类型
      string cs = Session["entryType"].ToString();
      string sql;
      if (Session["entryType"] == "reader")
                          //用户类型为读者,到读者信息表查询指定用户名和密码的记录
      {
          sql = "select count(*) from tb_readerInfo where readerBarCode = @name and readerPwd =
          @password ";
      }
      else                 //用户类型为管理员,到管理员信息表查询指定用户名和密码的记录
      {
          sql = "select count(*) from tb_user where userName = @name and userPwd = @password ";
      }
     //调用用户名和密码验证函数
     if (checkPwd(sql, userName, pwd))                         //验证成功
      {
          Session["userName"] = userName;                      //记录登录用户名
          Response.Redirect("index.aspx");                     //导航到系统首页
      }
      else                                                     //验证失败
      {
          RegisterStartupScript("", "<script>alert('登录失败!')</script>");
                                                               //提示登录失败
      }
  }
```

其中,checkPwd 方法为自定义的用户名和密码验证函数,其第一个参数为需要执行的

SQL 语句，第二个参数为用户名，第三个参数为密码。若用户名和密码验证成功则返回布尔值 True，否则返回布尔值 False。checkPwd 方法的实现代码如下。

```
public static boolcheckPwd(string sql, string name, string password)
{
    SqlConnection con = createCon();                         //创建数据库连接
    con.Open();                                              //打开数据库连接
    SqlCommand com = new SqlCommand(sql, con);               //创建 SqlCommand 对象
    com.Parameters.Add(new SqlParameter("name", SqlDbType.VarChar, 50));  //设置参数类型
    com.Parameters["name"].Value = name;                     //设置参数值
    com.Parameters.Add(new SqlParameter("password", SqlDbType.VarChar, 50));
                                                                          //设置参数类型
    com.Parameters["password"].Value = password;             //设置参数值
    //判断验证用户名和密码是否正确,并返回布尔值
    if (Convert.ToInt32(com.ExecuteScalar()) > 0)
                           //返回指定用户名和密码的记录数大于 0,此用户名和密码正确.
    {
        con.Close();
        return true;
    }
    else
    {
        con.Close();
        return false;
    }
}
```

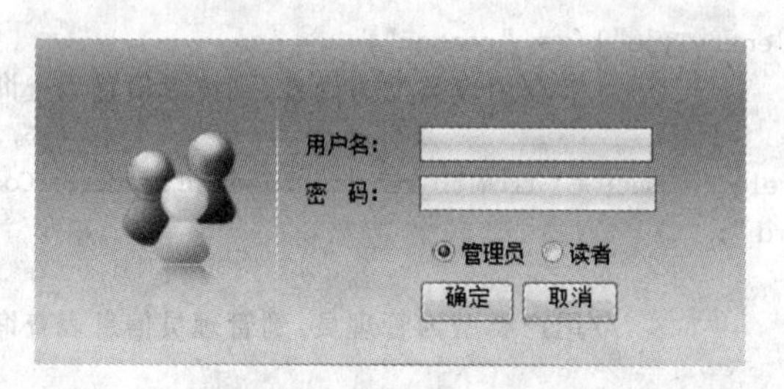

图 7-6　系统登录页面

7.3.3　读者信息管理模块

读者信息管理模块主要实现对读者档案信息的浏览、修改、删除和添加功能。读者信息管理界面如图 7-7 所示，修改和添加读者信息界面如图 7-8 所示。删除读者信息时，需判断该读者是否有未归还的图书资料，若存在图书未归还的情况，则不能删除该读者信息。

当前位置：读者管理>读者信息管理

添加读者信息

姓名	性别	读者类型	证件类型	证件号码	联系电话	E-mail	备注	余额	修改	删除
张三	男	老师	工作证	20100237	86753219	zhangsan@163.com		3,000.00	修改	删除
李四	男	学生	学生证	200810080032	13576817362	lisi@163.com		115.00	修改	删除

图 7-7　读者信息管理页面

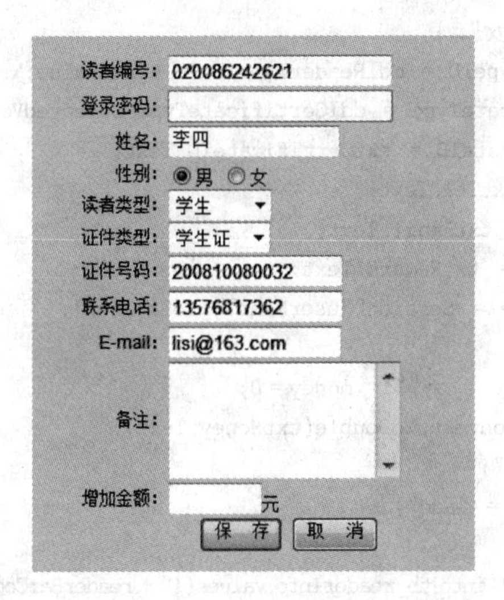

图 7-8 修改或添加读者信息页面

删除读者信息的功能代码如下。

```
protected void gvReaderInfo_RowDeleting(object sender, GridViewDeleteEventArgs e)
  {
      string id = gvReaderInfo.DataKeys[e.RowIndex].Value.ToString();  //获取读者编号
      string sqlSel = "select count( * ) from tb_bookBorrow where readerBarcode = '" + id + "'";
      //定义 SQL 语句,统计该读者未归还图书数
      //调用公共类中判断指定数据是否存在的方法函数 seleSQL,判断该读者是否有未归还图书
      if (dataOperate.seleSQL(sqlSel) > 0)       //有未归还图书
      {
        RegisterStartupScript("", "<script>alert('不可以删除该读者,该读者图书还未归还')
        </script>");                             //提示有未还图书,不能删除.
      }
      else                                       //没有未归还图书
      {
          string sqlDel = "delete tb_readerInfo where readerBarCode = '" + id + "'";
                                                 //定义 SQL 语句,删除此读者信息
          dataOperate.execSQL(sqlDel);           //调用公共类中通用数据更新、插入和删除操作
                                                 //方法函数 execSQL,删除此读者信息
          bindReaderInfo();                      //重新绑定读者信息列表
      }
  }
```

修改或添加读者信息功能的实现代码如下：

```
protected void btnSave_Click(object sender, EventArgs e)
    {
        string readerBarCode = txtReaderBarCode.Text;                 //读者编号
        string readerPwd = txtPwd.Text;                               //登录密码
        string readerName = txtReaderName.Text;                       //读者名称
        string sex = "";                                              //性别
        if (radbtnMan.Checked)  { sex = "男"; }
```

```
else { sex = "女"; }
string readerTypeID = ddlReaderTypeID.SelectedValue;            //读者类型编号
string certificateType = ddlCertificateType.SelectedValue;  //证书类型
string certificateID = txtCertificateID.Text;               //证书编号
string tel = txtTel.Text;                                   //联系电话
string email = txtEmail.Text;                               //E-mail 地址
string remark = txtRemark.Text;                             //备注
string userName = Session["userName"].ToString();           //管理员(经办人)
float money;                                                //可用余额
if(txtMoney.Text =  = "")  money = 0;
else money = Convert.ToDouble(txtMoney.Text);
string sql = "";
if (barcode =  = "add")                                     //增加读者信息
{
  sql = "insert into tb_readerInfo values('" + readerBarCode + "','" + readerPwd + "','" +
  readerName + "','" + sex + "','" + readerTypeID + "','" + certificateType +
  "','" + certificateID + "','" + tel + "','" + email + "','" + money + "','" +
  remark + "'," + userName + ")";
}
  else                                                      //修改读者信息
{
  sql = "update tb_readerInfo set readerName = '" + readerName + "', sex = '" + sex + "',
  readerTypeID = '" + readerTypeID + "',
  certificateType = '" + certificateType + "', certificateID = '" + certificateID + "',
  tel = '" + tel + "',email = '" + email + "',
  userName = '" + userName + "', remark = '" + remark + "', money = money + " + money + "
  where readerBarCode = '" + readerBarCode + "'";
}
//调用公共类中通用数据更新、插入和删除操作方法函数 execSQL()
if (dataOperate.execSQL(sql))
{
    RegisterStartupScript("", "<script>alert('保存成功?');//提示保存成功
    window.opener.location.href = window.opener.location = 'readerInfo.aspx';window.
    close();</script>");
}
else
    RegisterStartupScript("", "<script>alert('保存失败!')</script>");
                                                            //提示保存失败
}
```

7.3.4 借书模块

借书模块的功能页面如图 7-9 所示。借书时，先输入读者编号，单击“查找读者”按钮获取该读者的基本信息。输入图书条形码后，单击“查找图书”按钮后将在列表中显示该图书的基本信息。单击列表中的“借阅”按钮，进行图书借阅操作。借阅图书前将核对该读者的类型及可用余额，判断该读者是否可以借阅本图书。

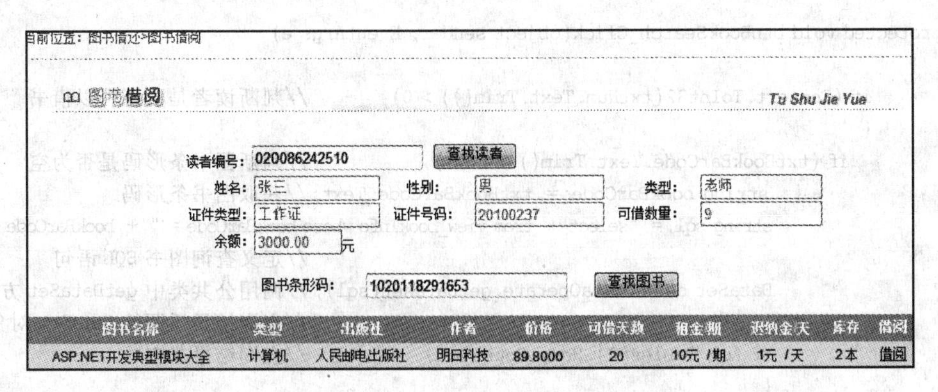

图 7-9　借书功能界面

“查找读者”按钮的事件代码如下：

```
protected void btnReaderSearch_Click(object sender, EventArgs e)
    {
        string readerBarCode = txtReaderBarCode.Text.Trim()t;        //获取读者编号
        string readerSql = "select * from tb_readerInfo where readerBarCode = '" + readerBarCode + "'";
                                                                //定义查询读者信息 SQL 语句
        SqlDataReader sdr = dataOperate.getRow(readerSql);
                                           //调用公共类中查询数据的 getRow 方法,获取读者详细信息
        if (sdr.Read())                                             //读取一条记录
        {
            txtReaderName.Text = sdr["readerName"].ToString();      //显示读者姓名
            txtReaderSex.Text = sdr["sex"].ToString();              //显示读者性别
            txtCertificateType.Text = sdr["certificateType"].ToString();  //显示证件类型
            txtCertificateID.Text = sdr["certificateID"].ToString();  //显示证件号
            string money = sdr["money"].ToString();
            txtMoney.Text = money.Substring(0, money.Length - 2); //可用余额
            //定义 SQL 语句,在读者类型表中查询符合读者类型编号的记录
            string readerTypeSql = "select * from tb_readerType wherereadTypeID = " + sdr["
            readerTypeID"].ToString();
            SqlDataReader typeSdr = dataOperate.getRow(readerTypeSql); //获取读者类型信息
            typeSdr.Read();                                         //读取一条记录
            txtReaderTypeName.Text = typeSdr["readTypeName"].ToString();  //显示读者类型
            int borrowNum = Convert.ToInt32(typeSdr["num"]);        //获取可借图书总数
            //定义 SQL 语句,在图书借阅表中查询符合读者编号条件的读者已借未还图书数
            string selSql = "select count( * ) from tb_bookBorrow where readerBarCode = '" +
            readerBarCode + "'";
            int alreadyNum = dataOperate.seleSQL(selSql);
                                           //调用公共类中 seleSQL 方法,获取已借未还的图书数
            txtNum.Text = Convert.ToString(borrowNum - alreadyNum); //还可以借阅的图书数
            btnBookSearch.Enabled = true;
        }
        else
            RegisterStartupScript("", "<script>alert('读者编号输入错误!')</script>");
    }
```

“查找图书”按钮的事件代码如下。

```
protected void btnBookSearch_Click(object sender, EventArgs e)
  {
      if (Convert.ToInt32(txtNum.Text.Trim()) > 0)          //判断读者是否还可以借书
      {
        if (txtBookBarCode.Text.Trim() != "")              //判断图书条形码是否为空
        {   string bookBarCode = txtBookBarCode.Text; //获取图书条形码
            string sql = "select * from view_bookInfo where bookBarCode = '" + bookBarCode + "'";
                                                           //定义查询图书 SQL 语句
            DataSet ds = dataOperate.getDataset(sql); //调用公共类中 getDataSet 方法,将
                                                           //查询结果返回给 DataSet 对象
            if (ds.Tables[0].Rows.Count > 0)               //查询结果非空
            {
                  gvBookBorrow.DataSource = ds;             //获取数据源
                  gvBookBorrow.DataKeyNames = new string[] { "bookBarCode" }; //设置主键
                  gvBookBorrow.DataBind();                  //绑定 GridView 控件
            }
            else
                  RegisterStartupScript("", "<script>alert('图书条形码错误!')</script>");
          }
          else
          {
              RegisterStartupScript("", "<script>alert('图书条形码不能为空!')</script>");
          }
      }
      else
      {
          RegisterStartupScript("", "<script>alert('借阅数量已满!不可以再借阅!')</script>");
      }
```

“借阅”功能的实现代码如下。

```
protected void gvBookBorrow_SelectedIndexChanging(object sender, GridViewSelectEventArgs e)
{  string bookBarCode = gvBookBorrow.DataKeys[e.NewSelectedIndex].Value.ToString();
                                                     //获取选中图书的条形码
   //定义查询语句,查询指定图书条形码的图书信息
   string sql = "select * from view_bookInfo where bookBarCode = '" + bookBarCode + "'";
   SqlDataReader sdr = dataOperate.getRow(sql);
                                             //调用公共类中查询数据的 getRow 方法,获取图书信息
   sdr.Read();                                               //读取一条记录
   if (Convert.ToInt32(sdr["stock"]) > 0)                    //判断图书是否还有库存
   {   float readerMoney = Convert.ToSingle( txtMoney.Text);   //读者余额
       float bookHire = Convert.ToSingle(sdr["hire"].ToString());//图书租金
       if (readerMoney > bookHire)                  //读者余额是否大于该图书的租金
       { string sqlBookBorrow = "select count(*) from tb_bookBorrow where  bookBarcode =
       '" + txtBookBarCode.Text + "' and readerBarCode = '" + txtReaderBarCode.Text + "'";
                                                    //定义查询语句,查询该读者是否已借阅此书
         if (dataOperate.seleSQL(sqlBookBorrow) == 0)
                               //调用公共类中 seleSQL 方法,指定数据是否存在(读者当前未借此书)
         {   int borrowDay = Convert.ToInt32(sdr["borrowDay"]); //获取借阅天数
             string borrowTime = DateTime.Now.Date.ToShortDateString();   //获取借阅日期
             string readerBarCode = txtReaderBarCode.Text;          //获取读者编号
```

```
stringborrowOperator = Session["userName"].ToString();          //获取借阅经办人
            string returnTime = DateTime.Now.Date.AddDays(borrowDay).ToShortDateString();
                                                                //获取应还日期
            string[] sqlT = new string[3];                      //设置 SQL 语句数组
            //定义 SQL 语句,将图书借阅信息插入到图书借阅表中
            sqlT[0] = "insert tb_bookBorrow values('" + bookBarCode + "','" +
readBarCode + "','" + borrowTime + "','" + borrowOperator + "','" + returnTime + "')";
            //定义 SQL 语句,更新图书的借阅次数和图书的库存数据
          sqlT[1] = "update tb_bookInfo set borrowSum = borrowSum + 1, stock = stock - 1
where bookBarCode = '" + bookBarCode + "'";
            //定义 SQL 语句,更新读者的可用余额
            sqlT[2] = "update tb_readerInfo set money = money - " + bookHire + " where
readerBarCode = '" + readerBarCode + "'";
            //调用公共类中的 execTransaction 方法执行事务
            if (dataOperate.execTransaction(sqlT))              //事务执行成功
            {   bindReaderInfo();                               //重新绑定读者信息
                gvBookBorrow.DataSource = null;                 //将数据源设置为空
                gvBookBorrow.DataBind();                        //重新绑定数据
                txtBookBarCode.Text = "";                       //将图书条形码文本框清空
                RegisterStartupScript("", "<script>alert('借阅成功!')</script>");
            }
            else { RegisterStartupScript("", "<script>alert('借阅失败!')</script>"); }
        }
        else { RegisterStartupScript("", "<script>alert('该读者已经借阅此图书,不
可以再借阅!')</script>"); }
      }
      else { RegisterStartupScript("", "<script>alert('读者金额不足,不可以借阅图书!')
</script>"); }
    }
    else { RegisterStartupScript("", "<script>alert('图书已没有库存,不可以借阅!')
</script>"); }
}
```

7.3.5 还书模块

还书的功能页面如图 7-10 所示。还书时,先输入读者编号,单击“查找读者”按钮获取该读者的基本信息。输入图书条形码后,单击“查找图书”按钮后将在列表中显示该图书的基本信息。单击列表中“归还”按钮,将进行图书归还操作。

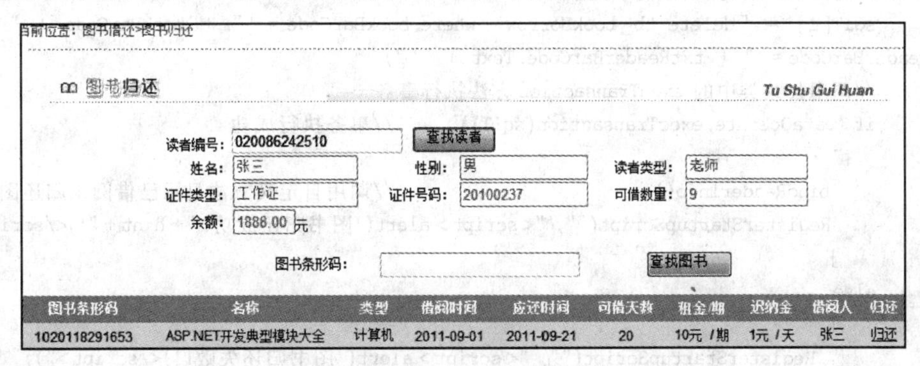

图 7-10 还书功能界面

"查找读者"和"查找图书"按钮的事件代码类同借书模块,"归还"功能的实现代码如下。

```
protected void gvBookReturn_SelectedIndexChanging(object sender, GridViewSelectEventArgs e)
    {
        string bookBarCode = gvBookReturn.DataKeys[e.NewSelectedIndex].Value.ToString();
                                                        //获取选中图书条形码
        DateTime returnDate = Convert.ToDateTime(gvBookReturn.Rows[e.NewSelectedIndex].Cells
[4].Text);                                              //获取应还日期
        DateTime todayDate = DateTime.Now.Date;         //当前日期
        TimeSpan ts = todayDate - returnDate;           //计算超期天数
        int daysDate = ts.Days;
        //计算租金和滞纳金
        string strLagMoney = gvBookReturn.Rows[e.NewSelectedIndex].Cells[7].Text;
        int lagMoney = Convert.ToInt32(strLagMoney.Substring(0, strLagMoney.Length - 5));
                                                        //滞纳金
        string strHire = gvBookReturn.Rows[e.NewSelectedIndex].Cells[6].Text;
        int hire = Convert.ToInt32(strHire.Substring(0, strHire.Length - 5));
                                                        //租金
        string hint = "";
        string[] sqlT ;
        int i = 0;
        if (daysDate > 0)                               //存在超期情况
        {
        sqlT = new string[3];
                                                        //定义 SQL 语句,更新读者余额
sqlT[i++] = "update tb_readerInfo set money = money - " + lagMoney * daysDate + " where
readerBarCode = '" + txtReaderBarCode.Text + "'";
        hint = "您的图书归还期已过" + daysDate + "天,将扣除滞纳金" + lagMoney * daysDate +
"元.";
        }
        else                                            //不存在超期情况
        {
            sqlT = new string[2];
        }
        sqlT[i++] = "update tb_bookInfo set stock = stock + 1 where bookBarCode = '" +
bookBarCode + "'";                                      //定义 SQL 语句,更新图书库存数
        //定义 SQL 语句,删除借书记录
        sqlT[i] = "delete tb_bookBorrow  where bookBarCode = '" + bookBarCode + "' and
readerBarCode = '" + txtReaderBarCode.Text + "'";
        //调用公共类中的 execTransaction 方法执行事务
        if (dataOperate.execTransaction(sqlT))         //事务执行成功
        {
            bindReaderInfo();                           //调用自定义方法显示已借阅未归还图书信息
            RegisterStartupScript("", "<script>alert('图书归还成功!" + hint + "')</script>");
        }
        else
        {
            RegisterStartupScript("", "<script>alert('图书归还失败!')</script>");
        }
```

7.4 小　　结

本章以一个简化的 ASP.NET＋SQL Server 2005 开发的图书管理系统为例，分析了数据库应用系统的设计开发过程，并给出了系统主窗体的创建过程及核心代码。

7.5 习　　题

试简述设计开发图书管理系统的过程。

第8章 计算机学习论坛管理系统案例

JSP(Java Server Page)是Sun公司提出的一种服务器端动态网页技术,具有很好的跨平台性,是目前网站开发的常用技术,得到了广泛的应用。本章基于JSP技术,结合SQL Server 2000数据库系统,给出了一个简单但是功能完整的计算机学习论坛管理系统的应用实例,实例重点放在系统数据库的设计、实现与使用上,让大家进一步体会并掌握数据库的实际应用。

8.1 用户需求

计算机学习论坛管理系统主要面向计算机专业人士及爱好者,论坛作用是对计算机专业知识展开讨论,内容涉及计算机知识的方方面面,如编程开发、网络、黑客与安全、操作系统等。论坛的功能按照人们浏览论坛的一般过程和习惯来设计,对于一个论坛系统,除了基本的发帖、回帖和浏览帖子的功能外,还需要对用户和论坛版块进行有效管理,提供相应的管理功能模块,本论坛系统根据实际应用的需要,将系统主要功能模块划分为用户管理、版块管理和帖子管理三个类别,其功能模块结构图如图8-1所示。

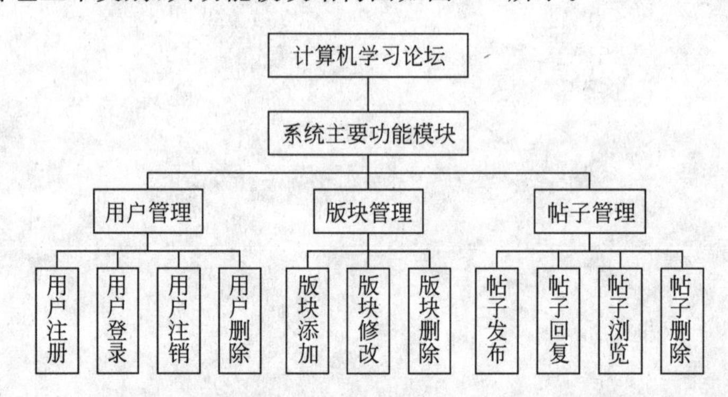

图8-1 计算机学习论坛管理系统功能模块结构图

图8-1中各模块功能需求如下。

1. 用户管理子模块

用户管理子模块需要为用户提供注册、登录、注销和删除的功能,各功能具体要求如下。

(1) 用户注册:提供用户注册的功能,包括提供录入信息的界面,检查注册信息的有效性,并将注册用户信息存入数据库中的用户信息表中。

(2) 用户登录:提供用户登录的功能,包括提供用户登录界面,查询数据库的用户信息表,允许注册用户进入系统,对于未注册用户提醒用户尚未注册并自动跳转到注册界面。

(3) 用户注销：提供用户注销的功能，允许用户安全退出论坛系统，注销用户将无法浏览论坛。

(4) 用户删除：提供用户删除的功能，该功能仅管理员可用。

2. 版块管理子模块

计算机学习论坛将按照计算机专业门类划分多个学习版块，版块管理子系统提供对版块管理的功能，主要包括版块添加、修改和删除的功能，各功能具体要求如下。

(1) 版块添加：提供版块添加的功能，包括版块名称、版块描述、版主介绍、版块创建时间等信息的录入，从而方便论坛系统的扩展。该功能仅系统管理员可用。

(2) 版块修改：提供版块修改的功能，包括版块名称、版块描述、版主介绍、版块创建时间等信息的修改。该功能仅系统管理员和版主可用。

(3) 版块删除：提供版块删除的功能，该功能仅系统管理员可用。

3. 帖子管理子模块

帖子管理子模块提供帖子发布、回复、浏览和删除的功能，各功能具体要求如下。

(1) 帖子发布：提供帖子发布的功能，包括提供帖子发布界面，用户可输入帖子标题、帖子内容、帖子类型，在用户提交帖子后，系统自动显示帖子发布的日期和时间，并将帖子归入相应的版块进行管理，该功能仅注册用户可用。

(2) 帖子回复：提供帖子回复的功能，包括提供帖子回复界面，用户可输入帖子回复内容，系统自动显示回帖日期和时间，并统计每个帖子的回帖数，该功能仅注册用户可用。

(3) 帖子浏览：提供帖子浏览的功能，包括提供帖子浏览界面，用户单击版块下某个帖子的标题时，在新的窗口中将显示帖子内容，用户可浏览帖子内容，该功能仅注册用户可用。

(4) 帖子删除：提供帖子删除的功能，对于含错误、不实或过时内容的帖子，提供删除功能，该功能仅系统管理员和版主可用。

论坛系统的构建基于以下环境。

(1) 系统：Windows XP SP3。

(2) Web 服务器：Apache Tomcat 5.5。

(3) 数据库环境：SQL Server 2000 简体中文个人版。

(4) 开发语言：JSP，Java SE 1.6.0_17。

(5) JSP 访问 SQL Server 2000 的驱动程序：SQL Server 2000 Driver for JDBC Service Pack 3。

8.2 数据库设计

8.2.1 实体对象 E-R 图

计算机学习论坛主要包括三类实体对象，分别为用户、版块和帖子。实体对象以及实体之间关系图如图 8-2～图 8-4 所示。

1. 实体对象图

用户实体包含编号、类型、名称、密码、性别、年龄和发帖数量 7 个属性，在实际应用中可根据情况添加新的属性，如用户图像、地址等，从而获取用户更详尽的信息。

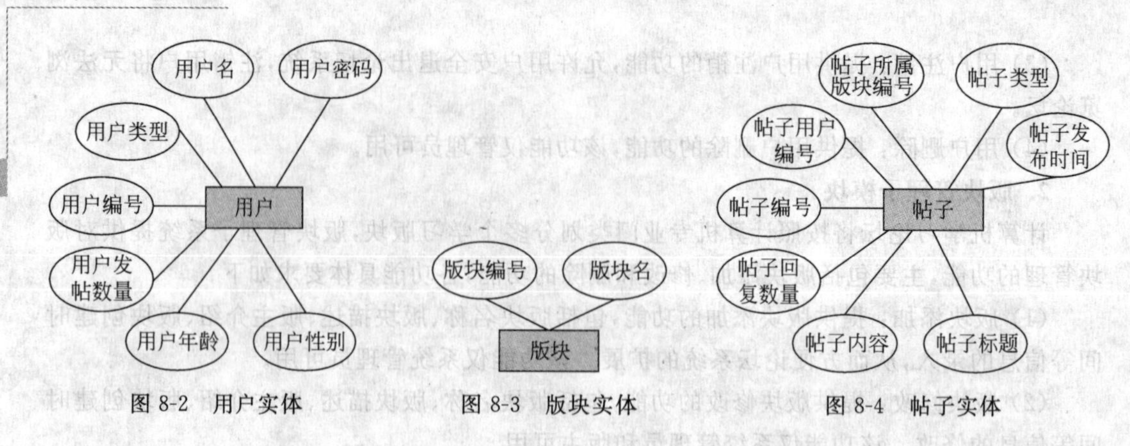

图 8-2 用户实体　　图 8-3 版块实体　　图 8-4 帖子实体

版块实体较为简单，包含编号和名称两个属性，版块实体在实际应用中对应的关系表为虚表，不需要实际创建。

帖子实体包含编号、用户编号、所属版块编号、类型、发布时间、标题、内容、回复数量 8 个属性。

论坛系统所要实现的功能就是通过数据库的方式对用户、版块、帖子等实体对象进行有效的管理。

2. 实体对象 E-R 图

用户是论坛系统的主体，由用户发起和实施操作，而版块和帖子是系统中的客体，是作为主体的用户操作的对象。结合论坛系统功能模块结构图 8-1，三个实体之间的关系图如图 8-5 所示。

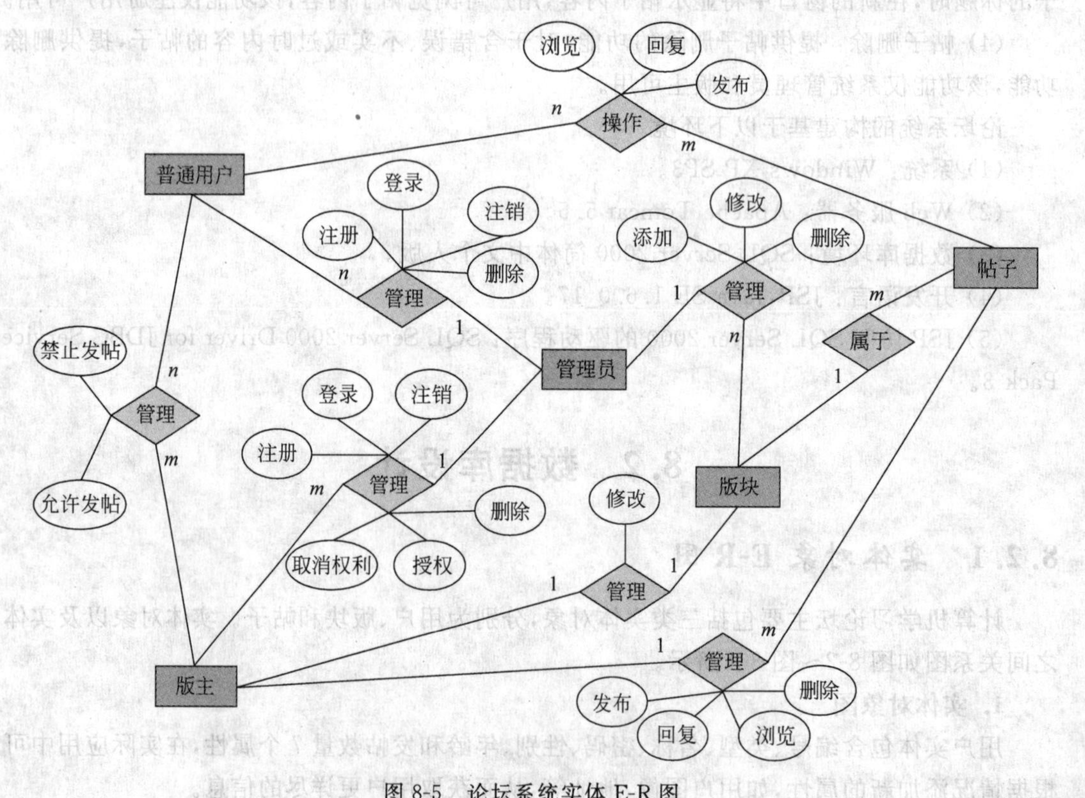

图 8-5 论坛系统实体 E-R 图

图 8-5 完整地描述了论坛系统实体之间的关系，作为主体的用户根据权限和功能不同划分为三个实体，分别是普通用户、版主和管理员，因此图中共有 5 个实体对象。以版主对帖子的关系为例，1 个版主可以管理版块下的所有帖子，因此是 1 对 m 的关系，版主对帖子能够行使的管理操作有浏览、发布、回复和删除。而 1 个版主只负责 1 个版块，所以版主与版块是一对一关系，只能进行修改的工作，添加和删除版块的工作由管理员来做。

8.2.2 实体对象数据表

根据论坛管理系统的功能模块结构图，需要对用户、版块和帖子进行管理，相应地，要建立并维护用户、版块和帖子三个实体对象的信息表。

1. 用户信息表

用户是论坛系统操作的主体，版块和帖子是用户操作的主要对象。根据权限不同，论坛系统存在三种类型的用户：普通用户、版主和管理员。

普通用户拥有以下权限：用户注册、用户登录、用户注销等，当用户注册并登录后将具有发帖、回帖、浏览帖子的功能。

版主由管理员授权，负责版块的管理与维护，除拥有普通用户的所有权限外，其权限还包括版块修改和帖子删除。

管理员作为系统最高级的用户，除拥有普通用户和版主的一切权限外，还拥有以下权限：用户删除、版块添加和删除、版主授权和取消等。

尽管普通用户、版主和管理员用户拥有不同的操作权限，但是作为论坛系统的用户，可以用一张表来表示其信息，用户信息表如表 8-1 所示。

表 8-1 用户信息表(UserInfo)

字段	数据类型	字段值约束	说　明
Uid	int(4)	Not null	用户编号(主码)
Utype	int(4)	Not null	用户类型
Uname	char(50)	Not null	用户名
Upassword	char(50)	Not null	用户密码
Usex	char(10)	(男或女)	用户性别
Uage	int(4)		用户年龄
Upubnum	int(4)		用户发帖数量

表 8-1 中通过用户类型(Utype)属性来区分普通用户、版主和管理员，具体如表 8-2 所示。

表 8-2 用户类型描述表

用户类型(Utype)	普通用户	版主	管理员
属性值	0	1～99	100

根据表 8-2，用户根据其职能和权限的不同分为普通用户、版主和管理员三类，管理员的用户类型编号为 100，普通用户编号为 0，版主编号从 1 到 99，并与其负责的版块编号对应。

2. 版块信息表

计算机学习论坛将根据专业方向，划分不同的讨论版块，对讨论内容进行分类，便于管理员对论坛管理，同时方便用户对感兴趣的版块集中讨论。

版块信息表如表 8-3 所示。

表 8-3 版块信息表(BoardInfo)

字段	数据类型	字段值约束	说 明
Bid	int(4)	Not null	版块编号(主码)
Bname	char(50)	Not null	版块名

需要说明的是，版块信息表为虚拟表，不需要在数据库中实际创建，其信息分布在用户信息表和帖子信息表中，具体来说，用户信息表中的 Utype 属性与帖子信息表中的 Bid 属性都能表示版块编号。

3. 帖子信息表

帖子是论坛系统的主要内容，是用户操作访问的主要对象，帖子包括原帖和回帖两种。

表 8-4 帖子信息表(PostInfo)

字段	数据类型	字段值约束	说 明
Pid	int(4)	Not null	帖子编号(主码)
Uid	int(4)	Not null	帖子用户编号
Bid	int(4)	Not null	帖子所属版块编号
Rid	int(4)	(0 或 1)	帖子类型
Ptitle	nchar(200)	Not null	帖子标题
Pcontent	nchar(2000)	Not null	帖子内容
Prenum	int(4)		帖子回复数量
Ptime	nchar(100)	Not null	帖子发布时间

表中帖子类型(Ptype)取 0 表示发布的原帖，取 1 表示回复的帖子。

8.3 数据库结构实现

数据库是论坛系统的核心，用来管理所有的数据对象，实现数据的存储、访问等功能。本论坛采用 SQL Server 2000 来构建数据库，在安装 SQL Server 2000 时首先创建一个名为 SQLSERVER2K 的命名实例来为本论坛系统提供数据库服务的功能，如图 8-6 所示。

有了 SQL Server 命名实例，就可以通过该实例使用 SQL Server 的数据库服务，实现数据库和数据表的创建、管理、访问及维护的功能，数据库服务的名称为“机器名\实例名”，本例中为“HIFNHOVER\SQLSERVER2K”。

8.3.1 创建数据库和数据表

在创建数据库之前，首先在“企业管理器”中注册数据库服务“HIFNHOVER\SQLSERVER2K”，这样可利用 SQL Server 2000 的数据库管理工具对该数据库服务进行统一的管理，如图 8-7～图 8-9 所示。

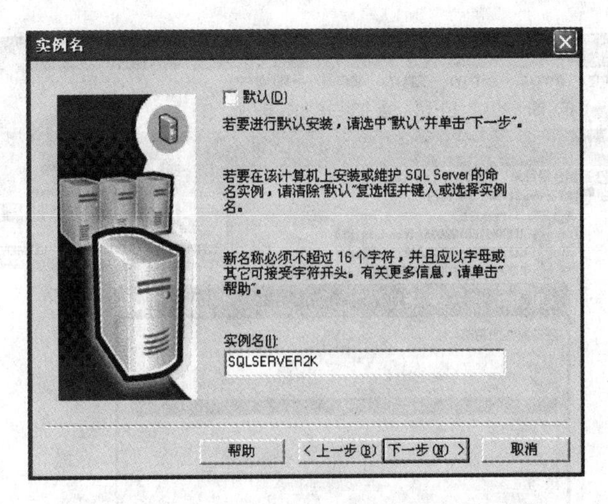

图 8-6　创建名为 SQLSERVER2K 的命名实例

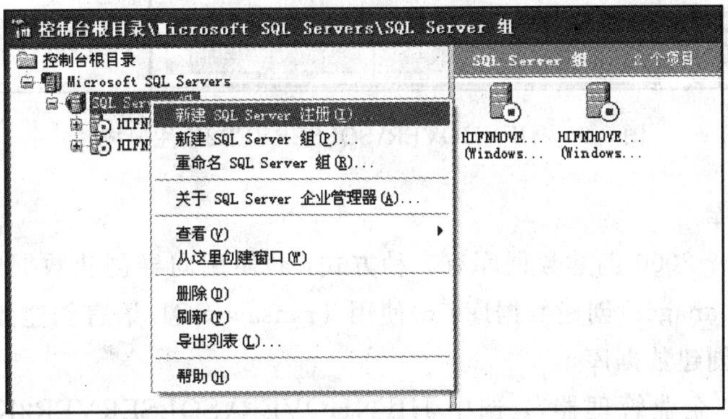

图 8-7　新建 SQL Server 注册

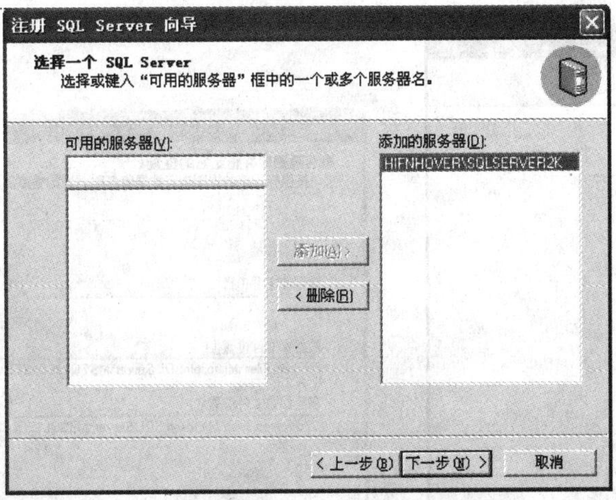

图 8-8　添加服务器 HIFNHOVER\SQLSERVER2K

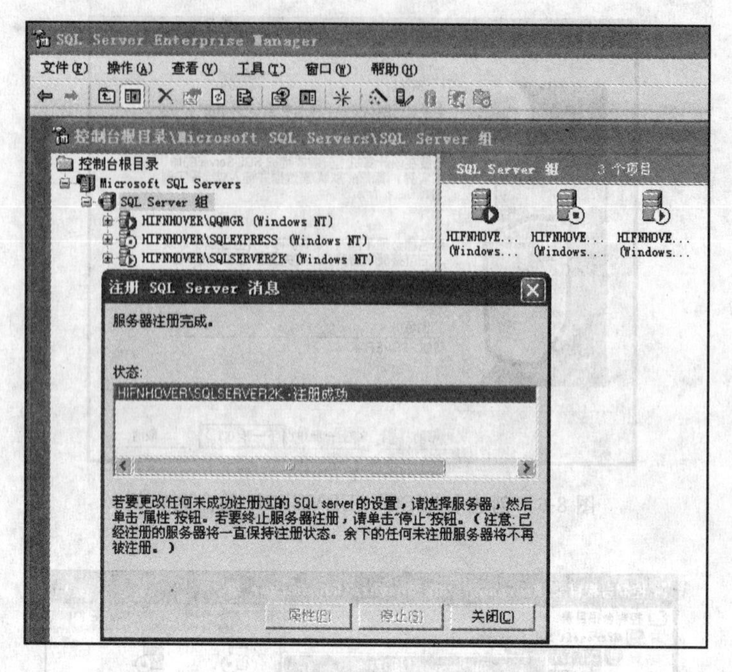

图 8-9 HIFNHOVER\SQLSERVER2K 注册成功

1. 创建数据库

用 SQL Server 2000 创建数据库有三种方式：a)使用向导创建数据库；b)使用企业管理器(enterprise manager)创建数据库；c)使用 Transact-SQL 语言创建数据库。

1) 使用向导创建数据库

步骤 1：打开"企业管理器"，选中 HIFNHOVER\SQLSERVER2K 服务器，选择"工具"|"向导"，在弹出对话框中选择"创建数据库向导"，如图 8-10 所示。

步骤 2：设置数据库名称、数据库文件及日志文件所在目录(图 8-11)。

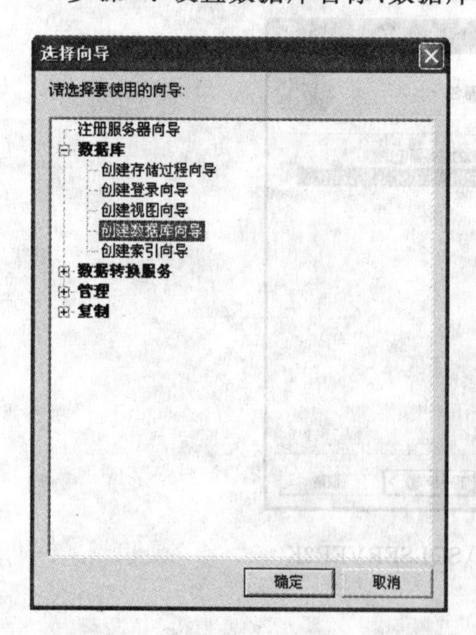

图 8-10 创建数据库向导

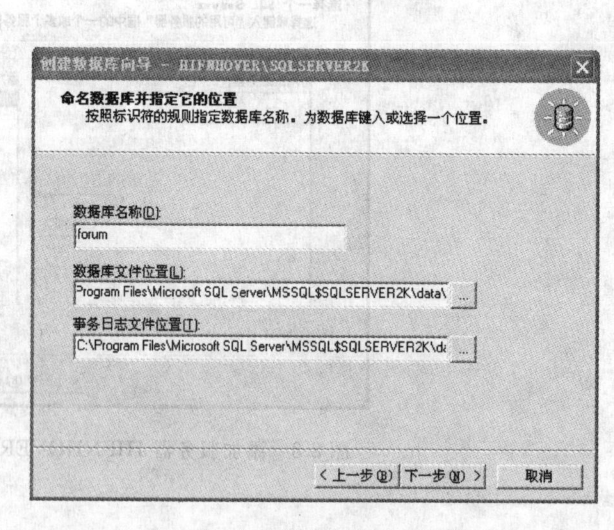

图 8-11 命名数据库并指定其位置

步骤 3：命名数据库文件(图 8-12)。

步骤 4：定义数据库文件的增长(图 8-13)。

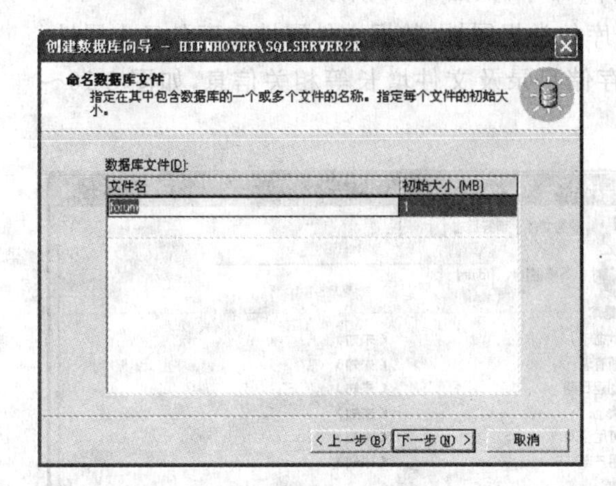

图 8-12　命名数据库文件

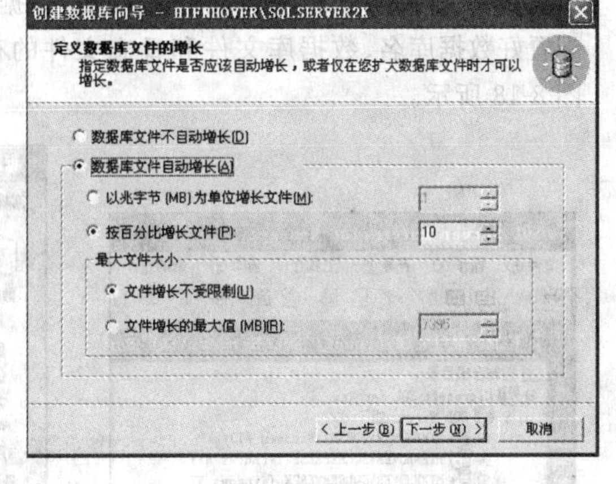

图 8-13　定义数据库文件的增长

接下来在命名事务日志文件并定义日志文件的增长后，将在 HIFNHOVER\SQLSERVER2K 服务器的数据库中增加一个名为 forum 的数据库文件，如图 8-14 所示。

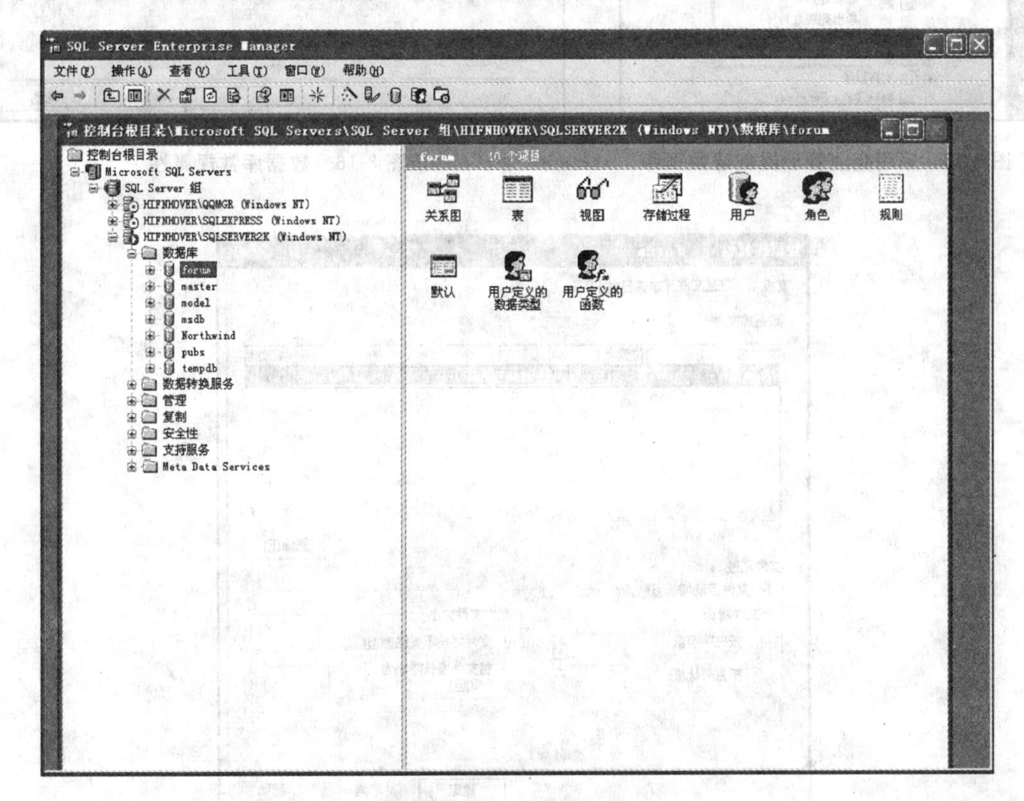

图 8-14　创建 forum 数据库

2) 使用企业管理器(enterprise manager)创建数据库

步骤 1：在“企业管理器”中选中 HIFNHOVER\SQLSERVER2K 服务器，单击工具栏中的“新数据库”图标 创建新的数据库。或者右击 HIFNHOVER\SQLSERVER2K 的“数据库”子项，在弹出菜单中选择“新建数据库”命令，如图 8-15 所示。

步骤 2：在弹出的对话框中依次设置数据库的常规属性、数据文件属性和事务日志属性，配置好数据库名、数据库文件和日志文件的存储目录及文件增长等相关信息，如图 8-16～图 8-18 所示。

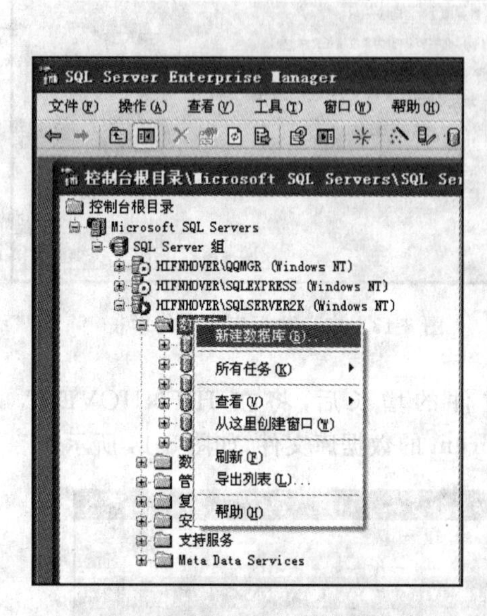

图 8-15 采用企业管理器创建数据库

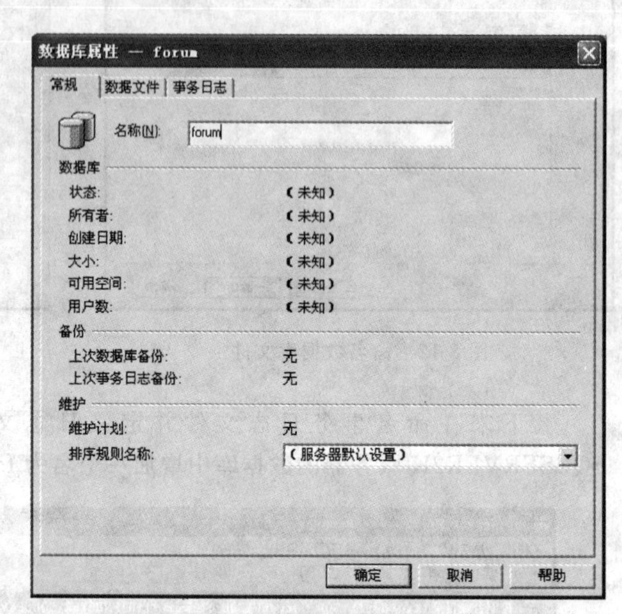

图 8-16 数据库常规属性

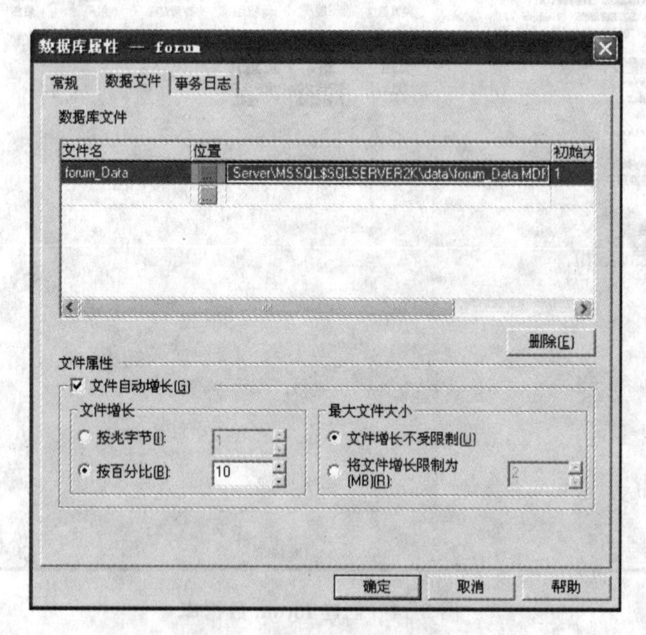

图 8-17 数据库数据文件属性

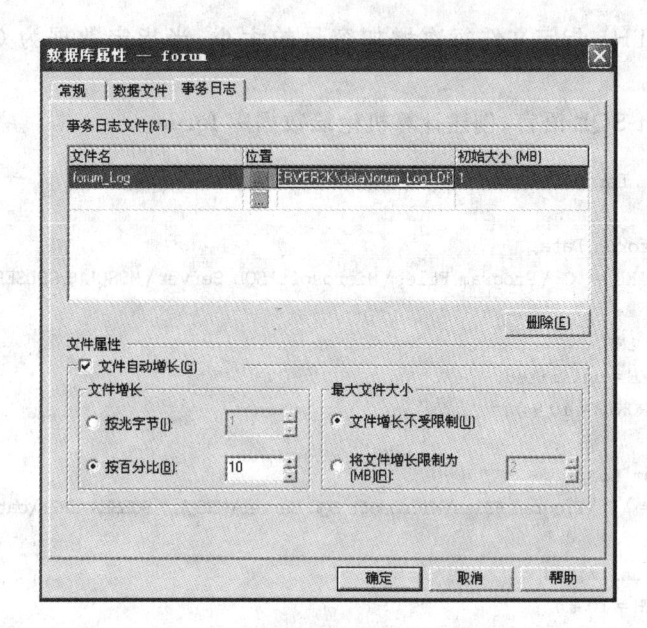

图 8-18　数据库事务日志属性

单击“确定”按钮，完成数据库 forum 的创建。

3）使用 Transact-SQL 语言创建数据库

最后，还可以使用 Transact-SQL 语言来创建数据库。

语法如下。

```
CREATE DATABASE database_name
[ON [PRIMARY]  [<filespec>[,…n]  [,<filegroupspec>[,…n]]  ]
        [LOG ON {<filespec>[,…n]}]
        [FOR RESTORE]
<filespec>::=([NAME=logical_file_name,]
FILENAME='os_file_name'
[,SIZE=size]
[,MAXSIZE={max_size|UNLIMITED}]
[,FILEGROWTH=growth_increment] )  [,…n]
<filegroupspec>::=FILEGROUP filegroup_name <filespec>[,…n]
```

各参数说明如下。

database_name：数据库的名称，最长为 128 个字符。

PRIMARY：该选项是一个关键字，指定主文件组中的文件。

LOG ON：指明事务日志文件的明确定义。

NAME：指定数据库的逻辑名称，这是在 SQL Server 系统中使用的名称，是数据库在 SQL Server 中的标识符。

FILENAME：指定数据库所在文件的操作系统文件名称和路径，该操作系统文件名和 NAME 的逻辑名称一一对应。

SIZE：指定数据库的初始容量大小。

MAXSIZE：指定操作系统文件可以增长到的最大尺寸。

FILEGROWTH：指定文件每次增加容量的大小，当指定数据为 0 时，表示文件不增长。

采用 Transact-SQL 语言，创建计算机论坛数据库 forum。

```
CREATE DATABASE forum
ON
PRIMARY (NAME forum_Data,
        FILENAME = 'C:\Program Files\Microsoft SQL Server\MSSQL $ SQLSERVER2K\data\forum_
Data.MDF',
        SIZE = 1MB,
        MAXSIZE = unlimited,
        FILEGROWTH = 10 % )
    LOG ON
    (NAMEforum_Log,
    FILENAME = ' C:\Program Files\Microsoft SQL Server\MSSQL $ SQLSERVER2K\data\forum_Log.LDF',
    SIZE = 1MB,
    MAXSIZE = unlimited,
    FILEGROWTH = 10 % )
```

根据以上代码，创建数据库 forum，该数据库有两个文件，其数据文件为 forum_Data.MDF，日志文件为 forum_Log.LDF。两个文件的初始大小都为 1MB，文件大小没有限制，文件增长速度为 10%。

将上述代码保存为 forum.sql 文件，在“企业管理器”中用“SQL 查询分析器”执行该文件，创建 forum 数据库。

2. 创建数据表

下面开始数据表的创建，以用户信息表 UserInfo 为例，在 forum 数据库中创建数据表的过程如下。

(1) 在“企业管理器”|HIFNHOVER\SQLSERVER2K|“数据库”|“forum 数据库”|“表”上右击，在弹出菜单中选择“新建表”选项(图 8-19)。

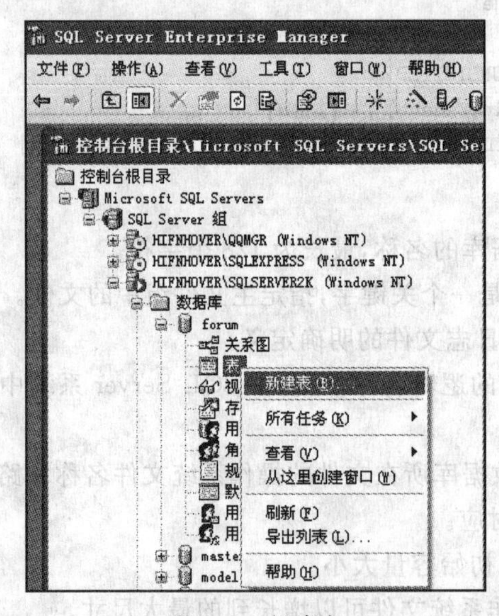

图 8-19 新建表

(2) 在弹出的表设计对话框中对表的列名、数据类型、长度等进行设置(图 8-20)。

(3) 添加表的记录,右击表 UserInfo,选择“打开表”|“返回所有行”,在弹出对话框中添加表的各项记录(图 8-21、图 8-22)。

列名	数据类型	长度	允许空
Uid	int	4	
Utype	int	4	
Uname	char	50	
Upassword	char	50	
Usex	char	10	✓
Uage	int	4	✓
Upubnum	int	4	✓

图 8-20 创建表 UserInfo

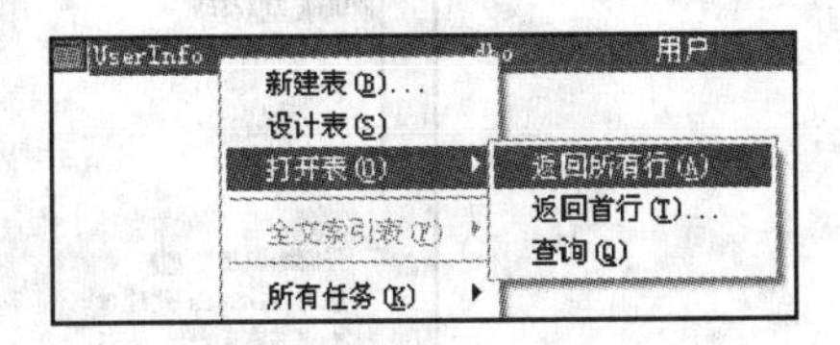

图 8-21 打开表 UserInfo

Uid	Utype	Uname	Upassword	Usex	Uage	Upubnum
0	100	admin	admin	男	26	0
1	1	斑竹1	board1	男	25	0
2	2	斑竹2	board2	女	23	0
3	3	斑竹3	board3	男	28	0
4	4	斑竹4	board4	男	22	0
101	0	user1	user1	女	24	1
102	0	user2	user2	男	23	1
103	0	user3	user3	男	25	2
104	0	user4	user4	男	26	4

图 8-22 添加表记录

帖子信息表如图 8-23 所示。

列名	数据类型	长度	允许空
Pid	int	4	
Uid	int	4	
Bid	int	4	
Rid	int	4	
Ptitle	nchar	200	
Pcontent	nchar	2000	
Prenum	int	4	✓
Ptime	nchar	100	
Pexcellent	int	4	✓

图 8-23 帖子信息表

8.3.2 SQL Server 的配置和启动

前面安装 SQL Server 时创建了一个命名实例 HIFNHOVER\SQLSERVER2K,用来为论坛系统提供数据库服务。并使用 SQL Server 2000 的企业管理器,在 HIFNHOVER\SQLSERVER2K 服务器上创建了数据库和数据表。下面需要对 SQL Server 服务器进行配置并启动。

1. SQL Server 服务器的网络配置

从“开始”菜单打开服务器网络实用工具,选择要配置的服务器上的实例 HIFNHOVER\SQLSERVER2K,如图 8-24 所示。

启用 TCP/IP 协议,选择属性,弹出协议配置对话框,如图 8-25 所示。

配置服务器端口,SQL Server 的默认端口为 1433。这样,数据库服务器实例(或进程)HIFNHOVER\SQLSERVER2K 将在 1433 端口提供服务。

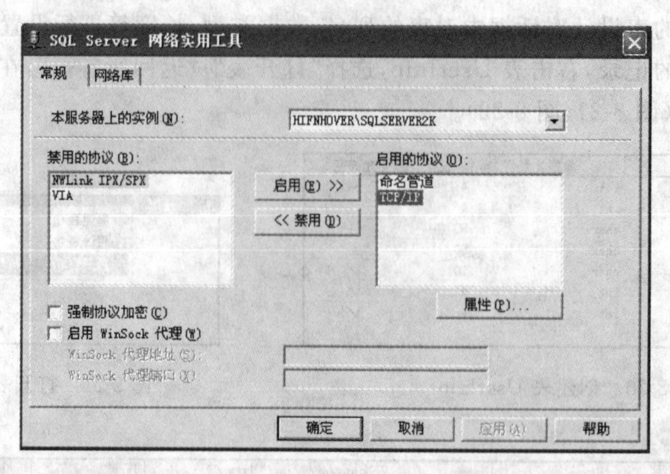

图 8-24　服务器网络实用工具

2. SQL Server 服务器启动

从开始菜单打开“服务管理器”，如图 8-26 所示。

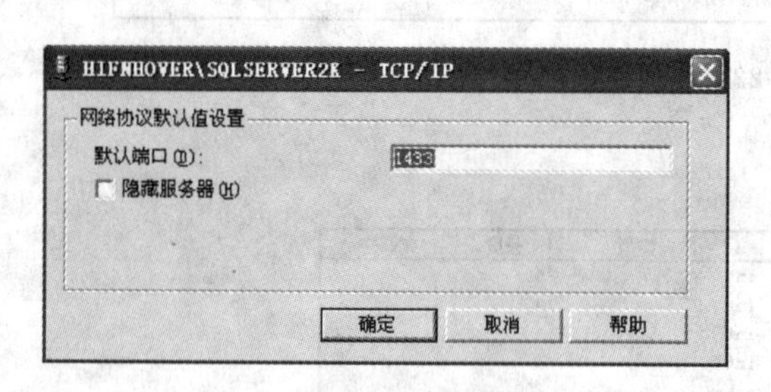

图 8-25　配置服务器端口

图 8-26　启动 SQL Server 服务器

选择 HIFNHOVER\SQLSERVER2K 服务器，选择 SQL Server 服务，然后单击“开始”按钮启动服务器。

8.3.3　前台客户端编程所使用的高级语言——JSP 简介

JSP 全称为 Java Server Page，是一种服务器端动态网页编程技术，以 Java 语言为基础，结合 HTML 超文本标记语言，其工作方式是将 Java 程序片嵌入到 HTML 静态文本中，生成 JSP 文件。当客户端浏览器请求 JSP 网页时，JSP Web 服务器(通常是 Apache Tomcat)在服务器端对用户请求的 JSP 网页做处理，主要是对网页中的 Java 程序进行处理，将处理结果与网页中的 HTML 文本一起返回到客户端浏览器，从而实现网页动态的功能。

JSP 编程需要有 HTML 和 Java 编程的基础，在此基础上再结合一些 JSP 语法，就能实现 JSP 编程。

1. JSP 页面

JSP 页面以.jsp 为扩展名，包括 HTML 标记符和 Java 程序片。Java 程序片的嵌入要遵循 JSP 的语法规则。

JSP 举例：

```
<%@ page contentType="text/html;charset=GB2312" %>
<HTML>
<BODY BGCOLOR=cyan>
<FONT Size=1>
<P>这是一个简单的 JSP 页面
   <%
       int i, sum=0;
       for(i=1;i<=100;i++)
         {
           sum=sum+i;
         }
     %>
<P> 1 到 100 的连续和是:
<BR>
  <%=sum %>
</FONT>
</BODY>
<HTML>
```

以上为一个简单 JSP 网页，在<% %>之间的是 Java 程序片，程序的功能是对 1 到 100 求和。

2. JSP 基本语法

JSP 页面的基本结构包括 5 个部分：普通的 HTML 标记符；JSP 标签，如指令标签、动作标签；变量和方法的声明；Java 程序片；Java 表达式。

JSP 页面中包括以下 JSP 元素。

编译器指示：<%@ 编译器指示 %>。

变量声明：<%! 变量声明 %>。

表达式：<%= 表达式 %>。

程序代码段/小型指令：<% 程序代码片段 %>。

注释：<%-- 注释 --%>。

1）声明变量、方法和类

Java 的变量声明语句放在<%!和%>标记符号之间，类型可以是 Java 语言允许的任何数据类型，这些变量称为 JSP 页面的成员变量，在 <%! 和%>之间声明的变量在整个 JSP 页面都有效。因为 JSP 引擎转换 JSP 页面成 Java 文件时，将这些变量作为类的成员变量，这些变量的内存空间直到服务器关闭时才被释放。所以所有请求该页面的线程共享 JSP 页面的成员变量，任何客户对该成员变量的操作结果都影响其他客户。

<%!和%>之间声明方法，该方法在整个 JSP 页面有效，但是该方法内定义的变量只在该方法内有效。这些方法在 Java 程序片中被调用。当方法被调用时，方法中的变量被分配内存，调用完毕释放所占的内存。当多个客户请求一个 JSP 页面时，可以使用方法操作成员变量。

<%!和%>之间声明类，该类在整个 JSP 页面有效，在 JSP 页面的 Java 程序片中可以使用该类创建对象。

2) Java 程序片

<%和%>之间插入 Java 程序片。一个页面的多个程序片将按顺序执行。

在<%和%>之间声明的变量为局部变量,具有以下性质:在 JSP 页面的所有程序片及表达式中有效;不同客户的局部变量互不影响。

3) JSP 中的注释

注释可以增强 JSP 文件的可读性,并易于 JSP 文件的维护。注释分为两种:HTML 注释,JSP 注释。

HTML 注释在标记符号<! -- 和-->之间,JSP 引擎把 HTML 注释交给客户,客户通过浏览器查看 JSP 原文件时,能够看到 HTML 注释。

JSP 注释在标记符号<%-- 和--%>之间,JSP 引擎忽略 JSP 注释,客户通过浏览器查看 JSP 原文件时,不能够看到 JSP 注释。

4) JSP 指令标签

(1) page 标签。

page 指令标签用于定义整个 JSP 页面的一些属性和这些属性的值。

page 指令的格式:<%@ page 属性 1="属性 1 的值" 属性 2="属性 2 的值" …% >。

page 指令对整个页面有效,与其书写位置无关,但习惯写在页面的最前面。

属性值一般用双引号括起来。除了 import 属性以外,其他属性只能指定一个值。

如果要为 import 指定多值,这些值用逗号隔开。如:

```
<%@ page import = "java.util.*", "java.io.*", "java.awt.*" %>
```

对应的 Java 语句:
```
import java.util.*;
import java.io.*;
import java.awt.*;
```

一个 JSP 页面中,可以使用多个 page 指令来指定属性和值,但是不能重复指定。

正确使用:

```
<%@ page contentType = "text/html;charset = GB2312" %>
<%@ page import = "java.util.*" %>
<%@ page import = "java.io.*","java.awt.*" %>
```

错误使用:

```
<%@ page contentType = "text/html;charset = GB2312" %>
<%@ page contentType = "text/html;charset = GB2312" %>
```

a) Language 属性

Language 属性用于定义 JSP 页面使用的脚本语言,该属性的默认值是 java。

书写格式:

```
<%@ page language = "java" %>
```

b) import 属性

import 属性用于为 JSP 页面引入 Java 核心包中的类,这样就可以在 JSP 页面的程序片部分、变量及函数声明部分、表达式部分使用包中的类。可以为该属性指定多个值,属性的值可以是 Java 某包中所有的类或一个具体的类。

例如：

```
<%@ page import = "java.util.*", "java.io.*", "java.awt.*" %>
```

JSP 页面默认的 import 属性已有的值为：

```
"java.lang.*" "javax.servlet.*" "javax.servlet.jsp.*" "javax.servlet.http.*"
```

c) contentType 属性

定义 JSP 页面响应的 MIME 类型和 JSP 页面字符的编码。属性值的一般形式是“MIME 类型”或“MIME 类型；charset=编码”。

例如：

```
    <%@ page contentType = "text/html;charset = GB 2312" %>
contentType 的默认值是"text/html;charset = ISO - 8859 - 1"
```

d) session 属性

设置是否需要使用内置的 session 对象。session 属性的值可以是 true 和 false。默认的属性值是 true。session 在网页的数据传送中起到重要的作用。

e) buffer 属性

buffer 属性用于指定内置输出流对象 out 设置的缓冲区的大小或不使用缓冲区。buffer 属性可以取值 none，设置 out 不使用缓冲区。buffer 属性的默认值是 8Kb。

例：

```
<%@ page buffer = "24Kb" %>
```

f) autoFlush 属性

autoFlush 属性用于指定 out 的缓冲区被填满时，缓冲区是否自动刷新。

autoFlush 属性可以取值 true 或 false，autoFlush 属性的默认值是 true。当 autoFlush 属性取值 false 时，如果 out 的缓冲区被填满，就会出现缓存溢出异常。当 buffer 的值是 none 时，autoFlush 属性值不能设置为 false。

g) isThreadSafe 属性

isThreadSafe 属性用于设置 JSP 页面是否可多线程访问。

isThreadSafe 属性的属性值取 true 或 false。当 isThreadSafe 属性值设置为 true 时，JSP 页面能同时响应多个客户的请求，当 isThreadSafe 属性值设置为 false 时，JSP 页面能同一时刻只能处理和响应一个客户的请求，其他客户需排队等待。

isThreadSafe 属性的默认值是 true。

(2) include 指令标签。

include 指令标签可以在 JSP 页面某处整体嵌入一个文件。被插入的文件必须是可访问和可使用的。必须和当前的 JSP 页面在同一 Web 服务目录中。必须保证新合并的 JSP 页面符合 JSP 语法规则。

```
<%@ page contentType = "text/html;charset = GB 2312" %>
<HTML>
```

```
<BODY BGCOLOR = blue>
<H3>
<%@ include file = "hello.txt" %>
</H3>
</BODY>
</HTML>
```

include 插入文件是静态的。JSP 服务引擎将当前 JSP 页面和插入的部分合并成一个新的 JSP 页面,然后再将这个新的 JSP 页面转译成 Java 类文件。如果插入的文件进行了修改,那么必须重新编译主页面(重新保存主页面,然后再访问该页面)。

(3) JSP 动作标签。

动作标签是一种特殊的标签,它影响 JSP 运行时的功能。

a) include 动作标签

该标签使 JSP 页面动态包含一个文件。JSP 页面运行时才将文件加入。

JSP 服务引擎将当前 JSP 页面转译成 Java 类文件时,不把动作指令 include 所包含的文件和原 JSP 页面合并成一个新的 JSP 页面,而是告诉 Java 解释器,当文件在 JSP 运行时才被包含进来。

include 动作标签和 include 指令标签的区别: 动作标签执行时对包含的文件处理,指令标签在转译前处理; 动作标签所包含的文件在逻辑和语法上独立,指令标签不独立; 使用动作标签的文件修改后不需要处理包含页面文件,使用指令标签的文件修改后需要重新转译 Java 文件。

```
<%@ page contentType = "text/html;charset = GB 2312" %>
<HTML>
<BODY BGCOLOR = Cyan><FONT Size = 4>
<P>加载的文件:
   <jsp:include page = "Myfile/Hello.txt" />
<P>加载的图像:
<BR>
   <jsp:include page = "image.html" />
</BODY>
</HTML>
```

b) param 动作标签

以"名字-值"对的形式为其他标签提供附加信息,这个标签与 jsp:include、jsp:forward、jsp:plugin 标签一起使用。

格式:

```
<jsp:param name = "名字" value = "指定给 param 的值"/>
```

当与 include 动作标签一起使用时,可以将 param 标签中的值传递到 include 指令要加载的文件中。可以在加载文件的过程中向该文件提供信息。

tom.jsp 文件:

```
<%@ page contentType = "text/html;charset = GB 2312" %>
<HTML>
<BODY>
```

```
    <%
        String str = request.getParameter("computer");            //获取值
        int n = Integer.parseInt(str);
        int sum = 0;
        for(int i = 1;i <= n;i++)
            {
                sum = sum + i;
            }
    %>
<P>
    从 1 到<% = n %>的连续和是:
<BR>
  <% = sum %>
</BODY>
</HTML>

<%@ page contentType = "text/html;charset = GB 2312" %>
<HTML>
<BODY>
<P>加载文件效果:
   <jsp:include page = "tom.jsp">
     <jsp:param name = "computer" value = "300" />
   </jsp:include>
</BODY>
</HTML>
```

c) forward 动作标签

作用是从该指令处停止当前页面的继续执行,而转向其他一个 JSP 页面。

例:

```
<jsp:forward page = "要转向的页面"/>

<%@ page contentType = "text/html;charset = GB 2312" %>
<HTML>
<BODY>
<%
    double i = Math.random();
    if(i > 0.5)
    {
%>
      <jsp:forward page = "Example2_1.jsp" />
<%
    }
   else
    {
%>
       <jsp:forward page = "Example2_3.jsp" />
<%
    }
%>
    <P>
```

```
    这句话和下面的表达式的值能输出吗?
    <% = i%>
</BODY>
</HTML>
```

例如：结合 param 传送信息。

```
<%@ page contentType = "text/html;charset = GB 2312" %>
<HTML>
<BODY>
<%
    double i = Math.random();
%>
  <jsp:forward page = "come.jsp" >
     <jsp:param name = "number" value = "<% = i%>" />
  </jsp:forward>
</BODY>
</HTML>

come.jsp
<%@ page contentType = "text/html;charset = GB 2312" %>
<HTML>
<BODY bgcolor = cyan><FONT Size = 5>
<%
    String str = request.getParameter("number");
    double n = Double.parseDouble(str);
%>
  <P>您传过来的数值是:<BR>
   <% = n%>
</BODY>
</HTML>
```

d) plugin 动作标签

指示 JSP 页面加载 Java plugin 插件，该插件由客户负责下载，并使用该插件来运行 Java applet 小应用程序。

e) useBean 动作标签

用来创建并使用一个 JavaBean。

建议用 html 完成 JSP 页面的静态部分，用 JavaBean 完成动态部分，实现真正意义上的静态和动态分割。

5) JSP 内置对象。

JSP 内置对象不用声明就可以在 JSP 页面的脚本部分使用。主要有 request、response、session、application、out。

(1) request 对象

内置对象 request 封装了用户提交的信息。该对象调用相应的方法可以获得封装的信息。客户一般使用 HTML 表单向服务器的某个 JSP 页面提交信息。获取客户提交的信息最常用的方法是：request.getParameter(String s)。

例如：request.getParameter("boy");

(2) response 对象

使用 response 对象对客户的请求做出动态响应,向客户端发送数据。

动态响应 contentType 属性:

由于 page 指令只能为 contentType 属性指定一个值来决定响应的 MIME 类型,如果想动态地改变这个属性的值来响应客户,就要使用 response 对象的 setContentType (String s)方法来改变 contentType 的属性值。

例如:response. setContentType("application/msword;charset=GB 2312")

(3) session 对象

客户打开浏览器连接服务器的某个服务目录,到客户关闭浏览器离开服务器称做一个会话。必须使用会话记录连接的有关信息。服务器通过 session(会话)对象知道这是同一个客户。

session 对象的 id:

当一个客户首次访问服务目录中的一个 JSP 页面时,JSP 引擎产生一个 session 对象,这个对象调用响应的方法可以存储客户在访问各个页面期间提交的各种信息。

session 对象被分配一个 String 类型的 id 号,JSP 引擎将该 id 号发送给客户端,存放在客户的 cookie 中,这样,session 对象就和客户端建立起一一对应的关系。

直到客户关闭浏览器或这个 session 对象达到最大生存时间,服务器端该客户的 session 对象被取消,和客户的会话对应关系消失。

当客户重新打开浏览器再连接到该服务目录时,服务器为该客户再创建一个新的 session 对象。

同一个客户在不同的服务目录中的 session 是互不相同的。

(4) out 对象

out 对象是一个输出流,用来向客户端输出数据。

out 对象的数据输出方法:

out.print(Boolean),out.println(Boolean)用于输出一个布尔值。

out.print(char),out.println(char) 输出一个字符。

out.print(double),out.println(double)输出一个双精度的浮点数。

out.print(float),out.println(float) 用于输出一个单精度的浮点数。

out.print(long),out.println(long)输出一个长整型数据。

out.print(String),out.println(String) 输出一个字符串对象的内容。

out.newLine()输出一个换行符。

out.flush()输出缓冲区里的内容。

out.close()关闭流。

(5) application 对象

服务器启动后,就产生了这个 application 对象。当一个客户访问服务目录上的一个 JSP 页面时,JSP 引擎为该客户分配这个 application 对象,当客户在所访问的服务目录的各个页面之间浏览时,这个 application 对象都是同一个,直到服务器关闭,这个 application 对象才被取消。所有客户的 application 对象是相同的。

8.3.4 连接数据库

本论坛系统采用 JDBC＋ODBC＋SQL Server 2000 的方式连接数据库，在建立数据库连接之前需要完成以下几个步骤的准备工作。

步骤 1：安装 JDK(JDK 版本：Java SE 1.6.0_17)。

设置 Java 环境变量(表 8-5)。

表 8-5 JDK 环境变量设置

变 量 名	变 量 值
java_home	C:\Program Files\Java\jdk1.6.0_17
classpath	C:\Program Files\Java\jdk1.6.0_17\jre\lib
path	C:\Program Files\Java\jdk1.6.0_17\bin

步骤 2：安装 Web 服务器(Apache Tomcat 版本：Apache Tomcat 5.5)。

安装 Tomcat 后，将论坛系统上下文环境添加到 Tomcat 服务器的虚拟机 localhost 中(图 8-27)。

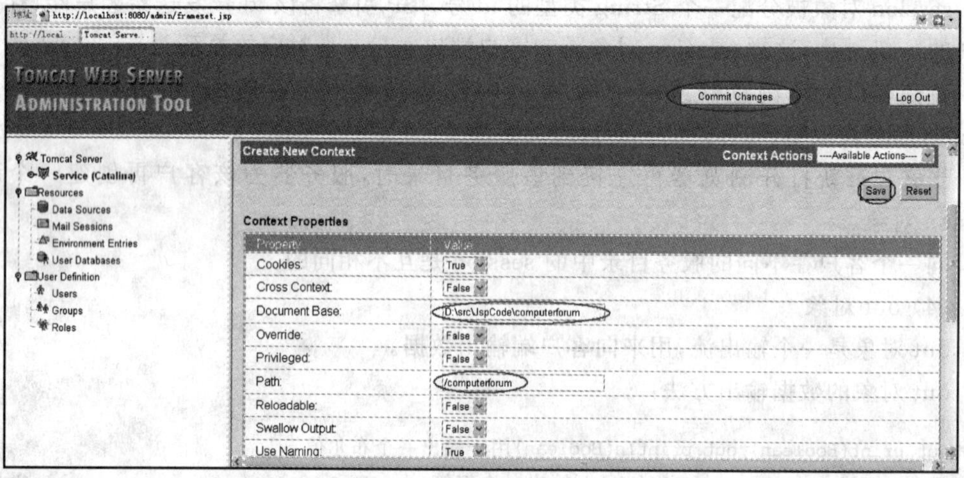

图 8-27 添加系统上下文

Document Base：D:\src\JspCode\computerforum，为论坛系统文件所在的实际路径。

Path：/computerforum，虚拟路径，访问时可通过 http://localhost:8080/computerforum/*.jsp 访问论坛系统文件夹下的文件。

步骤 3：安装 SQL Server 2000(SQL Server 2000 简体中文个人版)。

安装 SQL Server 2000 时，创建 SQL Server 服务器的命名实例 HIFNHOVER\SQLSERVER2K，其中 HIFNHOVER 为主机名称。具体过程参考 8.3.1 节。

步骤 4：安装 JSP 访问 SQL Server 2000 的驱动程序(SQL Server 2000 Driver for JDBC Service Pack 3)。

要用 JDBC 连接 SQL Server 2000 数据库，需要安装 JSP 访问 SQL Server 2000 的驱动程序，建议安装 SP3 版，否则会出现无法连接的问题。

步骤 5：创建数据库和数据表。

创建数据库和数据表的过程参考 8.3.1 节。

步骤 6：启动 SQL Server。

启动 SQL Server 的过程参考 8.3.2 节。

在完成上述准备工作后，现在开始连接数据库，分为以下两个步骤。

1. 建立 ODBC 连接

在"控制面板"|"管理工具"|"数据源(ODBC)"中建立 ODBC 连接，假定要连接的 SQL Server 数据库名称为 forum，该数据库下有 UserInfo，PostInfo 两张数据表，为该数据库创建的数据源名称为 dbsforum，建立 ODBC 连接过程如下。

1）打开 ODBC 数据源管理器

选择系统 DSN，然后单击"添加"按钮(图 8-28)。

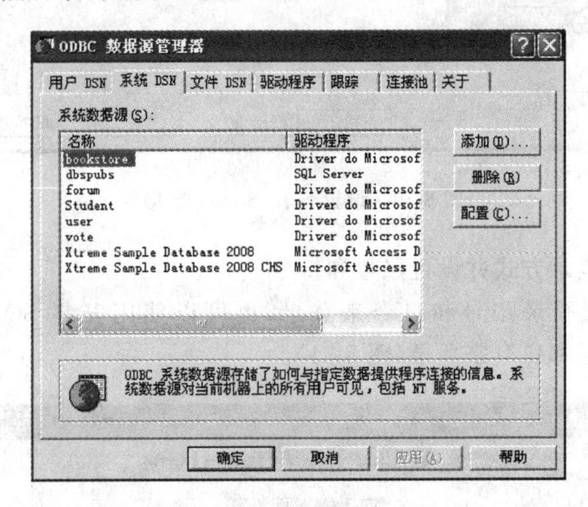

图 8-28 ODBC 数据源管理器

2）创建新数据源

在创建新数据源中选择 SQL Server，单击"完成"按钮(图 8-29)。

图 8-29 创建新数据源

3）设置 SQL Server 数据源

设置 SQL Server 数据源名称为 dbsforum，选择 SQL Server 服务器，这里是前面创建的 SQL Server 实例 HIFNHOVER\SQLSERVER2K（图 8-30）。

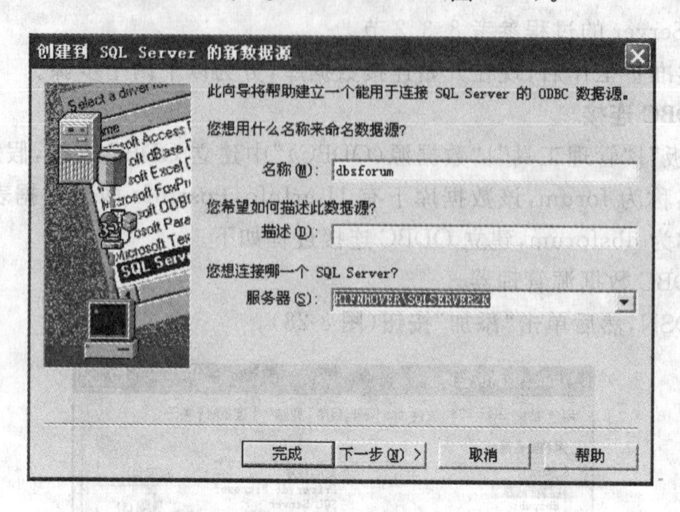

图 8-30　设置 SQL Server 数据源

4）选择服务器登录方式并设置账号和口令

可以选择本机的登录账号和口令来登录，也可以使用安装 SQL Server 时，为 SQL Server 设置的 sa 账号和口令来登录（图 8-31）。

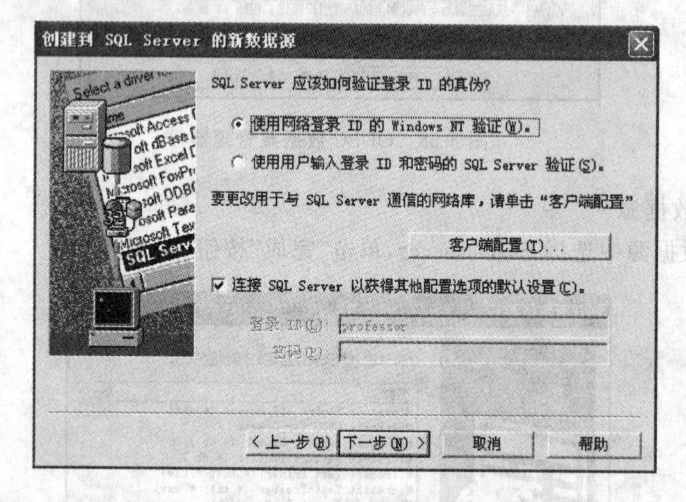

图 8-31　设置服务器登录方式以及账号和口令

5）选择服务器实例上的数据库

选择服务器实例上的数据库，这里数据库为 forum，也就是在 SQL Server 企业管理器中创建的论坛系统的数据库（图 8-32）。

接下来按照向导进行一些其他配置后，单击“完成”按钮，dbsforum 数据源就添加到 ODBC 数据源中，如图 8-33 所示。

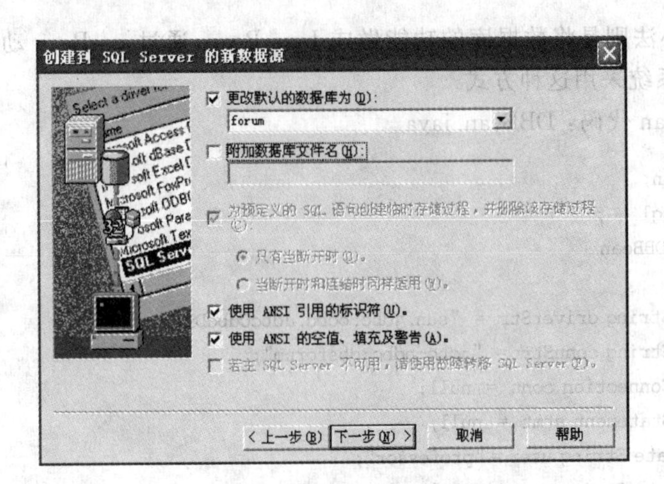

图 8-32　设置数据库

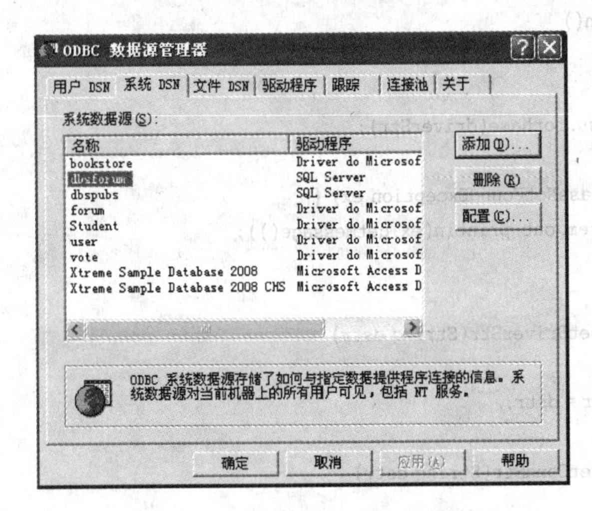

图 8-33　添加的 dbsforum 数据源

2. 建立 JSP 与 SQL Server 的连接

JSP 连接数据库的方式有以下两种。

1) 直接在 jsp 源文件中通过 Java 程序片加载驱动程序，指定数据源，建立连接，并使用 SQL 语言进行数据库操作。核心代码如下：

```
<% Class.forName("sun.jdbc.odbc.JdbcOdbcDriver");
   String url = "jdbc:odbc:dbsforum";
   String user = " ";
   String password = " ";
   Connection conn = DriverManager.getConnection(url,user,password);
   Statement stmt = conn.createStatement();
   String sql = "select Uid,Uname from UserInfo";
   ResultSet rs = stmt.executeQuery(sql);
   while(rs.next())
   …
```

2）更好的办法则是将数据库的功能做成 Java Bean，通过 useBean 动作标签来进行数据库的操作，本系统采用这种方式

（1）Java Bean 代码：DBBean.java

```
package dbBean;
import java.sql. * ;
public class DBBean
{
    private String driverStr = "sun.jdbc.odbc.JdbcOdbcDriver";
    private String connStr = "jdbc:odbc:dbsforum";
    private Connection conn = null;
    private Statement stmt = null;
        private String user = "professor";
        private String password = "newboy123#";

    public DBBean()
    {
        try {
            Class.forName(driverStr);
        }
        catch(ClassNotFoundException ex) {
            System.out.println(ex.getMessage());
        }
    }
    public void setDriverStr(String dstr)
    {
        driverStr = dstr;
    }
    public void setConnStr(String cstr)
    {
        connStr = cstr;
    }
    public ResultSet executeQuery(String sql)
    {
        ResultSet rs = null;
        try {
            conn = DriverManager.getConnection(connStr,user,password);
            stmt = conn.createStatement();
            rs = stmt.executeQuery(sql);
        }
        catch(SQLException ex) {
            System.out.println(ex.getMessage());
        }
        return rs;
    }
    public int executeUpdate(String sql)
    {
```

```
        int result = 0;
        try{
            conn = DriverManager.getConnection(connStr,user,password);
            stmt = conn.createStatement();
            result = stmt.executeUpdate(sql);
        }
        catch(SQLException ex){
            System.out.println(ex.getMessage());
        }
        return result;
    }
    public void close()
    {
        try{
            stmt.close();
            conn.close();
        }
        catch(SQLException ex){
            System.out.println(ex.getMessage());
        }
    }
}
```

编译后将生成的 DBBean.class 文件放在包路径 dbBean 中。

(2) Java Bean 的使用

```
<jsp:useBean id = "conn" class = "dbBean.DBBean" scope = "session"/>
<jsp:setProperty name = "conn" property = "connStr" value = "jdbc:odbc:dbsforum"/>
ResultSet rs = null;
String sql = "select count( * ) from UserInfo where Utype <> 100";
    rs = conn.executeQuery(sql);
if(rs.next())
…
```

通过 useBean 标签加载类 dbBean.DBBean,采用 setProperty 设置 Java Bean 连接的数据源为 jdbc:odbc:dbsforum,就可以通过对 Java Bean 中提供的函数的调用来实现数据库操作。

8.4 计算机学习论坛管理系统实例

根据图 8-1,计算机学习论坛管理系统包括三个主要功能模块:用户管理、版块管理和帖子管理。前面已经介绍了系统各模块的功能,并创建了数据库和数据表,本节将结合实例,按照系统功能模块的划分,讲解基于 JSP 的论坛系统的实现方法,并着重介绍数据库的访问过程。

图 8-34 是论坛系统工作总体流程图,如图 8-34 所示,用户的一切操作只有在成功登录后才可以进行,没有系统账号的用户要先注册,用户登录后,系统将根据用户级别授予其相应的系统访问权限,用户注销后回到登录界面。

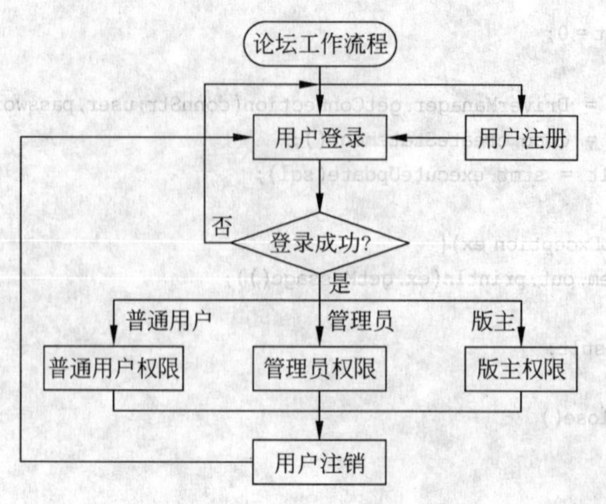

图 8-34　论坛系统工作流程图

8.4.1　用户管理模块的创建

用户管理模块实现用户注册、登录、注销、删除的功能，根据用户级别不同，不同的用户具有不同的系统操作权限。图 8-35 是用户管理模块的流程图。

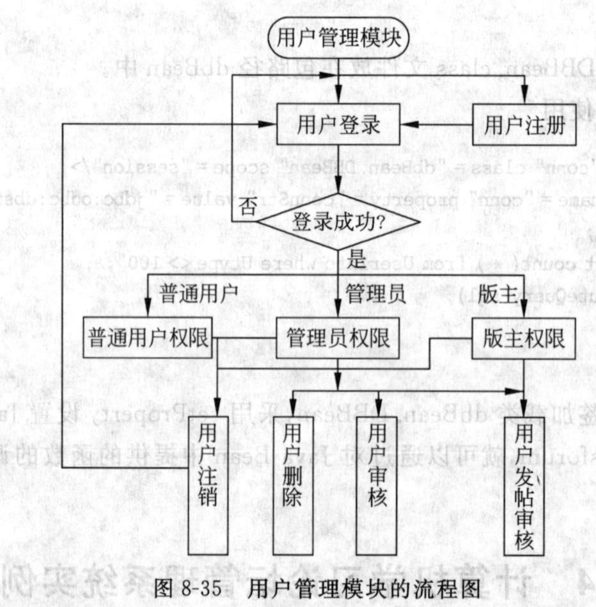

图 8-35　用户管理模块的流程图

用户管理模块提供三种用户权限，普通用户、管理员和版主。普通用户可以登录、注册和注销，版主除拥有普通用户的一切权限外还可以对用户的帖子进行审核，而管理员除拥有上述所有权限外还可以审核和删除用户。

1. 论坛系统登录界面

论坛系统登录界面如图 8-36 所示。

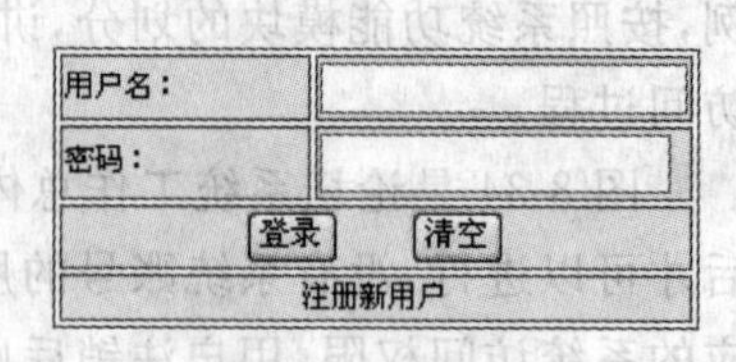

图 8-36　用户登录界面

用户登录界面要求用户输入用户名和密码，并提供用户注册的功能。登录界面核心代码如下。

```
<table border bordercolor = "#FF3399">
<form method = "post" action = "verify.jsp">
<tr><td width = "40%">用户名：</td>
    <td><input type = "text" name = "user"></td>
<tr><td width = "40%">密码：</td>
    <td><input type = "password" name = "pw"></td>
<tr>
     <td colspan = "2" align = "center">
          <input type = "submit" value = "登录">    
          <input type = "reset" value = "清空">
     </td>
</form>
<tr><td colspan = "2" align = "center"><a href = "register.jsp">注册新用户</a></td>
</table>
```

2. 论坛系统注册界面

用户注册界面(图 8-37)代码与登录界面的实现类似，这里不再重复。

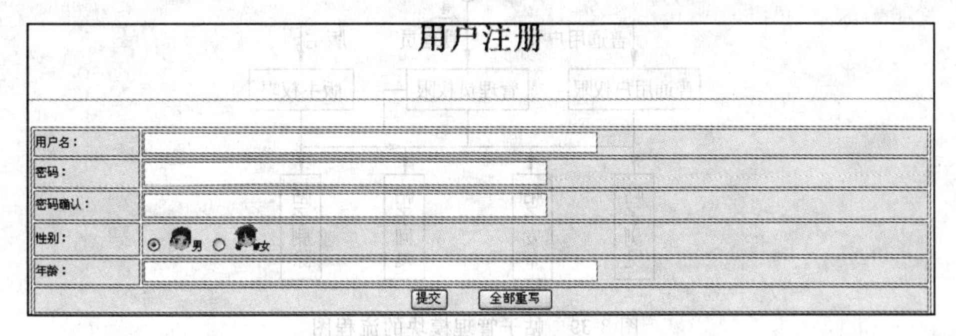

图 8-37　用户注册界面

8.4.2　版块管理模块的创建

论坛系统按计算机专业门类划分为多个学习版块，管理员和版主拥有对版块进行管理的权利。版块管理模块流程图如图 8-38 所示。

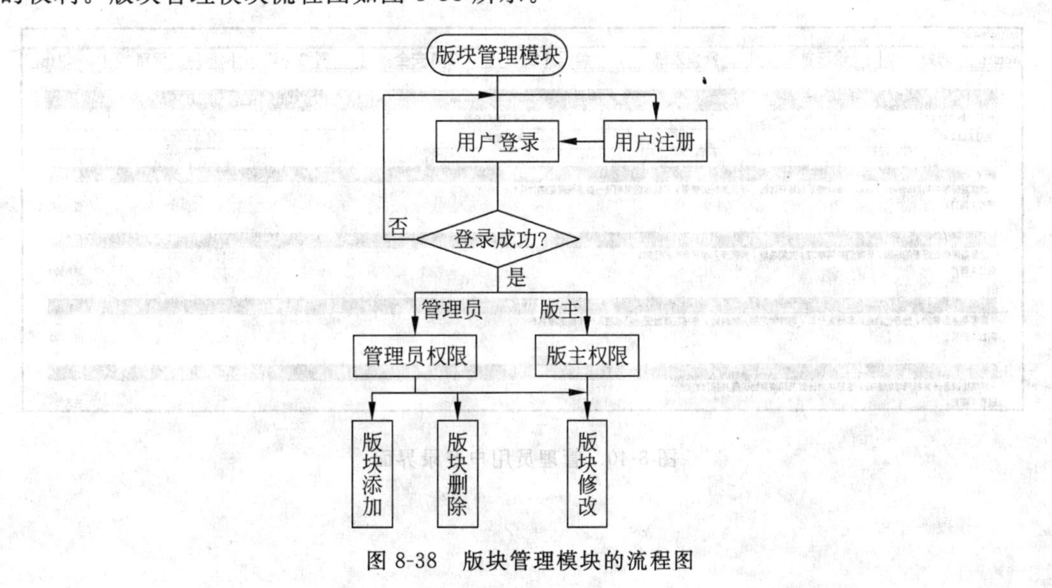

图 8-38　版块管理模块的流程图

用户首先登录系统，然后根据用户级别授予不同的管理权限，管理员具有版块添加、删除和修改的权限，版主只拥有版块修改的权限。

8.4.3 帖子管理模块的创建

根据用户发帖所处的版块，其所发的帖子自动被划到对应的版块进行管理。帖子的管理功能包括浏览、发贴、回帖和删除，如图 8-39 所示。

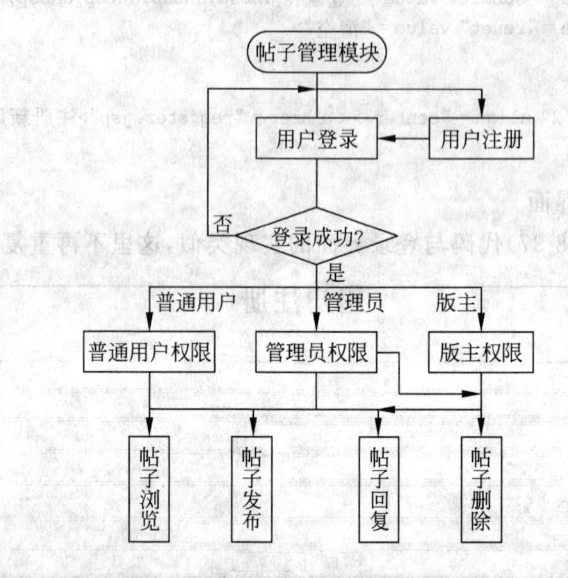

图 8-39 帖子管理模块的流程图

根据图 8-39 可以看出普通用户只具有浏览、发布和回复帖子的权限，而管理员和版主除拥有上述权限外还可以对帖子进行删除。

图 8-40 为管理员用户登录后看到的界面，可以看到论坛有 4 个版块：操作系统、编程开发、信息安全、网络协议。作为管理员用户，拥有用户管理权限。

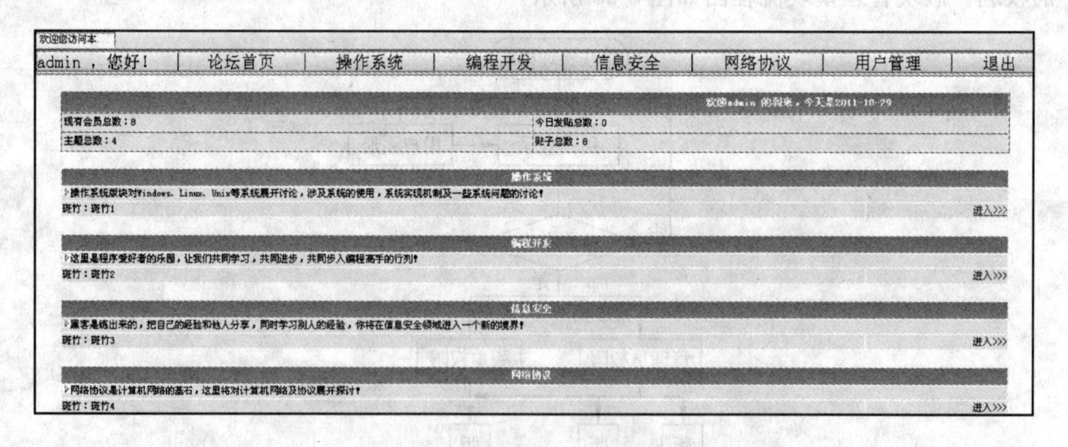

图 8-40 管理员用户登录界面

8.5 小　　结

本章应用JSP实现了一个简单的计算机学习论坛管理系统，数据库采用SQL Server 2000，连接数据库的方式为JDBC＋ODBC＋SQL Server 2000，在介绍论坛系统的具体实现过程中，重点介绍了数据库的设计、创建以及连接方法，通过实例帮助大家更好地掌握数据库技术并能加以应用。

8.6 习　　题

试简述设计开发计算机学习论坛管理系统的过程。

第9章 航空公司信息管理系统案例

一个正常营运的航空公司需要管理所拥有的飞机、航线的设置、客户的信息等，更重要的还要提供票务管理。面对各种不同种类的信息，需要合理的数据库结构来保存数据信息以及有效的程序结构来支持各种数据操作的执行。

本章将以一个航空公司管理信息系统为例子，来讲述如何建立一个航空公司管理信息系统。

9.1 系统设计

9.1.1 系统功能分析

系统开发的总体任务是实现各种信息的系统化、规范化和自动化。

系统功能分析要在系统开发的总体任务的基础上完成。本例中的航空公司管理信息系统需要完成功能主要有：

- 舱位信息的输入和修改，包括舱位等级编号、舱位等级名称、提供的各种服务类别以及备注信息等。
- 客机信息的输入、修改和查询，包括客机编号、客机型号、购买时间、服役时间、经济舱座位数量、公务舱座位数量、头等舱座位数量以及备注信息等。
- 航线信息的输入、修改和查询，包括航线编号、出发城市、到达城市、航班日期、出发时间、到达时间、客机编号、经济舱价格、公务舱价格、头等舱价格和备注信息等。
- 客户等级信息的输入、修改，包括客户等级编号、客户等级名称、折扣比例和备注信息等。
- 客户信息的输入、修改和查询，包括客户编号、客户姓名、客户性别、身份证号码、联系电话、客户类型和备注信息等。
- 订票信息的输入、查询和修改，包括订票编号、客户编号、客户姓名、客户类型、折扣比例、航线编号、出发城市、到达城市、出发时间、舱位类型、票价、结算金额和备注信息等。

9.1.2 系统功能模块设计

按照结构化程序设计的要求，对上述各项功能进行集中、分块，得到如图 9-1 所示的系统功能模块图。

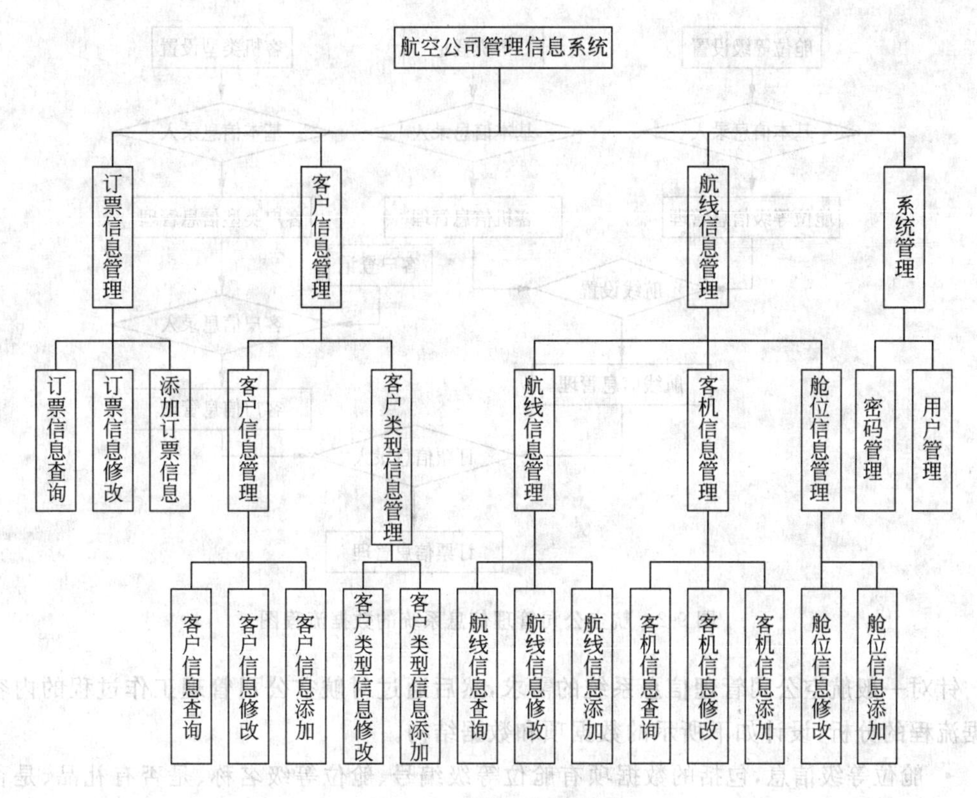

图 9-1　系统功能模块图

9.2　数据库设计

数据库在一个信息管理系统中占有非常重要的地位，数据库结构设计的好坏将直接对应用系统的效率以及实现的效果产生影响。合理的数据库结构设计可以提高数据存储的效率，并且保证数据的完整性和一致性。

设计数据库系统时应该首先充分了解用户各个方面的需求，包括现有的以及将来可能增加的需求。数据库设计一般包括如下几个步骤。

(1) 数据库需求分析。

(2) 数据库概念结构设计。

(3) 数据库逻辑结构设计。

9.2.1　数据库需求分析

用户的需求具体体现在各种信息的提供、保存、更新和查询上，这就要求数据库结构能充分满足各种信息的输出和输入。这个过程的目标是收集基本数据、数据结构以及数据处理的流程，组成一份详尽的数据字典，为后面的具体设计打下基础。

在仔细分析和调查有关航空公司管理信息需求的基础上，将得到如图 9-2 所示的本系统所处理的数据流程。

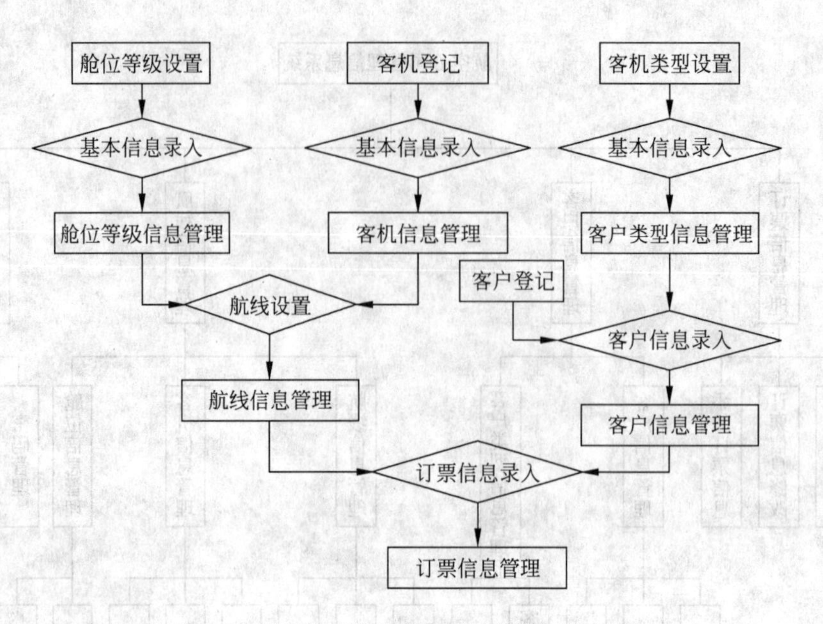

图 9-2 航空公司管理信息系统的数据流程图

针对一般航空公司管理信息系统的需求，然后通过对航空公司管理工作过程的内容和数据流程的分析，设计如下所示的数据项和数据结构。

- 舱位等级信息，包括的数据项有舱位等级编号、舱位等级名称、是否有礼品、是否有报纸、是否有饮料、是否有午餐、是否有电影、是否可以改签、是否可以退票、是否可以打折、备注信息等。
- 客机信息，包括的数据项有客机编号、客机型号、购买时间、服役时间、经济舱座位数量、公务舱座位数量、头等舱座位数量、备注信息等。
- 航线信息，包括的数据项有航线编号、出发城市、到达城市、航班日期、出发时间、到达时间、客机编号、经济舱价格、公务舱价格、头等舱价格、备注信息等。
- 客户类型信息，包括的数据项有客户类型编号、客户类型名称、折扣比例、备注信息等。
- 客户信息，包括的数据项有客户编号、客户姓名、客户性别、身份证号码、联系电话、客户类型、备注信息等。
- 订票信息，包括的数据项有订票编号、顾客编号、顾客姓名、顾客类型、折扣比例、航线编号、出发城市、到达城市、舱位类型、机票价格、结算金额、备注信息等。

有了上面的数据结构、数据项和数据流程，然后就能进行下面的数据库设计了。

9.2.2 数据库概念结构设计

得到上面的数据项和数据结构以后，就可以设计出能够满足用户需求的各种实体以及它们之间的关系，为后面的逻辑结构设计打下基础。这些实体包含各种具体信息以及通过相互之间的作用形成的数据流动。

本实例根据上面的设计规划出的实体有舱位等级信息实体、客机信息实体、航线信息实体、客户类型信息实体、客户信息实体、订票信息实体。各个实体具体的 E-R 图描述如下。

舱位等级信息实体 E-R 图如图 9-3 所示。

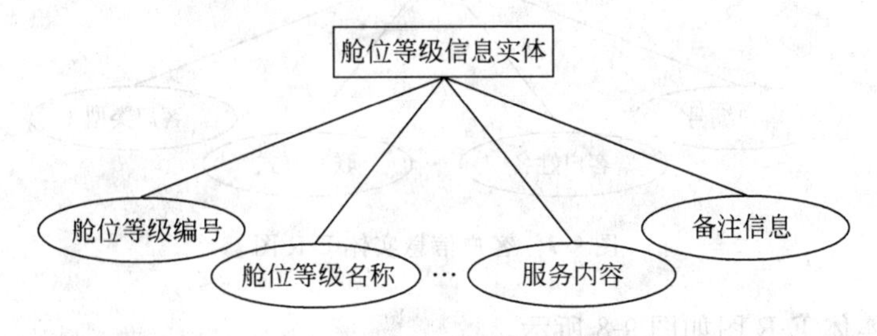

图 9-3 舱位等级信息实体 E-R 图

客机信息实体 E-R 图如图 9-4 所示。

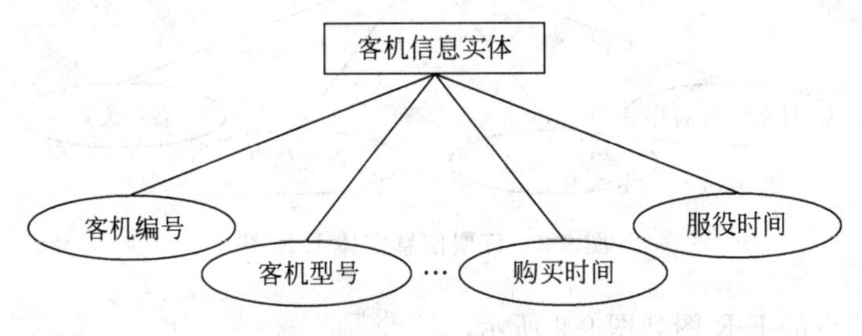

图 9-4 客机信息实体 E-R 图

航线信息实体 E-R 图如图 9-5 所示。

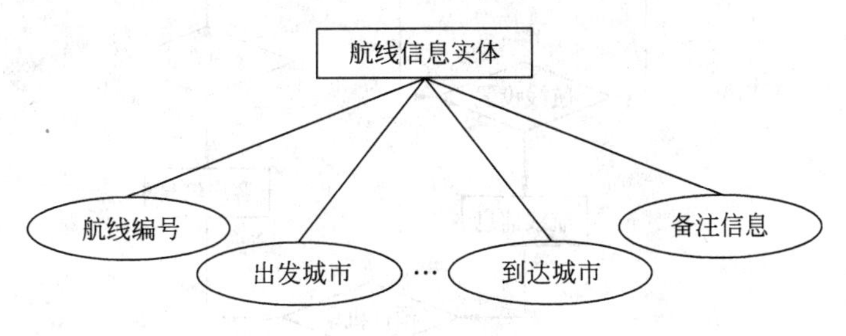

图 9-5 航线信息实体 E-R 图

客户类型信息实体 E-R 图如图 9-6 所示。

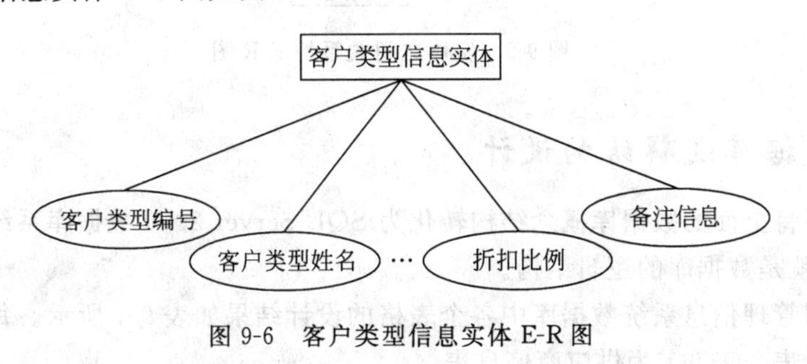

图 9-6 客户类型信息实体 E-R 图

客户信息实体 E-R 图如图 9-7 所示。

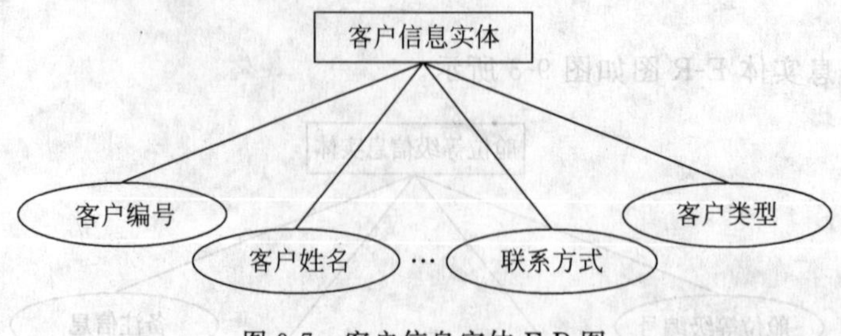

图 9-7　客户信息实体 E-R 图

订票信息实体 E-R 图如图 9-8 所示。

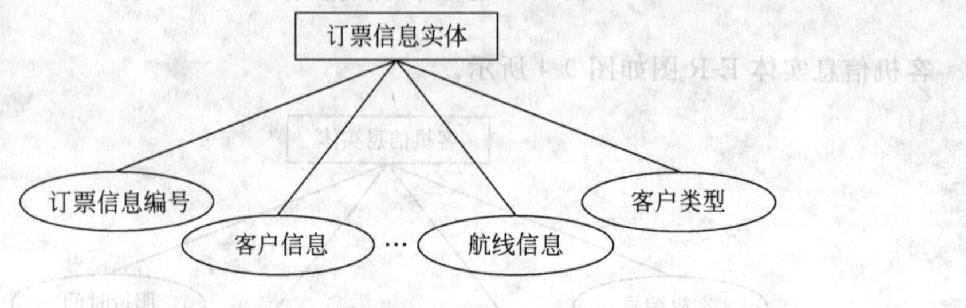

图 9-8　订票信息实体 E-R 图

实体之间关系的 E-R 图如图 9-9 所示。

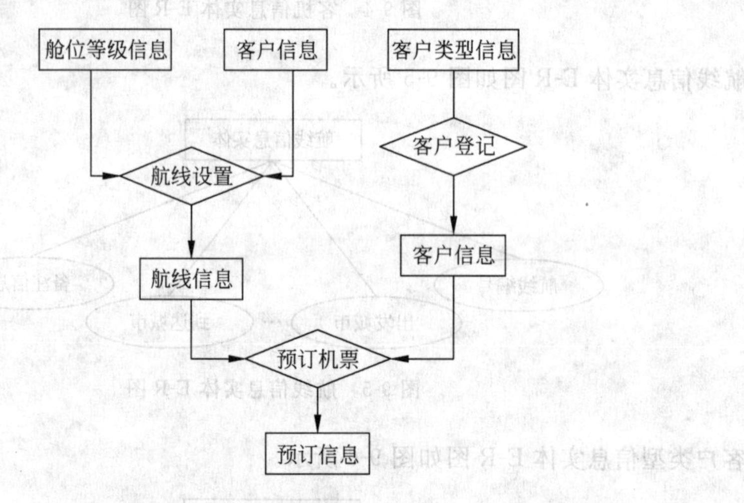

图 9-9　实体之间关系的 E-R 图

9.2.3　数据库逻辑结构设计

现在需要将上面的数据库概念结构转化为 SQL Server 2000 数据库系统所支持的实际数据模型，也就是数据库的逻辑结构。

航空公司管理信息系统数据库中各个表格的设计结果如表 9-1 所示。每个表格表示数据库中的一个表。表 9-1 为供应商信息表。

表 9-1　serviceInfo 舱位等级信息表

列　名	数据类型	可否为空	说　明
serviceNO	char	NOT NULL	舱位等级编号
serviceName	nvarchar	NULL	舱位等级名称
noPresent	char	NULL	是否有礼物
noNewsPaper	char	NULL	是否有报纸
noDrink	char	NULL	是否有饮料
noFood	char	NULL	是否有午餐
noMovie	char	NULL	是否有电影
canChange	char	NULL	是否可以改签
canCancel	char	NULL	是否可以退票
canDiscount	char	NULL	是否可以打折
serviceMemo	text	NULL	备注信息

表 9-2 为顾客信息表格。

表 9-2　planeInfo 客机信息表

列　名	数据类型	可否为空	说　明
planeNO	char	NOT NULL	客机编号
planeType	char	NULL	客机型号
buyDate	datetime	NULL	购买日期
serveDate	datetime	NULL	服役日期
isCommon	nvarchar	NULL	经济舱座位数量
isCommercial	nvarchar	NULL	公务舱座位数量
isFirst	nvarchar	NULL	头等舱座位数量
planeMemo	text	NULL	备注信息

表 9-3 为航线信息表。

表 9-3　airlineInfo 航线信息表

列　名	数据类型	可否为空	说　明
airlineNO	char	NOT NULL	航线编号
departCity	nvarchar	NULL	出发城市
arrivalCity	nvarchar	NULL	到达城市
departDate	char	NULL	航班日期
departTime	char	NULL	出发时间
arrivalTime	char	NULL	到达时间
planeNO	char	NULL	客机编号
commonPrice	numeric	NULL	经济舱价格
commercialPrice	numeric	NULL	公务舱价格
firstPrice	numeric	NULL	头等舱价格
airlineMemo	text	NULL	备注信息

表 9-4 为客户类型信息表格。

表 9-4　customer Type 客户类型信息表

列　名	数据类型	可否为空	说　明
ctypeNO	char	NOT NULL	客户类型编号
ctypeName	char	NULL	客户类型名称
discount	numeric	NULL	折扣比例
ctypeMemo	text	NULL	备注

表 9-5 为客户信息表。

表 9-5　customerInfo 客户信息表

列　名	数据类型	可否为空	说　明
customerNO	char	NOT NULL	客户编号
customerName	char	NULL	客户姓名
customerSex	char	NULL	客户性别
customerID	char	NULL	身份证号码
customerTele	char	NULL	客户联系电话
customerType	char	NULL	客户类型
customerMemo	text	NULL	备注

表 9-6 为订票信息表。

表 9-6　ticketInfo 订票信息表

列　名	数据类型	可否为空	说　明
ticketNO	char	NOT NULL	订票编号
customerNO	char	NULL	客户编号
customerName	char	NULL	客户姓名
customerType	char	NULL	客户类型
discount	numeric	NULL	折扣比例
airlineNO	char	NULL	航线编号
departCity	nvarchar	NULL	出发城市
arrivalCity	nvarchar	NULL	到达城市
ticketDate	datetime	NULL	出发日期
serviceType	char	NULL	舱位类型
ticketPrice	numeric	NULL	机票价格
ticketSum	numeric	NULL	结算金额
customerMemo	text	NULL	备注

9.3　数据库结构的实现

经过前面的需求分析和概念结构设计以后，得到了数据库的逻辑结构。现在就可以在 SQL Server 2000 数据库系统中实现该逻辑结构。这是利用 SQL Server 2000 数据库系统中的 SQL 查询分析器实现的。下面给出创建这些表格的 SQL 语句。

9.3.1 创建系统用户表

```
CREATE TABLE [dbo].[user_Info1] (
    [user_ID] [char] (10),
    [user_PWD] [char] (10),
    [user_Des] [char] (10)
) ON [PRIMARY]
```

9.3.2 创建舱位等级信息表

```
CREATE TABLE [dbo].[serviceInfo] (
    [serviceNO] [char] (4),
    [serviceName] [nvarchar] (20),
    [noPresent] [char] (2),
    [noNewsPaper] [char] (2),
    [noDrink] [char] (2),
    [noFood] [char] (2),
    [noMovie] [char] (2),
    [canChange] [char] (2),
    [canCancel] [char] (2),
    [canDiscount] [char] (2),
    [serviceMemo] [text]
) ON [PRIMARY] TEXTIMAGE_ON [PRIMARY]
```

9.3.3 创建客机信息表

```
CREATE TABLE [dbo].[planeInfo] (
    [planeNO] [char] (18),
    [planeType] [char] (20),
    [buyDate] [datetime] NULL ,
    [serveDate] [datetime] NULL ,
    [isCommon] [nvarchar] (20),
    [isCommercial] [nvarchar] (20),
    [isFirst] [nvarchar] (20),
    [planeMemo] [text]
) ON [PRIMARY] TEXTIMAGE_ON [PRIMARY]
```

9.3.4 创建航线信息表

```
CREATE TABLE [dbo].[airlineInfo] (
    [airlineNO] [char] (14),
    [departCity] [nvarchar] (50),
    [arrivalCity] [nvarchar] (50),
    [departDate] [char] (10),
    [departTime] [char] (10),
```

```
    [arrivalTime] [char] (10),
    [planeNO] [char] (18),
    [commonPrice] [numeric](18, 2) NULL ,
    [commercialPrice] [numeric](18, 2) NULL ,
    [firstPrice] [numeric](18, 2) NULL ,
    [airlineMemo] [text]

) ON [PRIMARY] TEXTIMAGE_ON [PRIMARY]
```

9.3.5 创建客户类型信息表

```
CREATE TABLE [dbo].[customerType] (
    [ctypeNO] [char] (14),
    [ctypeName] [char] (20),
    [discount] [numeric](2, 0) NULL ,
    [ctypeMemo] [text]
) ON [PRIMARY] TEXTIMAGE_ON [PRIMARY]
```

9.3.6 创建客户信息表

```
CREATE TABLE [dbo].[customerInfo] (
    [customerNO] [char] (14),
    [customerName] [char] (50),
    [customerSex] [char] (2),
    [customerID] [char] (18),
    [customerTele] [char] (20),
    [customerType] [char] (14),
    [customerMemo] [text]
) ON [PRIMARY] TEXTIMAGE_ON [PRIMARY]
```

9.3.7 创建订票信息表

```
CREATE TABLE [dbo].[ticketInfo] (
    [ticketNO] [char] (14),
    [customerNO] [char] (14),
    [customerName] [char] (50),
    [customerType] [char] (14),
    [discount] [numeric](18, 0) NULL ,
    [airlineNO] [char] (14),
    [departCity] [nvarchar] (50),
    [arrivalCity] [nvarchar] (50),
    [ticketDate] [datetime] NULL ,
    [serviceType] [nvarchar] (20),
    [ticketPrice] [numeric](18, 2) NULL ,
    [ticketSum] [numeric](18, 2) NULL ,
    [ticketMemo] [text]
) ON [PRIMARY] TEXTIMAGE_ON [PRIMARY]
```

9.4 航空公司信息管理系统主窗体的创建

上面的 SQL 语句在 SQL Server 2000 的查询分析器中执行,将自动产生需要的所有表格。到此有关数据库结构的所有后台工作已经完成了。现在将通过航空公司管理信息系统中各个功能模块的实现,讲解如何使用 Visual Basic 来编写数据库系统的客户端程序。

9.4.1 创建工程项目——MIS_Ticket

启动 Visual Basic 后,单击 File|New Project 菜单,在工程模板中选择 Standard EXE,Visual Basic 将自动产生一个 Form 窗体,它的属性都是缺省设置。这里删除这个窗体,单击 File|Save Project 菜单,将这个工程项目命名为 MIS_Ticket。

9.4.2 创建航空公司信息管理系统的主窗体

这个项目将使用多文档界面,单击工具栏中的 ADD MDI Form 按钮,会产生一个窗体。然后在这个窗体上添加所需的控件,窗体和控件的属性设置见表 9-7。创建好的窗体如图 9-10 所示。

表 9-7 主窗体及其控件属性设置

控件	属性		属性取值
frmMain(Form)	Name		FrmMain
	Caption		大唐航空公司信息管理系统
	StartUpPosition		CenterScreen
	WindowState		Maximized
SbStatusBar(StatusBar)	Name		SbStatusBar
	Panels(1)	Style	SbrText
	Panels(2)	Style	SbrDate
	Panels(3)	Style	SbrTime

图 9-10 航空公司管理信息系统主窗体

在主窗体中加入状态栏控件,这样就可以实时反映系统中各个状态的变化。状态栏控件需要在通常的属性窗口中设置一般属性,还需要在其特有的弹出式菜单中进行设置。选中状态栏控件,右击鼠标,选中 Property 菜单,然后设置属性。面板 1 用来显示各种文本信息,面板 2 用来显示当前日期,面板 3 用来显示当前时间。

9.4.3 创建主窗体的菜单

在如图 9-10 所示的主窗体中,右击鼠标,选择弹出式菜单中的 Menu Editor,创建如图 9-11 所示的菜单结构。

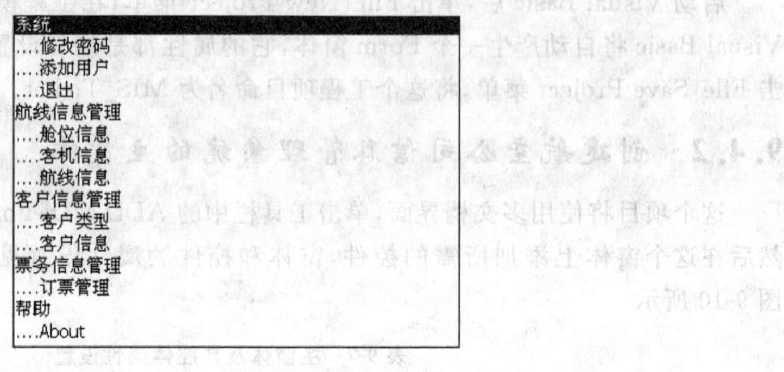

图 9-11 主窗体中的菜单结构

9.4.4 创建公用模块

在 Visual Basic 中可以用公用模块来存放整个工程项目公用的函数、过程和全局变量等。这样可以极大地提高代码的效率。在项目资源管理器中为项目添加一个 Module,保存为 Module1.bas。下面就可以开始添加需要的代码了。

由于系统中各个功能模块都将频繁地使用数据库中的各种数据,因此需要一个公共的数据操作函数,用于执行各种 SQL 语句。添加函数 ExecuteSQL,代码如下。

```
Public Function ExecuteSQL(ByVal SQL _
    As String, MsgString As String) _
    As ADODB.Recordset
'执行 SQL 语句,并返回记录集对象
    '声明一个连接
    Dim cnn As ADODB.Connection
    '声明一个数据集对象
    Dim rst As ADODB.Recordset
    Dim sTokens() As String
'异常处理
    On Error GoTo ExecuteSQL_Error
'用 Split 函数产生一个包含各个子串的数组
    sTokens = Split(SQL)
    '创建一个连接
    Set cnn = New ADODB.Connection
'打开连接
    cnn.Open ConnectString
```

```
    If InStr("INSERT,DELETE,UPDATE", _
        UCase$(sTokens(0))) Then
       '执行查询语句
        cnn.Execute SQL
        MsgString = sTokens(0) & _
           " query successful"
    Else
        Set rst = New ADODB.Recordset
        rst.Open Trim$(SQL), cnn, _
           adOpenKeyset, _
           adLockOptimistic
        'rst.MoveLast     'get RecordCount
'返回记录集对象
        Set ExecuteSQL = rst
        MsgString = "查询到" & rst.RecordCount & _
           " 条记录 "
    End If
ExecuteSQL_Exit:
    Set rst = Nothing
    Set cnn = Nothing
    Exit Function
ExecuteSQL_Error:
    MsgString = "查询错误: " & _
        Err.Description
    Resume ExecuteSQL_Exit
End Function
```

有关 ExecuteSQL 函数的介绍,可以参看第 3 章的相关内容。

在 ExecuteSQL 函数中使用了 ConnectString 函数,这个函数用来连接数据库,代码如下。

```
Public Function ConnectString() _
    As String
'返回一个数据库连接
    ConnectString = "FileDSN = ticket.dsn;UID = sa;PWD = "
End Function
```

在录入有关信息时,需要按 Enter 键来进入下一个文本框,这样对软件使用者来说非常方便。在所有的功能模块都需要这个函数,所以将它放在公用模块中,代码如下。

```
Public Sub EnterToTab(Keyasc As Integer)
     '判断是否为 Enter 键

    If Keyasc = 13 Then
        '转换成 Tab 键
        SendKeys "{TAB}"
    End If
End Sub
```

Keyasc 用来保存当前按键,SendKeys 函数用来指定按键。一旦按下 Enter 键,将返回 Tab 键,下一个控件自动获得输入焦点。

添加全局变量,用来记录各个功能模块的读写状态,代码如下。

```
Public gintSmode As Integer '记载舱位等级功能模块的读写状态
Public gintPmode As Integer '记载客机信息模块的读写状态
Public gintAmode As Integer '记载航线信息模块的读写状态
Public gintTmode As Integer '记载客户类型模块的读写状态
Public gintCmode As Integer '记载客户信息模块的读写状态
Public gintKmode As Integer '记载订票信息模块的读写状态
```

这些全局变量用来记录是添加状态还是修改状态,赋值 1 为添加,赋值 2 为修改。

由于航空公司管理信息管理系统启动后,需要对用户进行判断。如果登录者是授权用户,将进入系统,否则将停止程序的执行。这个判断需要在系统运行的最初进行,因此将代码放在公用模块中。

9.5 系统用户管理模块的创建

用户管理模块主要实现如下功能。

- 用户登录。
- 添加用户。
- 修改用户密码。

这个功能模块和 6.8 节相似,这里就不再详细介绍了。

9.6 舱位信息管理模块的创建

舱位信息管理模块主要实现如下功能。

- 添加舱位信息。
- 修改舱位信息。
- 删除舱位信息。

9.6.1 显示舱位信息窗体的创建

选择“航线信息管理”|“舱位信息”菜单,将出现如图 9-12 所示的窗体。

这个窗体用来显示舱位等级信息,并且可以对各条记录进行操作。在载入窗体时,程序将自动载入所有记录,代码如下。

```
Private Sub menuCarbin_Click()
    frmService.txtSQL = "select * from serviceInfo"
    frmService.Show 0
End Sub
```

窗体的 Show 方法后面加上 0 或者 1,可以得到不同的窗体显示方式。参数为 0 时,显示的窗体为无模式形式,窗体切换时不需要进行其他操作;参数为 1 时,显示的窗体为有模式形式,窗体切换时必须进行相关操作。

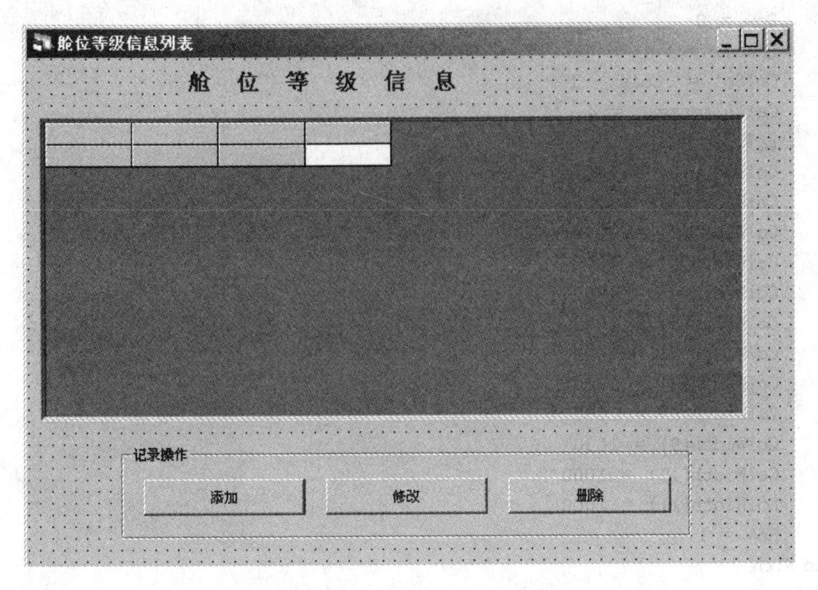

图 9-12 舱位等级信息窗体

载入窗体时将自动显示各条记录,代码如下。

```
Private Sub Form_Load()
    ShowTitle
    ShowData
End Sub
```

函数 ShowTitle 用来显示表头,代码如下。

```
Private Sub ShowTitle()
    Dim i As Integer
    With msgList
        .Cols = 12
        .TextMatrix(0, 1) = "等级编号"
        .TextMatrix(0, 2) = "机舱等级"
        .TextMatrix(0, 3) = "是否有礼品"
        .TextMatrix(0, 4) = "是否有报纸"
        .TextMatrix(0, 5) = "是否有饮料"
        .TextMatrix(0, 6) = "是否有午餐"
        .TextMatrix(0, 7) = "是否提供电影"
        .TextMatrix(0, 8) = "是否可以改签"
        .TextMatrix(0, 9) = "是否可以退票"
        .TextMatrix(0, 10) = "是否可以打折"
        .TextMatrix(0, 11) = "备注信息"
        '固定表头
        .FixedRows = 1
        '设置各列的对齐方式
        For i = 0 To 11
            .ColAlignment(i) = 0
        Next i
        '表头项居中
        .FillStyle = flexFillRepeat
        .Col = 0
```

```
            .Row = 0
            .RowSel = 1
            .ColSel = .Cols - 1
            .CellAlignment = 4
            '设置单元大小
            .ColWidth(0) = 1000
            .ColWidth(1) = 1000
            .ColWidth(2) = 2000
            .ColWidth(3) = 1000
            .ColWidth(4) = 1000
            .ColWidth(5) = 1000
            .ColWidth(6) = 1000
            .ColWidth(7) = 1000
            .ColWidth(8) = 1000
            .ColWidth(9) = 1000
            .ColWidth(10) = 1000
            .ColWidth(11) = 1000
            .Row = 1
    End With
End Sub
```

函数 ShowData 把各条记录加到表格中，并显示出来，代码如下。

```
Private Sub ShowData()
    Dim j As Integer
    Dim i As Integer
    Dim MsgText As String
'获得数据集
    Set mrc = ExecuteSQL(txtSQL, MsgText)
        With msgList
        .Rows = 1
        '判断是否为空
        Do While Not mrc.EOF
            '移动到下一行
            .Rows = .Rows + 1
            '循环
            For i = 1 To mrc.Fields.Count
                '判断是否为空
                If Not IsNull(Trim(mrc.Fields(i - 1))) Then
                '根据数据类型显示
                Select Case mrc.Fields(i - 1).Type
                    Case adDBDate
                        .TextMatrix(.Rows - 1, i) = Format(mrc.Fields(i - 1) & "", "yyyy-
mm-dd")
                    Case Else
                        .TextMatrix(.Rows - 1, i) = mrc.Fields(i - 1) & ""
                End Select
                End If
            Next I
            '移动到下一条记录
            mrc.MoveNext
        Loop
    End With
    '关闭数据集对象
```

```
    mrc.Close
End Sub
```

在窗体显示时，可以控制窗体中各个控件按照要求的位置显示。可以在窗体的 Resize 事件中加入如下代码。

```
Private Sub Form_Resize()
    '判断当前窗体所处的状态，当前窗体不处于最小化状态并且主窗体不处于最小化状态时进行
     后面的操作
    If Me.WindowState <> vbMinimized And fMainForm.WindowState <> vbMinimized Then
        '边界处理
        If Me.ScaleHeight < 10 * lblTitle.Height Then
            Exit Sub

        End If
        If Me.ScaleWidth < lblTitle.Width + lblTitle.Width / 2 Then
            Exit Sub
        End If
        '控制控件的位置
        lblTitle.Top = lblTitle.Height
        lblTitle.Left = (Me.Width - lblTitle.Width) / 2
        '控制表格控件的位置
        msgList.Top = lblTitle.Top + lblTitle.Height + lblTitle.Height / 2
        msgList.Width = Me.ScaleWidth - 200
        msgList.Left = Me.ScaleLeft + 100
        msgList.Height = Me.ScaleHeight - msgList.Top - 1500
        '控制按钮的位置
        Frame2.Top = msgList.Top + msgList.Height + 50
        Frame2.Left = Me.ScaleWidth / 2 - 3000
    End If
End Sub
```

9.6.2 添加舱位信息窗体的创建

在舱位信息显示窗体中单击“添加”按钮，将出现如图 9-13 所示的窗体。

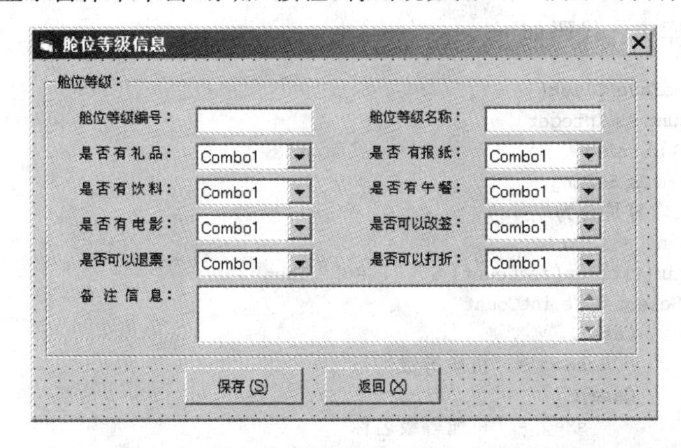

图 9-13　添加舱位等级信息窗体

程序载入窗体时，首先根据标志变量判断状态，然后决定是添加还是修改，代码如下。

```
Private Sub Form_Load()
    Dim intCount As Integer
    Dim MsgText As String
    Dim i As Integer
    '判断是否为添加
    If gintSmode = 1 Then
        Me.Caption = Me.Caption & "添加"
        For i = 0 To 7
            Combo1(i).AddItem "否"
            Combo1(i).AddItem "是"
            Combo1(i).ListIndex = 0
        Next I
    '载入当前选择的记录内容
    ElseIf gintSmode = 2 Then
        Set mrc = ExecuteSQL(txtSQL, MsgText)
        '判断记录是否为空
        If mrc.EOF = False Then
            With mrc
                For intCount = 0 To 1
                    txtItem(intCount) = .Fields(intCount)
                Next intCount
                txtItem(2) = .Fields(10)
                For i = 0 To 7
                    Combo1(i).AddItem "否"
                    Combo1(i).AddItem "是"
                    Combo1(i).ListIndex = 0
                Next i
            End With
            txtItem(0).Enabled = False
        End If
        Me.Caption = Me.Caption & "修改"
    End If
    mblChange = False
End Sub
```

输入内容完毕后，单击“保存”按钮，程序将首先判断输入内容是否满足要求，若满足要求则添加到数据库中。代码如下。

```
Private Sub cmdSave_Click()
    Dim intCount As Integer
    Dim sMeg As String
    Dim MsgText As String
    '判断输入内容是否为空
    For intCount = 0 To 1
        If Trim(txtItem(intCount) & " ") = "" Then
            Select Case intCount
                Case 0
                    sMeg = "机舱等级编号"
                Case 1
                    sMeg = "机舱等级名称"
            End Select
            sMeg = sMeg & "不能为空!"
```

```
            MsgBox sMeg, vbOKOnly + vbExclamation, "警告"
            txtItem(intCount).SetFocus
            Exit Sub
        End If
    Next intCount
    '判断输入内容是否为数字
    If Not IsNumeric(Trim(txtItem(0))) Then
        sMeg = "机舱等级编号"
        sMeg = sMeg & "请输入数字!"
        MsgBox sMeg, vbOKOnly + vbExclamation, "警告"
        txtItem(0).SetFocus
    End If
    '添加判断是否有相同的 ID 记录
    If gintSmode = 1 Then
        txtSQL = "select * from serviceInfo where serviceNO = '" & Trim(txtItem(0)) & "'"
        Set mrc = ExecuteSQL(txtSQL, MsgText)
        If mrc.EOF = False Then
            MsgBox "已经存在此编号的记录!", vbOKOnly + vbExclamation, "警告"
            txtItem(0).SetFocus
            Exit Sub
        End If
        mrc.Close
    End If
    '判断是否有相同内容的记录
    txtSQL = "select * from serviceInfo where serviceNO <>'" & Trim(txtItem(0)) & "' and
serviceName = '" & Trim(txtItem(1)) & "'"
    Set mrc = ExecuteSQL(txtSQL, MsgText)
    If mrc.EOF = False Then
        MsgBox "已经存在相同机舱等级的记录!", vbOKOnly + vbExclamation, "警告"
        txtItem(1).SetFocus
        Exit Sub
    End If
    '先删除已有记录
    txtSQL = "delete from serviceInfo where serviceNO = '" & Trim(txtItem(0)) & "'"

    Set mrc = ExecuteSQL(txtSQL, MsgText)
    '再加入新记录
    txtSQL = "select * from serviceInfo"
    Set mrc = ExecuteSQL(txtSQL, MsgText)
    mrc.AddNew
    For intCount = 0 To 1
        mrc.Fields(intCount) = Trim(txtItem(intCount))
    Next intCount
    For intCount = 0 To 7
        mrc.Fields(intCount + 2) = Trim(Combo1(intCount))
    Next intCount
    mrc.Fields(10) = Trim(txtItem(2))
    '更新数据集内容
    mrc.Update
    '关闭数据集内容
    mrc.Close
    If gintSmode = 1 Then
        MsgBox "添加记录成功!", vbOKOnly + vbExclamation, "添加记录"
        For intCount = 0 To 1
```

```
            txtItem(intCount) = ""
        Next intCount
        For intCount = 0 To 3
            Combo1(intCount).ListIndex = 0
        Next intCount
        txtItem(2) = ""
        mblChange = False
        Unload frmService
        frmService.txtSQL = "select * from serviceInfo"
        frmService.Show
    ElseIf gintSmode = 2 Then
        Unload Me
        Unload frmService
        frmService.txtSQL = "select * from serviceInfo"
        frmService.Show
    End If
End Sub
```


9.6.3 修改舱位等级信息

在舱位等级信息列表中选择需要修改的记录，然后单击“修改”按钮，将出现如图 9-13 所示的窗体。被选中记录的内容将显示在窗体中，可以进行修改，最后保存修改后的记录。代码如下。

```
Private Sub cmdModify_Click()
    Dim intCount As Integer
    '判断列表中是否有记录
    If frmService.msgList.Rows > 1 Then
        '改变状态变量
        gintSmode = 2
        '记录选择记录位置
        intCount = msgList.Row
        If intCount > 0 Then
            frmService1.txtSQL = "select * from serviceInfo where serviceNO = '" & Trim
(msgList.TextMatrix(intCount, 1)) & "'"
            frmService1.Show 1
        Else
            MsgBox "警告", vbOKOnly + vbExclamation, "请先选择需要修改的记录!"
        End If
    End If
End Sub
```

9.6.4 删除舱位等级信息

在舱位等级信息列表中选择需要删除的记录，然后单击“删除”按钮，将删除当前记录，代码如下。

```
Private Sub cmdDelete_Click()
    Dim txtSQL As String
    Dim intCount As Integer
    Dim mrc As ADODB.Recordset
    Dim MsgText As String
```

```
    '判断信息列表中内容是否为空
    If msgList.Rows > 1 Then
       '提示信息
        If MsgBox("真的要删除机舱等级为" & Trim(msgList.TextMatrix(msgList.Row, 2)) & "的
记录吗?", vbOKCancel + vbExclamation, "警告") = vbOK Then
            '记录选择记录位置
            intCount = msgList.Row
           '删除重复记录
            txtSQL = "delete from serviceInfo where serviceNO = '" & Trim(msgList.TextMatrix
(intCount, 1)) & "'"
            Set mrc = ExecuteSQL(txtSQL, MsgText)
           '卸载窗体
            Unload frmService
            '重新载入记录并显示
            frmService.txtSQL = "select * from serviceInfo"
            frmService.Show
        End If
    End If
End Sub
```

9.7 客机信息管理模块的创建

客机信息管理模块主要实现如下功能。

- 添加客机信息。
- 修改客机信息。
- 删除客机信息。
- 查询客机信息。

9.7.1 显示客机信息窗体的创建

选择"航线信息管理"|"客机信息"菜单,将出现如图 9-14 所示的窗体。所有客机信息都将显示出来。窗体的 Load 事件调用 ShowTitle、ShowData 函数,将所有记录显示出来。

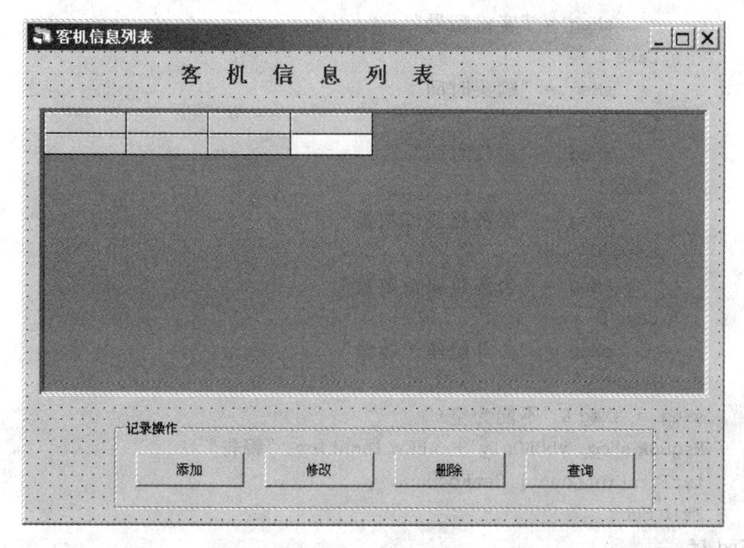

图 9-14 显示客机信息列表窗体

9.7.2 添加客机信息窗体的创建

单击客机信息列表中的“添加”按钮，将出现如图 9-15 所示的窗体。

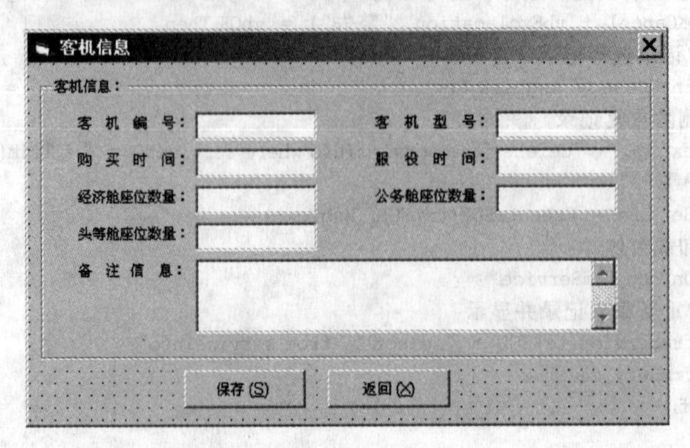

图 9-15 添加客机信息列表

输入内容完毕，单击“保存”按钮，将首先判断输入内容是否满足要求，然后将记录添加到数据库中，代码如下。

```
Private Sub cmdSave_Click()
    Dim intCount As Integer
    Dim sMeg As String
    Dim MsgText As String
    '判断输入内容是否为空
    For intCount = 0 To 6
        If Trim(txtItem(intCount) & " ") = "" Then
            Select Case intCount
                Case 0
                    sMeg = "客机编号"
                Case 1
                    sMeg = "客机型号"
                Case 2
                    sMeg = "购买时间"
                Case 3
                    sMeg = "服役时间"
                Case 4
                    sMeg = "经济舱座位数量"
                Case 5
                    sMeg = "公务舱座位数量"
                Case 6
                    sMeg = "头等舱座位数量"
            End Select
            sMeg = sMeg & "不能为空!"
            MsgBox sMeg, vbOKOnly + vbExclamation, "警告"
            txtItem(intCount).SetFocus
            Exit Sub
        End If
```

```
Next intCount
'判断输入内容为数字
For intCount = 4 To 6
    If Not IsNumeric(Trim(txtItem(intCount))) Then
        sMeg = "座位数量"
        sMeg = sMeg & "请输入数字!"
        MsgBox sMeg, vbOKOnly + vbExclamation, "警告"
        txtItem(intCount).SetFocus
    End If
Next intCount
'判断输入内容是否为日期
For intCount = 2 To 3
    If IsDate(txtItem(intCount)) Then
        txtItem(intCount) = Format(txtItem(intCount), "yyyy-mm-dd")
    Else
        MsgBox "时间应输入日期型数据(yyyy-mm-dd)!", vbOKOnly + vbExclamation, "警告"
        txtItem(intCount).SetFocus
        Exit Sub
    End If
Next intCount
'添加判断是否有相同的 ID 记录
If gintPmode = 1 Then
    txtSQL = "select * from planeInfo where planeNO='" & Trim(txtItem(0)) & "'"
    Set mrc = ExecuteSQL(txtSQL, MsgText)
    If mrc.EOF = False Then
        MsgBox "已经存在此编号的记录!", vbOKOnly + vbExclamation, "警告"
        txtItem(0).SetFocus
        Exit Sub
    End If
    mrc.Close
End If
'先删除已有记录
txtSQL = "delete from planeInfo where planeNO='" & Trim(txtItem(0)) & "'"
Set mrc = ExecuteSQL(txtSQL, MsgText)
'再加入新记录
txtSQL = "select * from planeInfo"
Set mrc = ExecuteSQL(txtSQL, MsgText)
mrc.AddNew
For intCount = 0 To 7
    mrc.Fields(intCount) = Trim(txtItem(intCount))
Next intCount
'更新数据集
mrc.Update
'关闭数据集对象
mrc.Close
If gintPmode = 1 Then
    MsgBox "添加记录成功!", vbOKOnly + vbExclamation, "添加记录"
    For intCount = 0 To 7
        txtItem(intCount) = ""
    Next intCount
    mblChange = False
```

```
            Unload frmPlane
            frmPlane.txtSQL = "select * from planeInfo"
            frmPlane.Show
        ElseIf gintPmode = 2 Then
            Unload Me
            Unload frmPlane
            frmPlane.txtSQL = "select * from planeInfo"
            frmPlane.Show
        End If
    End Sub
```

9.7.3 修改客机信息

在客机信息列表中选择记录,然后单击"修改"按钮。当前记录将显示在如图 9-15 所示的窗体中,然后可以进行修改。代码如下。

```
    Private Sub cmdModify_Click()
        Dim intCount As Integer
        '判断列表内容是否为空
        If frmPlane.msgList.Rows > 1 Then
            gintPmode = 2
            '记载选择记录的位置
            intCount = msgList.Row
            If intCount > 0 Then
               frmPlane1.txtSQL = "select * from planeInfo where planeNO = '" & Trim(msgList.
    TextMatrix(intCount, 1)) & "'"
               frmPlane1.Show 1
            Else
                MsgBox "警告", vbOKOnly + vbExclamation, "请先选择需要修改的记录!"
            End If
        End If
    End Sub
```

9.7.4 删除客机信息

在客机信息列表中选择记录,然后单击"删除"按钮,当前记录将被删除。代码如下。

```
    Private Sub cmdDelete_Click()
        Dim txtSQL As String
        Dim intCount As Integer
        Dim mrc As ADODB.Recordset
        Dim MsgText As String
        '判断列表内容是否为空
        If msgList.Rows > 1 Then
            If MsgBox("真的要删除客机编号为" & Trim(msgList.TextMatrix(msgList.Row, 1)) & "的
    型号为" & Trim(msgList.TextMatrix(msgList.Row, 2)) & "的客机记录吗?", vbOKCancel +
    vbExclamation, "警告") = vbOK Then
            '记载选择记录的位置
                intCount = msgList.Row
                 txtSQL = "delete from planeInfo where planeNO = '" & Trim(msgList.TextMatrix
```

```
(intCount, 1)) & "'"
            Set mrc = ExecuteSQL(txtSQL, MsgText)
            Unload frmPlane
            '重新载入所有记录,并显示出来
            frmPlane.txtSQL = "select * from planeInfo"
            frmPlane.Show
        End If
    End If
End Sub
```

9.7.5 查询客机信息

在客机信息列表中单击"查询"按钮,将出现如图 9-16 所示的窗体。

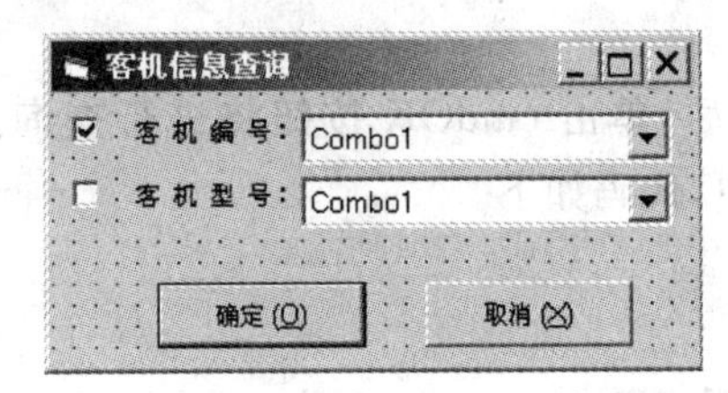

图 9-16 查询客机信息的窗体

载入窗体时,将自动加入所有客机编号和客机型号的信息,代码如下。

```
Private Sub Form_Load()
    Dim i As Integer
    Dim sSql As String
    Dim txtSQL As String
    Dim MsgText As String
    Dim mrc As ADODB.Recordset
    '清除各个列表框中的内容
    For i = 0 To 1
        Combo1(i).Clear
    Next i
    '选择数据库中所有客机编号的内容
    txtSQL = "select DISTINCT planeNO from planeInfo"
    Set mrc = ExecuteSQL(txtSQL, MsgText)
    '判断数据库是否为空
    If Not mrc.EOF Then
        Do While Not mrc.EOF
            Combo1(0).AddItem Trim(mrc.Fields(0))
            mrc.MoveNext
        Loop
    Else
        MsgBox "请先进行客机信息设置!", vbOKOnly + vbExclamation, "警告"
        Exit Sub
    End If
    mrc.Close
    '选择所有数据库中有关飞机型号的内容
    txtSQL = "select DISTINCT planeType from planeInfo"
```

```
        Set mrc = ExecuteSQL(txtSQL, MsgText)
        '判断数据集对象是否为空
        If Not mrc.EOF Then
            Do While Not mrc.EOF
                Combo1(1).AddItem Trim(mrc.Fields(0))
                mrc.MoveNext
            Loop
        Else
            MsgBox "请先进行客机信息设置!", vbOKOnly + vbExclamation, "警告"
            Exit Sub
        End If
        '关闭数据集对象
        mrc.Close
    End Sub
```

设置完查询内容和方式后,单击 cmdOK 按钮将进行查询。所有满足条件的记录将显示在如图 9-14 所示的窗体中,代码如下。

```
    Private Sub cmdOK_Click()
        Dim sQSql As String
        '判断是否按照客机编号查询
        If chkItem(0).Value = vbChecked Then
            sQSql = " planeNO = '" & Trim(Combo1(0) & " ") & "'"
        End If
        '判断是否按照客机型号查询
        If chkItem(1).Value = vbChecked Then
            If Trim(sQSql & " ") = "" Then
                sQSql = " planeType = '" & Trim(Combo1(1) & " ") & "'"
            Else
                sQSql = sQSql & " and planeType = '" & Trim(Combo1(1) & " ") & "'"
            End If
        End If
        '判断查询内容是否为空
        If Trim(sQSql) = "" Then
            MsgBox "请设置查询条件!", vbOKOnly + vbExclamation, "警告"
            Me.Hide
            Exit Sub
        Else
            '显示所有满足查询条件的内容
            frmPlane.txtSQL = "select * from planeInfo where" & sQSql
            Me.Hide
            Unload frmPlane
            frmPlane.Show
        End If
    End Sub
```

9.8 航线信息管理模块的创建

航线信息管理模块主要实现如下功能。

- 添加航线信息。

• 修改航线信息。
• 删除航线信息。
• 查询航线信息。

9.8.1 显示航线信息窗体的创建

选择"航线信息管理"|"航线信息"菜单,将出现如图 9-17 所示的窗体。所有航线信息都将显示出来。窗体的 Load 事件调用 ShowTitle、ShowData 函数,将所有记录显示出来。

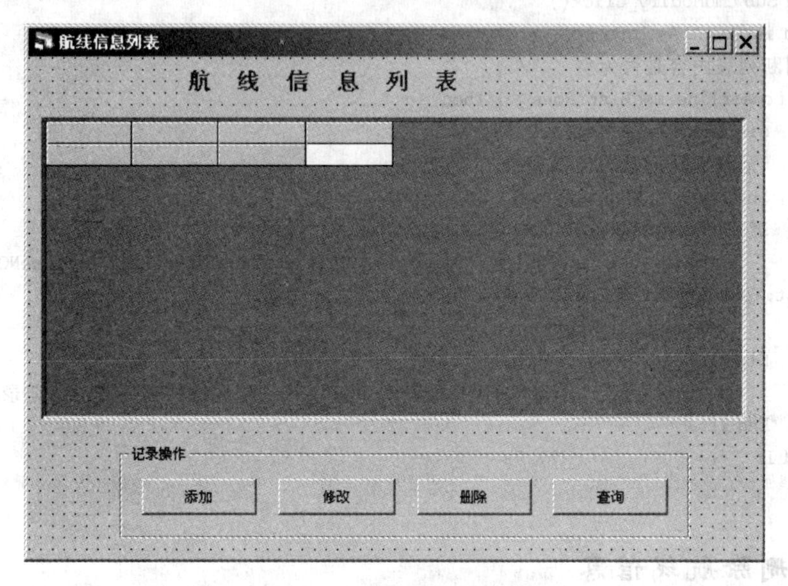

图 9-17 显示航线信息窗体

9.8.2 添加航线信息窗体的创建

选择"航线信息管理"|"航线信息"菜单,将出现如图 9-18 所示的窗体,用来添加航线信息。

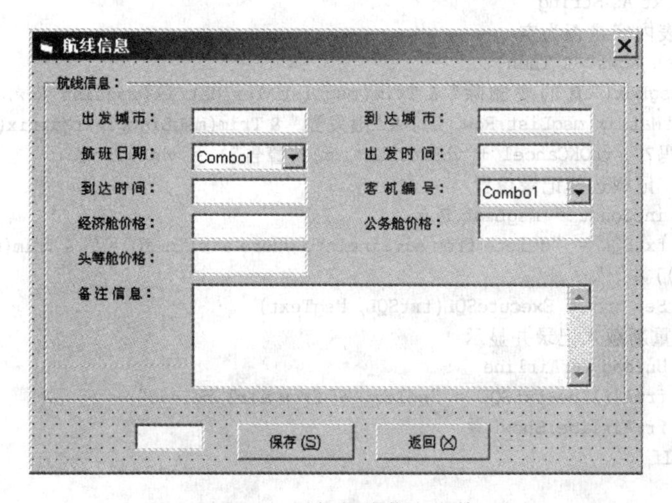

图 9-18 添加航线信息窗体

输入完航线信息后，单击“保存”按钮：程序首先检查输入内容是否符合要求，然后检查是否有重复记录，最后将输入内容添加到数据库中。

9.8.3 修改航线信息

在航线信息列表中选择记录，然后单击“修改”按钮。当前记录将显示在如图 9-18 所示的窗体中，可以进行修改。代码如下。

```
Private Sub cmdModify_Click()
    Dim intCount As Integer
    '判断列表内容是否为空
    If frmAirline.msgList.Rows > 1 Then
        gintAmode = 2
        '记载选择记录的位置
        intCount = msgList.Row
        If intCount > 0 Then
            frmAirline1.txtSQL = "select * from airlineInfo where airlineNO = '" & Trim
(msgList.TextMatrix(intCount, 1)) & "'"
            frmAirline1.Show 1
        Else
            MsgBox "警告", vbOKOnly + vbExclamation, "请先选择需要修改的记录!"
        End If
    End If
End Sub
```

9.8.4 删除航线信息

在航线信息列表中选择记录，然后单击“删除”按钮，当前记录将被删除。代码如下。

```
Private Sub cmdDelete_Click()
    Dim txtSQL As String
    Dim intCount As Integer
    Dim mrc As ADODB.Recordset
    Dim MsgText As String
    '判断列表内容是否为空
    If msgList.Rows > 1 Then
        If MsgBox("真的要删除" & Trim(msgList.TextMatrix(msgList.Row, 4)) & "从" & Trim
(msgList.TextMatrix(msgList.Row, 2)) & "出发到" & Trim(msgList.TextMatrix(msgList.Row, 3)) &
"的航线记录吗?", vbOKCancel + vbExclamation, "警告") = vbOK Then
            '记载选择记录位置
            intCount = msgList.Row
            txtSQL = "delete from airlineInfo where airlineNO = '" & Trim(msgList.TextMatrix
(intCount, 1)) & "'"
            Set mrc = ExecuteSQL(txtSQL, MsgText)
            '重新载入记录并显示
            Unload frmAirline
            frmAirline.txtSQL = "select * from airlineInfo"
            frmAirline.Show
        End If
    End If
End Sub
```

9.8.5 查询航线信息

在航线信息列表中单击“查询”按钮，将出现如图 9-19 所示的窗体。

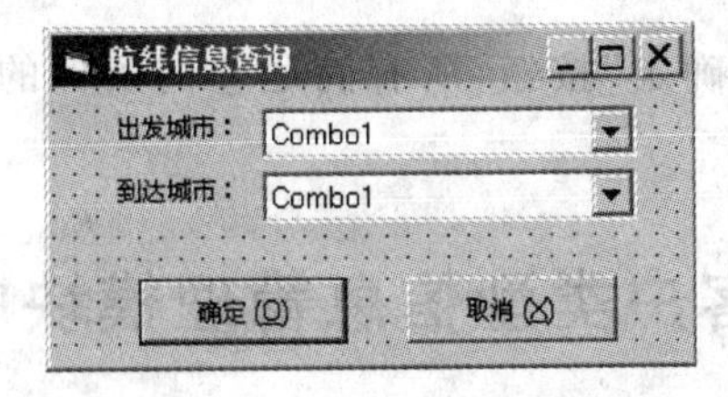

图 9-19 航线信息查询窗体

载入窗体时自动加入出发城市和到达城市的内容，代码如下。

```
Private Sub Form_Load()
    Dim i As Integer
    Dim sSql As String
    Dim txtSQL As String
    Dim MsgText As String
    Dim mrc As ADODB.Recordset
    '清除列表框中的内容
    For i = 0 To 1
        Combo1(i).Clear
    Next i
    '选择数据库中与出发城市有关的内容
    txtSQL = "select DISTINCT departCity from airlineInfo"
    Set mrc = ExecuteSQL(txtSQL, MsgText)
    '判断数据集是否为空
    If Not mrc.EOF Then
        Do While Not mrc.EOF
            Combo1(0).AddItem Trim(mrc.Fields(0))
            mrc.MoveNext
        Loop
    Else
        MsgBox "请先进行航线信息设置!", vbOKOnly + vbExclamation, "警告"
        Exit Sub
    End If
    mrc.Close
    txtSQL = "select DISTINCT arrivalCity from airlineInfo"
    Set mrc = ExecuteSQL(txtSQL, MsgText)
    If Not mrc.EOF Then
        Do While Not mrc.EOF
            Combo1(1).AddItem Trim(mrc.Fields(0))
            mrc.MoveNext
        Loop
    Else
        MsgBox "请先进行航线信息设置!", vbOKOnly + vbExclamation, "警告"
```

```
        Exit Sub
    End If
    mrc.Close
End Sub
```


设置查询内容后，单击“确定”按钮，所有满足查询条件的内容将显示在航线信息列表中。

9.9 客户类型信息管理模块的创建

客户类型信息管理模块主要实现如下功能。

- 添加客户类型信息。
- 修改客户类型信息。
- 删除客户类型信息。

9.9.1 显示客户类型信息窗体的创建

选择“客户信息管理”|“客户类型”菜单，将出现如图 9-20 所示的窗体。所有客户类型信息都将显示出来。窗体的 Load 事件调用 ShowTitle、ShowData 函数，将所有记录显示出来。

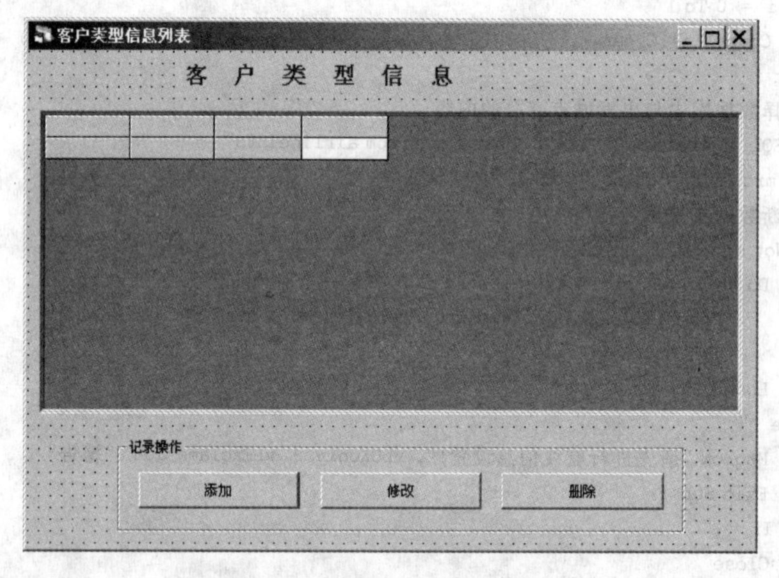

图 9-20 显示客户类型信息窗体

9.9.2 添加客户类型信息窗体的创建

在客户类型信息列表中单击“添加”按钮，将出现如图 9-21 所示的窗体，用来添加客户类型信息。

输入内容完毕后，单击“保存”按钮，程序将首先检查输入内容是否符合要求，然后检查是否有重复记录，最后将输入内容添加到数据库中。

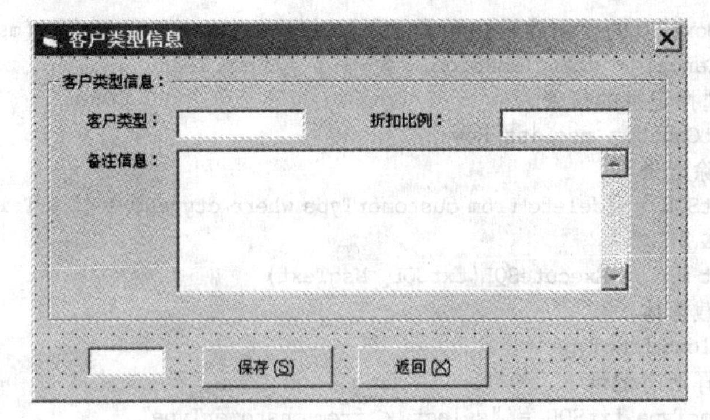

图 9-21　添加客户类型信息窗体

9.9.3　修改客户类型信息

在客户类型信息列表中选择需要修改的记录，然后单击“修改”按钮，当前记录将出现在如图 9-20 所示的窗体中。修改完毕，单击“保存”按钮，修改后的记录将被保存到数据库中。代码如下。

```
Private Sub cmdModify_Click()
    Dim intCount As Integer
    '判断列表内容是否为空
    If frmcType.msgList.Rows > 1 Then
        gintTmode = 2
        '记载选择记录的位置
        intCount = msgList.Row
       '判断是否选择记录
        If intCount > 0 Then
         '显示需要修改的记录
          frmcType1.txtSQL = "select * from customerType where ctypeNO = '" & Trim(msgList.
TextMatrix(intCount, 1)) & "'"
          frmcType1.Show 1
        Else
            MsgBox "警告", vbOKOnly + vbExclamation, "请先选择需要修改的记录!"
        End If
    End If
End Sub
```

9.9.4　删除客户类型信息

选择客户类型信息列表中需要删除的记录，然后单击“删除”按钮，就可以删除所选记录。代码如下。

```
Private Sub cmdDelete_Click()
    Dim txtSQL As String
    Dim intCount As Integer
    Dim mrc As ADODB.Recordset
    Dim MsgText As String
    '判断列表内容是否为空
    If msgList.Rows > 1 Then
        '提示信息
```

```
            If MsgBox("真的要删除客户种类为" & Trim(msgList.TextMatrix(msgList.Row, 2)) & "的
    记录吗?", vbOKCancel + vbExclamation, "警告") = vbOK Then
            '记载选择记录的位置
                intCount = msgList.Row
            '删除记录
                txtSQL = "delete from customerType where ctypeNO = '" & Trim(msgList.TextMatrix
    (intCount, 1)) & "'"
                Set mrc = ExecuteSQL(txtSQL, MsgText)
            '卸载窗体
                Unload frmcType
            '选择所有记录
                frmcType.txtSQL = "select * from customerType"
            '显示窗体
                frmcType.Show
            End If
        End If
    End Sub
```

9.10 客户信息管理模块的创建

客户信息管理模块主要实现如下功能。

- 添加客户信息。
- 修改客户信息。
- 删除客户信息。
- 查询客户信息。

9.10.1 显示客户信息窗体的创建

选择"客户信息管理"|"客户信息"菜单,将首先出现如图 9-22 所示的窗体。所有客户信息都将显示出来。窗体的 Load 事件调用 ShowTitle、ShowData 函数,将所有记录显示出来。

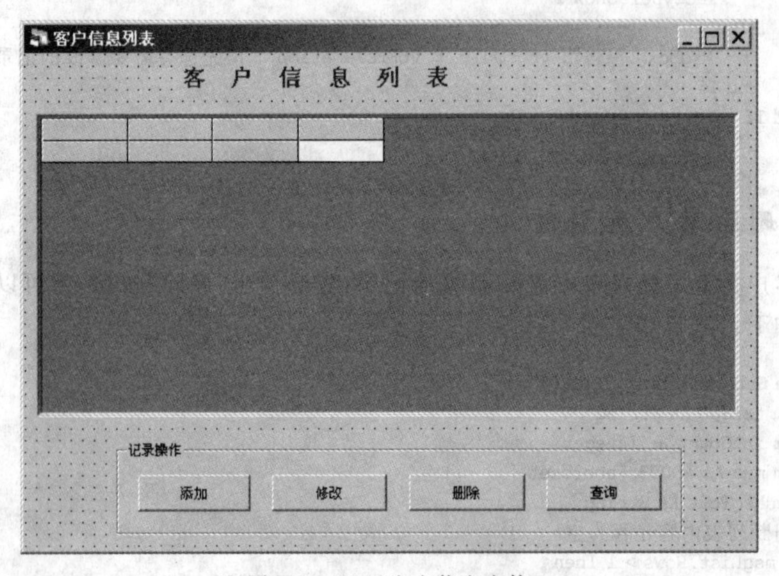

图 9-22 显示客户信息窗体

9.10.2 添加客户信息窗体的创建

在客户信息列表中单击“添加”按钮，将出现如图 9-23 所示的窗体，用来添加客户信息。

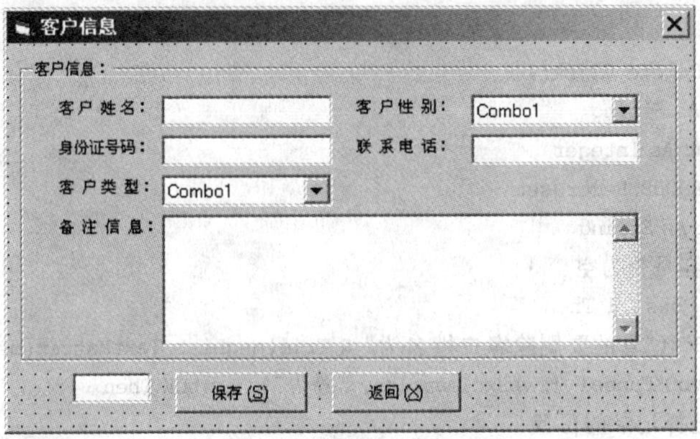

图 9-23 添加客户信息窗体

输入内容完毕后，单击“保存”按钮，程序将首先检查内容是否符合要求，然后检查是否有重复记录，最后添加到数据库中。

9.10.3 修改客户信息

在客户信息列表中选择需要修改的记录，然后单击“修改”按钮，当前记录将出现在如图 9-23 所示的窗体中。修改完毕，单击“保存”按钮，修改后的记录保存到数据库中。代码如下。

```
Private Sub cmdModify_Click()
    Dim intCount As Integer
   '判断列表内容是否为空
    If frmCustomer.msgList.Rows > 1 Then
        gintCmode = 2
        '记载选择记录的位置
        intCount = msgList.Row
        '判断是否选择记录
        If intCount > 0 Then
            '选择单击记录
            frmCustomer1.txtSQL = "select * from customerInfo where customerNO = '" & Trim
(msgList.TextMatrix(intCount, 1)) & "'"
            '显示
            frmCustomer1.Show 1
        Else
            '提示信息
            MsgBox "警告", vbOKOnly + vbExclamation, "请首先选择需要修改的记录!"
        End If
    End If
End Sub
```

9.10.4 删除客户信息

选择客户信息列表中需要删除的记录,然后单击“删除”按钮,可以删除所选记录。代码如下。

```
Private Sub cmdDelete_Click()
    Dim txtSQL As String
    Dim intCount As Integer
    Dim mrc As ADODB.Recordset
    Dim MsgText As String
   '判断列表内容是否为空
    If msgList.Rows > 1 Then
        If MsgBox("真的要删除客户姓名为" & Trim(msgList.TextMatrix(msgList.Row, 2)) & "的
客户记录吗?", vbOKCancel + vbExclamation, "警告") = vbOK Then
           '记载选择记录的位置
            intCount = msgList.Row
           '删除当前记录
            txtSQL = "delete from customerInfo where customerNO = '" & Trim(msgList.
TextMatrix(intCount, 1)) & "'"
           '执行查询语句
            Set mrc = ExecuteSQL(txtSQL, MsgText)
           '卸载客户信息列表
            Unload frmCustomer
           '选择所有记录
            frmCustomer.txtSQL = "select * from customerInfo"
           '显示
            frmCustomer.Show
        End If
    End If
End Sub
```

9.10.5 查询客户信息

在如图 9-22 所示的客户信息列表中,单击“查询”按钮,出现如图 9-24 所示的对话框。

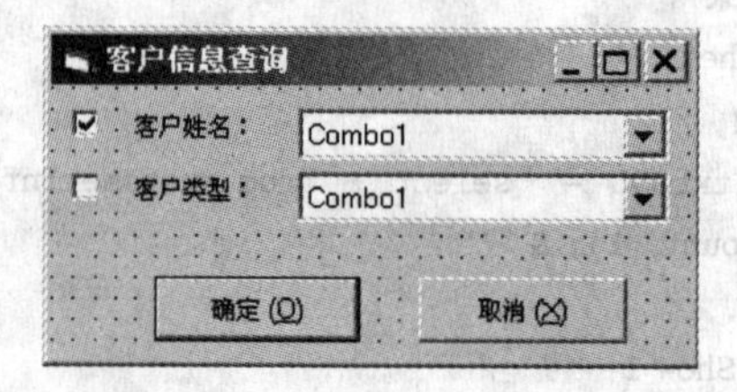

图 9-24 客户信息查询窗体

客户信息查询窗体在载入时所有客户信息都将自动加入到查询内容中。选择合适的查询方式,满足查询条件的记录将显示在如图 9-22 所示的客户信息列表中。

9.11 订票信息管理模块的创建

订票信息管理模块主要实现如下功能。

- 添加订票信息。
- 修改订票信息。
- 删除订票信息。
- 查询剩余机票信息。

9.11.1 显示订票信息窗体的创建

选择“票务信息管理”|“订票信息”菜单，将首先出现如图 9-25 所示的窗体。所有订票类型信息都将显示出来。窗体的 Load 事件调用 ShowTitle、ShowData 函数，将所有记录显示出来。

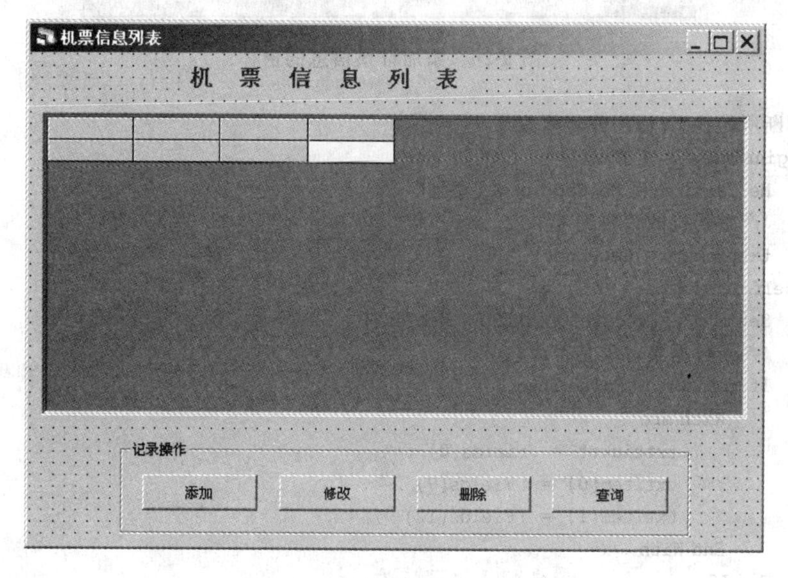

图 9-25 显示机票信息的窗体

9.11.2 添加订票信息窗体的创建

在机票信息列表中单击“添加”按钮，将出现如图 9-26 所示的窗体，用来添加订票信息。

机票信息包括两部分：航线信息和客户信息。选择出发城市和到达城市，将得到相应的航线信息；选择客户姓名得到相应的客户信息。窗体载入时要求在列表框中加入所有关于航线和客户的信息，代码如下。

```
Private Sub Form_Load()
    Dim intCount As Integer
    Dim MsgText As String
    Dim i As Integer
    Dim mrcc As ADODB.Recordset
```

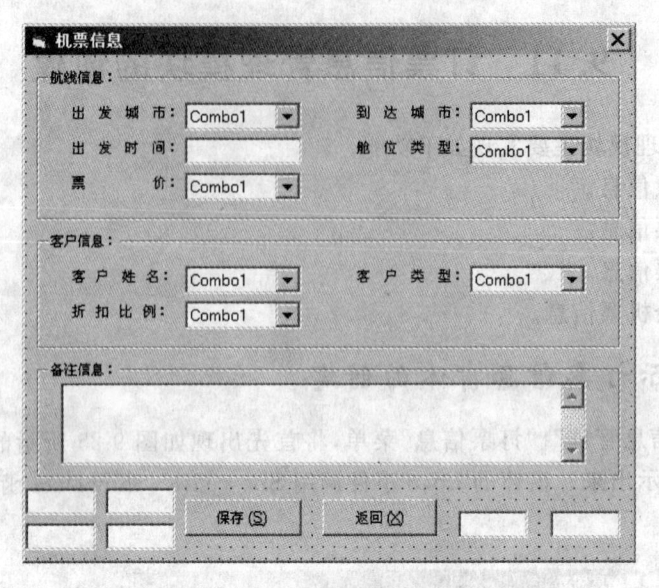

图 9-26 添加订票信息的窗体

```
'判断所处状态,添加或者修改
If gintKmode = 1 Then
    Me.Caption = Me.Caption & "添加"
    '产生随机的订票编号
    txtticket = GetRkno()
ElseIf gintKmode = 2 Then
    Set mrc = ExecuteSQL(txtSQL, MsgText)
    '判断数据集对象是否为空
    If mrc.EOF = False Then
        With mrc
            txtticket = .Fields(0)
            txtItem(0) = .Fields(7)
            txtItem(1) = .Fields(12)
        End With
    End If
    Me.Caption = Me.Caption & "修改"
End If
'清楚列表框中内容
    For i = 0 To 6
        Combo1(i).Clear
    Next i
    '选择数据库中所有与出发城市有关的信息
    txtSQL = "select distinct departCity from airlineInfo "
    Set mrcc = ExecuteSQL(txtSQL, MsgText)
    '判断数据集对象是否为空
    If Not mrcc.EOF Then
        Do While Not mrcc.EOF
            Combo1(0).AddItem mrcc.Fields(0)
            mrcc.MoveNext
        Loop
```

```
        End If
        '关闭数据集对象
        mrcc.Close
        '选择数据库中所有与到达城市有关的信息
        txtSQL = "select distinct arrivalCity from airlineInfo"

        Set mrcc = ExecuteSQL(txtSQL, MsgText)
        '判断数据集对象是否为空
        If Not mrcc.EOF Then
            Do While Not mrcc.EOF
                Combo1(1).AddItem mrcc.Fields(0)
                mrcc.MoveNext
            Loop
        End If
        '关闭数据集对象
        mrcc.Close
        '选择数据库中所有与舱位等级有关的信息
        txtSQL = "select distinct serviceName from serviceInfo"
        Set mrcc = ExecuteSQL(txtSQL, MsgText)
        '判断数据集对象是否为空
        If Not mrcc.EOF Then
            Do While Not mrcc.EOF
                Combo1(2).AddItem mrcc.Fields(0)
                mrcc.MoveNext
            Loop
        End If
        '关闭数据集对象
        mrcc.Close
        '选择数据库中所有与客户姓名有关的信息
        txtSQL = "select distinct customerName from customerInfo"
        Set mrcc = ExecuteSQL(txtSQL, MsgText)
        '判断数据集对象是否为空
        If Not mrcc.EOF Then
            Do While Not mrcc.EOF
                Combo1(4).AddItem mrcc.Fields(0)
                mrcc.MoveNext
            Loop
        End If
        '关闭数据集对象
        mrcc.Close
    mblChange = False
End Sub
```

选择出发城市和到达城市，然后选择舱位类型，系统将自动显示票价，并用不可见文本框（txtairline、txtairline 等）记载航线编号、客户编号等信息。实现代码加在列表框的 Click 事件中，如下。

```
Private Sub Combo1_Click(Index As Integer)
    Dim mrcc As ADODB.Recordset
    Dim mrcd As ADODB.Recordset
    Dim MsgText As String
```

```
        '判断列表框编号
        If Index = 2 Then
            '判断出发城市和到达城市是否选择
            If Not (Trim(Combo1(0)) = "" Or Trim(Combo1(1)) = "") Then
                txtSQL = "select *  from airlineInfo where departCity = '" & Trim(Combo1(0)) &
"' and arrivalCity = '" & Trim(Combo1(1)) & "'"
                Set mrcc = ExecuteSQL(txtSQL, MsgText)
                '判断数据集对象是否为空
                If Not mrcc.EOF Then
                    txtairline = mrcc.Fields(0)
                    ticketCsum = mrcc!planeNO
                    If Trim(Combo1(2)) = "经济舱" Then
                        Combo1(3).Clear
                        Combo1(3).AddItem mrcc.Fields(7)
                        Combo1(3).ListIndex = 0
                    ElseIf Trim(Combo1(2)) = "公务舱" Then
                        Combo1(3).Clear
                        Combo1(3).AddItem mrcc.Fields(8)
                        Combo1(3).ListIndex = 0
                    Else
                        Combo1(3).Clear
                        Combo1(3).AddItem mrcc.Fields(9)
                        Combo1(3).ListIndex = 0
                    End If
                End If
                '关闭数据集对象
                mrcc.Close
                '选择制定客机编号的有关信息
                txtSQL = "select * from planeInfo where planeNO = '" & Trim(ticketCsum) & "'"
                Set mrcc = ExecuteSQL(txtSQL, MsgText)
                '判断数据集对象是否为空
                If Not mrcc.EOF Then
                    ticketCsum = mrcc.Fields(4)
                    ticketMsum = mrcc.Fields(5)
                    ticketFsum = mrcc.Fields(6)
                End If
                '关闭数据集对象
                mrcc.Close
            End If
        ElseIf Index = 4 Then
            '选择相应客户姓名的记录
            txtSQL = "select customerNO, customerType from customerInfo where customerName = '" &
Trim(Combo1(4)) & "'"
            Set mrcc = ExecuteSQL(txtSQL, MsgText)
            '判断数据集对象是否为空
            If Not mrcc.EOF Then
                txtcustomer = mrcc.Fields(0)
                Combo1(5).Clear
                Combo1(5).AddItem mrcc.Fields(1)
                Combo1(5).ListIndex = 0
                '选择客户对应的客户类型
```

```
          txtSQL = "select distinct discount from customerType where ctypeName = '" & Trim
(Combo1(5)) & "'"
          Set mrcd = ExecuteSQL(txtSQL, MsgText)
         '判断数据集对象是否为空
          If Not mrcd.EOF Then
              Combo1(6).Clear
              Combo1(6).AddItem mrcd.Fields(0)
              Combo1(6).ListIndex = 0
          End If
         '关闭数据集对象
          mrcd.Close
      End If
     '关闭数据集对象
      mrcc.Close

  End If
End Sub
```

选择航线信息和客户信息后，输入机票日期，然后单击“保存”按钮，订票信息将保存到数据库中。系统除了对数据格式进行检查外，还要检查相应航班是否满员。代码如下。

```
Private Sub cmdSave_Click()
    Dim intCount As Integer
    Dim sMeg As String
    Dim MsgText As String

    '判断列表框中内容是否为空
    For intCount = 0 To 6
        If Trim(Combo1(intCount) & " ") = "" Then
            Select Case intCount
                Case 0
                    sMeg = "出发城市"
                Case 1
                    sMeg = "到达城市"
                Case 2
                    sMeg = "舱位类型"
                Case 3
                    sMeg = ""
                Case 4
                    sMeg = "顾客姓名"
                Case 5
                    sMeg = ""
                Case 6
                    sMeg = ""
            End Select
            sMeg = sMeg & "不能为空!"
            MsgBox sMeg, vbOKOnly + vbExclamation, "警告"
            Combo1(intCount).SetFocus
            Exit Sub
        End If
    Next intCount
```

```
'判断机票日期是否输入
If Trim(txtItem(0)) = "" Then
    sMeg = "出发日期不能为空!"
    MsgBox sMeg, vbOKOnly + vbExclamation, "警告"
    txtItem(0).SetFocus
    Exit Sub
End If
'判断输入机票日期是否为日期型数据
If IsDate(txtItem(0)) Then
    txtItem(0) = Format(txtItem(0), "yyyy-mm-dd")
Else
    MsgBox "时间应输入日期(yyyy-mm-dd)!", vbOKOnly + vbExclamation, "警告"
    txtItem(0).SetFocus
    Exit Sub

End If
'判断是否有相同内容的记录
txtSQL = "select * from ticketInfo where ticketNO<>'" & Trim(txtticket) & "' and customerNO = '" & Trim(txtcustomer) & "' and ticketDate = '" & Trim(txtItem(0)) & "'"
Set mrc = ExecuteSQL(txtSQL, MsgText)
If mrc.EOF = False Then
    MsgBox "已经存在相同顾客订票的记录!", vbOKOnly + vbExclamation, "警告"
    txtItem(1).SetFocus
    Exit Sub
End If
'先删除已有记录
txtSQL = "delete from ticketInfo where ticketNO='" & Trim(txtticket) & "'"
Set mrc = ExecuteSQL(txtSQL, MsgText)
'判断航班是否满员
txtSQL = "select * from ticketInfo where airlineNO = '" & Trim(txtairline) & " ' and ticketDate = '" & Trim(txtItem(0)) & "' and serviceType = '" & Trim(Combo1(2)) & "'"
Set mrc = ExecuteSQL(txtSQL, MsgText)
'判断数据集对象是否为空
If Not mrc.EOF Then
    If Combo1(2) = "经济舱" Then
        If mrc.RecordCount > (ticketCsum - 1) Then
            MsgBox "对不起,该航班经济舱已经满员", vbOKOnly + vbExclamation, "警告"
            Exit Sub
        End If
    ElseIf Combo1(2) = "公务舱" Then
        If mrc.RecordCount > (ticketMsum - 1) Then
            MsgBox "对不起,该航班公务舱已经满员", vbOKOnly + vbExclamation, "警告"
            Exit Sub
        End If
    Else
        If mrc.RecordCount > (ticketFsum - 1) Then
            MsgBox "对不起,该航班头等舱已经满员", vbOKOnly + vbExclamation, "警告"
            Exit Sub
        End If
    End If
End If
```

```
    '关闭数据集对象
    mrc.Close
    '再加入新记录

    txtSQL = "select * from ticketInfo"
    Set mrc = ExecuteSQL(txtSQL, MsgText)
    mrc.AddNew
    mrc.Fields(0) = txtticket
    mrc.Fields(1) = txtcustomer
    For intCount = 2 To 4
        mrc.Fields(intCount) = Trim(Combo1(intCount + 2))
    Next intCount
    mrc.Fields(5) = txtairline
    For intCount = 6 To 7
        mrc.Fields(intCount) = Trim(Combo1(intCount - 6))
    Next intCount
    mrc.Fields(8) = Trim(txtItem(0))
    For intCount = 9 To 10
        mrc.Fields(intCount) = Trim(Combo1(intCount - 7))
    Next intCount
    mrc.Fields(11) = Trim(Combo1(3) * Combo1(6) / 100)
    mrc.Fields(12) = txtItem(1)
    '更新数据集
    mrc.Update
    '关闭数据集对象
    mrc.Close
    If gintKmode = 1 Then
        MsgBox "订票成功!航班为" & Trim(txtItem(0)) & "从" & Trim(Combo1(0)) & "到" & Trim
(Combo1(1)) & "的" & Trim(Combo1(2)) & "机票,票价为" & Trim(Combo1(3) * Combo1(6) / 100) & "
元!", vbOKOnly + vbExclamation, "订票记录"
        For intCount = 0 To 1
            txtItem(intCount) = ""
        Next intCount
        mblChange = False
        '重新显示机票信息
        Unload frmTicket
        frmTicket.txtSQL = "select * from ticketInfo"
        frmTicket.Show
    ElseIf gintKmode = 2 Then
        MsgBox "修改订票信息成功!修改后的航班为" & Trim(txtItem(0)) & "从" & Trim(Combo1
(0)) & "到" & Trim(Combo1(1)) & "的" & Trim(Combo1(2)) & "机票,票价为" & Trim(Combo1(3) *
Combo1(6) / 100) & "元!", vbOKOnly + vbExclamation, "订票记录"
        Unload Me
       '重新显示机票信息
        Unload frmTicket
        frmTicket.txtSQL = "select * from ticketInfo"
        frmTicket.Show
    End If
End Sub
```

9.11.3 修改订票信息

在机票信息列表中选择需要修改的记录，然后单击“修改”按钮，当前记录将出现在如图 9-20 所示的窗体中。修改完毕，单击“保存”按钮，修改后的记录将被保存到数据库中。

9.11.4 删除订票信息

选择机票信息列表中需要删除的记录，然后单击“删除”按钮，可以删除所选记录。

9.11.5 查询订票信息

在如图 9-25 所示的机票信息列表中，单击“查询”按钮，将出现如图 9-27 所示的对话框。

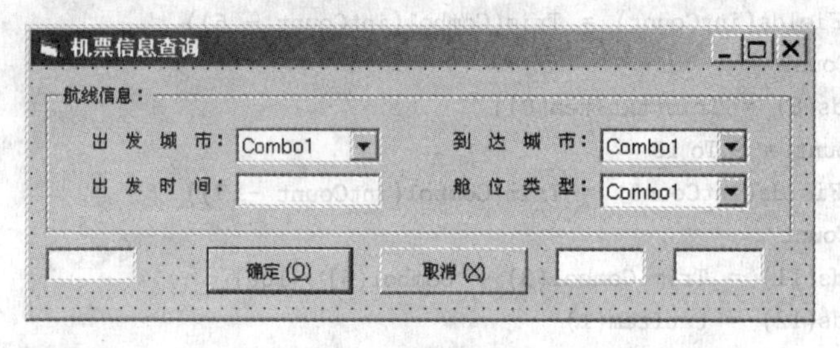

图 9-27 机票信息查询窗体

窗体载入时自动在列表框中添加出发城市、到达城市和舱位类型的信息，代码如下。

```
Private Sub Form_Load()
    Dim i As Integer
    Dim sSql As String
    Dim txtSQL As String
    Dim MsgText As String
    Dim mrc As ADODB.Recordset
    '清除列表框中内容
    For i = 0 To 2
        Combo1(i).Clear
    Next i
    '选择所有与出发城市有关的信息
    txtSQL = "select distinct departCity from airlineInfo "
    Set mrc = ExecuteSQL(txtSQL, MsgText)
    '判断数据集对象是否为空
    If Not mrc.EOF Then
        Do While Not mrc.EOF
            Combo1(0).AddItem mrc.Fields(0)
            mrc.MoveNext
        Loop
    End If
    '关闭数据集对象
    mrc.Close
    '选择所有与到达城市有关的信息
    txtSQL = "select distinct arrivalCity from airlineInfo"
```

```
        Set mrc = ExecuteSQL(txtSQL, MsgText)
        '判断数据集对象是否为空
        If Not mrc.EOF Then
            Do While Not mrc.EOF
                Combo1(1).AddItem mrc.Fields(0)
                mrc.MoveNext
            Loop
        End If
        mrc.Close
        '选择所有与舱位类型有关的信息
        txtSQL = "select distinct serviceName from serviceInfo"
        Set mrc = ExecuteSQL(txtSQL, MsgText)
        '判断数据集对象是否为空
        If Not mrc.EOF Then
            Do While Not mrc.EOF
                Combo1(2).AddItem mrc.Fields(0)
                mrc.MoveNext
            Loop
        End If
        mrc.Close
    End Sub
```

输入查询内容完毕后，单击“确定”按钮系统将自动组合产生查询语句。满足查询条件的记录显示在如图 9-25 所示的机票信息列表中，代码如下。

```
    Private Sub cmdOK_Click()
        Dim txtSQL As String
        Dim MsgText As String
        Dim mrc As ADODB.Recordset
        Dim intCount As Integer
        Dim sMeg As String

        Dim i, j, k
        '判断是否选择相应信息
        For intCount = 0 To 1
            If Trim(Combo1(intCount) & " ") = "" Then
                Select Case intCount
                    Case 0
                        sMeg = "出发城市"
                    Case 1
                        sMeg = "到达城市"
                End Select
                sMeg = sMeg & "不能为空!"
                MsgBox sMeg, vbOKOnly + vbExclamation, "警告"
                Combo1(intCount).SetFocus
                Exit Sub
            End If
        Next intCount
        '判断是否输入查询日期
        If Trim(txtItem(0)) = "" Then
            sMeg = "出发日期不能为空!"
            MsgBox sMeg, vbOKOnly + vbExclamation, "警告"
            txtItem(0).SetFocus
            Exit Sub
```

```
    End If
    '判断输入查询日期是否为日期型数据
    If IsDate(txtItem(0)) Then
        txtItem(0) = Format(txtItem(0), "yyyy-mm-dd")
    Else
        MsgBox "时间应输入日期型数据(yyyy-mm-dd)!", vbOKOnly + vbExclamation, "警告"
        txtItem(0).SetFocus
        Exit Sub
    End If
    '判断是否输入舱位类型
    If Not (Trim(Combo1(2)) = "") Then
        txtSQL = "select * from ticketInfo where ticketDate = '" & Trim(txtItem(0)) & "' and
departCity = '" & Trim(Combo1(0)) & "' and arrivalCity = '" & Trim(Combo1(1)) & "' and
serviceType = '" & Trim(Combo1(2)) & "'"
      '执行查询语句
        Set mrc = ExecuteSQL(txtSQL, MsgText)
      '计算经济舱剩余机票数量
        If Trim(Combo1(2)) = "经济舱" Then
            intCount = ticketCsum - mrc.RecordCount
      '计算公务舱剩余机票数量
        ElseIf Trim(Combo1(2)) = "公务舱" Then
            intCount = ticketMsum - mrc.RecordCount
        Else
            intCount = ticketFsum - mrc.RecordCount
        End If
      '判断机票剩余数量
        If intCount > 0 Then
            MsgBox Trim(txtItem(0)) & "从" & Trim(Combo1(0)) & "到" & Trim(Combo1(1)) & Trim
(Combo1(2)) & "的机票还有" & intCount & "张!", vbOKOnly + vbExclamation, "机票信息"
        Else
            MsgBox "对不起," & Trim(txtItem(0)) & "从" & Trim(Combo1(0)) & "到" & Trim(Combo1
(1)) & Trim(Combo1(2)) & "的航班已经满员,请预定其他航班!", vbOKOnly + vbExclamation, "机票
信息"
        End If
    Else
        txtSQL = "select * from ticketInfo where ticketDate = '" & Trim(txtItem(0)) & "' and
departCity = '" & Trim(Combo1(0)) & "' and arrivalCity = '" & Trim(Combo1(1)) & "' and
serviceType = '经济舱'"
      '执行查询语句
        Set mrc = ExecuteSQL(txtSQL, MsgText)
        i = mrc.RecordCount
      '关闭数据集对象
        mrc.Close
        txtSQL = "select * from ticketInfo where ticketDate = '" & Trim(txtItem(0)) & "' and
departCity = '" & Trim(Combo1(0)) & "' and arrivalCity = '" & Trim(Combo1(1)) & "' and
serviceType = '公务舱'"
        Set mrc = ExecuteSQL(txtSQL, MsgText)
        '关闭数据集对象
        mrc.Close
        '查询头等舱座位数量
        txtSQL = "select * from ticketInfo where ticketDate = '" & Trim(txtItem(0)) & "' and
departCity = '" & Trim(Combo1(0)) & "' and arrivalCity = '" & Trim(Combo1(1)) & "' and
serviceType = '头等舱'"
        Set mrc = ExecuteSQL(txtSQL, MsgText)
```

```
        k = mrc.RecordCount
        mrc.Close
        MsgBox Trim(txtItem(0)) & "从" & Trim(Combo1(0)) & "到" & Trim(Combo1(1)) & "经济舱的机票还有" & (ticketCsum - i) & "张,公务舱的机票还有" & (ticketMsum - j) & "张,头等舱的机票还有" & (ticketFsum - k) & "张!", vbOKOnly + vbExclamation, "机票信息"
    End If
    Unload Me
End Sub
```

9.12　系统的实现

现在已经完成了程序各个功能模块的创建,现在来运行整个系统。运行程序,将出现如图 9-28 所示的登录窗口。

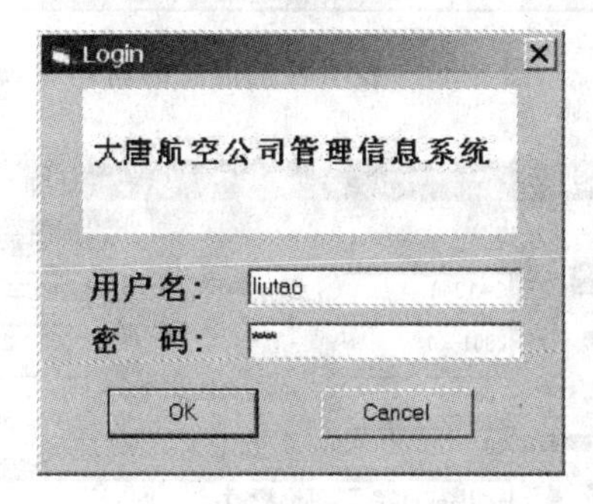

图 9-28　用户登录窗口

输入用户名和密码后,进入系统。选择"航线信息管理"|"舱位信息"菜单,将出现如图 9-29 所示的窗体。

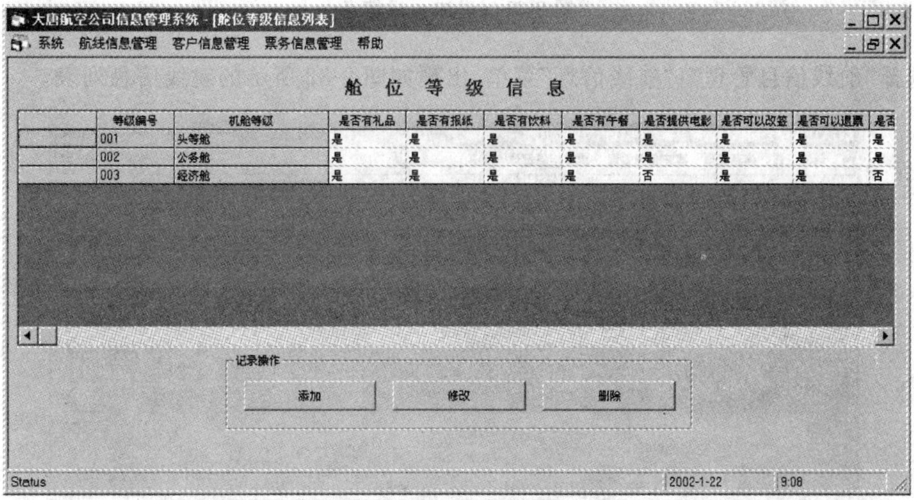

图 9-29　显示舱位信息窗体

选择"航线信息管理"|"客机信息"菜单,将显示所有客机信息,如图 9-30 所示。

在客机信息列表中单击"添加"按钮,出现如图 9-31 所示的窗体,可以在其中输入客机信息。

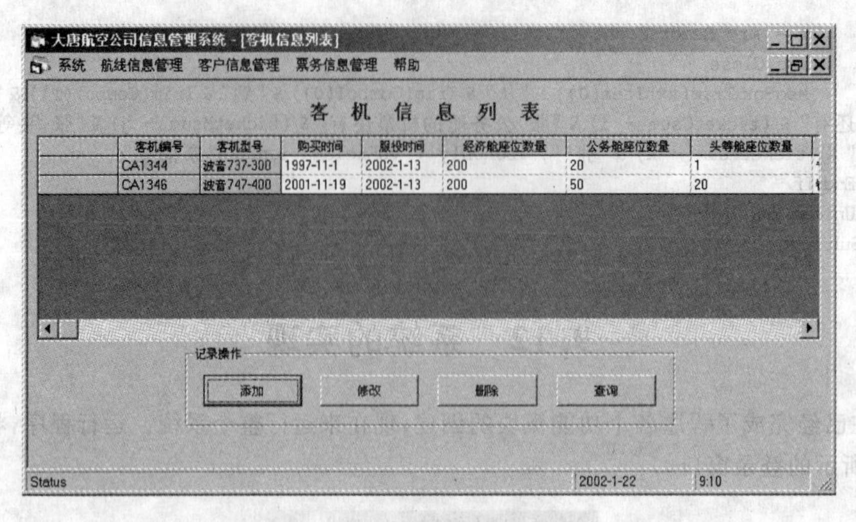

图 9-30　显示客机信息的窗体

图 9-31　添加客机信息

选择“航线信息管理”|“航线信息”菜单，出现如图 9-32 所示的航线信息列表。

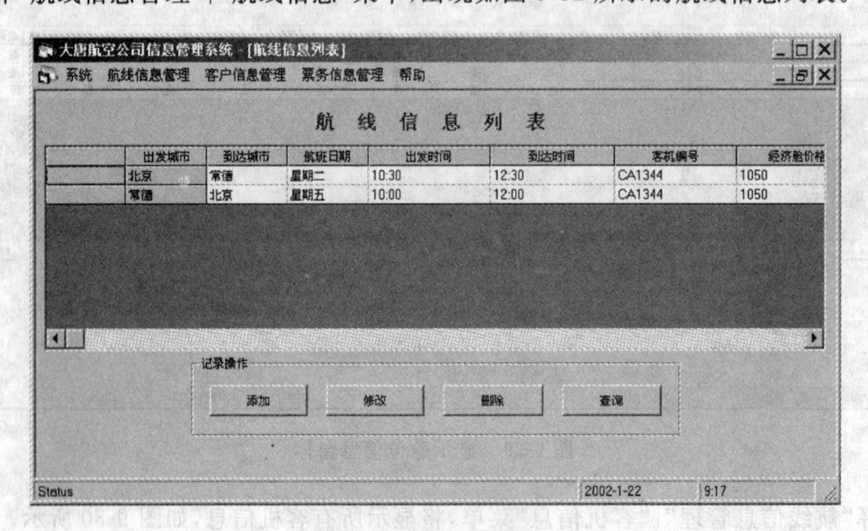

图 9-32　航线信息列表

在航线信息列表中单击“添加”按钮，并输入航线内容，如图 9-33 所示。

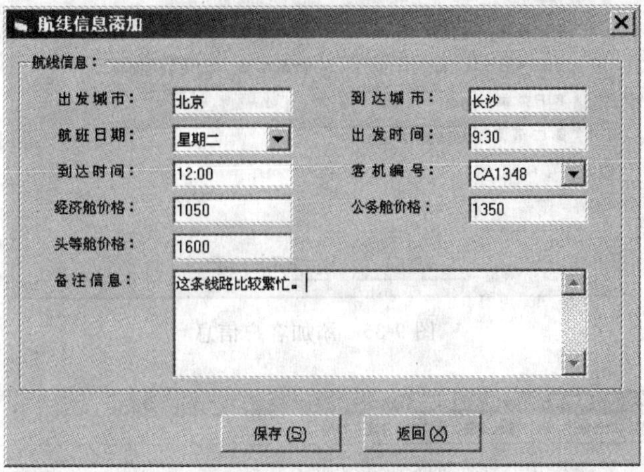

图 9-33　添加航线信息

在航线信息列表中单击“查询”按钮，并设置查询内容，如图 9-34 所示。

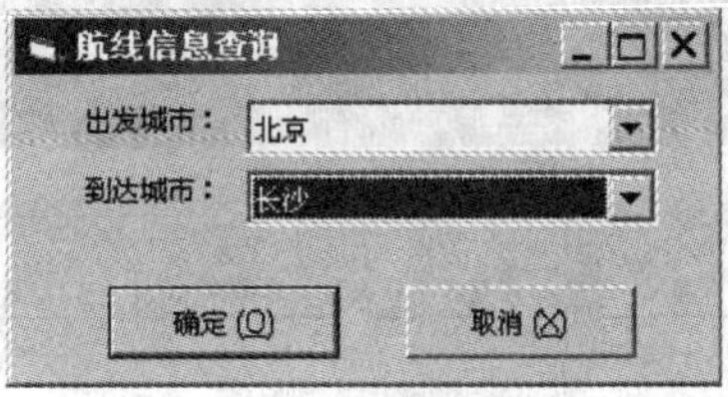

图 9-34　查询航线信息窗体

航线查询结果如图 9-35 所示。

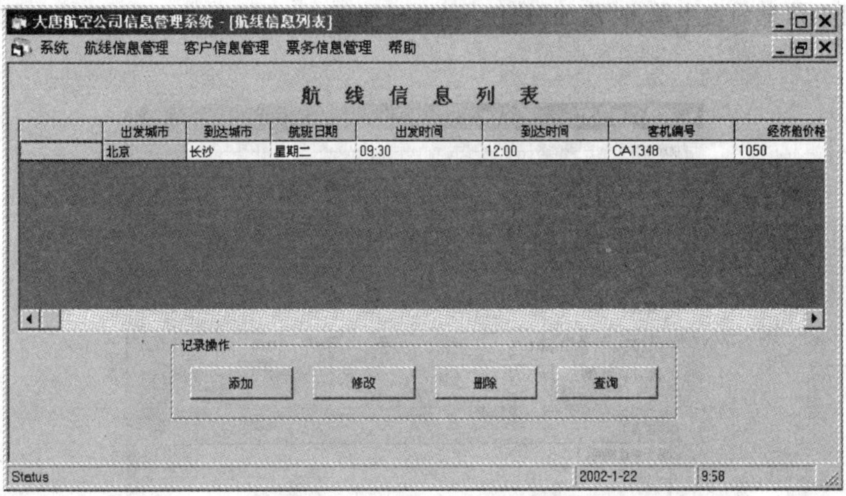

图 9-35　航线信息查询结果

选择“客户信息管理”|“客户信息”菜单，并输入客户信息，如图 9-36 所示。
选择“订票信息管理”|“订票信息”菜单，出现如图 9-37 所示的机票信息列表。

图 9-36　添加客户信息

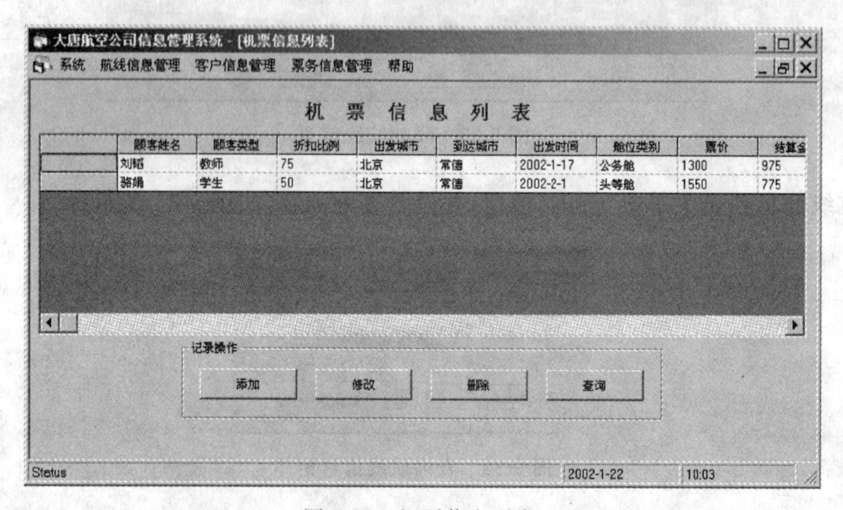

图 9-37　机票信息列表

在机票信息列表中单击“添加”按钮，将出现如图 9-38 所示的窗体，可以在其中输入订票信息。

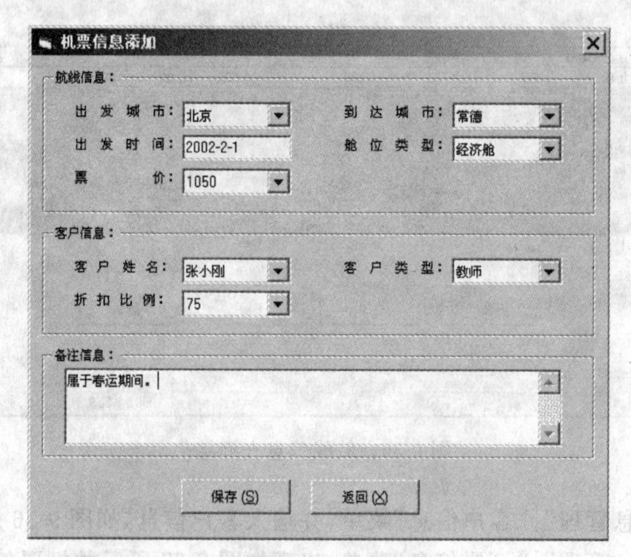

图 9-38　添加订票信息

单击“保存”按钮，将出现如图 9-39 所示的对话框提示订票成功。

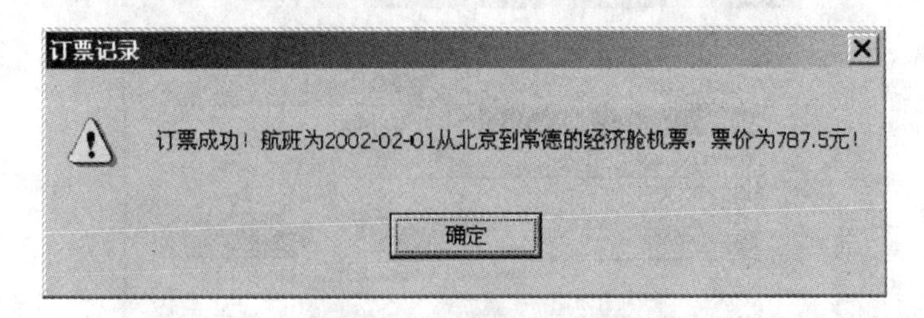

图 9-39 订票提示信息

在机票信息列表中，单击“查询”按钮，将出现如图 9-40 所示的窗体，输入查询内容，可以得到剩余机票信息。

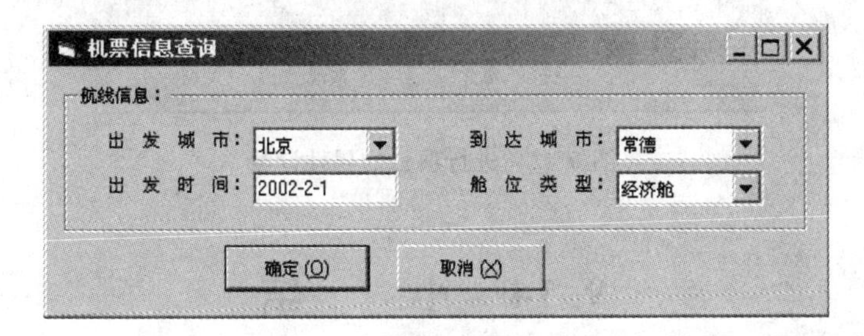

图 9-40 机票信息查询窗体

查询结果如图 9-41 所示。

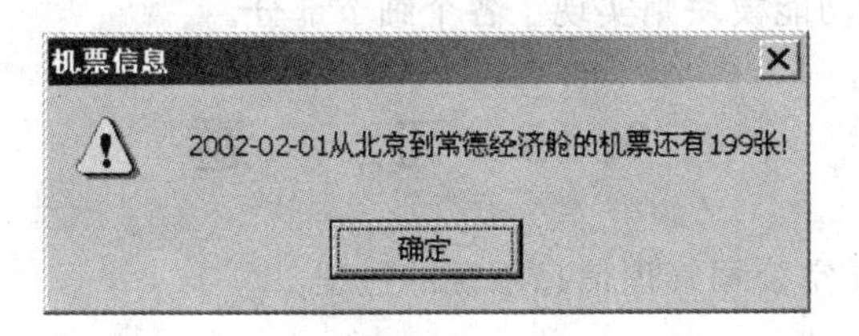

图 9-41 机票信息查询结果

9.13 系统的编译和发行

完成了航空公司管理信息系统的编程和调试工作后，最后一步就是该系统的编译和发行。这涉及工程项目属性的设置及可执行应用程序的生成。

在系统的编译和发行以前，需要先设置工程项目的属性。选择 Project|MIS_TICKET Properties 菜单，进行属性设置，如图 9-42 所示。

最后选择 File|Make MIS_TICKET. exe 菜单，编译开始。编译完毕后，即生成了相应的可执行文件。编译通过后，生成可执行文件 Mis_TICKET. exe。还需要在发行前对生成的可执行文件进行测试。通过测试的可执行文件，就可以进行发布了。

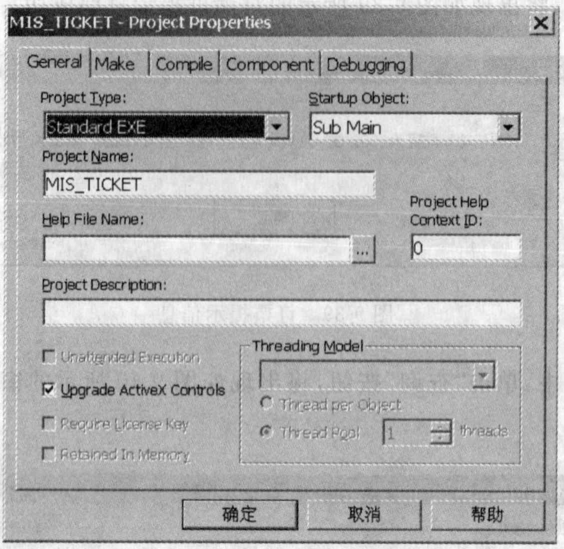

图 9-42　进行项目的属性设置

9.14　小　　结

一个完整的航空公司管理信息系统就创建完毕了。在本例中详细地讲述了该航空公司管理信息系统的系统设计部分，包括功能模块设计、数据库结构设计等。系统设计为整个程序构建了骨架，而各个功能模块则实现了各个细节部分。

9.15　习　　题

试简述设计开发航空公司管理信息系统的过程。

第10章 云计算简介

云计算(cloud computing),是一种基于互联网的计算方式,通过这种方式,共享的软硬件资源和信息可以按需提供给计算机和其他设备。云其实是网络、互联网的一种比喻说法。云计算的核心思想是将大量用网络连接的计算资源统一管理和调度,构成一个计算资源池向用户按需提供服务,提供资源的网络被称为"云"。狭义云计算指 IT 基础设施的交付和使用模式,指通过网络以按需且易扩展的方式获得所需资源;广义云计算指服务的交付和使用模式,指通过网络以按需且易扩展的方式获得所需服务。这种服务可以是 IT、软件与互联网相关,也可是其他服务。

10.1 云计算发展简史

云计算是继 20 世纪 80 年代大型计算机到客户端-服务器的大转变之后的又一种巨变。过去在图中往往用云来表示电信网,后来也用云来表示互联网和底层基础设施的抽象。云计算描述了一种基于互联网新的 IT 服务增加、使用和交付模式,通常涉及通过互联网来提供动态易扩展而且经常是虚拟化的资源。

早在 1983 年,太阳电脑(Sun Microsystems)提出"网络是电脑"(the network is the computer)的概念,2006 年 3 月,亚马逊(Amazon)推出弹性计算云(elastic compute cloud, EC2)服务。

2006 年 8 月 9 日,Google 首席执行官埃里克·施密特(Eric Schmidt)在搜索引擎大会(SES San Jose 2006)首次提出"云计算"(cloud computing)的概念。Google"云端计算"源于 Google 工程师克里斯托弗·比希利亚所做的"Google 101"项目。

2007 年 10 月,Google 与 IBM 开始在美国大学校园(包括卡内基美隆大学、麻省理工学院、斯坦福大学、加州大学伯克利分校及马里兰大学等)推广云计算的计划,通过这项计划希望能降低分布式计算技术在学术研究方面的成本,并为这些大学提供相关的软硬件设备及技术支持(包括数百台个人电脑及 BladeCenter 与 System x 服务器,这些计算平台将提供 1600 个处理器,支持包括 Linux、Xen、Hadoop 等开放源代码平台),而学生则可以通过网络开发各项以大规模计算为基础的研究计划。

2008 年 1 月 30 日,Google 宣布在台湾启动"云计算学术计划",将与中国台湾大学、中国台湾交通大学等学校合作,将这种先进的大规模、快速的计算技术推广到校园。

2008 年 2 月 1 日,IBM 宣布将在中国无锡太湖新城科教产业园为中国的软件公司建立全球第一个云计算中心(cloud computing center)。

2008 年 7 月 29 日,雅虎、惠普和英特尔宣布一项涵盖美国、德国和新加坡的联合研究计划，这项计划将推出云计算研究测试床，而且将推进云计算。该计划要与合作伙伴创建6个数据中心作为研究试验平台，每个数据中心配置1400个至4000个处理器。这项计划的合作伙伴包括新加坡资讯通信发展管理局、德国卡尔斯鲁厄大学Steinbuch计算中心、美国伊利诺伊大学香宾分校、英特尔研究院、惠普实验室和雅虎。

2008年8月3日，美国专利商标局网站信息显示，戴尔正在申请"云计算"(cloud computing)商标，此举旨在加强对这一未来可能重塑技术架构术语的控制权。

2010年3月5日，Novell与云安全联盟(cloud security alliance，CSA)共同宣布了一项供应商中立计划，名为"可信任云计算计划(trusted cloud initiative)"。

2010年7月，美国国家航空航天局和包括Rackspace、AMD、Intel、戴尔等支持厂商共同宣布了OpenStack开放源代码计划，微软在2010年10月表示支持OpenStack与Windows Server 2008 R2的集成；而Ubuntu已把OpenStack加至11.04版本中。

2011年2月，思科系统正式加入OpenStack，重点研制OpenStack的网络服务。

2011年10月20日，"盛大云"宣布旗下产品MongoIC正式对外开放，这是中国第一家专业的MongoDB云服务，也是全球第一家支持数据库恢复的MongoDB云服务。

10.2 云计算的主要分类及服务

云计算按照服务对象的不同，一般分为公有云和私有云两大类，前者指的是面向广域范围内的服务对象的云计算服务，一般具有社会性、普遍性和公益性等特点，而后者一般是指社会单位为自身需要所建设的自有云计算服务模式，一般具有行业性特点。

云服务提供商层级如下，其典型物理构架见图10-1 Oracle云平台。

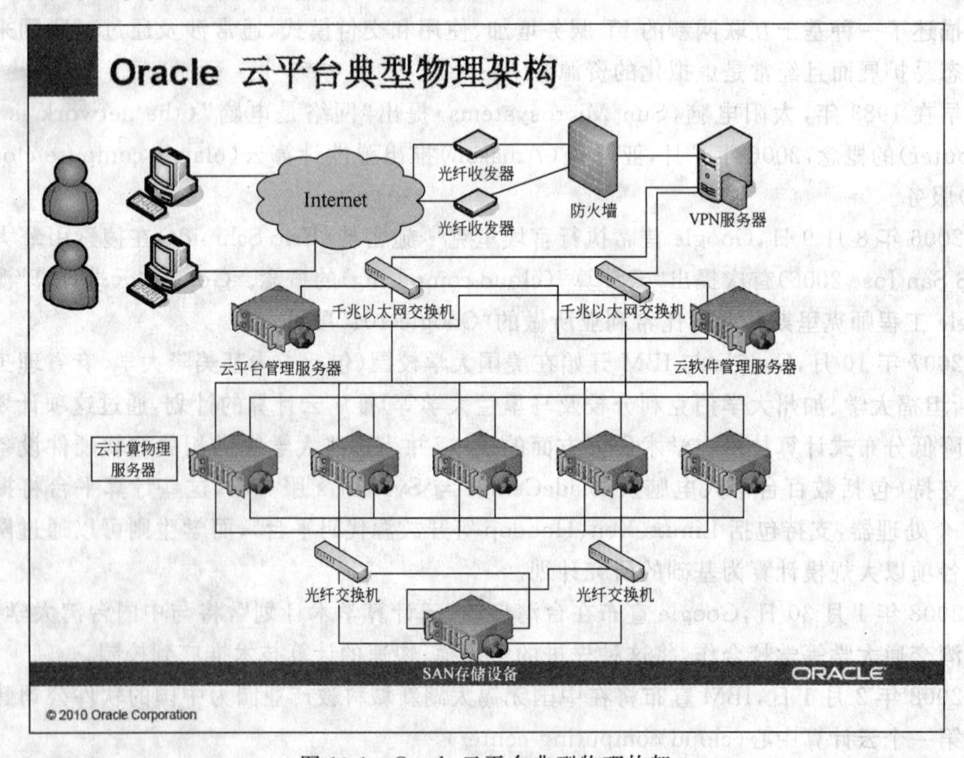

图10-1 Oracle云平台典型物理构架

云计算可以被认为包括以下几个层次的服务：基础设施即服务(IaaS)，平台即服务(PaaS)和软件即服务(SaaS)。云计算服务通常提供通用的通过浏览器访问的在线商业应用，软件和数据可存储在数据中心，具体功能如下，其功能见图10-2。

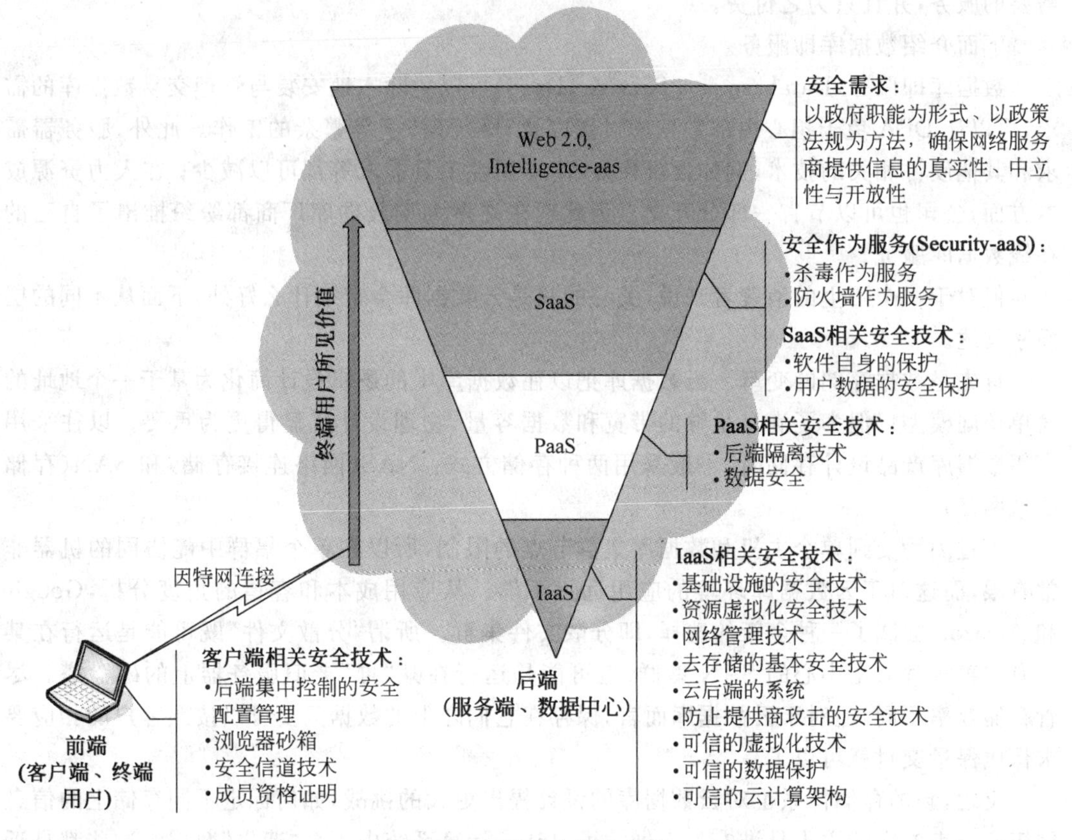

图10-2 云平台服务功能

10.2.1 SaaS

SaaS(Software-as-a-Service)：软件即服务。它是一种通过Internet提供软件的模式，用户无须购买软件，而是通过向提供商租用基于Web的软件来管理企业的经营活动。相对于传统的软件，SaaS解决方案有明显的优势，包括较低的前期成本，便于维护、快速展开使用等。

10.2.2 PaaS

PaaS(Platform-as-a-Service)：平台即服务。PaaS实际上是指将软件研发的平台作为一种服务，以SaaS的模式提交给用户。因此，PaaS也是SaaS模式的一种应用。但是，PaaS的出现可以加快SaaS的发展，尤其是加快SaaS应用的开发速度。

10.2.3 IaaS

IaaS(Infrastructure-as-a-Service)：基础设施即服务。消费者通过Internet可以从完善

的计算机基础设施获得服务，即可以提供服务器、操作系统、磁盘存储、数据库和信息资源。目前最高端的 IaaS 代表产品是亚马逊的“弹性云”(AWS(Elastic Compute Cloud))，IaaS 通常会按照“弹性云”的模式引入其他的使用和计价模式，在任何一个特定的时间，都只使用你需要的服务，并且只为之付费。

下面介绍数据库即服务。

数据库即服务(Database as a Service ，DaaS)可以免除本地安装与管理交易数据库的需求，可以让 DBA 免于担心内部数据库设置以及升级打补丁等繁杂的工作。此外，服务器需求和其他硬件相关的技术，例如灾难恢复、高可用性工具需求等都可以减少；在人力资源成本方面，公司也可以节省一部分开支。为此现在许多大型数据库厂商都纷纷推出了自己的在线数据库服务。

但对于一个陌生的消费者来说，关心的只是云数据库会带来什么好处，下面从不同的层面来阐述。

首先是数据存储的变革。云数据库把以往数据库中的逻辑设计简化为基于一个地址的简单访问模型。但为了满足足够的带宽和数据容量，物理设计就显得更为重要。以往采用商用数据库产品设计存储时，一般采用两种存储方式：NAS(网络连接存储)和 SAN(存储区域网络)。

不过因为受到单个主机和数据库集群节点的限制，所以在单个集群中能协同的机器非常有限，而这对于云数据库环境的应用远远不够。从应用成本和容错的角度分析，Google 和 Amazon 尝试了一种全新的选择，即分散文件集群。所谓“分散文件”既可能是运行在某个有完善管理数据中心的 SAN 集群，也可能是运行在某“堆”老旧服务器上的磁盘塔。尽管存储效率不同，但对于云数据库而言，保存在它们之上的数据只要可以按照客户的相应要求保质保量交付就可以了。

反之，新的存储体系也对云数据库的设计提出更大的挑战，如何标定不同存储上的信息属于一个表？它的主人是谁？怎么做才可以让云计算系统内不会“遗失”数据？这些都是近期必须解决的问题。

其次是浏览器的改变。如同在二层应用时代所看到的，SaaS 从应用和服务角度给了我们非常多的选择，但仍需要额外的开发或者是服务编排。而随着云数据库的普及，很多时候用户希望借助某个工具直接操作云数据库中的表格，这个工具恐怕非浏览器莫属了。对于绝大部分互联网用户而言，浏览器是使用互联网的主要途径，针对云数据库应用，浏览器可以把其中的信息在无须额外开发的情况下，以更友好、更易用的前端方式呈现给大众。显而易见，哪个云数据库产品能够更好地支持主流浏览器，它在竞争中的胜出几率就越高。从目前微软 IE 和 Google Chrome 在搜索领域中的竞争不难预见，随着各家厂商投入巨资建立起各自的云数据库环境，不同厂商的浏览器也会针对自己的云数据库推出很多定制功能。

云数据库让软件变得更加无处不在。比尔·盖茨曾说：“在未来，就连汽车都会通过软件来推动。”而管理和共享数据是云存储和云数据库的工作，在这种全新的应用模式之下，软件的边界被再造了。另外，由于现阶段包括云数据库在内的各种云计算技术都是由各大厂商独立发展的，当这个技术领域逐渐成熟时，还会看到各种云数据库标准。例如，云数据库的 SQL 语言、云数据库的应用模型、云数据库的安全标准等。

然而，DaaS 也有一定的缺点，而且是所有人都不能忽视的。最主要的缺点就是老生常谈的安全性问题：由于数据存储于企业外部并通过 Internet 来访问，而目前的数据保护方式（防火墙、网络安全机制）无法保证数据的安全性。所以新的方法（包括加密、高级身份验证以及数据漏洞保护）必须引入进来，只有这样在数据被访问和传输的时候才能保证其安全性。

10.3 云计算的主要特性

云计算（cloud computing）是网格计算（grid computing ）、分布式计算（distributed computing）、并行计算（parallel computing）、效用计算（utility computing）、网络存储（network storage technologies）、虚拟化（virtualization）、负载均衡（load balance）等传统计算机和网络技术发展融合的产物。

云计算常与网格计算、效用计算、自主计算相混淆。（网格计算是分布式计算的一种，由一群松散耦合的计算机集组成的一个超级虚拟计算机，常用来执行大型任务；效用计算是 IT 资源的一种打包和计费方式，例如按照计算、存储分别计算费用，像传统的电力等公共设施一样；自主计算是具有自我管理功能的计算机系统。）事实上，许多云计算的部署不仅依赖于计算机集群（但与网格的组成、体系机构、目的及工作方式大相径庭），同时也吸收了自主计算和效用计算的特点，其主要特性如下。

1. 资源来自网络

这是云计算的根本理念所在，即通过网络提供用户所需的计算力、存储空间、软件功能和信息服务等。

2. 伸缩能力

如果资源节点服务能力不够，但是网络流量很大，这时候需要平台在一分钟或几分钟之内，自动地动态增加服务节点的数量，如从 100 个节点扩展到 150 个节点。能够称之为云计算，就需要足够的资源来应对网络的尖峰流量。过了一阵子，流量减少了，服务节点的数量也将随着流量的减少而减少。

3. 性价比优势

云计算之所以是一种划时代的技术，就是因为它将数量庞大的廉价计算机放进资源池中，用软件容错来降低硬件成本，通过将云计算设施部署在寒冷和电力资源丰富的地区来节省电力成本，通过规模化的共享使用来提高资源的利用率。

10.4 云计算的主要应用

10.4.1 云物联

《物联网导论》一书将物联网和云计算的关系描述为：物联网中的感知识别设备（如传感器、RFID 等）生成的大量信息如果得不到有效地整合与利用，那无异于入宝山而空返，望“数据的海洋”而兴叹，而云计算架构可以用来解决数据如何存储、如何检索、如何使用、如何不被滥用等关键问题。

物联网的两种业务模式：

- MAI(M2M Application Integration)，内部 MaaS。M2M 是 Machine-to-Machine/Man 简称，是一种以机器终端智能交互为核心的、网络化的应用与服务。
- MaaS(M2M As A Service)，MMO，Multi-Tenants(多租户模型)。

随着物联网业务量的增加，对数据存储和计算量的需求将增加对"云计算"能力的要求。

10.4.2 云安全

云安全，顾名思义，是一个从"云计算"演变而来的新名词。"云安全(cloud security)"通过网状的大量客户端对网络中软件行为的异常监测，获取互联网中木马等恶意程序的最新信息，并推送到 Server 端进行自动分析和处理，再把病毒和木马的解决方案分发到每一个客户端。

云安全的策略构想是：使用者越多，每个使用者就越安全，因为如此庞大的用户群，足以覆盖互联网的每个角落，只要某个网站被挂马或某个新木马病毒出现，就会立刻被截获。

云计算的发展并非一帆风顺。云技术要求大量用户参与，所以会不可避免地出现隐私问题。用户参与即要收集某些用户数据，从而会引发用户对数据安全的担心。很多用户担心自己的隐私会被云技术收集。正因如此，在加入云计划时很多厂商都承诺尽量避免收集用户的隐私，即使收集到也不会泄露或使用。但不少人还是怀疑厂商的承诺，他们的怀疑也不是没有道理的。不少知名厂商都被指责有可能泄露用户隐私，并且泄露事件也确实时有发生。

10.4.3 云存储

云存储是在云计算(cloud computing)的概念上延伸和发展出来的一个新的概念，是指通过集群应用、网格技术或分布式文件系统等功能，将网络中大量各种不同类型的存储设备通过应用软件集合起来协同工作，共同对外提供数据存储和业务访问功能的一个系统。当云计算系统运算和处理的核心是大量数据的存储和管理时，云计算系统中就需要配置大量的存储设备，那么云计算系统就转变成一个云存储系统，所以云存储是一个以数据存储和管理为核心的云计算系统。

10.4.4 云游戏

云游戏是一种以云计算为基础的游戏方式，在云游戏的运行模式下，所有游戏都在服务器端运行，并将渲染完毕后的游戏画面压缩后通过网络传送给用户。在客户端，用户的游戏设备不需要任何高端处理器和显卡，只需要基本的视频解压能力就可以了。

但现今来说，云游戏还并没有成为家用台式机和掌上电脑的联网模式，因为至今 X360 仍然在使用 LIVE,PS 是 PS NETWORK ,wii 是 wi-fi。但是几年后或十几年后，云计算取代这些东西成为其网络发展的终极方向的可能性非常大。

如果这种构想能够现实，那么主机厂商将变成网络运营商，他们不需要不断投入巨额的新主机研发费用，而只需要拿这笔钱中的很小一部分去升级自己的服务器就行了，但是达到的效果却是相差无几的。对于用户来说，他们可以省下购买主机的开支，但是得到的确是顶尖的游戏画面(当然视频输出方面的硬件必须过硬)。可以想象一台便携机和一台家用台式机拥有同样的画面，不久的将来家用台式机和我们今天用的机顶盒一样简单，甚至家用台式机可以取代电视的机顶盒而成为次时代的电视收看方式，可以想象，这是多么令人兴奋！

10.5 小　　结

本章从云计算发展简史入手，简述了云计算的主要分类及服务、云计算主要特性、云计算主要应用等。

10.6 习　　题

1. 简述云计算的主要功能。
2. 简述云计算的应用领域。

第2篇　实验指导篇

上机实验是数据库课程的重要环节，它贯穿于整个“数据库原理与应用”课程教学过程中。本课程的实验分为前期设计、基本操作和练习提高3个阶段进行：前期设计阶段主要围绕数据库系统的设计进行，要求学生根据关系数据库基本理论，设计一个实际的数据库系统，并完成相应的设计报告；基本操作阶段选择SQL Server数据库平台进行数据库系统的基本操作，主要内容包括数据定义、数据操纵和数据控制，实验指导给出了各相关实验的详细步骤及提示以帮助初学者快速掌握SQL Server各个组件和数据库对象的运用，从而理解数据库的基本理论；练习提高阶段的实验则要求学生在深入学习和体会事例实验的基础上，能独立设计和完成各项数据库操作，从而将数据库理论在SQL Server平台上加以灵活应用。

实验 1　数据库的定义

本实验需要 2 学时。

一、实验目的

熟练掌握使用企业管理器和 Transact-SQL 语句创建、修改和删除数据库的方法和步骤，了解 SQL Server 数据库的逻辑组件和物理存储结构。

二、实验内容

(1) 用企业管理器创建、修改和删除数据库。

(2) 用企业管理器查看数据库属性。

(3) 用 Transact-SQL 语句创建、修改和删除数据库。

(4) 熟悉 SQL Server 企业管理器和查询分析器工具的使用方法。

三、实验步骤提示

(1) 使用企业管理器建立图书数据库 book。

① 从“开始”菜单中选择“程序”|Microsoft SQL Server|“企业管理器”。

② 逐级展开至数据库节点，单击前面的“＋”号，使其展示为树形目录。

③ 选中“数据库”文件夹，右击鼠标，在弹出菜单上选择“新建数据库”，如实验图 1-1 所示，随后在“数据库属性”对话框的“常规”选项卡中，输入数据库名，如实验图 1-2 所示。

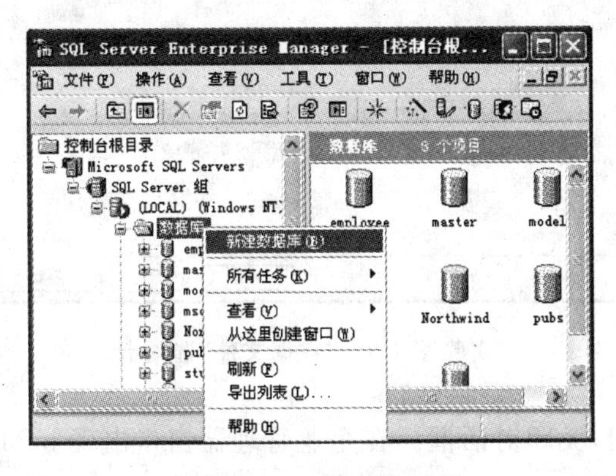

实验图 1-1　新建数据库

“数据库属性”对话框中有 3 个选项卡：“常规”选项卡、“数据文件”选项卡和“事务日志”选项卡。“数据文件”选项卡和“事务日志”选项卡主要用来定义数据库的数据文件和日志文件的属性。

④ 选择“数据文件”选项卡，输入图书数据库的数据文件属性，包括文件名、存放位置、文件初始大小和文件属性，如实验图 1-3 所示；在选择文件位置时，可以单击位于“位置”列

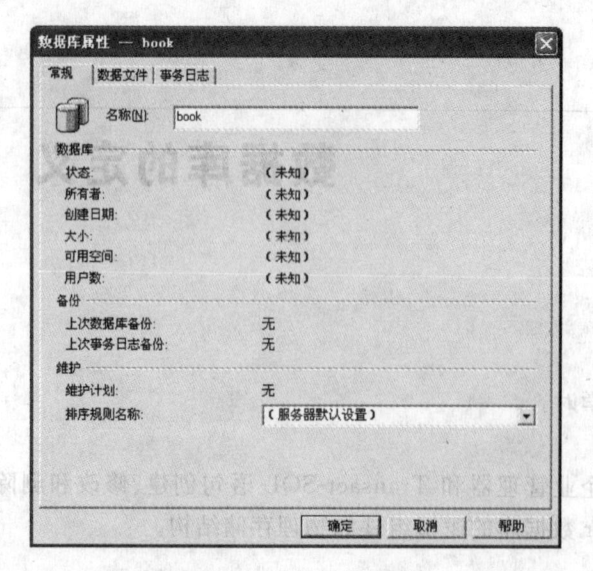

实验图 1-2 “常规”选项卡

的“…”按钮，在调出的文件选择器中选择事先建立的文件夹。用同样的方法完成事务日志文件的设置，如实验图 1-4 所示。

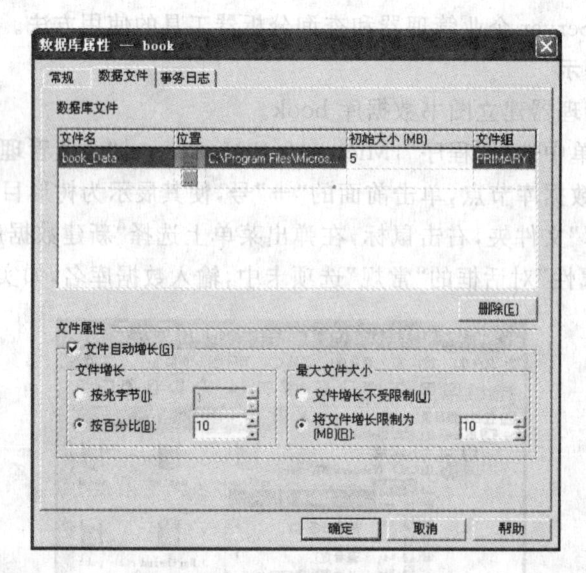

实验图 1-3 “数据文件”选项卡

⑤ 单击“确定”按钮，关闭对话框。在企业管理器窗口出现 book 数据库标志，这表明建库工作已经完成。

(2) 文件属性参数说明如下。

① “文件自动增长”复选框：选中后允许文件存满数据时自动增长。

② “文件增长”选项区域：当允许文件自动增长时，每次文件增长的大小。其中，“按兆字节”单选按钮设置文件增长为固定的大小，单位是 MB；“按百分比”单选按钮设置文件按指定比例数增长，单位是％。

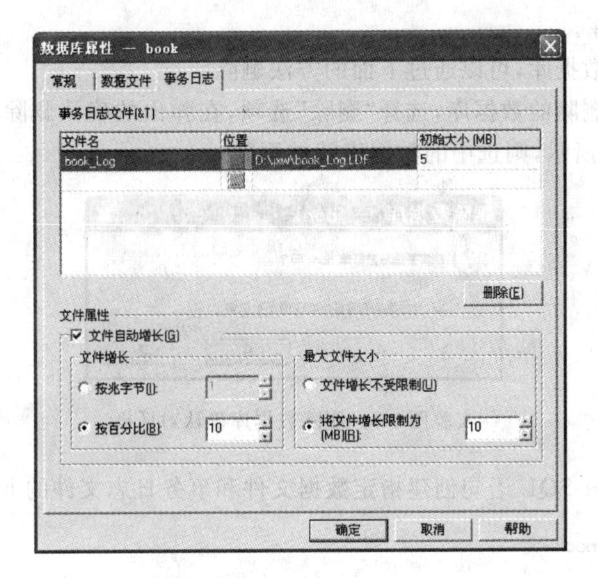

实验图 1-4 “事务日志”选项卡

③“最大文件大小”选项区域：设置当允许文件扩展时，数据文件能够增长的最大值。“文件增长不受限制”单选按钮可使文件无限增长，直到用完磁盘空间；“将文件增长限制为”单选按钮可以设置文件最多达到的固定值。选中“将文件增长限制为”时，要设置文件最多达到的固定值。

(3) 在企业管理器中查看图书数据库的属性，并进行修改，使之符合要求。

已经建好的数据库，有时需要对它的属性参数进行查看和修改，步骤如下。

① 打开企业管理器，展开数据库所在的服务器。

② 展开数据库节点，用鼠标右击指定的数据库，例如 book，在弹出的菜单中选择“属性”选项，出现数据库属性对话框，如实验图 1-5 所示。分别在各选项卡对其中的参数进行修改。

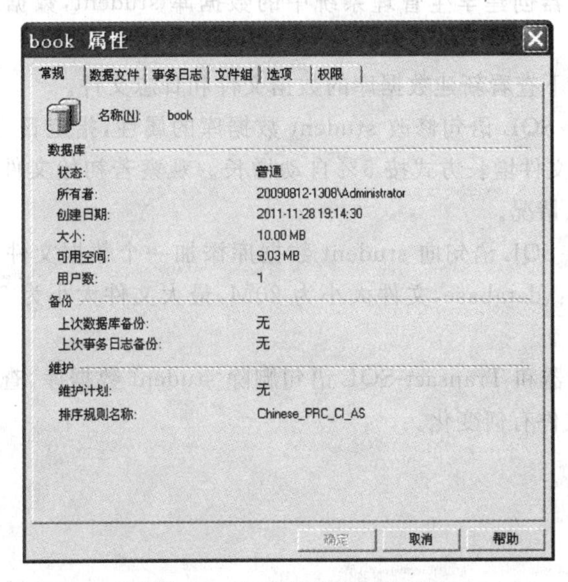

实验图 1-5 查看数据库属性对话框

(4) 删除数据库。

对于不需要的数据库,可以通过下面的方法删除。

用鼠标右击要删除的数据库,选择“删除”选项,在弹出的确认删除对话框中,单击“是”按钮,如实验图 1-6 所示,则选中的数据库就被删除。

实验图 1-6 删除数据库确认对话框

(5) 用 Transact-SQL 语句创建指定数据文件和事务日志文件的 book 数据库。

```
CREATE DATABASE book
ON
(  NAME = book_data,
   FILENAME = 'D:\jxw\book_data.mdf',
   SIZE = 5,
   MAXSIZE = 20,
   FILEGROWTH = 2 )
LOG ON
( NAME = book_log,
   FILENAME = 'D:\jxw\book_log.ldf',
   SIZE = 5,
   MAXSIZE = 20,
   FILEGROWTH = 5 )
```

四、练习提高

(1) 用企业管理器创建学生管理系统中的数据库 student,数据文件和日志文件参数自定。

(2) 在磁盘路径下查看新建数据库的数据文件和日志文件。

(3) 用 Transact-SQL 语句修改 student 数据库的属性,指定日志文件大小为 10M,最大文件大小为 20M,文件增长方式按 5%自动增长。观察若初始文件大小比修改后的文件还要大时会出现什么情况。

(4) 用 Transact-SQL 语句向 student 数据库添加一个数据文件,逻辑文件名为 stud_data2,存储路径为 D:\database,文件大小为 20M,最大文件大小为 30M,文件增长方式按 1M 自动增长。

(5) 用企业管理器和 Transact-SQL 语句删除 student 数据库,查看相应的数据文件和日志文件两个磁盘文件有何变化。

实验 2　数据表的定义

本实验需要 2 学时。

一、实验目的

熟练掌握使用企业管理器和 Transact-SQL 语句创建、修改和删除表及各类约束，掌握利用查询分析器接收 Transact-SQL 语句并进行结果分析。

二、实验内容

(1) 用企业管理器创建表、主键和各类约束。

(2) 用企业管理器查看和修改表结构，添加和删除各类约束。

(3) 用 Transact-SQL 语句创建表、主键和各类约束。

(4) 用 Transact-SQL 语句修改表结构，添加和删除各类约束。

三、实验步骤提示

(1) 使用企业管理器，在建好的图书数据库 book 中建立图书、读者和借阅 3 个表，其结构如下，要求为属性选择合适的数据类型，并定义每个表的主键、是否允许空值和默认值等列级数据约束。

图书(图书编号，类别，名称，作者，出版社，出版日期，定价)；

读者(借书证号，姓名，性别，单位，电话)；

借阅(图书编号，借书证号，借阅日期)。

在 SQL Server 2000 数据库中，文件夹是按数据库对象的类型建立的，文件夹名是该数据库对象名，每个 SQL Server 2000 数据库都包含关系图、表、视图、存储过程、用户、角色、规则、默认等数据库对象，它们是观察和操作数据的逻辑组件。下面以创建图书表为例，在企业管理器中新建表。

① 选中图书数据库 book 中的表文件夹，右击鼠标，在弹出的菜单中选择“新建表”，如实验图 2-1 所示，弹出创建表结构对话框如实验图 2-2 所示。

创建表结构对话框是一张表，它的列属性有列名、数据类型、长度和是否允许空 4 项。表中的每一行定义新建表(图书)的一个列属性。当光标移到表中的某一行时，下面的列描述就会对应当前行显示输入项，用户可在其中对关系的属性进行进一步说明。列描述包括数据的精度、小数位数、默认值、是否标识等项。

创建表结构时应注意以下几点。

- “列名”列用于输入字段名，例如“编号”、“类别”等，列名类似于变量名，其命名规格与变量一致。列名中不允许出现空格，一张表也不允许有重复的列名。
- “数据类型”列通过下拉列表选择系统提供的数据类型，当鼠标指针移向该列时，就

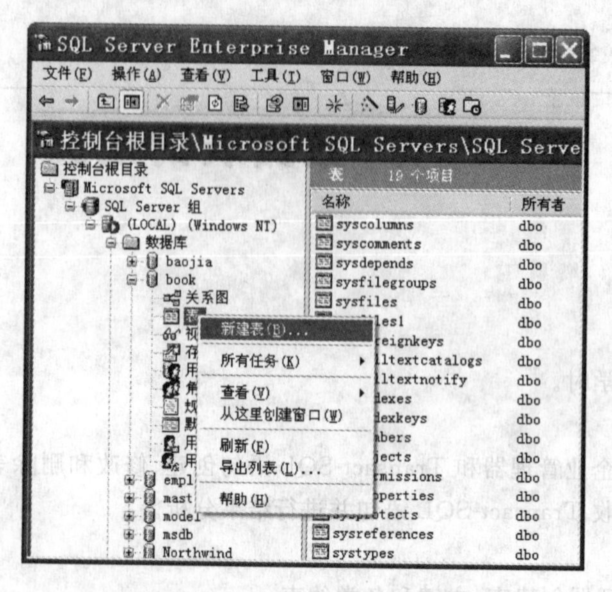

实验图 2-1　在企业管理器中新建表

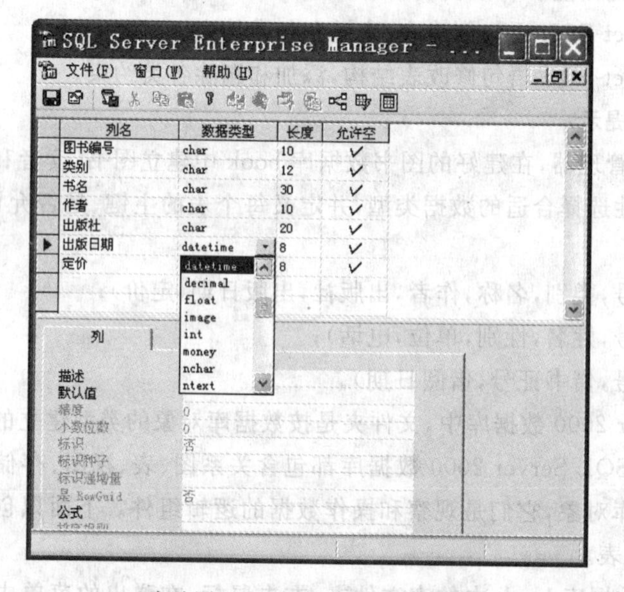

实验图 2-2　创建表结构对话框

会出现控制键，单击后就出现数据类型弹出框，如实验图 2-2 所示，可选择其中之一为指定的数据类型。

- “长度”列中的精度和小数位数项不是所有字段都必选的。例如整型和日期时间型的长度是固定的，不需要数据精度值。
- “允许空”列用于设置是否允许字段为空值，空值不等同于 0 或‘ ’，而是表示暂不输入的数据项。
- “标识种子”栏和“标识递增量”栏向表中加载第一级时标识到所使用的值和递增量值，当表新增一条记录时，SQL Server 自动生成（上一个标识列值＋递以为值）一个标识列值作为新列的值。该列的数据类型必须只能为 int,Smallint,tinyint,decimal(p,0)或 numeric(p,0),而且不允许为空值。一个表只允许有一列具有标识性能。

② 当创建好表结构后,应该为表设定主键,将光标移动到将被设为主键的行上,鼠标单击工具栏上的钥匙按钮,可以看到列名前的字段标注按钮列出现了一个钥匙图标,同时允许空这一栏的对勾自动去除,如实验图 2-3 所示。

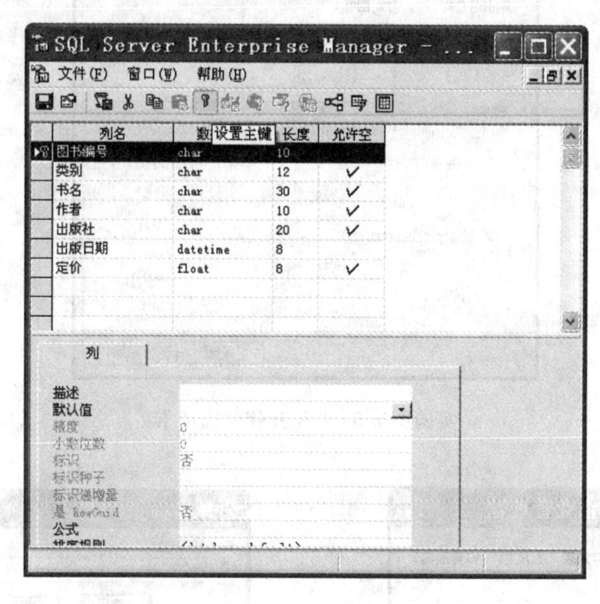

实验图 2-3　创建表的主键

选择工具栏上的管理索引/键按钮,如实验图 2-4 所示,会弹出“属性”对话框,当给一个表建立主键约束或唯一性约束时,系统自动会为该字段创建索引,如实验图 2-5 所示。一个表只能创建一个聚集索引但可以有多个非聚集索引,所以当第一次创建主键时,系统在该主键字段上自动创建了一个聚集索引,若此时再创建一个唯一性约束,则在该字段上就只能创建一个非聚集索引。

实验图 2-4　创建表的索引

在完成所有的字段和约束定义后,单击“关闭”按钮,将弹出保存表的对话框,如实验图 2-6 所示,选择“是”按钮,弹出“选择名称”对话框,如实验图 2-7 所示,此时输入表名,单击“确定”完成图书表的创建。

按上述方法依次创建读者表和借阅表,分别如实验图 2-8 和实验图 2-9 所示。

③ 创建好表结构后如果想修改其中的某些属性,如添加或删除字段、添加或删除约束,则可以在企业管理器中选择待修改的表,右击鼠标,选择“设计表”,如实验图 2-10 所示,会弹出与创建表相同的界面,此时可以完成相应修改。

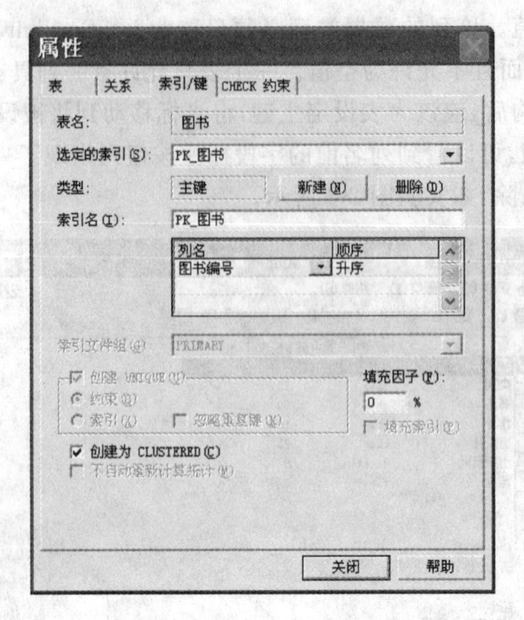

实验图 2-5 “索引/键”选项卡

实验图 2-6 保存表对话框

实验图 2-7 “选择名称”对话框

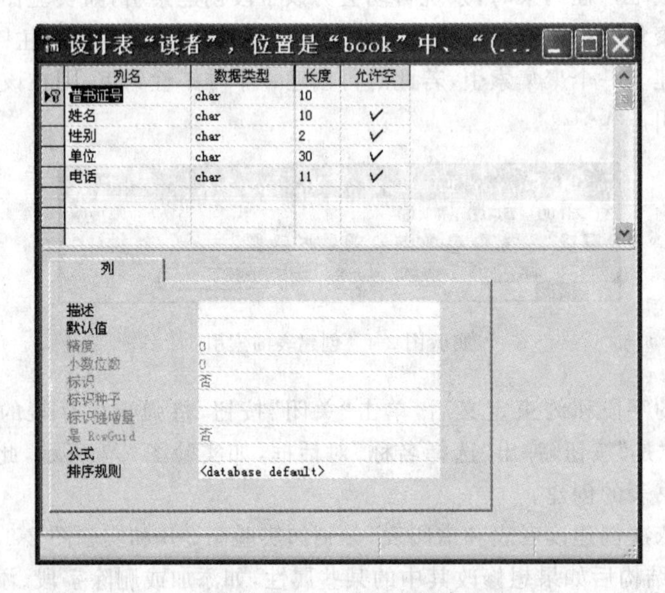

实验图 2-8 读者表创建

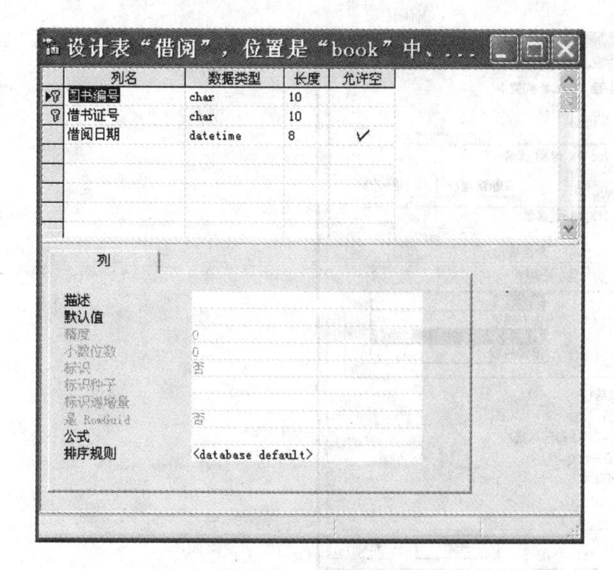

实验图 2-9　借阅表创建　　　　实验图 2-10　修改表结构

(2) 以创建借阅表的外键为例,用企业管理器将借阅表中的借书证号设置为外键,它的键值可以参照读者表中的借书证号。

选择借阅表,右击选择“设计表”,在弹出的修改表结构对话框中选择工具栏上的“管理关系”按钮,如实验图 2-11 所示,得到如实验图 2-12 所示的表属性对话框,单击“新建”按钮,得到如实验图 2-13 所示的对话框,在主键表中选定读者表的借书证号,在外键表中选定借阅表的借书证号,同时勾选“对 INSERT 和 UPDATE 强制关系”以及两个子选项,表示在主键表中更新和删除相关记录时,在外键表中的数据将同步更新或删除以确保参照完整性;反之若不勾选这几个选项,则更新或删除主键表中的记录时由于没有联动修改外键表中的相关记录会导致数据的不一致,系统将报错并拒绝当前的更新或删除操作,同样达到确保参照完整性的目的。

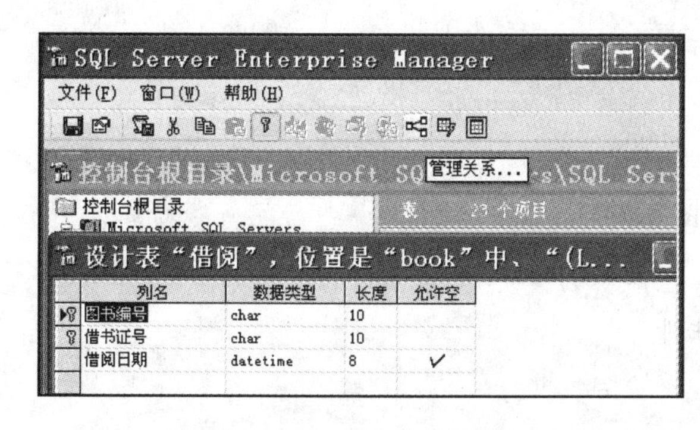

实验图 2-11　修改表结构对话框

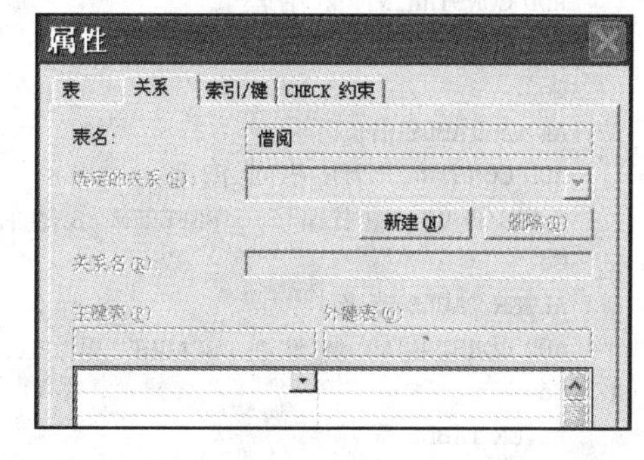

实验图 2-12　表属性对话框

(3) 用 Transact-SQL 语句完成读者表的创建。

```
CREATE TABLE 读者
(借书证号 char(10) PRIMARY key,
姓名 char(10),
```

实验图 2-13　表属性_创建外键约束对话框

```
性别 char(2),
单位 varchar(30),
电话 char(11))
```

(4) 用 Transact-SQL 语句添加表级约束：添加图书表“书名”字段的唯一性约束；添加借阅表“图书编号”的外键约束，其键值参照图书表的图书编号；添加读者表“性别”字段的默认约束，默认性别为“男”；添加读者表“电话”字段的 Check(检查)约束，限制输入的电话号码为以 139 开头的 11 位 0～9 的数字。

```
USE student
Go
ALTER TABLE 图书
ADD CONSTRAINT uk_书名
unique(书名)
Go
ALTER TABLE 借阅
ADD CONSTRAINT fk_借阅_图书
FOREIGN KEY(图书编号)  REFERENCES 图书(图书编号)
Go
ALTER TABLE 读者
ADD CONSTRAINT de_性别 DEFAULT '男' FOR 性别
Go
ALTER TABLE 读者
ADD CONSTRAINT ck_电话
CHECK(电话 LIKE '139[0-9][0-9][0-9][0-9][0-9][0-9][0-9][0-9]')
Go
```

四、练习提高

在学生数据库 student 有学生表、课程表和选课表，各表结构如下。

学生(学号，姓名，性别，出生日期，所在系)；

课程(课程号,课程名,先修课);

选课(学号,课程号,成绩)。

(1) 使用企业管理器,创建学生表和课程表,数据类型自定,并为每个表建立主键。

(2) 用 Transact-SQL 语句创建选课表,设定该表的主键为列级约束,设定成绩字段的 check 约束,使成绩的取值在 0～100 之间。

(3) 用 Transact-SQL 语句给学生表增加一个家庭住址字段,给课程表增加一个学分字段。

(4) 用 Transact-SQL 语句给学生表的姓名添加唯一性约束。

(5) 分析选课表中的外键是哪几个字段且分别参照哪个表。用企业管理器和 Transact-SQL 语句两种方法分别创建选课表的外键。

实验3　表数据的建立和维护

本实验需要2学时。

一、实验目的

熟练掌握使用企业管理器和T-SQL语句向数据表中插入记录、修改记录和删除记录的操作，体会并验证各类约束所起的作用。

二、实验内容

(1) 用企业管理器插入、修改和删除记录。

(2) 用Transact-SQL语句插入(INSERT)、修改(UPDATE)和删除(DELETE)记录。

(3) 熟悉SQL Server企业管理器和查询分析器工具的使用方法。

三、实验步骤提示

(1) 用企业管理器向图书表中输入、修改和删除多条记录。

① 选中服务器，展开图书数据库节点，单击表文件夹，找到需要输入数据的图书表，右击鼠标，选择“返回所有行”，如果是新建表，则会出现如实验图3-1所示的空表，在此逐条完成图书表中的记录输入，如实验图3-2所示。

实验图3-1　待插入数据的空表

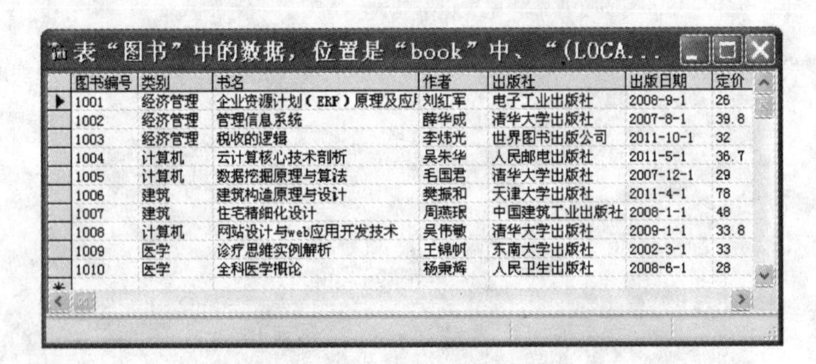

表“图书”中的数据，位置是“book”中、“(LOCA...

图书编号	类别	书名	作者	出版社	出版日期	定价
1001	经济管理	企业资源计划(ERP)原理及应	刘红军	电子工业出版社	2008-9-1	26
1002	经济管理	管理信息系统	薛华成	清华大学出版社	2007-8-1	39.8
1003	经济管理	税收的逻辑	李炜光	世界图书出版公司	2011-10-1	32
1004	计算机	云计算核心技术剖析	吴朱华	人民邮电出版社	2011-5-1	36.7
1005	计算机	数据挖掘原理与算法	毛国君	清华大学出版社	2007-12-1	29
1006	建筑	建筑构造原理与设计	樊振和	天津大学出版社	2011-4-1	78
1007	建筑	住宅精细化设计	周燕珉	中国建筑工业出版社	2008-1-1	48
1008	计算机	网站设计与web应用开发技术	吴伟敏	清华大学出版社	2009-1-1	33.8
1009	医学	诊疗思维实例解析	王锦帆	东南大学出版社	2002-3-1	33
1010	医学	全科医学概论	杨秉辉	人民卫生出版社	2008-6-1	28

实验图3-2　图书表中的记录

② 在表对话框中，数据以表格形式组织，每个字段就是表中的一列，每条记录是表中的一行。如果是更新数据，则打开后会出现原来已经存在的记录行，可在最后一条记录后添加

新记录或对原来的数据进行更新操作,通过移动右边的滑块可查阅所有的记录。

③ 需要删除记录时,先用鼠标单击要删除行的左边灰色方块,使该记录成为当前行,然后按下 Del 键。为了防止误操作,SQL Server 2000 将弹出一个警告框,要求用户确认删除操作。单击“确认”按钮即可删除记录。也可通过先选中一行或多行记录,然后再按 Del 键的方法一次删除多条记录。

(2) 用同样的方法完成读者表、借阅表的相关数据录入,要求记录不仅满足数据约束要求,还要求表间关联,分别如实验图 3-3 和实验图 3-4 所示。

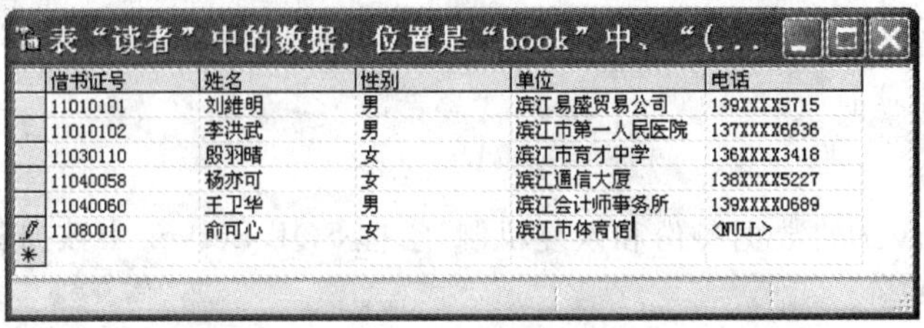

表“读者”中的数据,位置是“book”中、“(...

借书证号	姓名	性别	单位	电话
11010101	刘维明	男	滨江易盛贸易公司	139XXXX5715
11010102	李洪武	男	滨江市第一人民医院	137XXXX6636
11030110	殷羽晴	女	滨江市育才中学	136XXXX3418
11040058	杨亦可	女	滨江通信大厦	138XXXX5227
11040060	王卫华	男	滨江会计师事务所	139XXXX0689
11080010	俞可心	女	滨江市体育馆	<NULL>

实验图 3-3 读者表中的记录

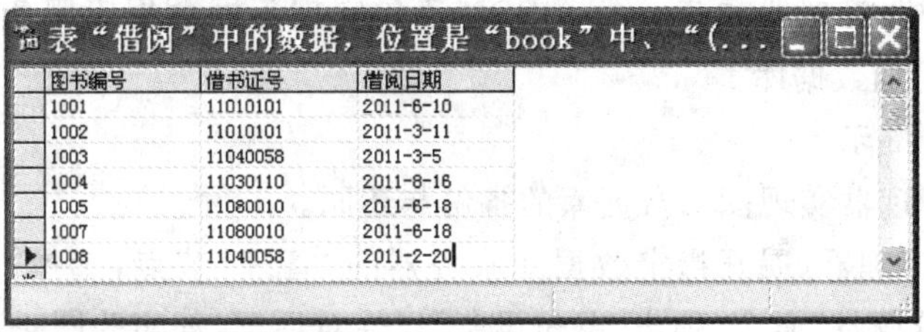

表“借阅”中的数据,位置是“book”中、“(...

图书编号	借书证号	借阅日期
1001	11010101	2011-6-10
1002	11010101	2011-3-11
1003	11040058	2011-3-5
1004	11030110	2011-8-16
1005	11080010	2011-6-18
1007	11080010	2011-6-18
1008	11040058	2011-2-20

实验图 3-4 借阅表中的记录

(3) 用 Transact-SQL 语句(INSERT)向图书表中插入一条记录。

INSERT INTO 图书 VALUES('1011','计算机','C 语言程序设计','江宝钏','清华大学出版社','2010-10-1',29)

(4) 用 Transact-SQL 语句(DELETE)删除图书表中图书编号为'1005'的记录。

DELETE FROM 图书 WHERE 图书编号='1005'

(5) 用 Transact-SQL 语句(UPDATE)将图书表中图书编号为'1011'的记录改为'1005'。

UPDATE 图书 SET 图书编号='1005' WHERE 图书编号='1011'

四、练习提高

(1) 用企业管理器向学生表 studinfo、课程表 course 和选课表 sc 中输入至少 5 条实际数据,其中学生表包含班级 5 位同学的信息,课程表包含 5 门实际课程。

(2) 用 Transact-SQL 语句向学生表中插入自己的信息。

(3) 用 Transact-SQL 语句在选课表中删除自己所选修的一门课程,例如删除“C 语言”。

(4) 用 Transact-SQL 语句在选课表中插入一条课程表中不存在的课程选修记录,观察出现的提示信息并分析。

(5) 新建一个系部表 department(系部名称,总人数,男生人数,女生人数),用 Transact-SQL 语句从学生表中采集相应信息添加到系部表中。

实验4　数据库的备份和恢复

本实验需要 2 学时。

一、实验目的

了解 SQL Server 的数据备份和恢复机制，掌握 SQL Server 中数据备份和恢复的方法。

二、实验内容

(1) 分别用企业管理器和 Transact-SQL 语句实现同一数据库服务器上的数据备份和恢复——备份与还原数据库。

(2) 分别用企业管理器和 Transact-SQL 语句实现不同数据库服务器间的数据备份和恢复——分离与附加数据库。

三、实验步骤提示

(1) 用企业管理器实现图书数据库的备份与还原。

① 启动企业管理器，展开指定数据库服务器的"管理"节点，选择"备份"选项，右击鼠标，选择"新建备份设备"命令，弹出"备份设备"属性对话框，如实验图 4-1 所示。

② 在名称框中输入备份的逻辑文件名 book 备份，在文件名输入框中输入对应的物理文件名，也可以单击文件名栏最右边的"…"按钮，在弹出的文件名对话框中确定或改变备份设备的默认磁盘文件路径和文件名，如实验图 4-2 所示，单击"确定"按钮，完成创建备份设备。

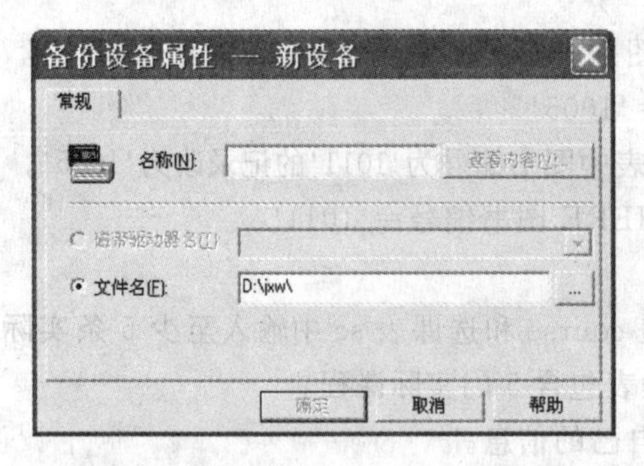

实验图 4-1　"备份设备属性"对话框

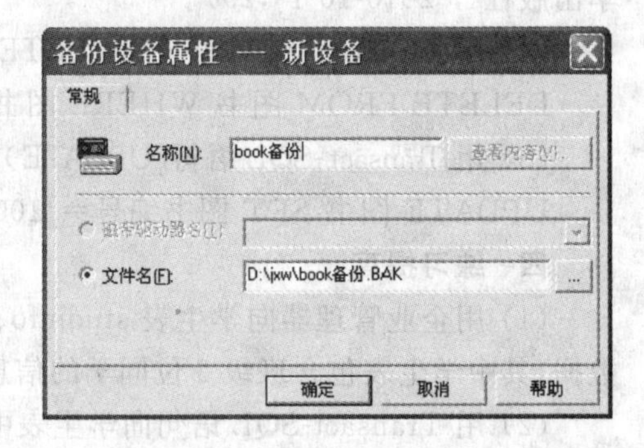

实验图 4-2　创建备份对话框

③ 选择要备份的 book 数据库，右击鼠标，选择"所有任务"，然后选择"备份数据库"命令，弹出如实验图 4-3 所示的备份对话框。

④ 在数据库下拉框中选择要备份的数据库；在名称框中输入已创建备份设备的逻辑文件名；选择备份方法，为磁盘备份设备或备份文件选择目的地，即通过列表右边的"添加"

按钮或"删除"按钮确定备份文件的存放位置,列表框中显示要使用的备份设备或备份文件;在重写栏中选择将备份保存到备份设备时的覆盖模式;在调度栏中设置数据库备份计划,单击"确定"按钮,完成 book 数据库的备份。

⑤ 在 book 数据库中选择其中的读者表和图书表,修改其中任意两条记录的数据。

⑥ 打开企业管理器,选择要备份的数据库节点,右击鼠标,选择"所有任务",然后选择"还原数据库"命令,弹出如实验图 4-4 所示的还原数据库对话框_1。

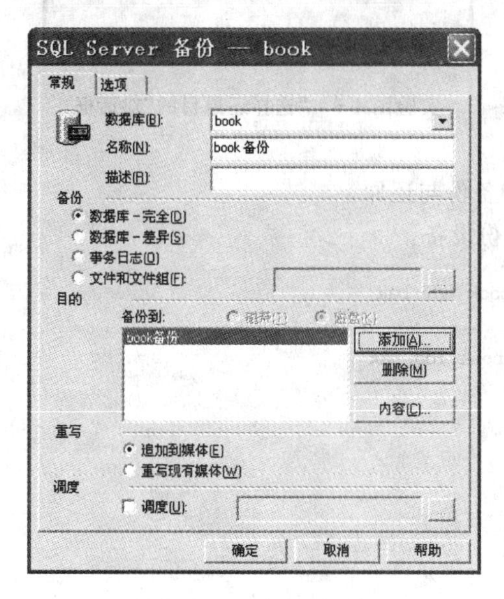

实验图 4-3 备份对话框

实验图 4-4 还原数据库对话框_1

⑦ 选择还原栏中的"数据库"单选项,在参数栏中,选择要恢复的数据库名和要还原的第一个备份文件;在备份设备表中,单击还原列中的小方格,勾选数据库恢复要使用的备份文件,单击"确定"按钮(实验图 4-5)。

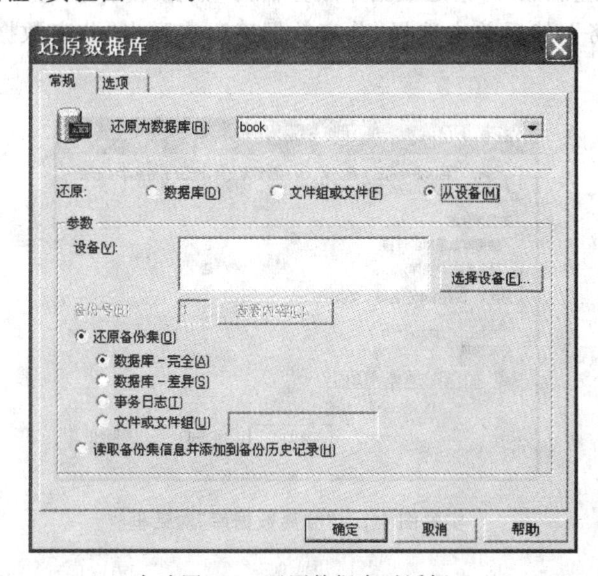

实验图 4-5 还原数据库对话框_2

如果选择还原栏中的单选按钮“从设备”选项，则出现如实验图 4-5 所示的还原数据库对话框_2，单击“选择设备”按钮，在弹出的“选择还原设备”对话框中单击“添加”按钮，将弹出“选择还原目的”对话框，如实验图 4-6 所示。若选择“文件名”，则从备份设备默认的磁盘文件路径选择文件名，若选择“备份设备”，则指定备份设备，单击“确定”按钮，完成还原。

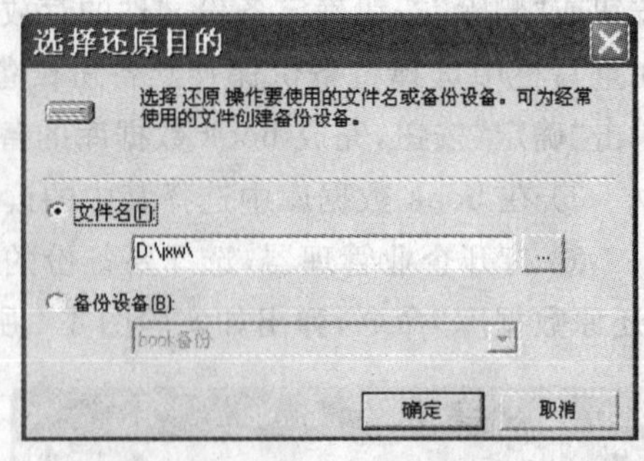

实验图 4-6 “选择还原目的”对话框

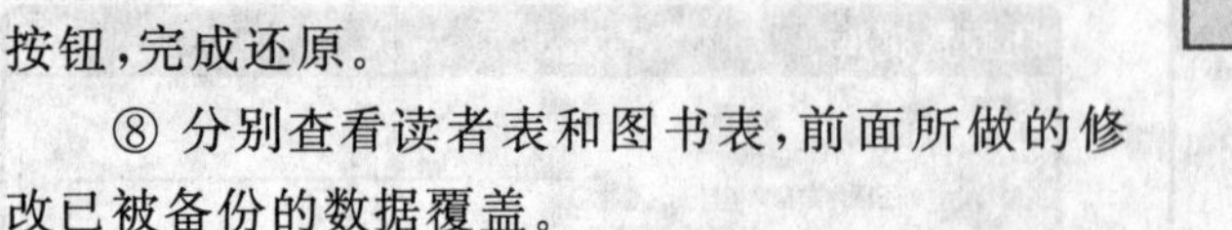

⑧ 分别查看读者表和图书表，前面所做的修改已被备份的数据覆盖。

(2) 用 Transact-SQL 语句实现图书数据库的备份与还原。

① 用系统存储过程 sp_addumpdevice 新建备份设备。

```
EXEC sp_addumpdevice 'disk','book_mdf','d:\jxw\book_mdf.bak'
go
EXEC sp_addumpdevice 'disk', 'book_log','d:\jxw\book_log.bak'
go
```

② 备份 book 数据库。

```
backup database book to book_mdf
backup log book to book_log
```

③ 还原 book 数据库。

```
restore database book from book_mdf with norecovery
restore log book from book_log
```

(3) 用企业管理器实现图书数据库的分离与附加。

① 打开企业管理器，展开指定数据库服务器的“数据库”节点，选择 book 数据库，右击鼠标，选择“所有任务”，然后单击选择“分离数据库”，将弹出“分离数据库”对话框，如实验图 4-7 所示。

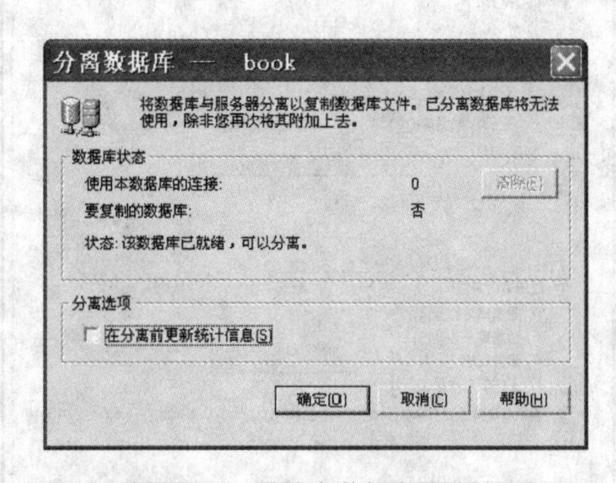

实验图 4-7 “分离数据库”对话框

② 单击“确定”按钮，则使 book 数据库从服务器上分离。

③ 分别在磁盘文件中找到与 book 数据库相对应的数据文件 D:\Program Files\Microsoft SQL Server\MSSQL\Data\book_Data. mdf 和日志文件 D:\jxw\book_log. ldf 并复制。

④ 在目的磁盘文件夹中粘贴上述两个文件。

⑤ 展开“数据库”节点，右击鼠标，选择“所有任务”，然后选择“附加数据库”命令，将弹出“附加数据库”对话框，如实验图 4-8 所示。

⑥ 在“要附加数据库的 MDF 文件”输入框中输入要附加的主数据文件或单击“…”按钮，然后在弹出的“浏览现有文件”对话框中确定磁盘文件路径和文件名，如实验图 4-9 所示。

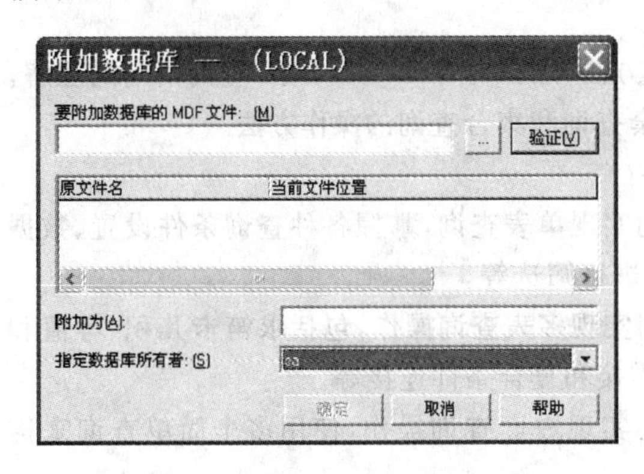

实验图 4-8 “附加数据库”对话框

实验图 4-9 附加数据库对话框_选择主数据文件

⑦ 单击“确定”按钮，完成数据库附加。

(4) 用系统存储过程 sp_attach_db 实现图书数据库的附加。

```
execute sp_attach_db 'book',
'D:\Program Files\Microsoft SQL Server\MSSQL\Data\book_Data.mdf',
'D:\jxw\book_log.ldf'
```

四、练习提高

(1) 分别用企业管理器和 Transact-SQL 语句对学生数据库 student 进行备份。

(2) 修改学生数据库中学生表和选课表的相应数据，以便比较还原前后的数据变化。

(3) 删除学生数据库 student，观察相应的 *. mdf 和 *. ldf 两个文件是否仍然存在。

(4) 分别用企业管理器和 Transact-SQL 语句还原学生数据库 student，观察刚才修改的学生表和选课表的数据如何变化。

(5) 修改学生数据库 student 的备份计划，要求每星期对数据库备份一次。

(6) 用企业管理器分离学生数据库 student，并复制相应的 *. mdf 和 *. ldf 两个文件。

(7) 用企业管理器附加学生数据库 student。

实验 5 数据查询

本实验需要 4 学时。

一、实验目的

熟练掌握 SQL Server 查询分析器的使用方法，加深对 Transact-SQL 查询语句的理解。熟练掌握数据查询的单表查询、多表查询、嵌套查询和集合查询的操作方法。

二、实验内容

(1) 使用 Transact-SQL 的 SELECT 语句实现单表查询，掌握各种查询条件设置、数据排序、分组和集合函数的使用以及对分组结果进行筛选等。

(2) 使用 Transact-SQL 的 SELECT 语句实现多表查询操作，包括求笛卡儿积、等值和非等值连接、自然连接、内连接、外连接、自身连接和复合条件连接等。

(3) 使用 Transact-SQL 的 SELECT 语句实现嵌套查询操作，使用多个简单查询来构造复杂查询。

(4) 用 Transact-SQL 的 SELECT 语句实现集合查询操作。

三、实验步骤提示

查询分析器及使用方法。查询分析器是在开发数据库应用系统时使用最多的工具，查询分析器的主要作用是编辑 SQL 语句，将其发送到服务器，并将执行结果及分析显示出来(或进行存储)。查询分析器的界面如实验图 5-1 所示。查询分析器的上方是 SQL 代码区域，用于输入 Transact-SQL 语句；下方为结果区，用于显示 Transact-SQL 语句的执行结果和信息提示。

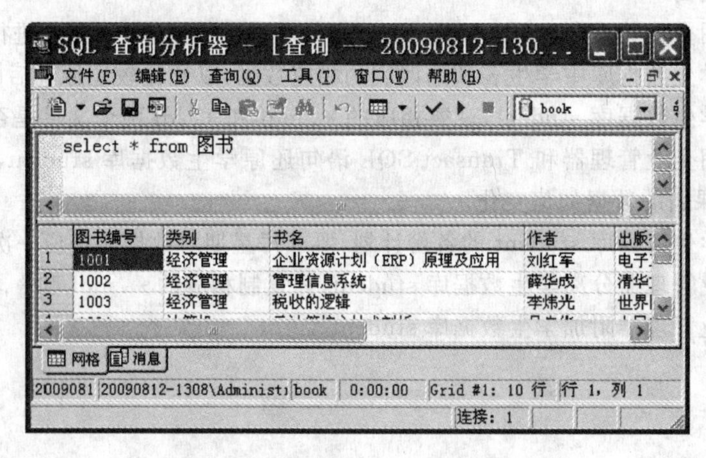

实验图 5-1 SQL Server 2000 查询分析器

1. 单表查询实验

(1) 在图书表中查找姓“吴”的作者出版的所有图书的图书编号、类别等信息。

```
SELECT 图书编号,书名,作者 FROM 图书 WHERE 作者 LIKE '吴%'
```

(2) 在图书表中查找 2009 年至 2010 年期间出版的图书。

```
SELECT 书名,出版社,出版日期 FROM 图书 WHERE 出版日期 BETWEEN '2009-1-1' AND
'2010-12-31'
```

(3) 查询计算机类图书信息,按照定价由高到低(降序)显示。

```
SELECT 图书编号,类别,书名,定价 FROM 图书 WHERE 类别 = '计算机' ORDER BY 定价 DESC
```

(4) 统计所有图书的最高和最低定价。

```
SELECT MAX(定价) AS 所有图书最高定价,MIN(定价) AS 所有图书最低定价 FROM 图书
```

(5) 统计经济管理类图书的最高和最低定价。

```
SELECT MAX(定价) AS 经管类图书最高定价,MIN(定价) AS 经管类图书最低定价 FROM 图书
WHERE 类别 = '经济管理'
```

(6) 统计各个类别图书的最高和最低定价(实验图 5-2)。

```
SELECT 类别,MAX(定价) AS 最高定价,MIN(定价) AS 最低定价 FROM 图书
GROUP BY 类别
```

(7) 查询平均定价小于 35 元的图书类别和平均定价(实验图 5-3)。

```
SELECT 类别,AVG(定价) AS 平均定价 FROM 图书 GROUP BY 类别
HAVING AVG(定价)< 35
```

	类别	最高定价	最低定价
1	计算机	37	29
2	建筑	78	48
3	经济管理	40	26
4	医学	33	28

网格 消息

实验图 5-2　各个类别图书的最高和最低定价

	类别	平均定价
1	计算机	33.333333
2	经济管理	32.666666
3	医学	30.500000

网格 消息

实验图 5-3　平均定价小于 35 元的图书类别

2. 多表查询实验

(1) 查询有借书记录的读者及其借阅图书的情况,显示读者姓名、书名和借阅日期(实验图 5-4)。

```
SELECT 姓名,书名,借阅日期 FROM 图书,读者,借阅
WHERE 图书.图书编号 = 借阅.图书编号 AND 读者.借书证号 = 借阅.借书证号
```

或

```
SELECT 姓名,书名,借阅日期 FROM 图书
INNER JOIN 借阅 ON 图书.图书编号 = 借阅.图书编号
INNER JOIN 读者 ON 读者.借书证号 = 借阅.借书证号
```

	姓名	书名	借阅日期
1	刘维明	企业资源计划（ERP）原理及应用	2011-06-10 00:00:00.000
2	刘维明	管理信息系统	2011-03-11 00:00:00.000
3	杨亦可	税收的逻辑	2011-03-05 00:00:00.000
4	殷羽晴	云计算核心技术剖析	2011-08-16 00:00:00.000
5	俞可心	C语言程序设计	2011-06-18 00:00:00.000
6	俞可心	住宅精细化设计	2011-06-18 00:00:00.000
7	杨亦可	网站设计与web应用开发技术	2011-02-20 00:00:00.000

网格 消息

实验图 5-4　有借书记录的读者及其借阅图书的情况

(2) 查询每个读者及其借阅图书的情况，显示读者姓名、书名和借阅日期(实验图 5-5)。

```
SELECT 姓名,书名,借阅日期 FROM 读者
LEFT OUTER JOIN 借阅 ON 读者.借书证号 = 借阅.借书证号
LEFT OUTER JOIN 图书 ON 图书.图书编号 = 借阅.图书编号
```

	姓名	书名	借阅日期
1	刘维明	企业资源计划（ERP）原理及应用	2011-06-10 00:00:00.000
2	刘维明	管理信息系统	2011-03-11 00:00:00.000
3	李洪武	NULL	NULL
4	殷羽晴	云计算核心技术剖析	2011-08-16 00:00:00.000
5	杨亦可	税收的逻辑	2011-03-05 00:00:00.000
6	杨亦可	网站设计与web应用开发技术	2011-02-20 00:00:00.000
7	王卫华	NULL	NULL
8	俞可心	C语言程序设计	2011-06-18 00:00:00.000
9	俞可心	住宅精细化设计	2011-06-18 00:00:00.000

网格 消息

实验图 5-5　每个读者及其借阅图书的情况

(3) 查询“俞可心”借阅图书的情况，显示姓名、书名和借阅日期(实验图 5-6)。

```
SELECT 姓名,书名,借阅日期 FROM 图书
INNER JOIN 借阅 ON 图书.图书编号 = 借阅.图书编号
INNER JOIN 读者 ON 读者.借书证号 = 借阅.借书证号
WHERE 姓名 = '俞可心'
```

	姓名	书名	借阅日期
1	俞可心	C语言程序设计	2011-06-18 00:00:00.000
2	俞可心	住宅精细化设计	2011-06-18 00:00:00.000

网格 消息

实验图 5-6　“俞可心”借阅图书的情况

(4) 统计每个借书者所借的图书册数(实验图 5-7)。

```
SELECT 读者.姓名,读者.借书证号,a.册数
FROM
(SELECT 读者.借书证号,COUNT(图书编号)AS 册数 FROM 读者
INNER JOIN 借阅 ON 读者.借书证号 = 借阅.借书证号
GROUP BY 读者.借书证号) AS a
INNER JOIN 读者 ON a.借书证号 = 读者.借书证号
```

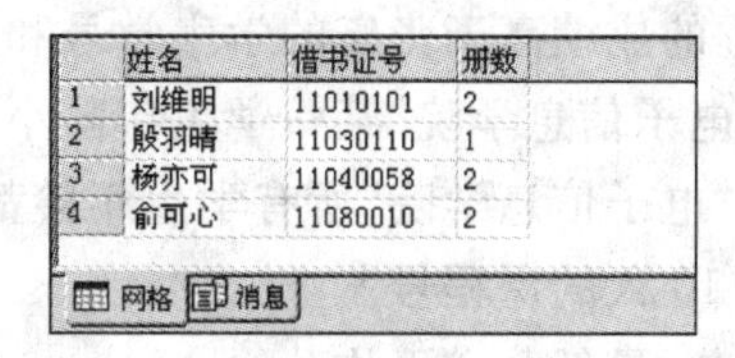

	姓名	借书证号	册数
1	刘维明	11010101	2
2	殷羽晴	11030110	1
3	杨亦可	11040058	2
4	俞可心	11080010	2

实验图 5-7　每个借书者所借的图书册数

3. 嵌套查询实验

(1) 查询借阅了图书编号为“1002”的读者姓名和性别。

```
SELECT 姓名,性别 FROM 读者
WHERE 借书证号 IN
(SELECT 借书证号 FROM 借阅 WHERE 图书编号 = '1004')
```

(2) 查询借阅了“C 语言程序设计”的读者姓名和性别。

```
SELECT 姓名,性别 FROM 读者
WHERE 借书证号 IN
(SELECT 借书证号 FROM 借阅 WHERE 图书编号 IN
(SELECT 图书编号 FROM 图书 WHERE 书名 = 'C 语言程序设计'))
```

(3) 查询其他类别中比计算机类某一图书单价低的图书类别、书名和单价。

```
SELECT 类别,书名,定价 FROM 图书
  WHERE 定价< ANY
             (SELECT 定价 FROM 图书 WHERE 类别 = '计算机')
              AND 类别<>'计算机'
```

4. 集合查询实验

使用集合运算将图书表中的借书证号、姓名和图书表中的图书编号、书名返回到同一个表中,列名为编号、名称。

```
SELECT 图书编号 AS 编号,书名 AS 名称 FROM 图书
UNION
SELECT 借书证号,姓名 FROM 读者
```

四、练习提高

在学生数据库中用 Transact-SQL 语句实现下列数据查询操作。

(1) 查询新媒体学院学生的学号和姓名。

(2) 查询选修了课程的学生学号。

(3) 查询选修了“数据库原理及应用”(自拟)课程的学生学号和成绩,并要求对查询结果按成绩的降序排列,如果成绩相同则按学号的升序排列。

(4) 查询选修了课程“信息管理系统”且成绩在 80～90 分之间的学生学号和成绩,并将成绩乘以系数 0.8 然后输出。

(5) 查询新闻学院或计算机学院姓张的学生信息。

(6) 查询学生的学号、姓名、选修的课程名及成绩。

(7) 查询每一门课的间接先修课(即先修课的先修课)。

(8) 查询“高等数学”课程的成绩高于张三的学生学号和成绩。

(9) 查询其他学院中比“电子信息学院”某一学生年龄小的学生。

(10) 查询其他学院中比“电子信息学院”所有学生年龄都小的学生。

(11) 查询选修人数超过 10 人的课程号。

(12) 查询每门课的最高分、最低分和平均分。

(13) 查询每个选修了课程的学生姓名及其选修课程的最高分。

实验 6　数据库的视图

本实验需要 2 学时。

一、实验目的

熟练掌握使用企业管理器和 Transact-SQL 语句创建和修改视图的方法，理解并掌握通过视图更新基表数据的方法及其限制，从而加深理解视图的作用。

二、实验内容

(1) 用向导创建视图。

(2) 用企业管理器创建、修改和删除视图。

(3) 用 Transact-SQL 语句创建、修改和删除视图。

(4) 通过视图更新基本表数据。

三、实验步骤提示

(1) 在图书数据库中用向导创建读者视图，包含读者姓名、性别、书名和借阅日期等信息。

① 选中图书数据库中的视图文件夹，选择菜单栏中的工具按钮，然后选择向导选项，在"选择向导"对话框中，单击数据库左边的"＋"号，使之展开。选择"创建视图向导"选项，单击"确定"按钮，如实验图 6-1 所示。

② 进入创建视图向导后，单击"下一步"按钮，在出现的"选择数据库名称"对话框中选择视图所属的数据库。本例的数据库为"book"，单击"下一步"按钮，则进入如实验图 6-2 所示的选择表对话框。

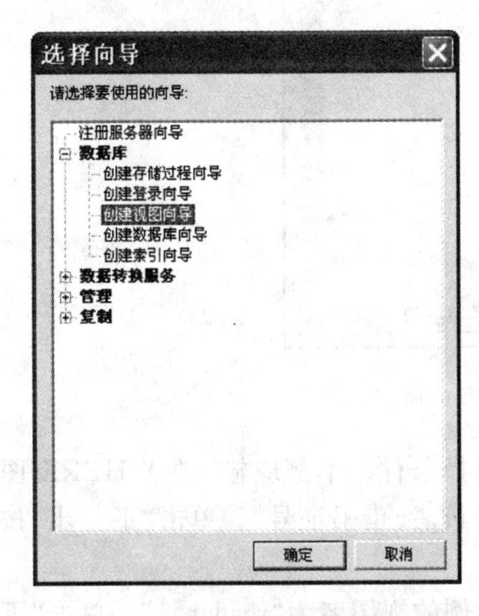

实验图 6-1　利用向导创建视图

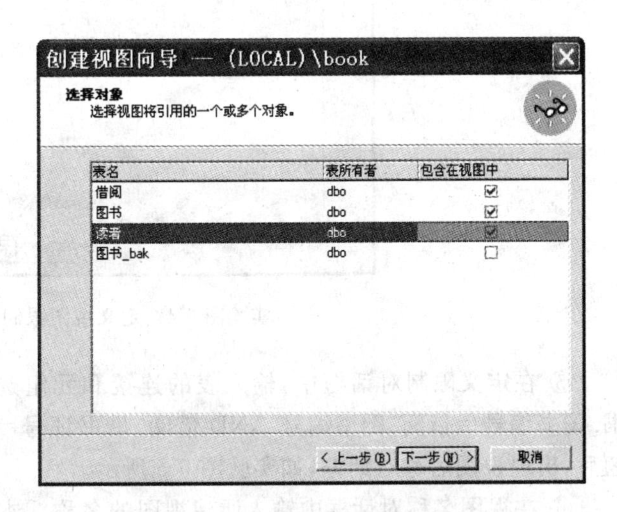

实验图 6-2　选择视图引用的表对话框

③ 在选择表对话框中，列出了指定数据库中所有用户定义的表和视图，用户可以从中选择构造视图所需的一个表或多个表(或视图)，用鼠标单击表名后的“包含在视图中”列，使复选框为选中状态，被选中的表成为构造视图的基表。单击“下一步”按钮，则进入选择列对话框，如实验图 6-3 所示。

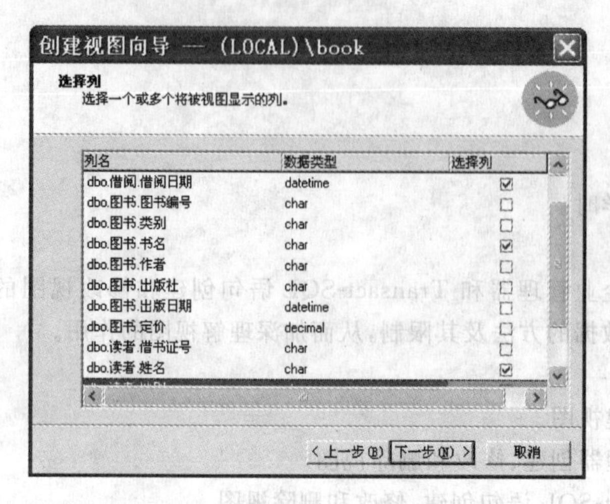

实验图 6-3　选择视图包含的列对话框

④ 选择列对话框中以表格形式列出了创建视图基表的全部属性，每个属性占表的一行。用鼠标单击属性名后边的“选择列”，使其复选框为选中状态。单击“下一步”按钮，进入创建视图的定义限制对话框，如实验图 6-4 所示。

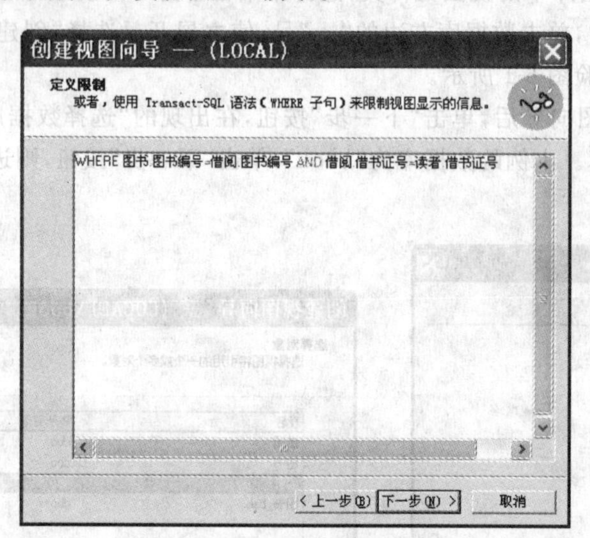

实验图 6-4　定义视图限制对话框

⑤ 在定义限制对话框中，输入表的连接和元组选择条件。本例应输入" WHERE 图书.图书编号＝借阅.图书编号 AND 借阅.借书证号＝读者.借书证号"。单击“下一步”按钮后，出现视图名称对话框，如实验图 6-5 所示。

⑥ 在视图名称对话框中输入所建视图的名称。本例的视图名为“reader_1”。单击“下

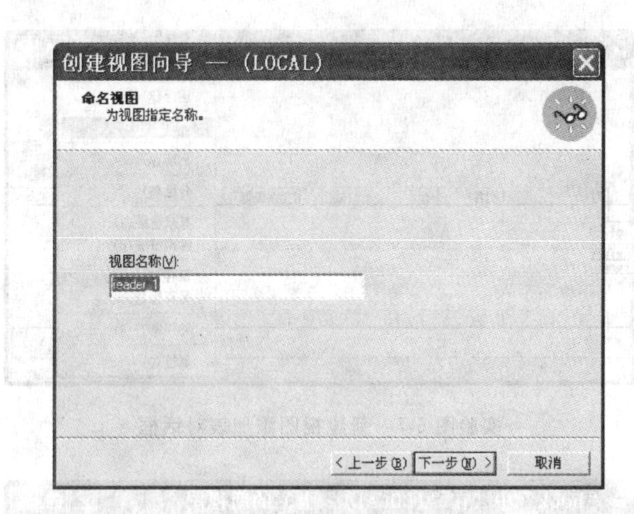

实验图 6-5　视图名称对话框

一步”按钮，则出现如实验图 6-6 所示的视图创建完成对话框。在完成对话框中系统给出了根据前面对话框输入的内容自动生成的 SQL 语句。可以认真阅读该 SQL 语句，如果发现与要求有不符合之处则可以直接进行修改。确认无误后单击“完成”按钮，整个创建视图工作就完成了。

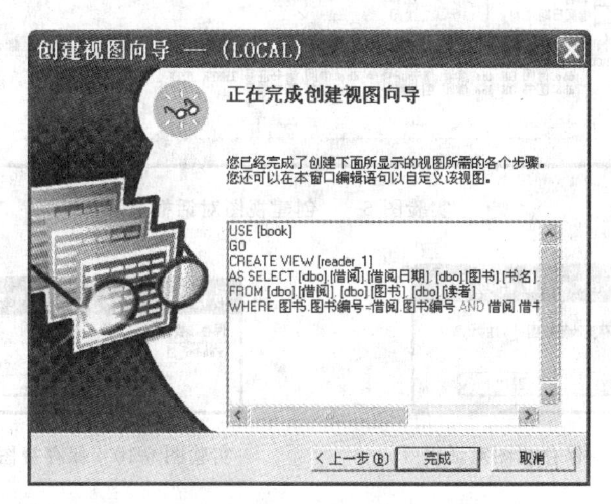

实验图 6-6　视图创建完成对话框

(2) 利用企业管理器创建读者视图，包含读者姓名、性别、书名和借阅日期等信息。

① 选中服务器，展开图书数据库节点，选择视图文件夹，单击“新建视图”选项，将鼠标移动到关系图窗格，右击鼠标，选择添加表选项，如实验图 6-7 所示。

② 在弹出的添加表对话框中选择创建视图所需要引用的基表，在关系图窗格中会出现多表之间的关系图，选择将要在视图中显示的列，网格窗格中会出现这些列的信息，同时在 SQL 窗格中自动生成了创建视图的 SQL 代码，如实验图 6-8 所示。

③ 单击“关闭”按钮，弹出如实验图 6-9 的保存视图对话框，单击“是”按钮，输入视图名称 reader_2，如实验图 6-10 所示，单击“确定”按钮，完成视图的创建。

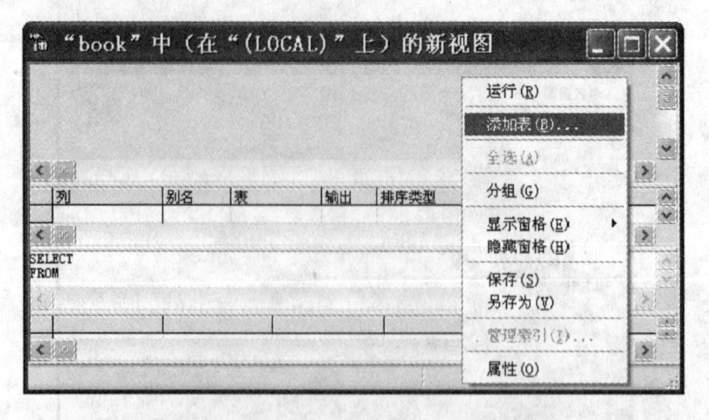

实验图 6-7　新建视图添加表对话框

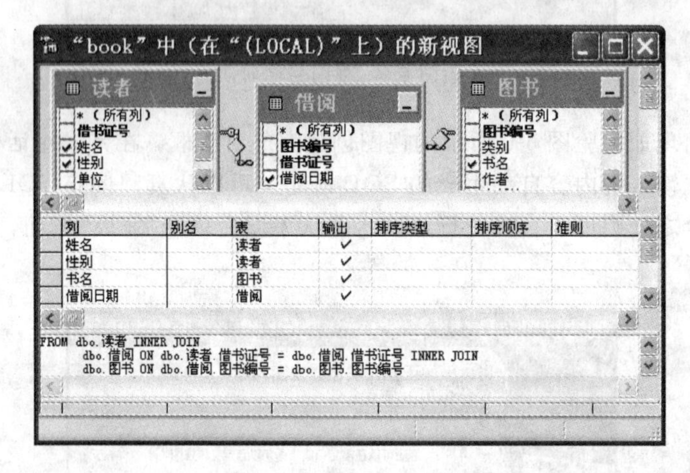

实验图 6-8　创建视图对话框

实验图 6-9　保存视图对话框-1

实验图 6-10　保存视图对话框-2

(3) 查看和修改视图。

视图创建好后，就可以利用它进行查询信息了。打开视图的操作跟打开表类似，选择需要查看的视图，右击鼠标，选择返回所有行，得到结果如实验图 6-11 所示。

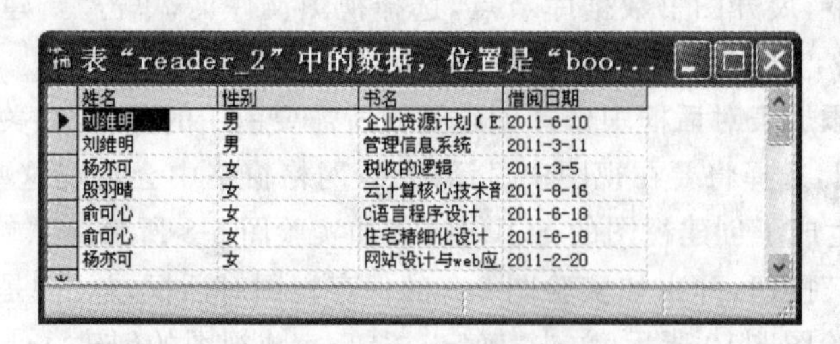

实验图 6-11　查询视图

如果发现视图的结构不能很好地满足要求，还可以在企业管理器中对它进行修改。

① 在企业管理器中，选择服务器、数据库，并使数据库展开，然后用鼠标右击要修改结构的视图，在弹出的视图功能菜单上选择“设计视图”项，弹出一个视图设计对话框，其界面与新建视图相似，如实验图 6-8 所示，当对其修改完毕后关闭窗口，新的视图结构就会取代原先的结构。

② 在实验图 6-8 中，视图设计对话框被分为 4 个区域：图表区、表格区、SQL 语言区和结果区，各区域的作用如下。

图表区：图表区域与数据库图表很相似，它图形化地显示了视图中的表以及表之间的关联。在图表区中，可以添加或去掉创建视图所包含的表，也可以添加或去掉视图所包含的表列。

表格区：表格区用表格显示视图所有的表列。在表格区中，可以添加或去掉视图所包含的表列，设定排序和分组，也可以通过修改某些列的取值规则来限制结果集的范围。

SQL 语言区：SQL 语言区用 Transact-SQL 语句表示视图结构，可以在区域中检查 SQL 语句是否正确，并可以直接修改视图的 SQL 语句。

结果区：单击工具条上的“!”(运行)按钮，就可以在结果区中显示当前视图的结果集。

③ 在表格区中修改视图的结构。

表格区中以表格形式列出了视图基表的每个属性。每个属性用一行表示，它包括列名、别名、表名、输出、排序规则、准则等项。输出项是复选框，如果框中有“√”号则表明视图中包含该属性，否则不包含；用户在别名列中，可以为数据列定义别名；在准则列中，可以为视图设置诸如“姓名＝‘刘维明’”的元组选择条件，当多个准则显示在同一列中时表示它们是逻辑与的关系，如实验图 6-12 所示，显示在不同列中时则表示逻辑或的关系，如实验图 6-13 所示。

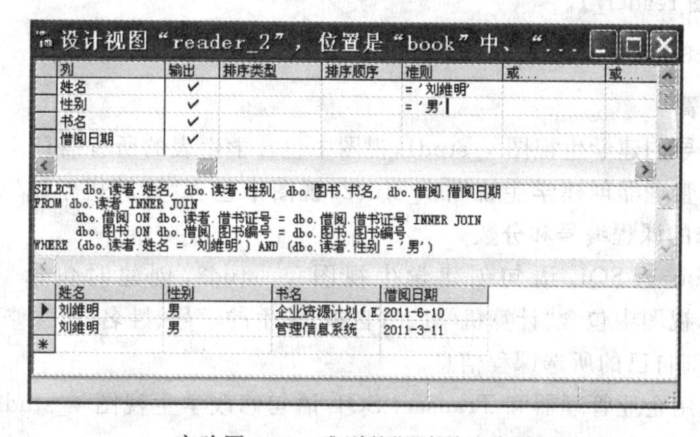

实验图 6-12　准则的“逻辑与”关系

(4) 删除视图。

删除视图的方法是：首先要在企业管理器中，将鼠标指向数据库中的视图文件夹，并右击鼠标。在随后出现的弹出菜单中，选择“删除”项，会弹出删除视图对话框。选中欲删除的视图，单击“全部移去”按钮，则选中的视图将被删除。

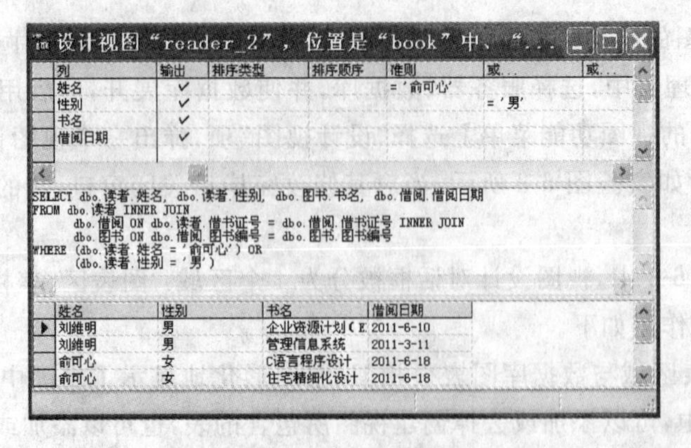

实验图 6-13 准则的“逻辑或”关系

(5) 用 Transact-SQL 语句创建、修改和删除视图。

① 创建某读者信息视图,要求包含读者“杨亦可”的借书证号、姓名、所借书名和类别。

```
CREATE VIEW reader_3
AS
SELECT 读者.借书证号,姓名,书名,类别 FROM 读者,借阅,图书
WHERE 读者.借书证号 = 借阅.借书证号 AND 借阅.图书编号 = 图书.图书编号
AND 姓名 = '杨亦可'
```

② 修改上述视图,使包含“杨亦可”读者的借书证号、姓名、所借书名和编号。

```
ALTER VIEW reader_3
AS
SELECT 读者.借书证号,姓名,编号,书名 FROM 读者,借阅,图书
WHERE 读者.借书证号 = 借阅.借书证号 AND 借阅.图书编号 = 图书.图书编号
AND 姓名 = '杨亦可'
```

③ 删除视图 reader_1。

```
DROP VIEW reader_1
```

四、练习提高

(1) 利用向导创建学生视图 v_stud1,视图中包含学生表的所有信息。

(2) 用企业管理器创建学生视图 v_stud2,视图中包含“计算机学院”(自拟)学生的学号、姓名、所选修的课程编号和分数。

(3) 用 Transact-SQL 语句创建学生视图 v_ stud3,创建时包含“WITH CHECK OPTION”子句,视图中包含“计算机学院”(自拟)学生的学号、姓名、所选修的课程名称和分数,利用视图查询自己的所选课程信息。

(4) 分别使用企业管理器和 Transact-SQL 语句修改学生视图 v_stud2,使视图中包含学生的学号、姓名及每个学生所选修的课程数目。

(5) 利用视图 v_stud3 向学生表 studinfo 中插入一条记录：学号为 1010,姓名为张三,系部为新媒体学院,观察插入是否成功。

(6) 利用视图 v_stud3 修改学生表 studinfo 中姓名为李四、系部为新闻学院的一条学生记录,使其选修的“数据库原理”分数为 80,观察修改是否成功。

(7) 用 Transact-SQL 语句删除视图 v_stud1。

实验7 Transact-SQL 程序设计

本实验需要4学时。

一、实验目的

熟练掌握SQL Server中变量、数据类型和表达式的定义和使用，掌握Transact-SQL中常用系统函数的使用，掌握流程控制语句和结构化程序设计方法，掌握分行处理表中记录的机制以及利用游标对数据进行查询、修改和删除的方法。

二、实验内容

(1) Transact-SQL中变量、数据类型和表达式的使用。

(2) Transact-SQL中常用系统函数的使用。

(3) 利用流程控制语句实现结构化程序设计。

(4) 利用游标分行处理机制实现数据的定位、查询、修改和删除。

三、实验步骤提示

(1) 在读者表中查询姓王的读者姓名，将结果赋给一个变量并输出。

```
DECLARE @var1 CHAR(10)
SELECT @var1 = 姓名 FROM 读者
WHERE 姓名 LIKE '王%'
SELECT @var1
```

当表中有多个满足条件的记录时，只将最后一个结果赋给变量。比较下面语句的执行结果。

```
DECLARE @var1 CHAR(10)
SELECT @var1 = (SELECT 姓名 FROM 读者
WHERE 姓名 LIKE '王%')
SELECT @var1
```

当子查询返回的值多于一个时，不允许用=、!=、<、<=、>、>=等关系运算等。

(2) 假定最长借书期限为6个月，查询每位读者的图书到期日期。

```
SELECT 姓名,书名,DATEADD(MONTH,6,借阅日期) AS 到期日期
FROM 读者,借阅,图书
WHERE 读者.借书证号 = 借阅.借书证号 AND 图书.图书编号 = 借阅.图书编号
```

结果如实验图7-1所示。

(3) 查询清华大学出版社出版的图书信息。

```
IF EXISTS(SELECT * FROM 图书 WHERE 出版社 = '清华大学出版社')
```

	姓名	书名	到期日期
1	王维明	企业资源计划（ERP）原理及应用	2011-12-10 00:00:00.000
2	王维明	管理信息系统	2011-09-11 00:00:00.000
3	杨亦可	税收的逻辑	2011-09-05 00:00:00.000
4	俞可心	C语言程序设计	2011-12-18 00:00:00.000
5	俞可心	住宅精细化设计	2011-12-18 00:00:00.000
6	杨亦可	网站设计与web应用开发技术	2011-08-20 00:00:00.000

网格 消息

实验图 7-1　应用系统函数计算图书到期日期

```
    BEGIN
        PRINT '清华大学出版社包含如下书籍：'
        SELECT * FROM 图书 WHERE 出版社 = '清华大学出版社'
    END
ELSE
    PRINT '暂没有清华大学出版社的图书'
```

(4) 统计 10 到 50 之间素数的个数及平均值。

```
DECLARE @m tinyint,@i tinyint,@sum numeric(7,2),@num int
SET @m = 10
SET @num = 0
SET @sum = 0.0
WHILE @m <= 50
  BEGIN
    SET @i = 2
    WHILE @i <= sqrt(@m)
      BEGIN
        IF (@m % @i = 0)
          BREAK
        SET @i = @i + 1
      END
    IF (@i > sqrt(@m))
      BEGIN
        SET @sum = @sum + @m
        SET @num = @num + 1
      END
    SET @m = @m + 1
END
SET @sum = @sum/@num
SELECT @num as 素数个数,@sum as 平均值
```

结果如实验图 7-2 所示。

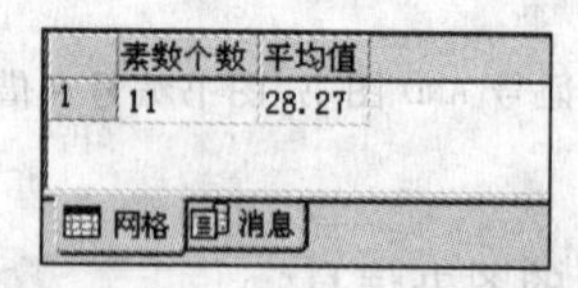
	素数个数	平均值
1	11	28.27

实验图 7-2　素数判断结果

(5) 利用游标将记录定位在读者表中的第 6 条记录、第 3 条记录以及从当前行开始向后第二条记录。

```
DECLARE cur_book SCROLL CURSOR
FOR
SELECT * FROM 读者
OPEN cur_book
FETCH ABSOLUTE 6 FROM cur_book
FETCH RELATIVE - 3 FROM cur_book 或 FETCH ABSOLUTE 3 FROM cur book
FETCH RELATIVE 2 FROM cur_book
CLOSE cur_book
DEALLOCATE CUR_book
```

结果如实验图 7-3 所示。

	借书证号	姓名	性别	单位	电话
1	11080010	俞可心	女	滨江市体育馆	139XXXX5601

	借书证号	姓名	性别	单位	电话
1	11030110	殷羽晴	女	滨江市育才中学	136XXXX3418

	借书证号	姓名	性别	单位	电话
1	11040060	王卫华	男	滨江会计师事务所	139XXXX0689

网格 消息

实验图 7-3 游标的定位操作

(6) 利用游标检索机制将所有清华大学出版社出版的图书定价上调 5%。

```
DECLARE @press CHAR(20),@price numeric(7,2)
DECLARE cur_book CURSOR
FOR
SELECT 出版社,定价
FROM 图书
FOR UPDATE OF 定价
OPEN cur_book
FETCH NEXT FROM cur_book INTO @press, @price
WHILE @@fetch_status = 0
BEGIN
IF @press = '清华大学出版社'
    UPDATE 图书
    SET 定价 = 定价 * (1 + 0.05)
    WHERE CURRENT OF cur_book
    FETCH NEXT FROM cur_book INTO @press, @price
END
CLOSE cur_book
DEALLOCATE cur_book
GO
```

四、练习提高

(1) 定义局部变量@max,@min 接收学生表 studinfo 中的最大出生日期、最小出生日期的查询结果。

(2) 在学生表 studinfo 中增加一个年龄字段,利用系统函数与出生日期信息计算每个同学的年龄。

(3) 查询选课表 sc,根据分数所属区间确定该成绩的等级,如分数≥90,则显示 A,80≤分数<90,则显示 B,70≤分数<80,则显示 C,60≤分数<70,则显示 D,分数<60,则显示 E。

(4) 查询文学院的学生信息,若查询学生表中有文学院的学生,则将这些学生信息显示在屏幕上,否则显示"目前没有文学院学生!"。

(5) 利用流程控制语句计算 1~100 之间的素数之和。

(6) 声明一个更新游标,允许对 sc 表中的成绩字段进行更新。

(7) 游标定位操作:定义基于 sc 表的游标,分别将第 3 条记录、从当前记录开始向前第二条记录和最后一条记录显示在屏幕上。

(8) 使用游标遍历 sc 表,将学号为"1001"的学生的所有课程成绩加 5 分。

(9) 使用游标遍历 studinfo 表,将姓名为张三的学生的家庭地址改为"北京市"。

(10) 给 sc 表增加一列字段:等级,char(2),利用游标操作机制给等级字段赋值,如果 score>60 则等级为"P",否则为"F"。

实验 8 存储过程和触发器

本实验需要 4 学时。

一、实验目的

熟练掌握 SQL Server 中利用向导、企业管理器和 Transact-SQL 语句创建和调用存储过程的方法，掌握触发器的创建及激发触发器的方法，利用触发器实现数据库的完整性约束。

二、实验内容

(1) 使用向导、企业管理器和 Transact-SQL 语句创建存储过程。

(2) 带输入/输出参数的存储过程的创建和调用。

(3) 使用企业管理器和 Transact-SQL 语句创建触发器。

(4) 利用触发器实现数据库的完整性约束。

三、实验步骤提示

存储过程是 SQL Server 服务器上一组预编译的 Transact-SQL 语句，用于完成某项任务，它可以接收参数、返回状态值和参数值，可以通过过程名字直接调用。触发器是一种特殊类型的存储过程，它通过事件触发而被执行，当对某一表进行 UPDATE、INSERT、DELETE 操作时，SQL Server 就会自动执行触发器所定义的 SQL 语句，从而确保对数据的处理符合由这些 SQL 语句所定义的规则。

(1) 在图书数据库中利用向导创建一个存储过程，显示读者姓名、性别、书名和借阅日期等信息。

实验步骤可以参考实验 6 中利用向导创建视图的步骤。

(2) 用企业管理器创建一个存储过程 p_reader1，显示读者姓名、借书证号、书名和借阅日期等信息。

① 在企业管理器中，如果要创建新的存储过程或要修改一个已存在的存储过程，首先要展开服务器、数据库文件夹以及存储过程所属的数据库，用鼠标右击存储过程文件夹，在弹出菜单上选择“新建存储过程”项，出现如实验图 8-1 所示的新建存储过程对话框。

② 在存储过程属性对话框的文本框中，输入创建存储过程的 Transact-SQL 语句。单击“检查语法”按钮进行语法检查，检查无误后，单击“确定”按钮，这样就创建了一个存储过程，如实验图 8-2 所示。

如果要修改一个已存在的存储过程，可以用鼠标双击该存储过程，或者在数据库节点中选择存储过程，右击鼠标，选择属性，就会出现与实验图 8-2 相似的存储过程属性对话框。在它的文本框中，已经有原存储过程的内容，可以对其中的 Transact-SQL 语句进行检查、修改，直到符合要求后关闭对话框。

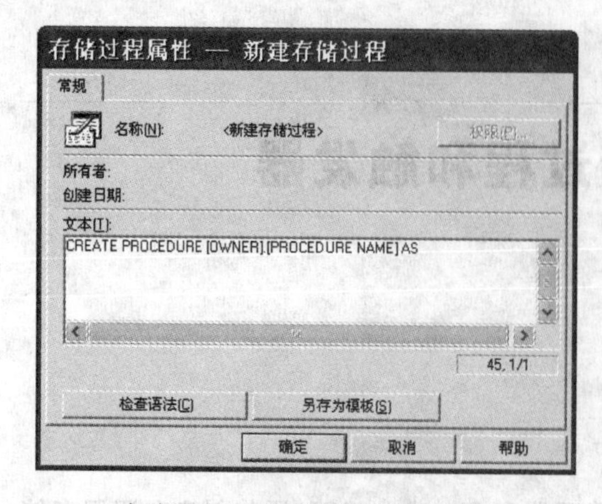

实验图 8-1　新建存储过程对话框

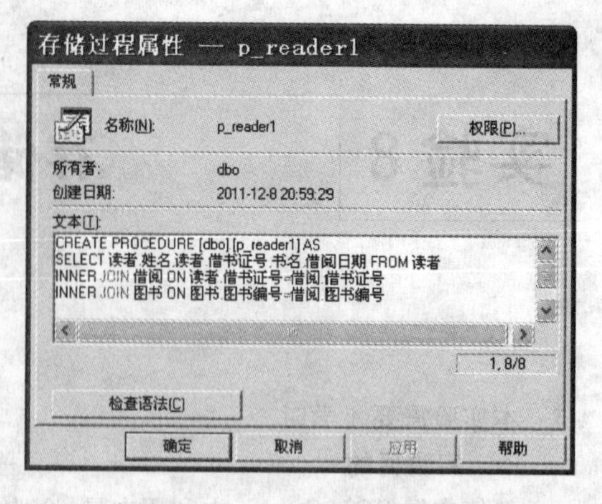

实验图 8-2　创建存储过程对话框

(3) 用企业管理器创建一个带参数的存储过程 p_reader2，显示某读者的姓名、借书证号、书名和借阅日期等信息，并执行该存储过程，查询读者殷羽晴的借书信息。

创建该存储过程如实验图 8-3 所示。

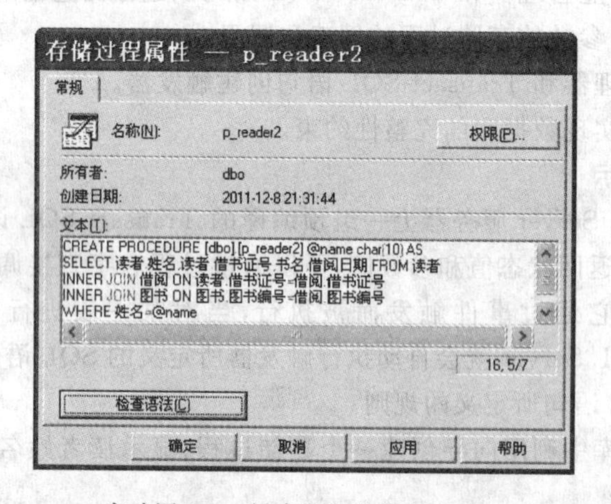

实验图 8-3　创建带参数的存储过程

执行该存储过程，在查询分析器里输入 T-SQL 语句“exec p_reader2 '殷羽晴'”，得到结果如实验图 8-4 所示。

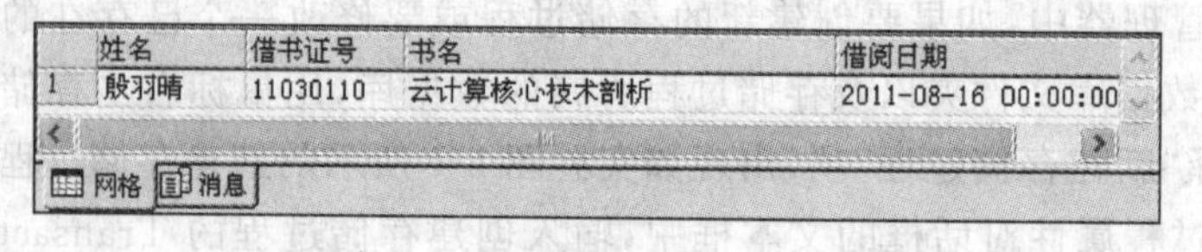

	姓名	借书证号	书名	借阅日期
1	殷羽晴	11030110	云计算核心技术剖析	2011-08-16 00:00:00

实验图 8-4　存储过程 p_reader2 的执行结果

(4) 用 Transact-SQL 语句创建一个带输入参数的存储过程 p_reader3，显示某读者的姓名、借书证号、借阅图书的册数等信息。

```
CREATE PROCEDURE p_reader3 @name char(10)
AS
```

```
SELECT 读者.姓名,读者.借书证号,a.册数
FROM
(SELECT 读者.借书证号,COUNT(图书编号)AS 册数 FROM 读者
INNER JOIN 借阅 ON 读者.借书证号 = 借阅.借书证号
GROUP BY 读者.借书证号) AS a
INNER JOIN 读者 ON a.借书证号 = 读者.借书证号
WHERE 姓名 = @name
```

执行语句“exec p_reader3 '俞可心'”后,得到读者俞可心的借书信息,结果如实验图 8-5 所示。

(5) 用 Transact-SQL 语句创建一个带输入/输出参数的存储过程 p_reader4,显示某读者的借阅图书册数。

```
CREATE PROCEDURE p_reader4 @name char(10),@num int output
AS
SELECT @num = a.册数
FROM
(SELECT 读者.借书证号,COUNT(图书编号)AS 册数 FROM 读者
INNER JOIN 借阅 ON 读者.借书证号 = 借阅.借书证号
GROUP BY 读者.借书证号) AS a
INNER JOIN 读者 ON a.借书证号 = 读者.借书证号
WHERE 姓名 = @name
```

执行该存储过程,结果如实验图 8-6 所示。

```
DECLARE @n int
exec p_reader4'俞可心',@n output
SELECT @n AS 册数
```

	姓名	借书证号	册数
1	俞可心	11080010	2

网格 消息

实验图 8-5 存储过程 p_reader3 的执行结果

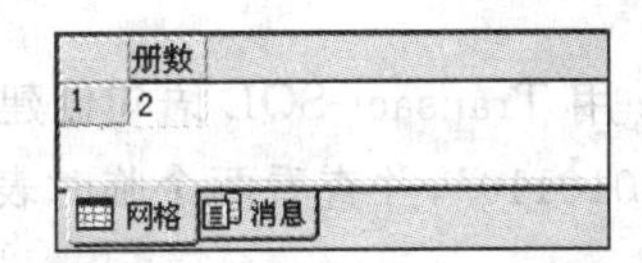

	册数
1	2

网格 消息

实验图 8-6 存储过程 p_reader4 的执行结果

(6) 用企业管理器创建一个触发器 tr_reader1,当在读者表中新增一条记录时,在屏幕上显示“欢迎你,新读者!”。

① 在企业管理器中,由服务器开始逐步展开到触发器所属表的数据库。展开数据库,选择要在其上创建触发器的表,右击该表,在弹出菜单上选择所有任务,然后选择管理触发器项,弹出如实验图 8-7 所示的“触发器属性”对话框。

② 如果要新建触发器,则在名称下拉框中选择＜新建＞,并用新名称替代它,然后在文本框中输入创建触发器的 Transact-SQL 语句,单击“检查语法”按钮进行语法检查,检查无误后,单击“确定”按钮,如实验图 8-8 所示。

③ 如果要修改触发器,则在名称下拉框中选择要修改的触发器名,并在文本框中对已有的内容进行修改,检查无误后单击“确定”按钮。

④ 如果要删除触发器,则在名称下拉框中选择要删除的触发器名,看选择是否正确,最后单击“删除”按钮,将调出的触发器删除。

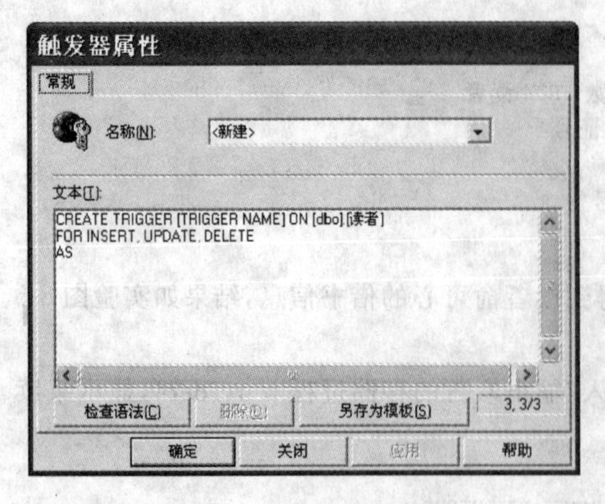

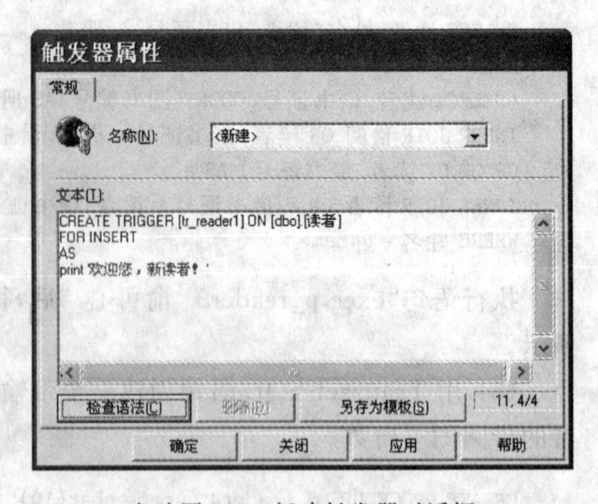

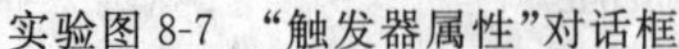

实验图 8-7 “触发器属性”对话框　　　　实验图 8-8 新建触发器对话框

⑤ 激发该触发器，向读者表中插入一条读者信息：郭一程 11080015 女 滨江理工大学 139XXXX9681，观察输出信息。

```
INSERT INTO 读者 VALUES('11080015','郭一程','女','滨江理工大学','139XXXX9681')
```

结果如实验图 8-9 所示。

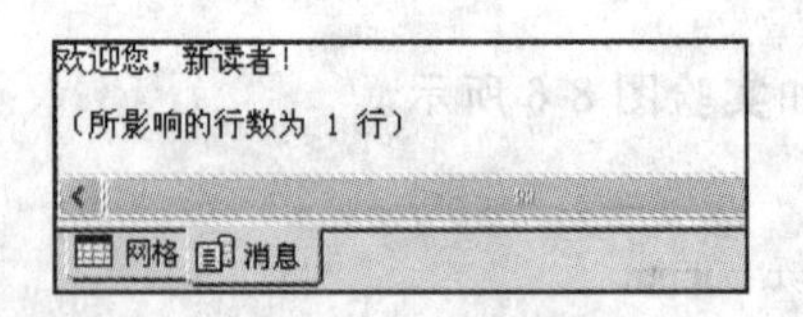

实验图 8-9 激发触发器 tr_reader1 的执行结果

(7) 用 Transact-SQL 语句创建一个触发器 tr_reader2，更新读者表中殷羽晴的借书证号为‘11010110’，并查看两个临时表 inserted 和 deleted 的内容。

```
CREATE TRIGGER [tr_reader2] ON [dbo].[读者]
FOR INSERT, UPDATE, DELETE
AS
SELECT * FROM inserted
SELECT * FROM deleted
```

在查询分析器中输入以下 Transact-SQL 语句。

```
UPDATE 读者 SET 借书证号 = '11010110' where 姓名 = '殷羽晴'
```

结果如实验图 8-10 所示，其中上半部分为 inserted 表，下半部分为 deleted 表。

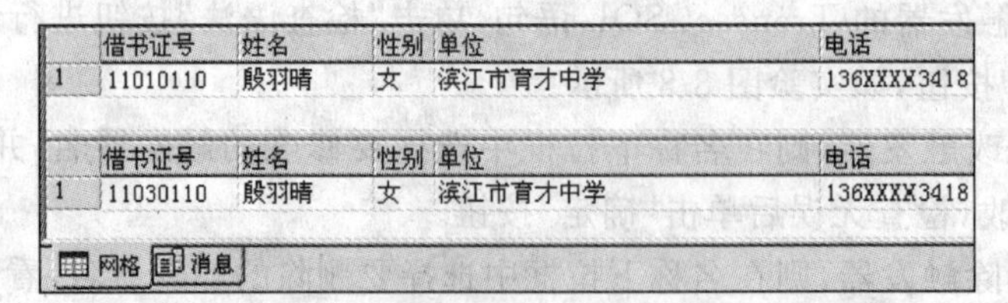

	借书证号	姓名	性别	单位	电话
1	11010110	殷羽晴	女	滨江市育才中学	136XXXX3418

	借书证号	姓名	性别	单位	电话
1	11030110	殷羽晴	女	滨江市育才中学	136XXXX3418

实验图 8-10 inserted 表和 deleted 表的内容

(8) 创建一个触发器 tr_reader3，当在读者表中删除殷羽晴的读者信息时，级联删除借阅表中该读者的相关信息，以实现数据的完整性要求。

```
CREATE trigger tr_reader3 ON 读者
FOR DELETE
AS
DELETE 借阅 FROM deleted
WHERE deleted.借书证号 = 借阅.借书证号
```

在查询分析器中输入以下 Transact-SQL 语句。

```
DELETE FROM 读者 WHERE 借书证号 = '11010110'
```

则在借阅表中借书证号为‘11010110’的读者信息也一并删除。

四、练习提高

(1) 在学生数据库 student 中利用向导创建一个存储过程 p_stud1，显示学生的学号、姓名、性别、家庭住址等信息并执行该存储过程。

(2) 用企业管理器创建一个带参数的存储过程 p_stud2，显示某学生的学号、姓名、选修课程编号和成绩等信息，并执行该存储过程，查询学号为“1002”的学生的选修情况。

(3) 用 Transact-SQL 语句修改存储过程 p_stud2，使显示某学生的学号、姓名、选修课程名称和成绩等信息，并执行该存储过程，查询学号为“1002”的学生的选修情况。

(4) 用 Transact-SQL 语句创建一个带输入/输出参数的存储过程 p_stud3，当输入一个学生的学号时，显示该学生所选修各门课程的平均成绩，执行该存储过程，查询学号为“1001”学生的平均成绩。

(5) 用 Transact-SQL 语句创建一个带输入/输出参数的存储过程 p_stud4，当输入一个学生的姓名时，显示该学生的姓名及选修的课程数目，执行该存储过程，查询学生张三的选修课程数目。

(6) 分别用企业管理器和 Transact-SQL 语句删除存储过程 p_stud1。

(7) 用企业管理器创建一个触发器 tr_stud1，当在课程表中新增一条记录时，在屏幕上显示该新增记录信息，同时激活该触发器，验证该触发器的执行结果。

(8) 用 Transact-SQL 语句创建一个触发器 tr_stud2，更新学生表中张三的出生日期为‘1990-1-1’，查看两个临时表 inserted 和 deleted 的内容。

(9) 创建一个触发器 tr_ stud 3，当在学生表中删除某学生的信息时，级联删除选课表中该学生的相关信息。激活该触发器，当在学生表中删除张三的信息时，验证选课表中张三的相关选课记录是否被同步删除。

(10) 创建一个触发器 tr_ stud 4，当修改学生表中的系部、性别数据时，自动调整系部表 department 中的相关信息。例如当把学生表中的一条记录(张三，男，新闻学院)调整到文学院时，应该在系部表中完成新闻学院的总人数和男生人数分别减 1，而文学院的总人数和男生人数分别加 1 的操作。

实验9 数据库的安全管理

本实验需要2学时。

一、实验目的

掌握SQL Server中访问数据库的三级安全管理模式，掌握用企业管理器和Transact-SQL语句创建登录、用户、角色及权限设置的方法。

二、实验内容

(1) 用企业管理器设置SQL Server的身份验证模式。

(2) 用企业管理器和Transact-SQL语句创建SQL Server的登录。

(3) 用企业管理器和Transact-SQL语句创建SQL Server的用户和角色。

(4) 用企业管理器和Transact-SQL语句设置和管理数据操作权限。

三、实验步骤提示

用户想操作SQL Server中某一数据库的数据，必须满足以下3个条件。

首先，登录SQL Server服务器时必须通过身份验证。

其次，必须是该数据库的用户或者是某一数据库角色的成员。

最后，必须有相应的操作权限。

SQL Server数据库通过登录、用户和权限的三级模式实现数据库的安全管理。

(1) 用企业管理器设置和修改SQL Server的身份验证模式。

① 打开企业管理器，展开服务器组，右击需要修改验证模式的服务器，单击"属性"选项，出现SQL Server属性对话框，如实验图9-1所示。

② 在SQL Server属性对话框中单击"安全性"标签，弹出如实验图9-2所示的安全性设置对话框。

③ 如果要使用Windows身份验证，选择"仅Windows"，如果想使用混合认证模式，选择"SQL Server和Windows"，如实验图9-2所示。

身份验证模式的修改后需要重新启动SQL Server服务才能生效。

(2) 用企业管理器创建Windows和SQL Server登录。

① 打开企业管理器，展开指定的服务器组和服务器，展开"安全性"文件夹。

② 右击"登录"选项，选择"新建登录"。

③ 若是创建Windows登录，在"名称"框中，单击名称右边的"…"按钮，从Windows已有的登录账户中选择新建的登录名称，或以计算机名(域名)\用户名(组名)的形式输入要被授权访问SQL Server的Windows账户，并在下面的身份验证选项中选择"Windows身份验证"单选按钮，如实验图9-3所示。

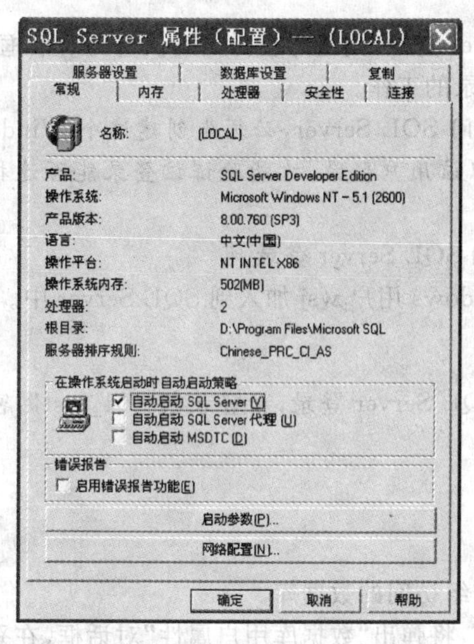

实验图 9-1　SQL Server 属性对话框

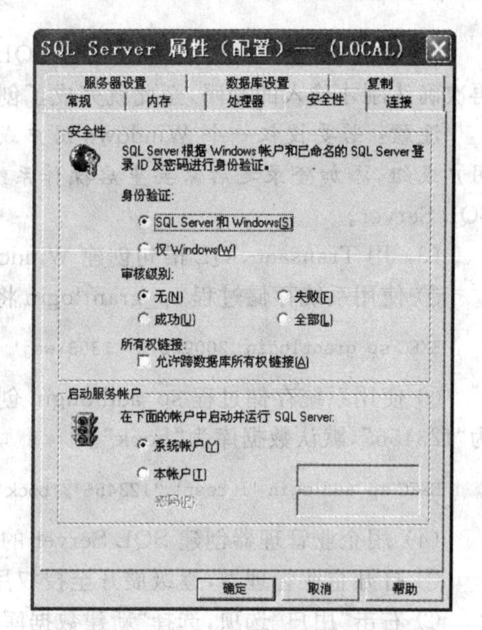

实验图 9-2　安全性设置对话框

若是创建 SQL Server 登录,则在“名称”框中直接输入新创建的登录名,并在下面的身份验证选项中选择“SQL Server 身份验证”单选按钮,同时在弹出的密码框中输入密码,如实验图 9-4 所示。

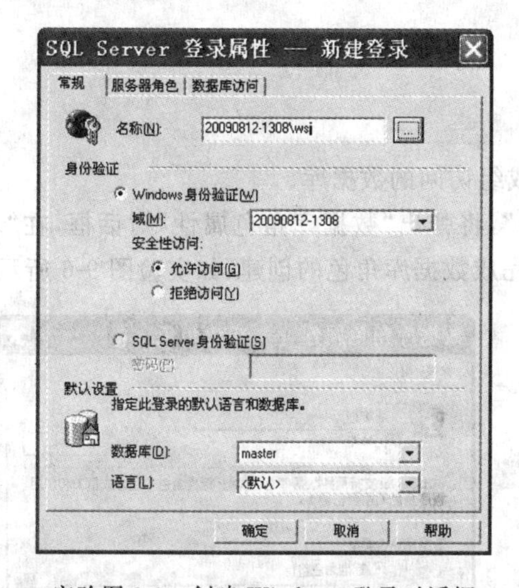

实验图 9-3　创建 Windows 登录对话框

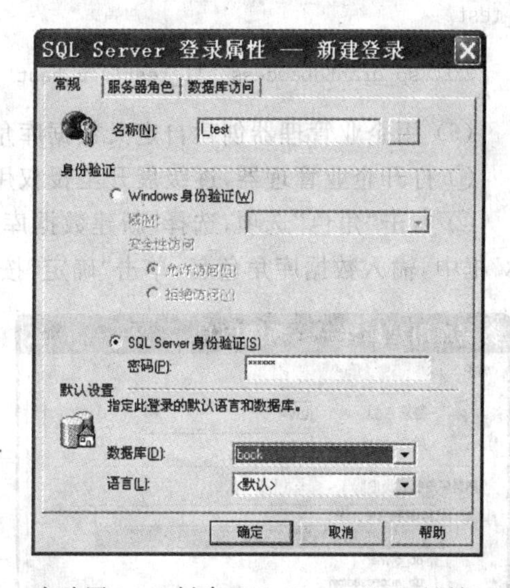

实验图 9-4　创建 SQL Server 登录对话框

④ 选择用户在登录到 SQL Server 实例后所连接的默认数据库,在“语言”栏中,选择默认语言。

⑤ 选择“服务器角色”标签,在服务器角色列表中列出了系统的固定服务器角色,选择某个复选框,确定登录账户所属的服务器角色,该登录账户就成为相应的服务器角色成员。

⑥ 选择“数据库访问”标签,单击某个数据库左端的复选框,表示允许该登录账户访问相应的数据库。

⑦ 单击“确定”按钮，如果是创建 SQL Server 登录，则此时会弹出确认密码对话框，需再次确认刚才输入的密码，至此就完成了创建登录的工作。

注意：若要授权一个 Windows 用户或组访问 SQL Server，必须先创建这个 Windows 用户或组，添加登录之后需要重启操作系统并以该用户登录，才能验证该登录能否连接到 SQL Server。

(3) 用 Transact-SQL 语句创建 Windows 和 SQL Server 登录。

① 使用系统存储过程 sp_grantlogin 将 Windows 用户 wsj 加入到 SQL Server 中。

```
EXEC sp_grantlogin '20090812 - 1308\wsj'
```

② 使用系统存储过程 sp_addlongin 创建 SQL Server 登录，新登录名为“l_test”，密码为“123456”，默认数据库为“book”。

```
EXEC sp_addlogin 'l_test','123456','book'
```

(4) 用企业管理器创建 SQL Server 的用户。

① 打开企业管理器，逐级展开至授权用户或组访问的数据库。

② 右击“用户”选项，选择“新建数据库用户”，将弹出“数据库用户属性”对话框，在登录名下拉列表中选择被授权访问数据库的 Windows 或 SQL Server 登录名。在“用户名”中，默认情况下它自动设置为登录名，可以修改为自己需要的用户名，如实验图 9-5 所示。

③ 单击“确定”按钮，完成数据库用户的创建。

(5) 用系统存储过程 sp_grantdbaccess 在 book 数据库中创建基于登录 l_test 的用户 u_test。

```
EXEC sp_grantdbaccess  'l_test','u_test'
```

(6) 用企业管理器创建自定义数据库角色。

① 打开企业管理器，逐级展开至授权用户或组访问的数据库。

② 右击“角色”选项，选择“新建数据库用户”，将弹出“数据库角色属性”对话框，在“名称”框中，输入数据库角色名，单击“确定”按钮，完成数据库角色的创建，如实验图 9-6 所示。

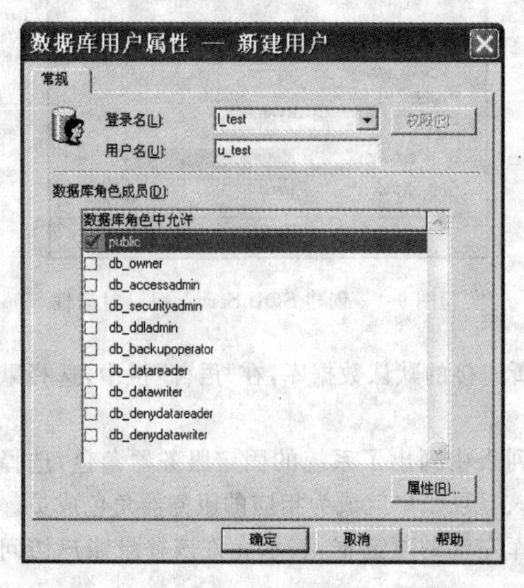

实验图 9-5　数据库用户属性对话框

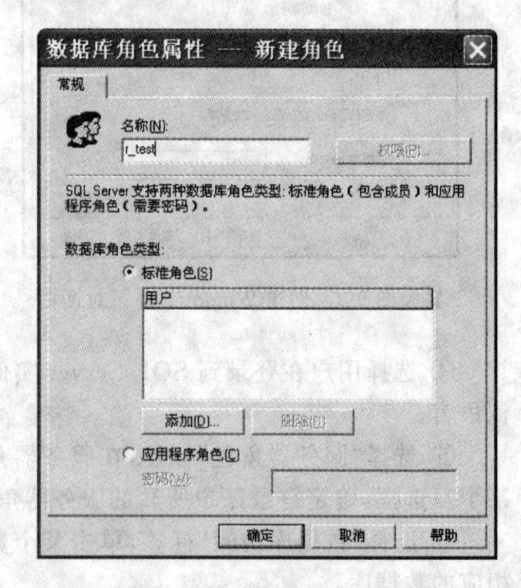

实验图 9-6　数据库角色属性对话框

(7) 用系统存储过程 sp_addrole 创建数据库角色 r_test。

```
EXEC sp_addrole 'r_test'
```

(8) 用企业管理器设置对象权限。

对象权限的管理可以通过两种方法实现：一种是通过对象管理它的用户及操作权，另一种是通过用户管理对应的数据库对象及操作权。下面以通过对象授予、撤销和废除用户(角色)权限为例，介绍对象权限的管理。

① 打开企业管理器，逐级展开至授权用户或组访问的数据库，例如 book 数据库，选择其中表文件夹中的图书表，右击鼠标，将弹出一个菜单。

② 在弹出菜单中，选择"全部任务"中的"管理权限"项，出现一个对象权限对话框，如实验图 9-7 所示。

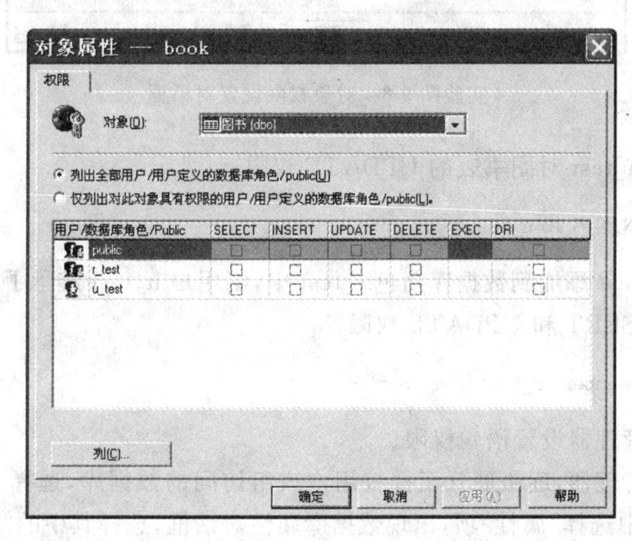

实验图 9-7　对象权限属性对话框

③ 选择"列出全部用户/用户定义的数据库角色"项，则在下面的权限表中列出所有的数据库用户和角色。

④ 在权限列表框中以复选框的形式列出了全部数据库用户和角色所对应的权限，其中"√"为授权；"×"为禁止；空为撤销。在表中可以对各数据库用户或角色的各种对象操作权限(SELECT、INSERT、UPDATE、DELETE、EXEC)进行授权、禁止或撤销，如实验图 9-8 所示。

⑤ 完成后单击"确定"按钮。

(9) 用 Transact-SQL 语句设置对象权限。

① 在图书数据库中授予 r_test 角色对图书表的 SELECT、INSERT、UPDATE、DELETE 权限。

```
GRANT SELECT,INSERT,UPDATE,DELETE ON 图书 TO r_test
```

② 禁止用户 u_test 对图书表的 UPDATE 和 DELETE 权限。

```
DENY UPDATE,DELETE ON 图书 TO u_test
```

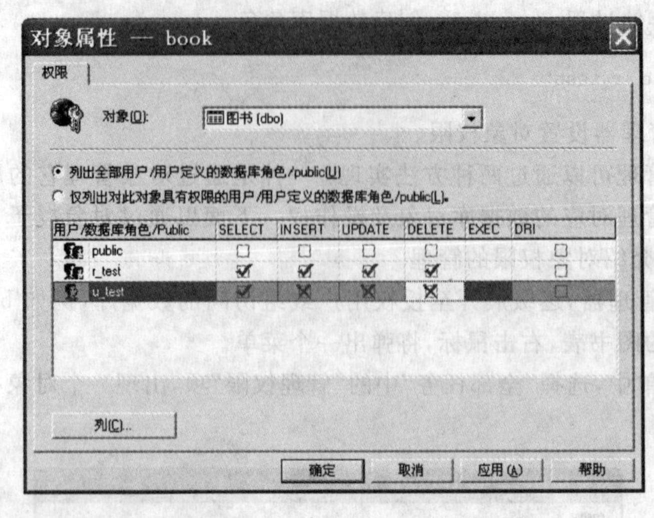

实验图 9-8　对象权限设置对话框

③ 撤销用户 u_test 对图书表的 UPDATE 权限。

```
REVOKE UPDATE ON 图书 TO u_test
```

④ 将用户 u_test 添加到数据库角色 r_test 中，则用户 u_test 继承了角色 r_test 对图书表的 SELECT、INSERT 和 UPDATE 权限。

```
EXEC sp_addrolemember 'r_test','u_test'
```

(10) 用企业管理器设置语句权限。

① 打开企业管理器，逐级展开至授权用户或组访问的数据库，选择 book 数据库，右击鼠标，在弹出菜单中选择“属性”项，出现数据库属性对话框，选择其中的“权限”标签，如实验图 9-9 所示。

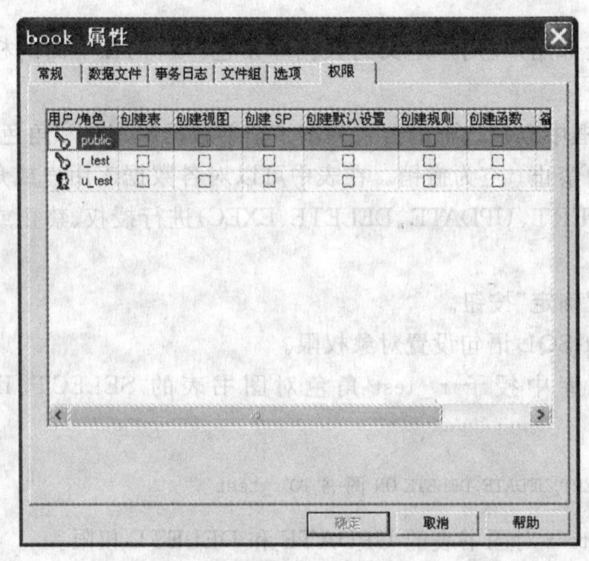

实验图 9-9　数据库属性对话框

② 在对话框的列表栏中，单击表中的各复选框可对各用户或角色授予、禁止或撤销数据库的语句操作权限。其中"√"表示授予权限，"×"表示禁止权限，空白表示撤销权限，如实验图 9-10 所示。

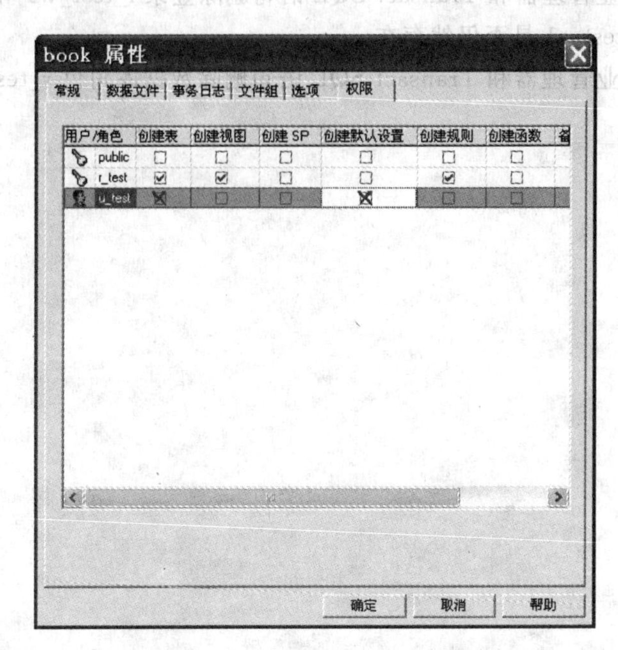

实验图 9-10　语句权限设置对话框

③ 完成后单击"确定"按钮。

四、练习提高

(1) 创建一个可以访问操作系统的计算机用户(以自己的名字命名)。

(2) 在 SQL Server 企业管理器中为所属的 SQL 服务器设置 Windows 身份验证模式。

(3) 用企业管理器创建 Windows 登录 l_test_w1，默认访问数据库为 pubs。

(4) 用 Transact-SQL 语句创建 SQL Server 登录 l_test_s1，登录密码为"12345"，默认访问数据库为 pubs。

(5) 分别用 Transact-SQL 语句创建 Windows 登录 l_test_w2 和 SQL Server 登录 l_test_s2 并验证它们能否连接到 SQL Server。

(6) 用企业管理器为登录 l_test_w1 在数据库 student 中添加用户 u_test_w1。

(7) 用 Transact-SQL 语句为登录 l_test_s1 在数据库 student 中添加用户 u_test_s1。

(8) 用企业管理器授予用户 u_test_s1 对 studinfo 表的所有权限及对 course 表的查询权限并验证。

(9) 用 Transact-SQL 语句禁止用户 u_test_s1 对 course 表的插入和删除权限，撤销对 studinfo 表的更新权限，在企业管理器中查看这些权限是否正确设置。

(10) 分别用企业管理器和 Transact-SQL 语句创建数据库角色 r_test_s1，并授予该角色对 studinfo 表和 course 的所有权限。

(11) 用 Transact-SQL 语句将用户 u_test_s1 添加为角色 r_test_s1 的成员，分析并验证用户 u_test_s1 从角色 r_test_s1 这里继承了哪些权限。

（12）分别用企业管理器和 Transact-SQL 语句删除用户 u_test_w1 和 u_test_s1，查看登录 l_test_w1 和 l_test_s1 是否仍然存在。

（13）分别用企业管理器和 Transact-SQL 语句删除登录 l_test_w1 和 l_test_s1，查看用户 u_test_w1 和 u_test_s1 是否仍然存在。

（14）分别用企业管理器和 Transact-SQL 语句删除数据库角色 r_test_s1。

实验 10　数据库的导入与导出

本实验需要 2 学时。

一、实验目的

掌握用企业管理器在 SQL Server 之间导入/导出数据的方法；掌握用企业管理器在 SQL Server 和 Access 之间、SQL Server 和 Excel 之间、SQL Server 和文本文件之间导入/导出数据的方法。

二、实验内容

(1) 用企业管理器在 SQL Server 之间导入/导出数据。

(2) 用企业管理器在 SQL Server 和 Access 之间导入/导出数据。

(3) 用企业管理器在 SQL Server 和 Excel 之间导入/导出数据。

(4) 用企业管理器在 SQL Server 和文本文件之间导入/导出数据。

三、实验步骤提示

(1) 用企业管理器在 SQL Server 之间导入/导出数据，将 book 数据库中的读者表、图书表和借阅表复制到同一个数据库中，复制后的表名分别为读者 1、图书 1 和借阅 1。

① 展开企业管理器，指向要复制数据的数据库节点 book，右击鼠标，选择“所有任务”，然后选择“导出数据”命令。

② 在“数据源”下拉列表框中选择数据源类型为“用于 SQL Server 的 Microsoft OLE DB 提供程序”，在“数据库”下拉列表框中选择源数据库 book，如实验图 10-1 所示。

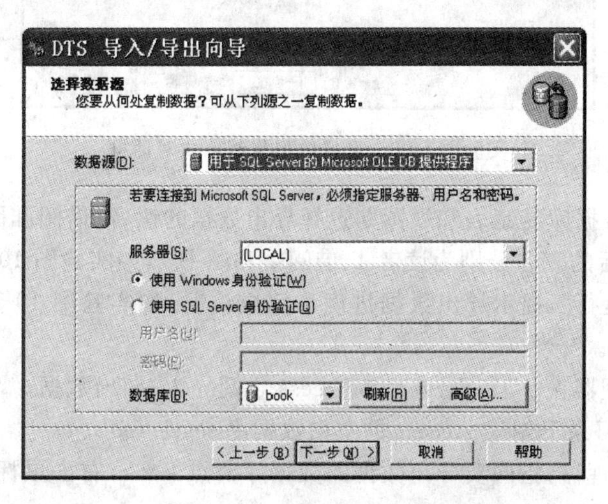

实验图 10-1　数据导入/导出_选择数据源

③ 在"目的"下拉列表框中选择导入数据的数据格式类型，此处选择"用于 SQL Server 的 Microsoft OLE DB 提供程序"，在"数据库"下拉列表框中选择源数据库 book，如实验图 10-2 所示，单击"下一步"按钮，进入如实验图 10-3 所示的选择数据复制方式对话框。

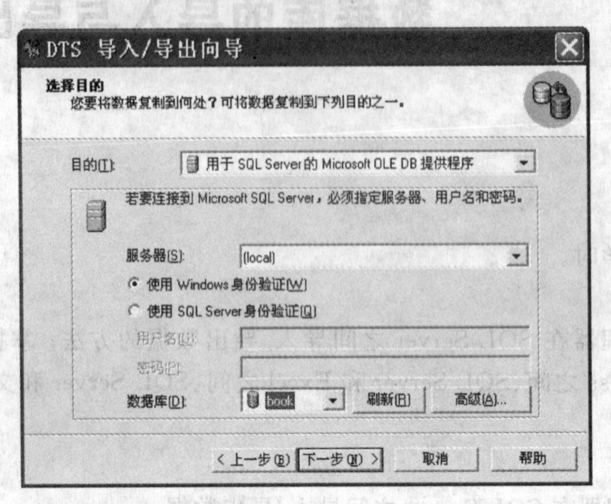

实验图 10-2　数据导入/导出_选择目的

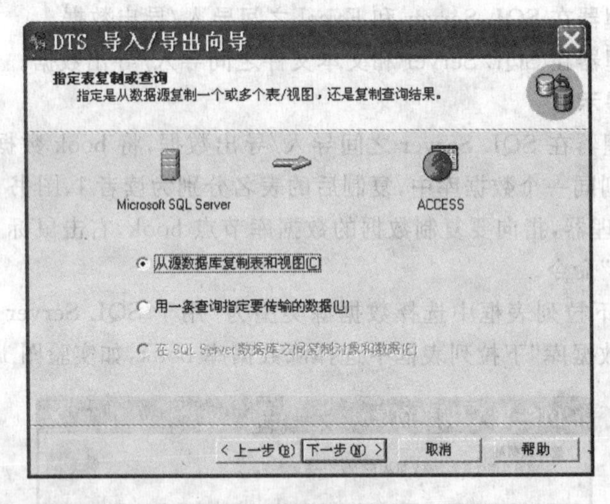

实验图 10-3　选择数据复制方式对话框

④ 选择"从源数据库复制表和视图"，选择导出数据的读者、借阅和图书三个表，在目的列表中修改复制以后的表名分别为读者 1、借阅 1 和图书 1，如实验图 10-4 所示。

⑤ 选择"立即运行"，提示导出数据进度和完成情况，如实验图 10-5 所示，单击"完成"按钮，完成数据导出。

(2) 用企业管理器在 SQL Server 和 Access 之间导入/导出数据。

① 在 D:\jxw 目录下创建 Access 的空白数据库 test1. mdb。

② 展开企业管理器，指向要导出数据的数据库节点 book，右击鼠标，选择"所有任务"，然后选择"导出数据"命令。

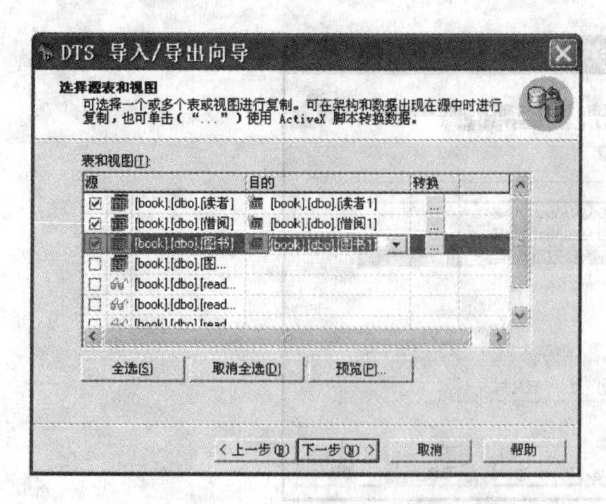

实验图 10-4　选择源表和目的表对话框

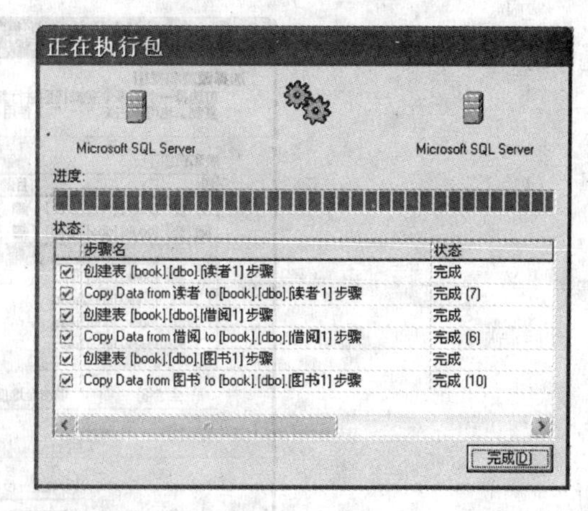

实验图 10-5　执行导出数据对话框

③ 在“数据源”下拉列表框中选择数据源类型为“用于 SQL Server 的 Microsoft OLE DB 提供程序”，在“数据库”下拉列表框中选择源数据库 book，如实验图 10-1 所示。

④ 在“目的”下拉列表框中选择导出数据的数据格式类型，此处选择“Driver do Microsoft Access[*. mdb]”，在“用户/系统 DSN”下拉框中指定目标文件，或单击“新建按钮”选择事先创建好的目标文件 test1. mdb，如实验图 10-6 所示，单击“下一步”按钮，进入与实验图 10-3 一样的选择数据复制方式对话框。

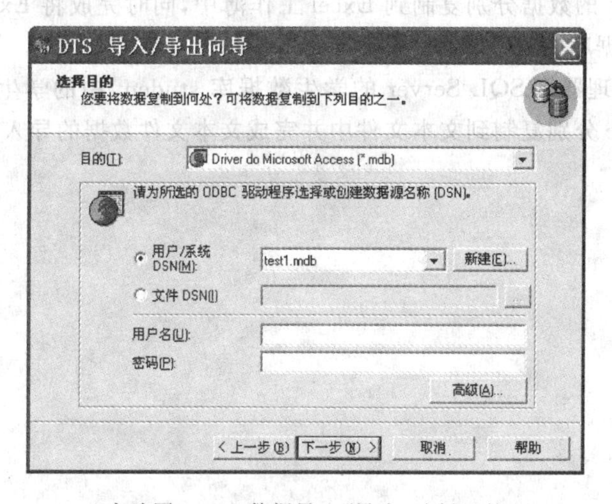

实验图 10-6　数据导入/导出_选择目的

⑤ 选择“从源数据库复制表和视图”，选择导出数据的读者、借阅和图书三个表，如实验图 10-7 所示。

⑥ 选择“立即运行”，完成数据的导出。

四、练习提高

(1) 用企业管理器将 SQL Server 的学生数据库 student 中的学生表 studinfo、课程表 course 和选课表 sc 分别复制到同一数据库下，表名分别为 studinfo_ bak、course_ bak 和 sc_bak。

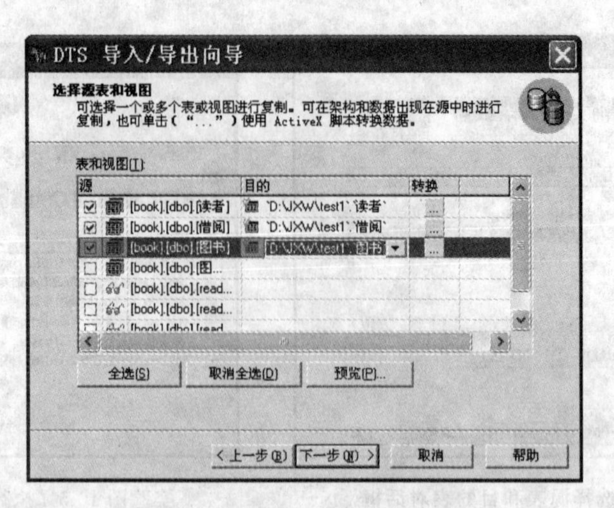

实验图 10-7　选择源表和目的表对话框

(2) 用企业管理器将 SQL Server 的学生数据库 student 中的学生表 studinfo、课程表 course 和选课表 sc 分别复制到 Access 数据库中，并以相同的表名命名。

(3) 在 Access 数据库中修改学生表中李四的出生日期和家庭住址，并将该表数据导入到 SQL Server 数据库的学生表中。

(4) 用企业管理器将 SQL Server 的学生数据库 student 中的学生表 studinfo、课程表 course 和选课表 sc 的数据分别复制到 Excel 工作簿中，同时完成将 Excel 工作簿数据导入到 SQL Server 数据库中。

(5) 用企业管理器将 SQL Server 的学生数据库 student 中的学生表 studinfo、课程表 course 和选课表 sc 分别复制到文本文件中并完成文本文件数据的导入。

参 考 文 献

[1] 潘瑞芳,朱永玲主编.数据库原理及应用开发[M].北京:中国水利水电出版社,2005.
[2] 王珊.数据库系统简明教程[M].北京:高等教育出版社,2004.
[3] 郭盈发,张红娟.数据库原理[M].西安:西安电子科技大学出版社,2003.
[4] 陶宏才.数据库原理及设计[M].北京:清华大学出版社,2004.
[5] 李春葆,曾慧.数据库原理习题与解析[M].北京:清华大学出版社,2004.
[6] 刘卫宏.SQL Server 2000 实用教程[M].北京:科学出版社,2003.
[7] 刘卫国,严晖.数据库技术与应用——SQL Server[M].北京:清华大学出版社,2010.
[8] 苗雪兰,刘瑞新,宋歌,等编著.数据库系统原理及应用教程[M].北京:机械工业出版社,2008.
[9] 房大卫,庞娅娟编著.ASP.NET 开发典型模块大全.修订版[M].北京:人民邮电出版社,2010.
[10] 刘京华.Java Web 整合开发王者归来[M].北京:清华大学出版社,2010.
[11] 孙晓龙,赵莉.JSP 动态网站技术入门与提高[M].北京:人民邮电出版社,2001.
[12] 万峰科技.JSP 网站开发四"酷"全书[M].北京:电子工业出版社,2005.
[13] 黄明,梁旭.JSP 信息系统设计与开发实例[M].北京:机械工业出版社,2004.
[14] 黄明,梁旭,刘冰月.JSP 课程设计[M].北京:电子工业出版社,2006.
[15] 刘启芬,顾韵华,郑阿奇.SQL Server 实用教程.第 3 版[M].北京:电子工业出版社,2009.
[16] Frank ohlhorst.数据库即服务(DaaS)模式探索.孙瑞,译.[EB/OL].2010-11-24.http://www.searchdatabase.com.cn/showcontent_42964.htm.
[17] 刘韬编著.Visual Basic 数据库系统开发实例导航(第二版).人民邮电出版社,2003.